建筑结构

——概念、原理与设计

JIANZHU JIEGOU

GAINIAN YUANLI YU SHEJI

（第四版）

张建新 陈小波 周恒宇 编著

东北财经大学出版社 大连
Dongbei University of Finance & Economics Press

图书在版编目（CIP）数据

建筑结构：概念、原理与设计 / 张建新，陈小波，周恒宇编著. —4版. —大连：东北财经大学出版社，2024.5
（21世纪高等院校工程管理专业教材）
ISBN 978-7-5654-4954-3

Ⅰ. 建… Ⅱ. ①张… ②陈… ③周… Ⅲ. 建筑结构 Ⅳ. TU3

中国国家版本馆CIP数据核字（2023）第226040号

东北财经大学出版社出版
（大连市黑石礁尖山街217号 邮政编码 116025）
网 址：http://www.dufep.cn
读者信箱：dufep@dufe.edu.cn
大连日升彩色印刷有限公司印刷 东北财经大学出版社发行

幅面尺寸：170mm×240mm 字数：543千字 印张：25.75 插页：1
2024年5月第4版 2024年5月第1次印刷

责任编辑：李 彬 周 慧 责任校对：雪 园
封面设计：张智波 版式设计：原 皓

定价：65.00元

教学支持 售后服务 联系电话：（0411）84710309

如有印装质量问题，请联系营销部：（0411）84710711

总序

2010年前，我们依照住房和城乡建设部高等院校工程管理专业学科指导委员会制定的课程体系，组织我院骨干教师编写了“21世纪高等院校工程管理专业教材”。目前，这套教材已出版的有《工程经济学》《可行性研究与项目评估》《工程项目管理学》《房地产经济学》《项目融资》《工程造价》《工程招投标管理》《工程建设合同与合同管理》《城市规划与管理》《国际工程承包》《房地产投资分析》《土木工程概论》《投资经济学》《建筑结构——概念、原理与设计》《物业管理理论与实务》等17部。

上述教材的出版，既满足了校内本科教学的需要，也满足了其他院校和社会上实际工作者的需要。其中，一些教材出版后曾多次印刷，深受读者的欢迎；一些教材还被选入“普通高等教育‘十一五’国家级规划教材”。从总体上看，“21世纪高等院校工程管理专业教材”已取得了良好的效果。

为进一步提升上述教材的质量，加大工程管理专业学科建设的力度，新一届编委会决定，对已出版的教材逐本进行修订，并适时推出本科教学急需的新教材。

组织修订和编写新教材的指导思想是：以马克思主义经济理论和现代管理理论为指导，紧密结合中国社会主义市场经济的实践，特别是工程建设的管理实践，坚持知识、能力、素质的协调发展，坚持本科教材应重点讲清基本理论、基本知识和基本技能的原则，不断创新教材编写理念，大力吸收工程管理的新知识和新经验，力求编写的教材融理论性、操作性、启发性和前瞻性于一体，更好地满足高等院校工程管理专业本科教学的需要。

多年来，我们在组织编写和修订“21世纪高等院校工程管理专业教材”的过程中，参考了大量的国内外已出版的相关书籍和刊物，得到中华人民共和国国家发展和改革委员会、中华人民共和国住房和城乡建设部等部门的大力支持。同时，东北财经大学出版社有限责任公司的领导、编辑为这套系列教材的及时出版提供了必要的条件，做了大量的工作，在此一并致谢。

编写一套高质量的工程管理专业的系列教材是一项艰巨、复杂的工作。由于编著者的水平有限，书中的缺点与不足在所难免，竭诚欢迎同行专家与广大读者批评指正。

21世纪高等院校工程管理专业教材编委会主任　王立国

第四版前言

随着我国经济社会的发展，高等教育现代化的目标在顺应国际化发展趋势的同时更应彰显中国特色。“青年兴则国家兴”，植爱国之心、明强国之志，掌握科学的世界观和方法论，做好引导青年的工作是回应时代的呼声。

“建筑结构”是高等院校工程管理专业中工程技术课程平台主干课程之一，在高等教育科教兴国战略中持续发挥着课程思政的作用。《建筑结构——概念、原理与设计》教材出版后，多年来得到了广大学生及读者的厚爱和支持。近年来，国内外关于建筑结构的学术研究与实践不断取得新发展，有许多新的结构设计理念、理论和方法在工程建设中得到广泛的应用。百年大计，教育为本，为实施科教兴国战略，为国家发展培养高质量、职业素养高的创新型人才，教材内容亟待吐故纳新、修订再版。

本书基本上保持了第三版的结构，同时对书中的内容进行了部分调整，对一些错误进行了勘误。本次修订主要做了如下工作：

（1）基于教学上的考虑增加、删减并调整了部分章节的内容。例如，第六章中在钢筋混凝土梁的斜截面设计中增加了“箍筋配置的构造要求”、删减了“单向板肋梁楼盖设计案例”等陈旧性的内容，使得教材的内容更完整、条理更清晰、重点更突出。

（2）为了丰富教学资源，本次修订补充和更新了二维码扩展学习的知识点、知识拓展阅读、案例分析等资料，让学习者具有全球化的视野，获取更多的学科前沿知识、知识阅读延展等内容。

（3）参考最新的《混凝土结构通用规范》GB 55008-2021、《混凝土结构设计规范》GB 50010-2010（2015版）、《钢结构通用规范》GB 55006-2021、《建筑抗震设计规范》GB 50011-2010等国家标准，对本书的相关内容，尤其是相关的公式、例题等进行了大量的修改和更新。

（4）对书中相对复杂与难于理解的部分进行了适当的取舍和删减，对在实际工程中普遍运用的部分进行了适当的增加，在语言叙述方面进行了调整，力求更加通俗易懂、深入浅出。

本书编写分工如下：第一、五、六、七、八、十二章由张建新撰写，第二、三、四章由周恒宇撰写，第九、十、十一章由陈小波撰写，全书由张建新统稿。

在本书的编写过程中，得到了东北财经大学投资工程管理学院王立国、宁欣、刘禹等老师的大力支持和帮助，在此表示感谢。衷心感谢东北财经大学出版社编辑对本书倾注的心血和热情。同时，也非常感谢王宏等同学为本书的资料收集、整理等方面付出的辛勤劳动。

本次修订参考了国内外许多学者的论著，吸收了同行的辛勤劳动成果，并尽可能在书后的参考文献中一一列出。但由于内容涉及广泛，资料较多，难免挂一漏万，在此衷心感谢相关参考文献的作者。

由于作者水平有限，书中难免存在不足，敬请国内专家、学者及广大读者批评指正。

作　者

2023年7月

目录

第一章

建筑结构的基本知识

□ 学习目标

掌握建筑结构的基础知识，以及结构对建筑的重要作用。

第一节　结构的概念

建筑物是人类建造的人工空间，当自然界出现各种复杂的变化时（如遭遇风、雨、雪及地震等），稳固的人工空间能够保证人类的正常生活与生产（如图1-1所示），如住宅、办公楼、购物中心等民用建筑，以及厂房、仓库等工业建筑。建筑物是人类得以生存与发展的基础，世界上的文明古国无不留下了令人叹为观止的建筑奇迹，正如历史学家所说，建筑是凝固的历史，是历史最坚定不移的诉说者，它们承载着人类历史的变迁、见证了人类历史的发展。

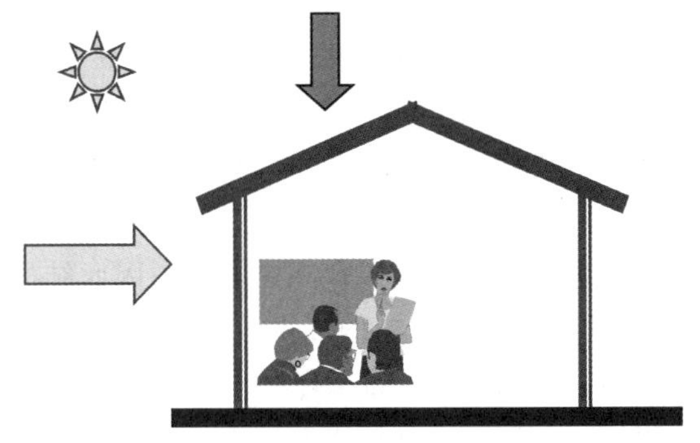

图1-1　建筑与人类的关系

除了建筑物，为了达到某种特殊的目的，人们还修建了各种各样的构筑物。构筑物是指人们一般不直接在内进行生产、生活的活动场所，如桥梁——其目的是交通方便，用来沟通自然界的各种阻隔，使天堑变通途；水坝——为的是挡水或约束水流的方向，从而保证人类对水资源的有效利用。此外，常见的构筑物还有烟囱、围墙、蓄水池及隧道等。同建筑物一样，构筑物同样需要面对各种自然的力量与人为的作用。

为了保证建筑物、构筑物（在本书后文，为了便于阐述，我们将建筑物与构筑物统称为建筑物）在各种自然、人为的作用下保持其自身的工作状态（如跨度、高度及稳定性等），必须有相应的受力、传力体系以保证其安全、稳定及耐久性，而这个体系就是“结构”。

实际上，结构曾被定义为任何用于承受荷载的材料的组合，而研究结构是科学的传统分支之一。结构无处不在，甚至没法视而不见，毕竟所有的动植物以及几乎所有的人造物，都必须能够承受某种强度的机械性力量，而不致损坏，因此万物皆有结构。我们不仅要问，为何房屋和桥梁不会坍塌？机器和飞机为何有时候会损坏？还会问，蠕虫为何要长成那种形态？人体的肌腱如何工作？我们为何会“腰酸背痛”？鸟类为何有羽毛？芦苇为何会随风摇曳？医生、生物学家、艺术家能从工程师那里学到什么？而工程师能从天然结构中得到什么启发？事实表明，生物学结构的出现远早于人工结构，关于强度、柔度和韧度问题也遍布医学和动植物学等领域，在生命出现之前，世界上不存在任何形式的目的性结构，只有山岳和成堆的砂石。因此，理解结构的原理和损坏的原因是一场斗争，其艰难与漫长是远非常人所能预料的。

建筑结构是构成建筑物并为其使用功能提供空间环境的支承体。建筑结构承担着建筑物的重力、风力、撞击及振动等作用下所产生的各种荷载，是建筑物的骨架。在正确设计、施工及正常的使用条件下，建筑结构应该具有抵御可能出现的各种作用的能力。同时，建筑结构又是影响建筑构造、建筑经济和建筑整体造型的基本因素之一，是建筑物赖以存在的基础。

对于建筑物来说，常见的房屋建筑中的梁、板、柱等属于建筑结构，屋顶、墙和楼板层等都是构成建筑使用空间的主要组成部件，它们既是建筑物的承重构件，又都是建筑物的围护构件，其功能是抵御和防止风、雨雪、冰冻以及内部空间相互干扰等影响，为提供良好的空间环境创造条件。此外，桥梁的桥墩、桥跨，水坝、堤岸等也属于建筑结构（或称为土木结构），而人们在日常活动中看不到的基础也属于建筑结构。

结构是建筑物的骨架，是建筑物赖以存在的基础，因此结构必须是安全的，即在各种自然与人为的作用下保持其基本的强度要求——不被破坏，基本的刚度要求——不发生较大的变形，基本的稳定性要求——不出现整体与局部的倾覆。

通常情况下，常规建筑结构的工程造价及用工量分别占建筑物造价及施工用工量的30%~40%，建筑结构工程的施工期占建筑物施工总工期的40%~50%。由此可见，建筑结构在很大程度上影响了整个建筑物的造价和工期。

第二节　结构的作用

从结构的基本原则来看，结构的作用是在其使用期限内，将作用在建筑物上的各种荷载或作用（从自然到人为的各种力和作用）承担起来，在保证建筑物的强度、刚度和耐久性的同时，将所有的作用力可靠地传递给地基。

建筑结构的作用主要包括：抵抗结构的自重、承担其他外部重力、承担其他侧向力以及承担特殊作用。

一、抵抗结构的自重作用

自重是地球上的任何物体均存在的基本物理特征，是由地球的引力产生的（如图1-2所示），组成结构的材料也同样存在自重。尽管初学者在学习力学基础时，由于简化计算的需要而经常忽略结构的自重，但实际上很多结构材料的比重（单位体积的重量）非常大，从而会使自重成为结构的主要荷载，如混凝土结构、砖石砌体结构等，在结构设计中是无法忽略的。

图1-2　地球的引力

通常情况下，自重是均匀地分布在结构上的，因此自重在计算时经常被简化为均布性的竖直荷载，如梁板的计算。但是，有时也会为了计算简化的需要，在不影响整体结构受力效果的前提下，将自重简化为集中荷载。例如，在桁架的计算中，会将杆件的自重简化为作用在节点上的集中力（如图1-3所示）。

二、承担其他外部重力作用

结构上的各种附加物，如设备、装饰物及人群等，均存在重量，需要结构来承担。上部结构对于下部结构来说，也是附加的外部重力荷载，需要下部结构来承担。因此，结构需要承担各种外部重力形成的荷载作用，这是对结构的基本要求，也是单层结构发展为多层结构的基本前提。

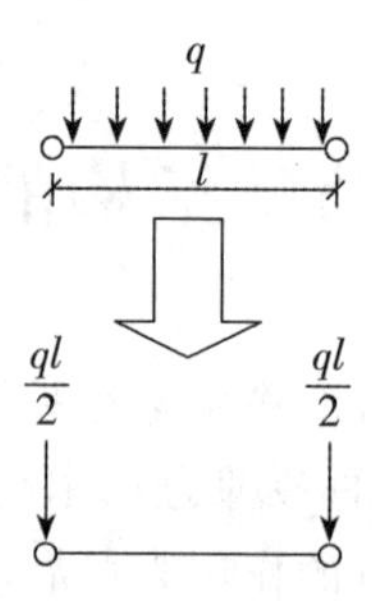

图1-3 均布荷载的一种简化

结构所承担的其他外部重力荷载是多种多样的，会随着建筑物的差异而不同。北方地区冬季降雪量大，因此雪荷载是北方地区结构设计所要考虑的重要内容，这也是北欧、俄罗斯等地的古典建筑大多采用尖顶的原因所在（尖顶的倾斜屋面难以留存大量的积雪，从而可避免建筑物由于沉重的雪荷载作用而倒塌）。而生产中有大量排灰的厂房（如冶金、水泥生产等）及其邻近建筑物，在进行结构设计时，需要考虑屋顶的积灰产生的重力荷载。这是由于这类建筑物的屋顶容易积存大量的灰尘，如果这类建筑物的体型较大，日常的清理工作会很难进行，在使用几十年后，积灰的重力作用对建筑物的影响是不容忽视的。

三、承担其他侧向力作用

结构除了需要考虑垂直力的作用外，抵抗侧向力对于建筑物来说也是十分重要的。对于较低的建筑物，侧向力并不构成主要的破坏作用，但是随着建筑物的增高，侧向力逐步取代垂直的重力作用，成为影响建筑物的主要作用。

常见的侧向作用有风和地震作用。风是由于空气的流动所形成的，由于建筑物会对风的流动形成阻力，因此风也会对建筑物形成推力。当然，现实中的风荷载效应是十分复杂的，这部分内容将在本书的第二章中加以详细讨论。地震时，地面会产生往复的侧向位移，而由于惯性，建筑物会保持原有的静止状态。因此，地震时地面与建筑物之间会形成运动状态的差异，从而形成侧向力的作用。与风的作用不同，地震不是直接产生的力作用在建筑物上，而是建筑物自身惯性产生的，因此建筑物所受到的地震作用除了跟地震的强弱有关，也与建筑物自身质量等关系密切。关于地震的问题也将在第二章中加以详细讨论。

对于特定的构筑物由于要满足特殊的功能要求，因此除了风与地震作用外，还需要承担特定的侧向力。例如，桥梁需要承担车辆的水平刹车力；水坝与堤岸需要承担波浪的侧压力与冲击力；挡土墙需要承担土的侧压力等。在结构设计中，侧向力与作用是不能忽视的，且大多数侧向力与作用属于动荷载，作用更加复杂。

四、承担特殊作用

除了常规的力与作用外，建筑物还可能由于特殊的功能或原因，承担特殊的作用。例如，我国北方冬季寒冷、夏季酷热，温度变化范围可达60℃以上，冬季室内外温差也可以达到50℃以上，温度的变化导致的结构变形不协调是产生结构内力的主要原因。结构外表面温度较低而结构内部温度较高，形成较大的温度差导致结构发生变形，若变形遭到约束，则在结构内部产生应力，容易产生温度裂缝（如图1-4所示）。有的时候，建筑物的地基会在建筑物的荷载、地下水及地震等多种因素的影响下产生沉陷，而当地基的沉陷不均匀时，会导致建筑物被破坏（如图1-5所示），常见的破坏形式包括建筑物倾斜、不均匀沉降、墙体开裂、基础断裂等。结构设计者也需要考虑这些特殊原因产生的影响，才能保证所设计的结构是安全、可靠的。

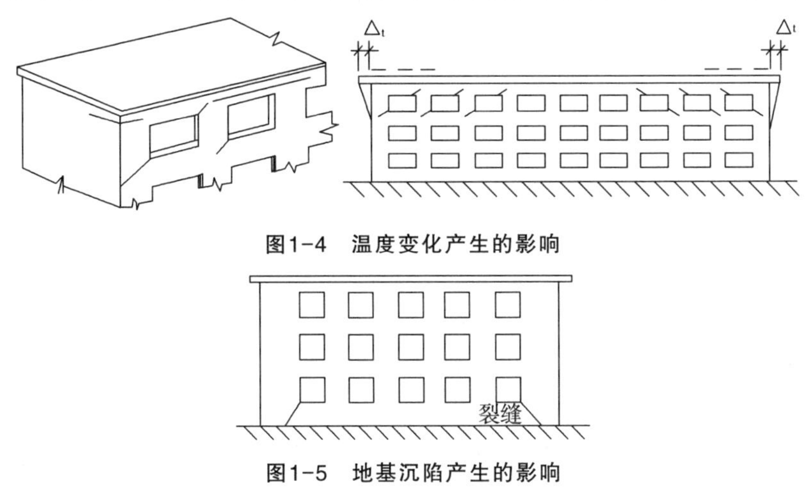

图1-4　温度变化产生的影响

图1-5　地基沉陷产生的影响

第三节　结构的组成

结构是由构件经过稳固的连接而形成的。构件是结构直接承担荷载的部分，连接可以将构件所承担的荷载传递到其他构件上，进而传递到结构基础上直至地基。

从一般的建筑结构来理解，结构有以下几个特定的组成部分：形成跨度的构件与结构、垂直传力的构件与结构、抵抗侧向力的构件与结构以及基础。

一、形成跨度的构件与结构

建筑物内部要形成必要的使用空间，跨度是必不可少的尺度要求。跨度是建筑物中梁、板及拱券等两端承重结构之间的距离，没有跨度就不可能形成内部的空间。没有跨度构件，各种跨度以上的垂直重力荷载就不可能传至结构的基础。

在形成跨度的构件和结构中，应用最广泛的跨度构件是梁。要想跨越一段距离时，最简单的方法就是将粗棒状的物体横向置于两个支点之间。这种方法，我们的祖先恐怕在几万年前就已经知道了。在他们的原始生活中，被风刮倒的树木偶然横跨在小河上，被当作圆木桥使用。于是，这就成为人们渡河和横跨山谷的手段之一。横架（水平放置）于支点之间的棒状物称为梁（如图1-6所示）。梁是现代建筑、桥梁结构中应用最广泛的构件之一。

图1-6　形成跨度的梁（桥梁）

结构中有了梁的作用才可以保证梁的下部空间，同时又可以在梁的上部形成平面，进而形成建筑中第二层人工空间。此外，梁是轴线尺度远远大于截面尺度的线形构件，在结构设计计算时可以将其简化为截面尺度为零的杆件。受弯是梁的基本受力特征，弯曲是梁的基本变形特征。

板是覆盖一个面且具有相对较小厚度的平面形结构构件，其原理、作用与梁基本相同。但当板的尺度与约束共同作用，体现出明显的空间特征时，其计算原理会稍有变化。

桁架、拱以及悬索等是形成跨度的构件与结构中的特殊形式，这些结构与构件与梁、板构件的不同之处在于，它们不是以受弯为基本受力特征的，且常应用在大跨度结构中。在大跨度结构中，梁的弯曲效应巨大，这对于结构来说是非常不利的，因此采用桁架、拱以及悬索等结构型式，可以达到抵消或减小结构的弯曲效应的目的。

二、垂直传力的构件与结构

当跨度构件（如梁、板等）形成空间并承担相应的重力荷载时，跨度构件的两端必然会形成对于其他构件的向下的压力作用，这种压力作用需要有其他的构件承担并向下传递至基础。同时，建筑物的空间需要高度方向的尺度，应有相应的构件形成建筑物的空间高度要求。满足上述需要的构件与结构即为垂直传力构件与结构。

常见的垂直传力构件或结构是柱。通常情况下，柱的顶端是梁。为了把梁架设在一定高度上，就需要借助于柱子。柱子是将棒状物竖直放置用来支撑荷载的一种构件。柱子与梁一样，都具有悠久的历史，也是现代建筑结构中使用最为普遍的一种构件。梁将其承担的垂直作用传给柱；柱的下部是基础，将作用传递至地基。当然，柱的下部也可以是柱，从而形成多层建筑。在特殊的情况下，柱的下部也可以是梁，一般称之为托梁，托梁将其上柱的垂直力向梁的两端分解传递。

案例 1-1

与梁类似，柱的轴线尺度也远远大于截面尺度，在结构设计计算时也可以将其简化为截面尺度为零的杆件。轴向力是柱的基本受力特征，即柱主要承受平行于柱轴线的竖向荷载。同时，由于结构中竖向荷载可能存在偏心作用，导致作用在柱上的轴向力对柱产生偏心影响，因此使得柱在受压的同时受弯。

最古老的梁柱结构可以追溯到英国南部新石器时代的“巨石阵”，巨石列柱由里到外共四层按同心圆排列，其中从最里面算起，第二层和第四层的柱列上搭设有石梁。梁的重量为每根7吨，柱子的重量为25吨，所组成的巨石结构为宗教目的而修建。古埃及、古希腊（如图1-7所示）和古罗马的神殿，大多数也建造成石制的梁柱结构，而在古代东方梁柱结构几乎全部采用木结构，在梁柱的连接部位采用“斗拱”的特殊构造（如图1-8所示）。

图1-7　雅典卫城 帕特农神庙（公元前5世纪）

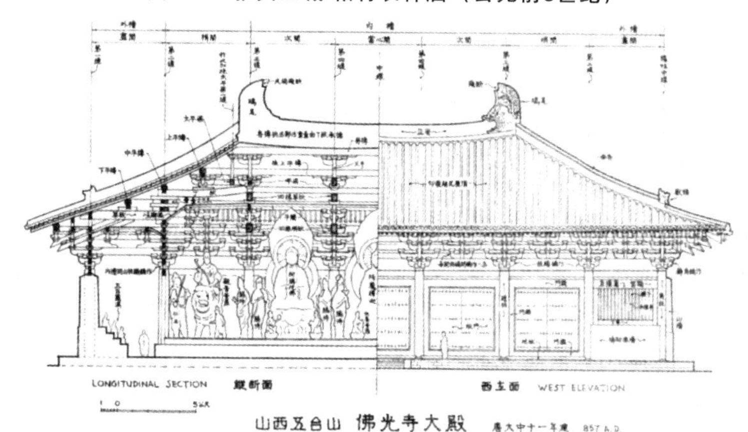

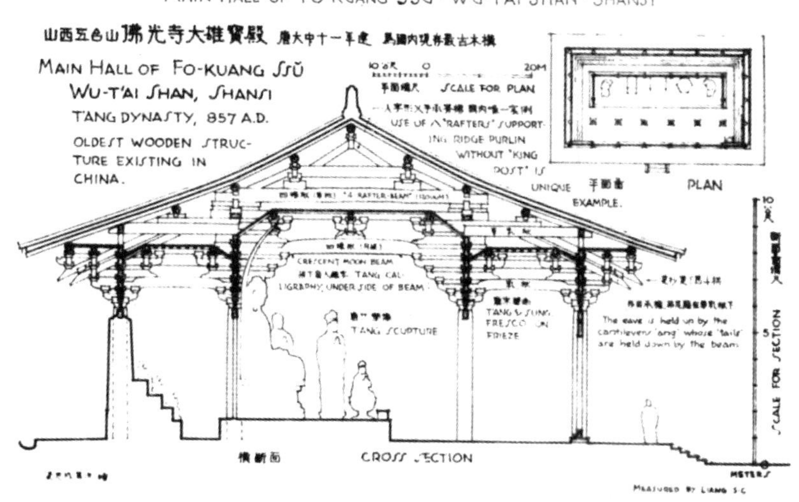

图1-8　山西五台山 佛光寺大殿 立面及剖面图（唐大中十一年，857年）

（资料来源：梁思成. 中国建筑史［M］. 上海：生活·读书·新知三联书店，2011）

墙也是垂直传力的构件之一，其原理、作用与柱基本相同。但是墙与柱相比，由于墙的轴线方向具有较大侧向尺度，因此该尺度方向的刚度较大，从而具有良好的抵抗侧向变形的能力，这是柱并不具备的。墙除了作为承重构件之外，还有分隔空间、保温、隔声及隔热等功能。

三、抵抗侧向力的构件与结构

建筑物内部需要有相应的构件或结构来抵抗侧向力或者作用。常见的抵抗侧向力的构件是墙。由于墙的侧向尺度较大，因此其侧向刚度大、抗侧移能力强，可以有效抵御侧向变形与荷载。此外，更重要的是墙可以直接与地面相连接，从而使建筑物形成整体的刚度空间。

楼板也是抵抗侧向力的构件之一。楼板的侧向刚度也较大，但板并不直接与地面相连，它只能够将建筑物在板所在的平面内形成刚性连接体，而不能如墙一般使建筑物在不同层间形成刚度。

除了墙以外，柱与柱之间可以利用支撑来形成抵抗侧向变形的结构，在许多钢结构的建筑中，这种支撑是必不可少的，其作用与墙是相同的。

四、基础

基础是结构的最下部，是埋入土层一定深度的建筑物下部承重结构。基础是将建筑物上部的各种荷载与作用传递至地基的重要部分，没有基础，建筑物就是空中楼阁。由于建筑物承受各种荷载与作用，因此基础也要承担垂直力、水平侧向力及弯曲作用等复杂的作用。通常情况下，基础应向地面以下埋置一定的深度，以确保建筑物的整体稳定性。

地基与基础不同，它并不属于结构。地基是基础以下的持力土层或岩层，是上部荷载最终的承接者。因此，地基必须有足够的强度、刚度与稳定性。强度是地基不能受压破坏；刚度是地基的岩层与土层的压缩性不能超过相应的要求，尤其是不能有不均匀的变形，否则会导致建筑物的倾斜和裂缝，如著名的比萨斜塔就是由于地基的不均匀沉降而形成的；稳定性是地基不能够发生滑移与倾覆等整体性的破坏。关于地基与基础将在后续的章节中专门加以介绍。

第四节　建筑物对于结构的基本要求

由于结构对于建筑物特殊的作用与意义，因此结构必须满足特定的要求才能够保证其功能的实现，从而保证建筑物的功能。

结构的特殊功能要求包括：安全性、适用性、耐久性和稳定性。

一、结构的安全性功能要求

安全是对结构的基本要求，如果没有安全性，建筑物也就失去了基本的意义。结构的安全性是指结构在各种外部与内部的不良作用下，能够保持其稳固的形体，使内部空间得以存在，让人们的生产、生活得以保证，即结构能够承受正常施工、正常使用可能出现的各种荷载、变形等作用。

此外，建筑物对于结构安全性的考量与普通的安全性不同。施加于结构的外力作用是十分复杂的，有时建筑物可能会遭遇罕见的巨大外力作用，如超出设计范围的地震、海啸等，而在超过人们预料的巨大作用面前，建筑物也要保证安全。此时安全性的意义并不是建筑物不被破坏，而是以人们所预料的方式被破坏，并在被破坏前有明确的预警，这才是真正意义上的结构安全性。

二、结构的适用性功能要求

结构的适用性是指结构在正常使用条件下，能够保证自身发挥其作用的同时，还能满足预定的使用功能要求。例如，如果建筑物仅仅为了满足安全性要求，而导致结构尺度过大影响到建筑物功能的发挥，这样的结构是不可取的。事实上，结构尺度过大是建筑空间设计与结构的基本矛盾，优秀的结构工程师的主要任务之一就是要寻找适度的结构尺度。

同时，结构在保证受力安全及正常使用过程中应具有良好的工作性能，不能产生较大的变形、挠曲、裂缝及震颤等不良反应，否则会影响建筑物功能的正常发挥，甚至造成使用者强烈的不安全感和心理冲击。

三、结构的耐久性功能要求

持续性地、长期地发挥功效也是对结构的基本要求之一。结构的耐久性是指结构必须保证在正常使用和维护的前提下，在建筑物存在的期限内发挥其应有的功能，结构不能先于建筑物的寿命破坏。因此，结构在正常使用和正常维护条件下，在规定的设计基准期内应具有足够的耐久性。结构的耐久性要求建筑物应该能够抵御自然界的腐蚀作用、气候冷热变化所产生的冻融循环作用等，如不发生裂缝开展过大、材料风化、腐蚀、老化而影响结构的使用寿命，不发生影响结构耐久性的局部破坏。

此外，建筑物一次性投资费用较大的特点也要求建筑物能够长期存在，以产生效益、回收成本，因此从经济角度考虑，也必然要求结构具有耐久性。

四、结构的稳定性功能要求

稳定性是结构抗倾覆的能力，失稳破坏的后果是极其严重的，失稳破坏经常表现为没有先兆的破坏，在结构的使用中不能够有效地预防，因此必须在结构设计时加以构造处理，防止失稳。

结构的稳定性功能要求结构在偶然作用（强震、强风、爆炸）的影响下，仍能保持结构的整体稳定。

第五节　建筑、结构设计的主要内容

一、建筑设计的主要内容

通常情况下，建筑设计是由建筑师完成的。建筑设计的基本要求包括：满足建筑功能的要求、采用合理的技术措施、具有良好的经济效果、考虑建筑美观的要求以及符合总体规划的要求等。

建筑师的主要任务之一是确定建筑的复杂功能。为了完成建筑的预定功能，应该保证建筑系统做到以下两方面：与自然界不同的人工空间、与自然界不同的人工物理环境。因此，建筑的功能设计集中体现在以下几个方面。

首先，确定建筑物的特定功能。例如，确定拟建的建筑物需要具有居住或办公、商用或生产等功能。对于特定的功能领域，建筑师还需要将其具体化、定量化，从而形成特定的平面与空间的组合；形成空间之间的有效联系——交通组织与通信体系；形成人工物理环境的特定参数——适当的温度、湿度与照明；形成人工环境与自然环境的交流——能源的供应和物质的流动等。同时，为了确保建筑物与自然界、城市环境相协调，建筑师还需要在建筑物的整体造型上加以调整，使之更加美观和完善。

其次，建筑师应与结构工程师进行沟通，由结构工程师选择并设计能够承担该空间及其设施，并适应该建筑物所在自然环境的结构体系，使之形成安全稳定的建筑空间，使结构具有足够的强度、刚度及稳定性来保证建筑物的作用与功能。

最后，为了保证建筑物的特定功能的实现，建筑师还应该与设备工程师进行详细的沟通与协调，设计出保证人们在该人工环境内正常生活、工作的设备系统——给排水、暖通、空调、电梯、能源供应等复杂的设备系统。

二、结构设计的主要内容

通常情况下，结构设计是由结构工程师完成的。所谓结构设计，从根本意义上来讲，就是选择与设计适当的结构，使其能够在各种自身与外界的作用下正常工作。概括来说，结构设计包括以下几个主要的过程。

1. 选择结构体系并确定力学计算简化模型

针对建筑物的基本功能要求，选择可以保证建筑空间与功能要求的结构体系，是结构设计的基础工作。恰当的结构体系可以使结构设计简单化，保证结构的安全性和可靠性。

此外，在现实中结构是具有各种空间尺度与约束的体系，单纯的力学计算难以完整考量和解决这些实际结构中出现的各种问题。因此，必须根据实际结构的受力与变形特征，将结构进行相应的合理简化，使结构成为可以运用力学原理进行合理计算的力学模型（如图1-9所示）。在进行结构简化的过程中，简化原则与特定的结构构造方法是十分重要的，在实际结构的施工中，必须保证采用相应的构造措施，使结构的实际受力方式与计算简化相一致，这是非常重要的环节。

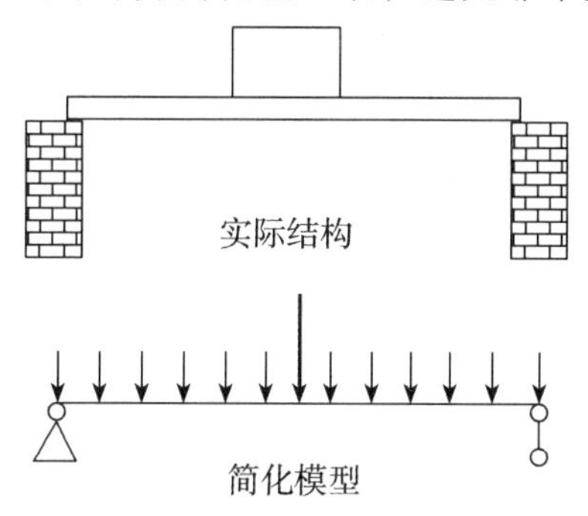

图1-9　结构的简化过程

2.结构受力与作用的确定

在确定结构体系以后，要根据建筑物的功能、建筑物所处的地理环境与自然环境以及建筑物的特定功能等要素，确定建筑物可能承受的各种自然的与人为的力学及变形作用，确定结构体系和构件在不同状态下的受力，从而确定将结构最不利的受力状态作为其设计状态。按此状态进行的结构设计，能够保证在大多数情况下结构体系的安全。

3.结构破坏模式的确定

即使结构设计师对结构作了最不利的分析，结构也不可能绝对坚固而不被破坏。在特殊的情况下，结构可能会面临结构设计中没有预计的强烈作用。因此，在特殊状态下结构采取何种破坏模式，对保障建筑使用者的生命安全是尤为重要的。

结构在强大的外力作用下可能会被破坏，在确定的外力作用下，采用确定材料的结构会形成确定性的破坏模式，从而形成特定的对应关系。这些对应的关系是研究结构被破坏情况的前提，也是结构设计的前提。设计者应将结构设计为：在特殊不良作用导致的结构被破坏时，应以预先确定的破坏模式来进行破坏，包括破坏的位置、裂缝走向和发展趋势以及结构坍塌的延迟时间等多个方面。

常规的结构破坏模式有脆性破坏、延性破坏两种类型。脆性破坏在破坏时没有先兆，包括变形与裂缝等。此类破坏比较突然，发展迅速，开始出现破坏的力学指标与极限破坏时的力学指标相接近，难以预料，是结构设计中应尽量避免的破坏模式。延性破坏在破坏前有先兆，尤其是有较大的先期塑性变形，裂缝发展缓慢。初始破坏的力学指标与极限指标相差较大，因此在结构最终被破坏之前呈现非常明显的先兆。这种先兆常常能够起到预警作用，使人们有相对充裕的时间撤离事故现场，这是结构设计时应考虑的特征性的破坏模式。

此外，失稳是一种极为特殊的破坏模式，它既不属于脆性破坏也不属于延性破坏。失稳是由构件或结构整体性的受力模式的突然转化而导致的。例如，从长细杆件的受压转化为杆件受弯，薄腹梁平面内受弯转化为平面外受弯等现象。失稳属于非常规的破坏模式，多发生在细长的受压构件（如钢结构）或较薄的受压区域，在设计中应尽量避免该类构件的出现。

4.结构受力分析计算及图纸绘制

完成上述几方面的考量之后，结构设计需要依据具体的结构特征，通过力学计算，进一步确定和完善结构构件（如梁、板、柱等）的使用材料、尺度、截面形式和构件之间的联结方式等，并绘制结构设计图纸，以确保结构在各种设计的荷载作用下保持强度、刚度与稳定性，以及在意外的、超过限定范围的荷载作用下，按照设计的方式被破坏，从而在整体上体现结构的安全性能。

除此之外，结构设计还应在一定程度上满足施工的方便性要求，以确保建筑设计与结构设计的宗旨可以通过施工来体现。

第六节　结构工程的历史演进过程

纵观建筑（土木工程）结构的发展历史，结构工程的发展总是围绕着建筑材料、设计理论和施工技术这三个基本要素，它们对结构工程的发展起到了关键作用，每当优良的新建筑材料出现时，往往伴随着结构工程跨越式的大发展。

在只能依靠泥土、木料及其他天然材料从事营造活动的人类早期，建筑物局限于对天然材料的简单加工，尽管也出现了宏伟的建筑，但因材料供应等方面的限制，很难在结构上有所突破。

砖和瓦作为人工建筑材料，使人类第一次冲破了天然建筑材料的束缚。砖和瓦具有比土更优越的力学性能，不仅可以就地取材，而且易于加工制作。砖和瓦的出现使人们开始广泛地、大量地修建房屋和城防等工程，由此土木工程技术也得到了飞速的发展。直至18—19世纪，在长达两千多年的时间里，砖和瓦一直是土木工程的重要建筑材料，为人类文明做出了伟大的贡献，直至目前仍然被广泛应用于建筑物中。

17世纪70年代和19世纪初生铁及熟铁分别被应用于建造桥梁和房屋，标志着钢材应用于建筑结构的开始。从19世纪中叶开始，冶金业冶炼并轧制出抗拉和抗压强度高、延性好、质量均匀的建筑钢材，随后又生产出高强度钢丝、钢索，于是适应发展需要的钢结构得到蓬勃发展。除了将钢材应用于原有的梁板、拱结构外，新兴的桁架结构、框架结构、网架结构、悬索结构逐渐推广，出现了结构型式百花争艳的局面。

知识拓展1-1

建筑物的跨度从砖结构、石结构、木结构的几米、几十米发展到钢结构的百米、几百米，直到现代的千米以上。于是，人们在大江大河、海峡上架起大桥，在地面上建造起摩天大楼和高耸铁塔，甚至在地面下铺设铁路，创造出前所未有的工程奇迹。为适应钢结构工程发展的需要，在牛顿力学的基础上，材料力学、结构力学、工程结构设计理论等应运而生。施工机械、施工技术和施工组织设计的理论也随之发展，土木工程从经验上升成为科学，在工程实践和基础理论方面都面貌一新，从而促成了土木工程更迅速的发展。

知识拓展 1-2

19世纪20年代，波特兰水泥制成后，混凝土问世了。混凝土骨料可以就地取材，混凝土构件易于成型，但混凝土的抗拉强度很小，用途受到限制。19世纪中叶以后，钢铁产量激增，随之出现了钢筋混凝土这种新型的复合建筑材料，其中钢筋承担拉力，混凝土承担压力，发挥了各自的优点。20世纪初以来，钢筋混凝土广泛应用于土木工程的各个领域。从30年代开始，出现了预应力混凝土。预应力混凝土结构的抗裂性能、刚度和承载能力大大高于钢筋混凝土结构，因而用途更为广阔。土木工程进入了钢筋混凝土和预应力混凝土占统治地位的历史时期。混凝土的出现，为建筑物或构筑物实现新的经济、美观的结构型式提供了可能性，同时也促进土木工程产生了新的施工技术和工程结构设计理论的发展。

高强混凝土是20世纪中后期出现的新型混凝土，通常将强度等级为C60及以上的混凝土称为高强混凝土。高强混凝土不仅强度高、具有高工作性和高耐久性等优异性能，而且其制作工艺并不复杂。应用高强混凝土不仅可以减小构件的截面尺寸、改善建筑物使用功能、降低结构自重、提高结构的刚度并延长结构的使用寿命，而且便于施工、控制质量以及提高生产效率。高强混凝土的应用提高了混凝土结构工程的施工质量和使用价值。自20世纪60年代至21世纪以来，高强混凝土已逐步在高层建筑、大跨度桥梁、高速公路、港口和海洋工程及军事工程中得到广泛的应用，获得了很好的社会效益和经济效益。

纵观建筑结构的发展历史，钢筋混凝土的出现是混凝土技术的第一次飞跃，预应力混凝土技术实现了混凝土技术的第二次飞跃，而高性能混凝土的制成和应用又使混凝土技术进入了第三次飞跃时期。随着混凝土技术的发展和不同工程的实际需求，对混凝土耐久性的要求越来越高。高性能混凝土更重视高耐久性、高工作性、高体积稳定性和经济合理性，改变了以强度为主要指标的传统观念。应用高性能混凝土可以节约原材料，延长工程使用寿命，最终达到保护人们赖以生存的生态环境和天然资源的目的。伴随着工程材料的成熟应用，我国在改革开放之后，尤其在土木工程建设方面做出了巨大突破，并取得了伟大的建设成就。目前，世界十大高楼，我国独占七座。在习近平新时代中国特色社会主义思想的引领下，全世界最长的跨海大桥——港珠澳大桥修建完成，标志着港澳与内地的联系更加紧密！

第七节　建筑结构的分类及应用

建筑结构的分类方法是多种多样的，常见的建筑结构分类包括：按照主要承重结构材料分类、按照结构受力和构造特点分类等。

一、按照主要承重结构材料分类

1.混凝土结构

混凝土的有效利用可以追溯到古罗马时代，古罗马最大的发明除了拱券之外，就是用石灰混合砂浆形成的罗马混凝土与砌体组合建造，使古罗马时期的建筑屹立不倒两千年。十九世纪中叶，法国的约瑟夫·莫里哀（1823—1906）发明了钢筋混凝土，并逐渐发展成为广泛使用的建筑结构材料。

混凝土结构包括素混凝土结构、钢筋混凝土结构和预应力混凝土结构，其中钢筋混凝土结构应用最为广泛，除一般工业与民用建筑外，许多特种结构（如水塔、水池、烟囱等）也可以采用钢筋混凝土建造。此外，混凝土结构还可以与钢结构组成混合结构。钢筋混凝土工程是人类迄今为止所发现的最具有适应性、最能大量采用和最完善的施工方法。钢筋混凝土的强度和技术性质，使其成为一种可以抗拉的人造“超级石材”。混凝土结构的主要受力优点是强度高、整体性好、耐久性与耐火性好、易于就地取材、具有良好的可模性等；主要缺点是自重大、抗裂性差、施工环节多、工期长等。

除此之外，2016年，国务院明确了城市规划和建筑业发展总方向，以“适用、经济、绿色、美观”的建筑方针提出绿色建筑和建材，发展新型建造方式。传统的混凝土在生产过程中消耗大量能源，排出大量的二氧化碳，对全球暖化的贡献率为4%，因此碳排放问题是传统混凝土结构的新研究课题，值得我们去探索，从而为我国双碳目标的实现做出贡献。

2.钢结构

钢结构是由钢板、型钢等钢材通过有效的连接方式所形成的结构，广泛应用于工业建筑及高层建筑结构中，尤其适用于大跨度结构、重型厂房结构、受动力荷载影响的结构及高耸、高层结构。型钢也可以与混凝土组成劲性混凝土结构（又称型钢混凝土、劲钢混凝土）。随着我国经济的迅速发展、钢产量的大幅度增加，钢结构的应用领域有了较大的扩展。钢结构与其他结构相比，其主要优点是材料强度高、结构自重轻、材质均匀，可靠性好、施工简单且施工周期短，具有良好的抗震性能；其主要缺点是易腐蚀、耐火性差、工程造价和维护费用相对较高。

3.砌体结构

砌体的历史源远流长，上至公元前几千年，下至近代建筑，几乎涵盖了人类所有的时代。

砌体结构是由块材和砂浆等胶结材料砌筑而成的结构，包括砖砌体结构、石砌体结构和砌块砌体结构，广泛应用于一般性的多层民用建筑。其主要优点是易于就地取材、耐久性与耐火性好、施工简单、隔热隔音好、造价较低；其主要缺点是强度（尤其是抗拉强度）低、整体性差、结构自重大、工人劳动强度高且砌筑施工慢等。

4.木结构

土木的语源，出自中国古籍《淮南子》中的“筑土构木”一词，早先的土木，与“木”的关系非常近。

木结构，是指全部或大部分用木材料构件组成的结构。由于木材生长受自然条件的限制，砍伐木材对环境的不利影响，以及木结构易燃易腐、结构变形大等因素，目前已较少采用。

二、按照结构受力和构造特点分类

1.承重墙结构

承重墙结构是以承重墙作为房屋竖向主要承重构件的结构体系，通常由砌体和钢筋混凝土材料制成。其中，房屋的承重墙由砖砌筑成砖砌体，承重墙主要承受竖向荷载，并兼作建筑物的维护和房间的分隔；房屋的楼（屋）盖由钢筋混凝土的梁、板组成，因此常被称为砖混结构。承重墙结构主要用于低层及层数不多的住宅、宿舍、办公楼和旅馆等民用建筑。

2.框架结构

框架结构是指由梁和柱为主要构件组成的承受竖向和水平作用的结构。目前我国框架结构大多采用钢筋混凝土建造。框架结构具有建筑平面布置灵活，与砖混结构（承重墙结构）相比具有较高的承载力、较好的延性和整体性、抗震性能较好等优点，因此在工业与民用建筑中应用广泛。现浇钢筋混凝土框架结构通常应用于6~15层的多层和高层房屋，如教学楼、办公楼、商业大楼及高层住宅等。但框架结构仍属柔性结构，侧向刚度较小，其合理建造高度一般为30米左右，即房屋的经济层数约为10层。

3.剪力墙结构

钢筋混凝土剪力墙（在抗震设计中又被称为抗震墙）结构是指将房屋的内、外墙设置成实体的成片钢筋混凝土墙体，利用墙体承受竖向和水平作用的结构。剪力墙高度往往从基础到屋顶，宽度可以是房屋的全宽，而厚度最薄可达到140毫米，剪力墙与钢筋混凝土的楼盖、屋盖整体连接，形成剪力墙结构。这种结构体系的墙体较多，侧向刚度大，适宜建造平面布置单一、高度比较高的建筑物。目前广泛应用在住宅、旅馆等小开间的高层建筑中。

4.框架-剪力墙结构

框架-剪力墙结构是指在框架结构内纵横方向适当位置的柱与柱之间，布置钢筋混凝土墙体，由框架和剪力墙共同承受竖向和水平作用的结构。这种结构体系结合了框架和剪力墙各自的优点，既可以在房屋的平面布置上保持一定的灵活性，又可以提高房屋结构的抗侧刚度，目前广泛应用在办公楼、旅馆、公寓及住宅等20层左右的高层民用建筑中。

5.筒体结构

筒体结构是指由单个或多个筒体组成的空间结构体系，其受力特点与一个固定于基础上的筒形悬臂构件相似。一般可将剪力墙或密柱深梁式的框架集中到房屋的内部或外围形成空间封闭的筒体，使整个结构具有相当大的抗侧刚度和承载能力。根据筒体不同的组成方式，筒体结构可分为框架-筒体、筒中筒、组合筒三种结构型式。筒体结构适宜建造的建筑物高度较高，是高层建筑常采用的结构型式。

6.排架结构

排架结构是指由屋架（或屋面梁）、柱和基础组成，且柱与屋架铰接，与基础刚接的结构。排架结构多采用装配式体系，可以用钢筋混凝土或钢结构建造，广泛用于单层工业厂房建筑。

此外，按结构的受力和构造特点分类，还可以将结构分为深梁结构、拱结构、网架结构、钢索结构、空间薄壳结构等，这里不再一一叙述，相关内容在本书的后续章节中详细阐述。

三、其他分类方法

建筑结构还可以按照其他方式进行分类，主要如下：

（1）按结构的使用功能分类，可以将结构分为建筑结构（如住宅、公共建筑、工业建筑等）；特种结构（如烟囱、水塔、水池、筒仓、挡土墙等）；地下结构（隧道、涵洞、人防工事、地下建筑等）等。

（2）按结构的外形特点分类，可以将结构分为单层结构、多层结构、大跨度结构、高耸结构等。

（3）按结构的施工方法分类，可以将结构分为现浇结构、装配式结构、装配整体式结构、预应力混凝土结构等。

第八节　建筑结构的基本构件

组成建筑结构的基本单元被称为建筑的构件。组成建筑结构的构件有各种不同的类型和形式。按构件的形状和功能来区分，构件有板、梁、柱、墙以及基础等类型。

在建筑结构的学习和结构计算中，一般是将这些构件按照受力特点的不同，归结为几类不同的受力构件，叫作建筑结构基本构件，简称“基本构件”。例如，砖混结构的主要基本构件包括楼板、梁、承重墙及基础等；单层厂房结构的主要基本构件包括屋面板、屋架、吊车梁、柱及基础等；多层与高层建筑结构的主要基本构件包括楼板、框架梁、框架柱、剪力墙、基础等；大跨度建筑结构的主要基本构件包括屋架（或桁架、网架）、弦杆和腹杆等。

上述基本构件按照其主要受力特点可以分为：受弯构件（如梁、板等）、受压构件（如柱等）、受扭构件、受拉构件及受剪构件等。

第九节 小结

保证建筑物与构筑物在各种自然和人为的作用下自身的工作状态、跨度、高度及稳定性等，必须有相应的受力及传力体系，这个体系就是结构，它是建筑物的骨架。结构是由构件经过稳固的连接而形成的，从一般的建筑来理解，结构有以下几个特定的组成部分：形成跨度的构件与结构、垂直传力的构件与结构、抵抗侧向力的构件与结构、基础。

结构必须是安全的，应该在各种自然与人为的作用下保持其基本强度、刚度和稳定性要求。结构除了必须抵抗结构自身的自重作用外，还应该承担其他外部重力荷载、侧向力与作用及特殊作用。建筑物对于结构的基本要求包括结构的安全性、适用性、耐久性和稳定性。

在建筑设计过程中，建筑设计师应确定建筑物的特定功能，并与结构工程师、设备工程师等相协调，以确保建筑物特定功能的顺利实现。结构工程师应设计能够承担该建筑空间及其附属设备，并适应于该建筑物所在自然环境的结构体系。建筑结构设计的核心就是选择并设计适当的建筑结构，使其能够在各种自身与外界的作用下正常的工作。

建筑结构的分类方法繁多，常见的建筑结构分类方法包括：按照主要承重结构材料分类（混凝土结构、钢结构、砌体结构和木结构）、按照结构受力特点分类（承重墙结构、框架结构、剪力墙结构、框架-剪力墙结构及筒体结构）等。

■ 关键概念

建筑结构 安全性 适用性 耐久性 稳定性 混凝土结构 钢结构 砌体结构 木结构

■ 复习思考题

1.结构有什么作用？

2.结构是如何组成的？各组成部分的作用是什么？

3.建筑物对于结构的基本要求是什么？

4.建筑结构的主要分类及其应用如何？

第二章

荷载的基本概念

□ 学习目标

掌握结构承担的常规荷载、特殊荷载以及特殊作用，包括静荷载、一般活荷载、风荷载、地震作用等。

第一节 荷载及其分类

一、荷载与作用

前文经常提到的结构所承担的外部作用来自两类现象（如图2-1所示）。一类由自然现象产生，如地球的地心引力（即重力），因气象变化产生的风力和冰、雪的自重，因材料性能产生的热胀冷缩和干缩，因地质原因产生的地基沉降、地震时的地面运动等。另一类由人为现象产生，如机器运行产生的周期振动，爆炸产生的冲击振动，人为施加的预应力等。这两类现象从对结构产生的影响和效果分析，又各自有两种可能：一种是直接施加在结构上使它产生内力和变形的荷载（也称直接作用），如结构自身的重力荷载、施加在楼面上人群和设备的使用荷载；另一种是因某种原因（非直接施加）使结构产生内力和变形的作用（也可认为是间接荷载，或称隐性荷载），如材料热胀冷缩而变形受到约束产生的温差作用，地基不均匀沉降引起的沉降作用，地震使建筑物产生加速度反应导致的地震作用等。

静定与超静定结构由于约束状况不同，产生作用的情况也不同（如图2-2所示）。

静定结构在各种静态的不协调的变形作用下不产生相应的内力，其原因在于静定结构中没有多余约束，如果个别杆件发生变形，其他杆件会相应调整各自的位置与状态，适应这种变形而不产生约束力。与静定结构相比，超静定结构中如果发生个别杆件的不协调变形，会由于多余约束的作用限制变形的发展，从而产生约束力。

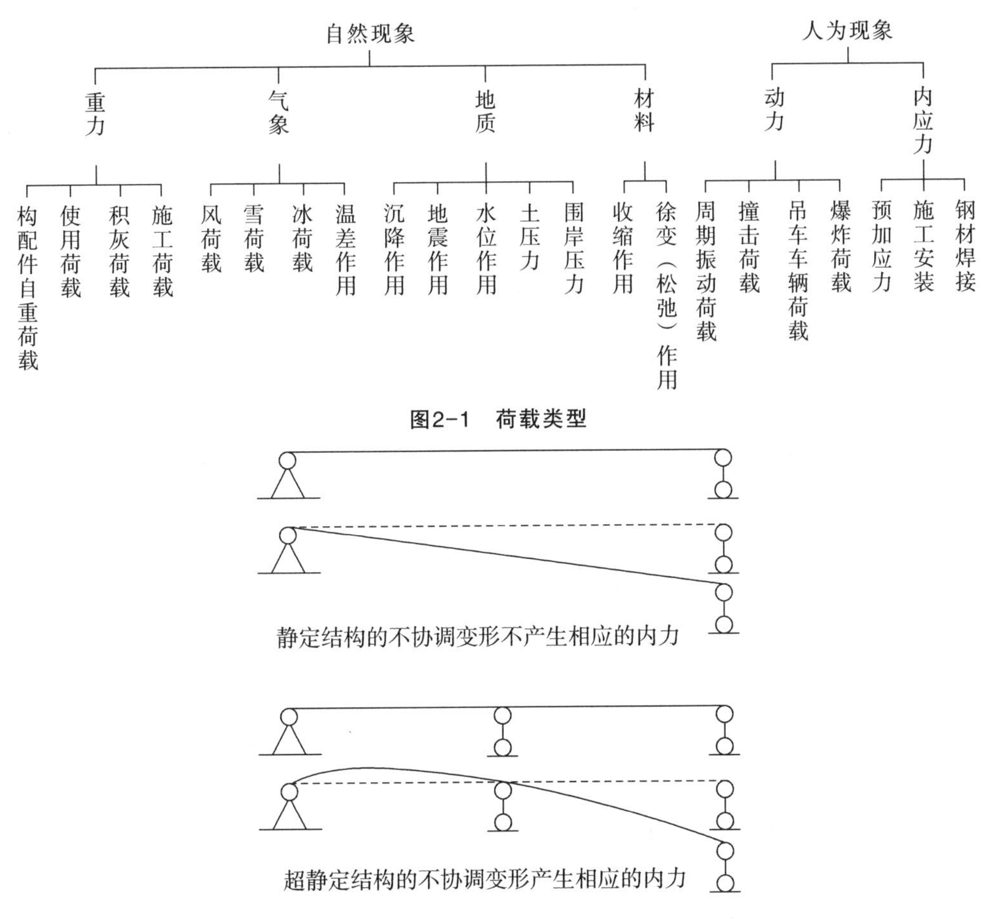

图2-1　荷载类型

图2-2　静定与超静定结构对于变形的不同反应

各种作用也同样会产生力，变形的不协调会通过力的作用调整为协调，如果不是十分严格的技术文件，在常规上也可以将荷载与作用统称为荷载。

二、荷载的分类

根据荷载的特点，经常将荷载进行以下分类：

1.永久荷载、可变荷载和偶然荷载

根据荷载作用的位置、量值、方向等特征与结构发挥效用时间的关系，可将荷载分为永久荷载、可变荷载和偶然荷载。

永久荷载又称恒荷载，是指结构在使用期内其值不随时间变化或其变化与平均值相比可忽略不计的荷载。构件的自重以及其他构件传来的相应构件的自重均属于恒荷载。建筑物的各种附加设施不一定属于恒荷载，如抹灰层、屋面保温层属于恒荷载。家具、室内设备等虽然不经常移动，但其持久的存在于一个地方的时间与结构发挥效用的时间范围相比较，虽说是十分短暂的，但是不能忽略，因此不属于恒荷载。恒荷载是比较容易度量与计算的，确定的材料与截面必然会有确定的构件自重；确定的结构体系以及确定的构件关联关系，会有确定性的传力路径与方式。

可变荷载又称活荷载，指的是在结构的设计使用期内，其值可变化且变化值与平均值相比不可忽略的荷载。人群、风、家具等所形成的荷载均属于活荷载。活荷载是相对复杂的，必须预测可能出现荷载的变化状况、范围、幅度，才能选择应对活荷载的基本策略；对于各种活荷载可能出现的状况均进行设计、验算与比较，才能确定结构的安全性能。

偶然荷载指的是在结构的设计使用期内偶然出现（或不出现），其数值很大、持续时间很短的荷载，如地震力、船只或漂浮物撞击力等。

2.静荷载与动荷载

根据荷载作用量值的短期变化特征，可以将荷载分为静荷载与动荷载。

静荷载是指短时间（尤其是瞬时）量值不发生变化或变化幅度不大的荷载。瞬时不发生变化，简单地说就是不会对结构产生冲击作用的效果，如人群、自重、家具等。静荷载多由重力引起。

动荷载是指短时间量值发生较大变化的荷载，对结构会产生冲击作用效果，如车辆、风、地震以及设备的运行等。除风、爆炸等特殊动荷载外，多数动荷载由重力与运动速度共同产生。

3.竖向荷载与侧向荷载

根据荷载作用方向，可以将荷载分为竖向荷载与侧向荷载。

竖向荷载显而易见是由重力作用引起的；侧向荷载则是由风和侧向地震作用以及土压力、水压力引起的。侧向荷载可能导致建筑物整体滑动和倾覆，风还会掀起屋顶，而重力荷载则可抵抗侧向荷载，保持结构的稳定。

三、力学计算的荷载简化

在力学计算时，活荷载要转化为恒荷载来计算，动荷载要转化为静荷载来计算。活荷载的转化要通过不同活荷载状态的分别计算来实现；动荷载的转化要通过动荷载的等效静力作用来实现，其方式是以与动荷载产生同样结构位移与变形的静力来代替动荷载。

对于非荷载作用——位移、温度作用，也同样以与之产生同样结构位移与变形的静力来代替。

经过力学的简化后，荷载呈现出两种作用方式的静、恒荷载（如图2-3所示）。

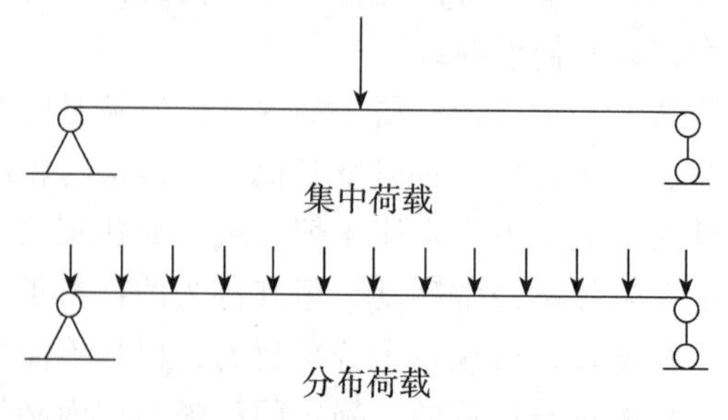

图2-3 集中荷载与分布荷载

1.集中荷载

集中荷载是指荷载作用的范围相对于结构的尺度来讲很小，可以忽略为一个点作用的荷载。集中荷载对结构产生不连续的作用，可以直接进行力学计算。

2.分布荷载

分布荷载是指荷载作用的范围相对于结构的尺度来讲是线或面作用的荷载。分布荷载对结构产生相对连续的作用，不能直接进行力学计算，需要以积分的办法求得分布荷载对结构或构件的整体作用效果。最为常见的分布荷载是均布荷载。

以楼面活荷载为例，所谓的楼面活荷载即使用荷载，由楼面上物体所引起，如人群、家具等。楼面活荷载实际上是通过一系列集中力传给楼面结构的，如人的重力由脚底、家具由支撑点施加给楼面，但在结构分析和设计中采用的却是均布荷载。由分散的多个集中力换算成楼面（板、次梁及主梁）的均布荷载要利用“等效均布荷载”的概念。图2-4（a）表示的是从单位宽度（1m）某居室楼面上取出的计算简图，跨中有实测到的若干集中力p_i（i=1，2，…，n），求出它的最大内力（如M_{pmax}或V_{pmax}）；如果把若干p_i换成均布荷载q，使它产生的最大内力M_{qmax}（或V_{qmax}）与上述M_{pmax}（或V_{pmax}）相等，则q称为弯矩等效均布荷载（同样，若按剪力等效，可得剪力等效均布荷载，一般用弯矩等效均布荷载）。

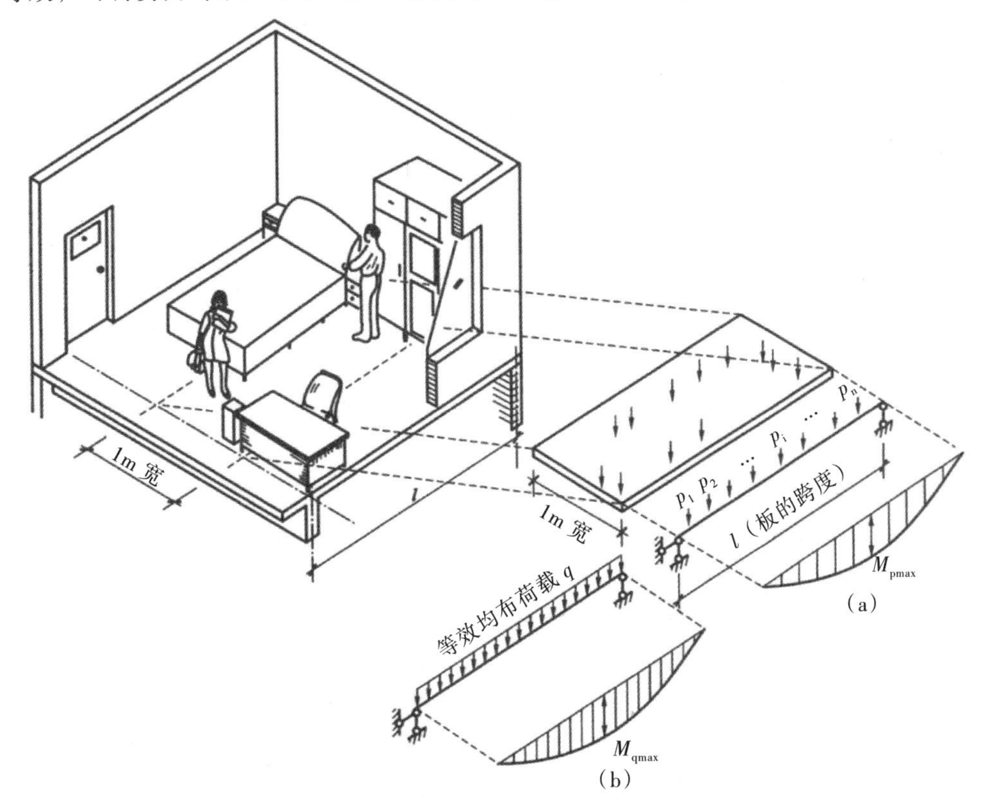

（a）单位宽度的计算简图和实际弯矩图　　（b）等效均布荷载和等效最大弯矩

图2-4　楼面等效均布荷载q

第二节 荷载取值

作用在结构上的荷载是多种多样的，每一种荷载都必须被确定下来，使之成为可以计算的恒荷载与静荷载。结构设计时，应根据不同的设计要求，采用不同的荷载数值，即荷载代表值。

一、荷载取值的前提范围

对于每一类荷载，均要限定荷载的测算取值前提，对于不同的前提范围，荷载的量值是不同的，不同地区、不同功能、不同使用时间期限的建筑物设计荷载也不一样，因此不同的建筑物没有相应的可比性。

一般来讲，建筑物所承受的荷载的特征值的测算要按以下前提来进行：

1.功能范围

所谓功能范围是指建筑物的设计功能，住宅、办公、商用、仓储等不同的功能建筑物所承担的对象不同，因此不同功能的建筑物与构筑物所承担的荷载也是不一样的。当然，对于同一建筑物的不同功能区域来讲，所承担的荷载也是不一样的。因此，特定的建筑物会承担特定的荷载，建筑物中特定的功能区域空间会承担特定的荷载，这种功能的确定与功能区域的划分，不是由结构工程师完成的，而是由建筑师根据功能要求确定的。

2.时间范围

在进行荷载分析时，经常会遇到两个关于时间范围的描述，分别为建筑结构的设计基准期和重现期。为定义可变荷载的标准值取值，需要确定一个固定的时间段，这一时间段被称为结构设计基准期。《建筑结构荷载规范》中定义结构设计基准期是为统一确定荷载的标准值而规定的年限，通常是一个固定值，如建筑结构的设计基准期为50年。根据设计基准期内荷载最大值概率分布的统计特征值定义可变荷载的标准值。采用数理统计的方法需要大量的可变荷载统计资料，但一些情况下，如风、雪、洪水、地震等自然荷载，采用统计理论的重现期来表达可变荷载的标准值更为方便，工程上习惯称为“50年一遇”“100年一遇”等。

设计基准期和重现期都是定义荷载标准值的时间参数，但两者的概念是完全不同的。设计基准期是一个规定的时间段，在确定荷载标准值时还需规定一个超越概率值，概率值越小，对应的标准值越大；概率值越大，对应的标准值越小。重现期是指荷载值两次达到或超过标准值的平均时间间隔，此时荷载的年超越标准值的概率值为1/重现期，对于同一可变荷载，重现期越小对应的标准值越小，重现期越大对应的标准值越大。对于荷载来说，重现期虽然是一个时间段，但描述的是荷载的大小，所以即使设计基准期和重现期所规定的时间段是相同的，也不能将设计基准期和重现期的概念等同理解。对于普通的建筑结构，在进行荷载分析时，可变荷载的设计基准期以及重现期均取50年。

3.空间范围

空间范围是指建筑物所在地，也就是建筑物所面临的特定荷载发生区。对于自然界来讲，不同的区域与自然环境荷载发生的状况不同，这种自然荷载的差异构成了不同荷载的荷载发生区域，如地震等级区、雪压等级区、降水等级区、风向与风压等级区等。

二、荷载代表值

《建筑结构荷载规范》（GB50009-2012）（以下简称《荷载规范》）给出了四种荷载代表值，即标准值、组合值、频遇值和准永久值。荷载标准值是结构设计时采用的荷载基本代表值，而其他代表值可在标准值的基础上乘以相应的系数得到。

知识拓展2-1

永久荷载采用标准值作为代表值；可变荷载采用标准值、组合值、频遇值和准永久值作为代表值。

作用在结构上的荷载是一种随机变量，在一定条件下进行试验或观察会出现不同的结果（也就是说，多于一种可能的试验结果），而且在每次试验之前都无法预言会出现哪一种结果（不能肯定试验会出现哪一种结果），这种现象被称为随机现象。表示随机现象各种结果的变量称为随机变量。除了荷载，混凝土和钢筋的强度等也都属于随机变量。处理这些随机变量需要一些概率论的知识，现将这些知识做一介绍。

1.概率密度函数

随机变量的确定需要通过多次的试验获得统计资料，随着试验次数的增加，分组越来越多，组距越来越小，这些统计资料会形成一条连续、光滑的曲线，可以用$f(x)$表示，这个函数是随机变量ξ的概率密度函数。对于不同的随机变量应采用不同的$f(x)$表示，即选用不同的概率分布。属于永久荷载的结构构件自重符合正态分布，材料强度也符合正态分布；楼面上的可变荷载，比较符合极值分布。

（1）正态分布

正态分布是最常用的概率分布。若随机变量ξ的概率密度函数为：

$$f(x)=\frac{1}{\sqrt{2\pi}}e^{-\frac{(x-\mu)^2}{2\sigma^2}} \tag{2-1}$$

则该函数符合服从参数μ，σ的正态分布，μ和σ分别为ξ的平均值和标准差，如图2-5所示。

（2）极值分布

工程设计中需要考虑荷载数值的最大值或极值，这时会用到极值分布理论。如果随机变量ξ的概率密度函数为：

$$F_x(x)=e^{-e^{-\lambda(x-\mu)}} \tag{2-2}$$

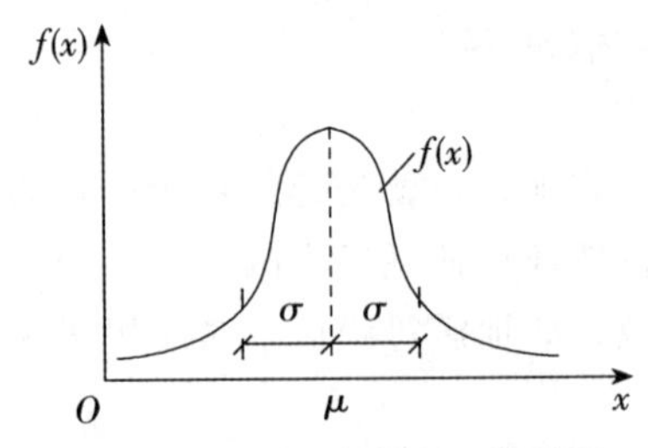

图2-5 正态分布概率函数曲线

这种指数分布为极值I型分布，μ和σ分别为ξ的平均值和标准差。一些可变荷载（楼面可变荷载、雪荷载及风荷载等）最大值的概率分布基本符合这种分布。

（3）分位值

工程中要求出现的事件数据不大于或不小于某一数值，这个数值称为分位值。如果把不小于或不超过分位值的概率确定为某一数值，则分位值可按下式计算：

$$f_k=\mu\pm\alpha\sigma=\mu(1\pm\alpha\delta) \quad (2-3)$$

式中：

f_k：分位值。

μ：试验数据平均值。

σ：标准差。

δ：变异系数。

α：与分位值保证率相应的系数。

若f_k满足条件：

$$P(\xi\leqslant f_k)=p_k \quad (2-4)$$

则f_k为ξ的概率分布的p_k分位值（如图2-6所示），而p_k称为分位值f_k的百分位。工程中一般取分位值的保证率为95%，对于正态分布，则保证率系数α=1.645，而事件低于或超越分位值的概率是5%（如图2-7所示）。

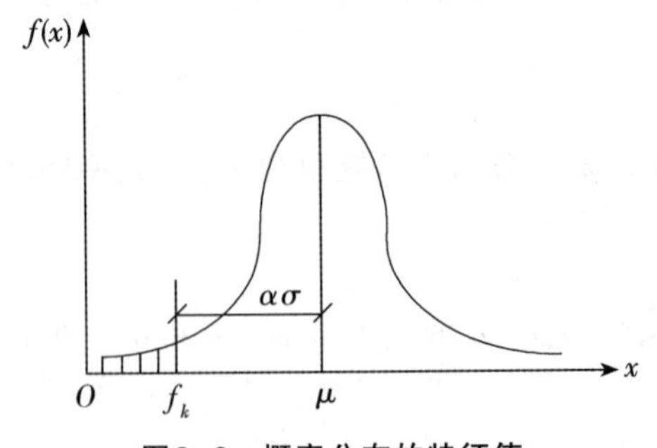

图2-6 概率分布的特征值

2.荷载标准值

荷载标准值是指结构在使用期间，正常情况下可能出现的最大荷载。

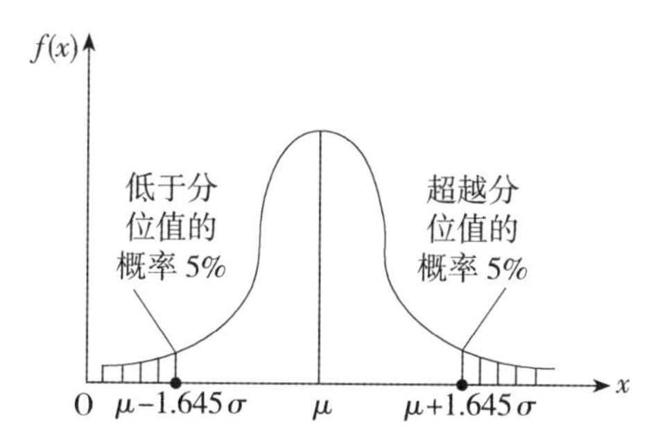

图2-7 概率分布与特征值

荷载标准值是《荷载规范》规定的荷载基本代表值，为设计基准期内最大荷载统计分布的特征值（如均值、众值、中值或某个分位值）。由于最大荷载值是随机变量，因此，原则上应由设计基准期（50年）荷载最大值概率分布的某一分位数来确定。但是，有些荷载并不具备充分的统计参数，只能根据已有的工程经验确定。因此，实际上荷载标准值取值的分位数并不统一。

结构或非承重构件的自重由于其变异性不大，而且多为正态分布，永久荷载标准值一般以其分布的均值（分位值为0.5）作为荷载的标准值，可由设计尺寸与材料单位体积的自重计算确定。

可变荷载标准值由《荷载规范》给出，设计时可直接查用。

3.荷载准永久值

荷载准永久值是指可变荷载在设计基准期内，其超越的总时间约为设计基准期一半的荷载值，为可变荷载标准值乘以荷载准永久值系数ψ_q。荷载准永久值系数ψ_q由《荷载规范》给出，如住宅楼面均布荷载标准为2.0kN/m^2，荷载准永久值系数ψ_q为0.4，则活荷载准永久值为0.8kN/m^2（2.0×0.4）。

4.荷载组合值

当考虑两种或两种以上荷载在结构上同时作用时，由于荷载同时达到其单独出现的最大值的可能性很小，因此，除主导荷载（产生荷载效应最大的荷载）仍以其标准值作为代表值外，对其他伴随的荷载应取小于标准值的组合值作为其代表值。荷载组合值为可变荷载标准值乘以荷载组合值系数ψ_c。荷载组合值系数ψ_c由《荷载规范》给出，如住宅楼面均布荷载标准为2.0kN/m^2，荷载组合值系数ψ_c为0.7，则活荷载组合值为1.4kN/m^2（2.0×0.7）。

5.荷载频遇值

荷载频遇值是在正常使用极限状态按频遇组合设计时采用的一种可变荷载代表值。荷载频遇值针对的是可变荷载，在设计基准期内，其值达到或超越频率为规定频率的荷载值（一般在10%以内）。可变作用频遇值为可变作用标准值乘以频遇值系数，频遇值系数用ψ_f表示。

6.标准值的确定方法

现以正态分布来解释标准值的确定方法。对于某种特定的被观测与统计的荷载，其不同量值的出现频率与正态分布规律相吻合——较大与较小的荷载出现概率低，常规荷载出现概率高，如图2-8所示。

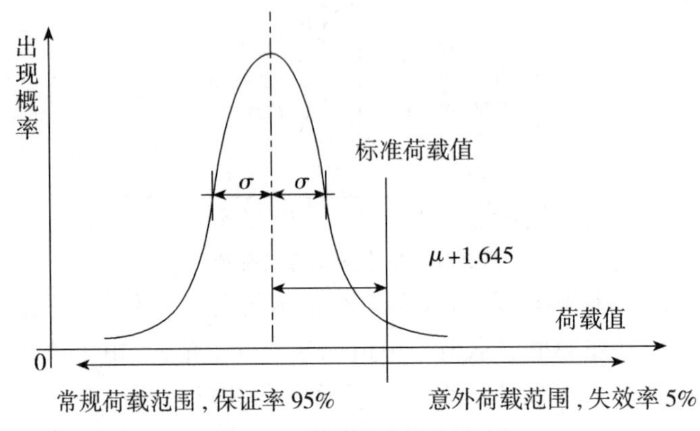

图2-8 活荷载的取值模式

根据荷载统计数据，应该确定相对较大的指标为该类荷载的特征值，以确保相对于选定的特征值，绝大多数的荷载值是较小的，以该特征荷载进行设计是安全有效的。

实际工程中，大部分可变荷载的概率分布形式并不是正态分布，但其标准值仍按照其最大值概率分布的某一分位值来确定。以办公楼楼面活荷载和住宅楼面活荷载为例，楼面活荷载可分为持久性活荷载及楼面临时性活荷载两类。楼面持久性活荷载包括办公室内的家具、办公用具及正常办公人员的重量、住房中的家具、日用品、电器设备及常住人员的重量。楼面临时性活荷载包括办公室临时的人员集中（学习、开会）、临时性物品堆放、北方地区房屋内取暖用煤重量、临时聚会的人群、房屋装修临时堆放的材料以及其他临时作用在楼面上的荷载等。

1977—1979年，福建师范大学与国内诸家大型设计院共同协作，包括广东省建筑设计院、上海市民用建筑设计院、山东省建筑设计院等，在全国六大区对办公楼与住宅楼楼面活荷载进行了调查实测工作，共计2 201间办公用房，总面积为7 014平方米。对持久性活荷载及临时性活荷载两项分别加以统计，得到各自统计参数，随后采用国际结构安全性联合委员会（JCSS）规定的Torsta组合规则，将两项荷载的统计参数进行组合，最终得到办公楼与住宅楼楼面活荷载的统计参数，即设计基准期为50年时，楼面活荷载的均值及方差。

正如前文所述，楼面活荷载标准值的取值是通过设计基准期50年内活荷载最大值概率分布函数中的分位值来确定的。由分布函数概率统计特性可知，对于活荷载最大值概率分布函数中任一分位值F，均有一确定的保证率系数λ_i使得活荷载标准值在该活荷载分布函数中对应的分位值恰为F，即：

$$L_{ki}=\mu_i+\lambda_i\sigma_i \tag{2-5}$$

式中：

μ_i，σ_i分别是楼面活荷载最大值概率模型中的均值和方差。

λ_i为活荷载标准值的保证率系数。

我国《建筑结构荷载规范》（GBJ9-87）是1988年颁布施行的荷载规范，其中办公楼与住宅楼楼面活荷载标准值取值为1.5kN/m²，根据公式（2-5）及表2-1推算可知，办公楼楼面活荷载标准值取值的保证率为92.1%，住宅楼楼面活荷载标准值取值的保证率为79.1%，两者的保证率相差较大，住宅楼楼面活荷载标准值偏低。考虑到上述因素，同时鉴于该荷载规范中荷载标准值的取值与国外规范相比明显偏低，我国在之后修订的《建筑结构荷载规范》（GB50009-2012）中将办公楼与住宅楼楼面活荷载标准值保证率分别提高到99%、97%，基本上保持在同一水平，接近美国规范的标准，大幅度提高了民用建筑的可靠性。其中，99%和97%保证率的意思是楼面活荷载超过该分位值的特异荷载出现概率分别为1%、3%。

表2-1　不同分位值对应的活荷载标准值保证率系数

分位值	0.968	0.969	0.970	0.971	0.972	0.973	0.974	0.975
保证率系数	2.220	2.245	2.271	2.298	2.325	2.354	2.383	2.415
分位值	0.976	0.977	0.978	0.979	0.980	0.981	0.982	0.983
保证率系数	2.447	2.481	2.516	2.553	2.591	2.631	2.674	2.719
分位值	0.984	0.985	0.986	0.987	0.988	0.989	0.990	0.991
保证率系数	2.766	2.817	2.871	2.929	2.992	3.060	3.135	3.218
分位值	0.992	0.993	0.994	0.995	0.996	0.997	0.998	0.999
保证率系数	3.310	3.414	3.535	3.677	3.852	4.076	4.393	4.933

该保证率对应的保证率系数λ_i分别为3.164和2.383，随即通过公式（2-5）便可计算出设计基准期50年时，办公楼和住宅楼楼面活荷载标准值取2.0kN/m²。

第三节　特殊荷载及其作用简介

在建筑物与构筑物的正常使用状态，常规荷载是人群的活动、设备的运行等，自然界的荷载是风、雨、雪、温差等的作用；特殊的情况下，结构还要面对地震作用。风与地震是两种典型的、随机的动荷载与作用，是结构设计中必然考虑的两种因素。

一、风荷载

1.风的形成与危害

风是由于大气层的温度差、气压差等大气现象导致的空气流动现象。

在大气层的不同高度范围，有着不同的气流流动，靠近地面的被称为“近地风”。由于地面高低起伏的变化，近地风的实际表现会变得十分复杂，与天气预报有很大的差异，几乎是难以捉摸的。

建筑物会对风形成阻挡，因此，风会对建筑物形成反作用。建筑物受到的风的作用效果受地形（空旷、多树、偏斜、多山、城乡、植被、凹凸不平等）、建筑类型（形状、大小、高度、材质、柔度、密封性、空旷性等）以及气流的性质（密度、方向、速度、稳定程度等）的影响。由于建筑物形体的关系，不同的建筑物以及建筑物的不同侧面所受的风的作用也不相同，但不论如何，风对建筑物都会产生巨大的影响（如图2-9所示）。

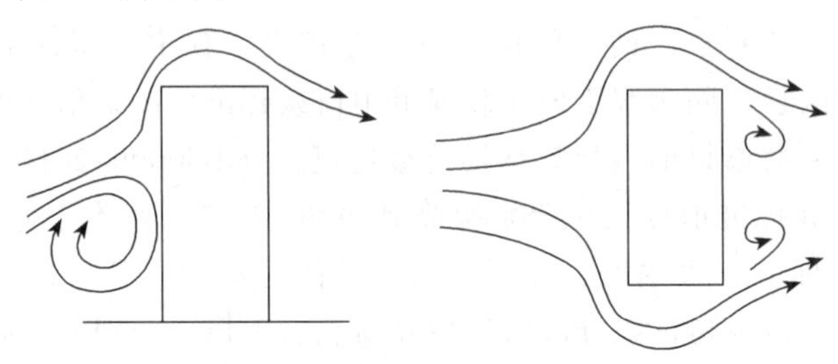

图2-9 建筑物与风的相互作用

案例2-1

风是极其复杂的气流现象，对于受风力作用的建筑物来说，风是随机性的动荷载，巨大的风力作用会致使建筑物水平侧移、震动甚至垮塌。

尽管现今很少有由于风的作用而致使建筑物倒塌的报道，但在建筑史上受到风的作用而倾覆的塔桅、烟囱甚至桥梁却是有的。

20世纪40年代，在美国华盛顿州建设的塔科马海峡大桥，就是典型的例证。为了加大跨度，工程师们在设计中力图减小重力荷载，因此将桥面设计得很狭小，仅仅双向两车道，同时桥梁的钢桁架也尽可能地减小。由于没有足够的重量所形成的稳定性，大桥在风的作用下形成了强烈的扭曲，“就像机翼一样飞起来”，最终大桥没有发挥任何作用，在风的作用下垮塌了。这也可能是人类进入科学时代后唯一被风“吹”倒的，而且经过严格设计的大型建筑物（如图2-10所示）。

塔科马海峡大桥的雄姿　　大桥在风的作用下形成扭曲并最终垮塌

图2-10 塔科马海峡大桥的坍塌过程

一般来讲，在风的作用下，建筑物会产生以下情况：

（1）主体结构变形导致内墙裂缝；

（2）长时间的风振效应使结构受到往复应力作用而发生局部疲劳破坏；

（3）外装饰，尤其是玻璃幕墙、广告牌受风力作用而脱落，对于地处繁华市区的高层建筑来讲尤其危险；

（4）对于设计时为减少荷载而设计的轻屋面，受风的作用会向上浮起甚至被破坏。

在我国，根据风作用的大小与特征，主要可划分为六大区域：

（1）台风作用区，海南省、台湾省及南海各个岛屿；

（2）台风相关区域，东南沿海，如广东、福建、浙江、江苏等，以及山东沿海；

（3）北部寒潮区，主要受冬季寒冷的北风作用，如西北、华北、东北地区；

（4）青藏高原区域，高原气候变化恶劣，风力较大；

（5）长江、黄河中下游弱风区，地处大陆腹地，地势平缓，台风、寒潮均已是强弩之末，风力较小；

（6）云贵高原与西南地区，深入腹地，大气波动小，风力极小。

2.风荷载的形成与设计主导风向

通常情况下，人们对风力作用的认识是：物体的迎风面受到风产生的压力作用，这种压力作用会随着风的级别（风的速度）的不同而不同，但这仅仅是迎风面的情况。对于复杂的建筑形体，在建筑物的其他表面，风不仅仅产生类似迎风面的压力。此外，由于风向的变化，建筑物各个表面所受作用的差异度也极为巨大。

根据流体力学的基本理论，气体的流动速度与压力是成反比的，也就是说，当风吹过建筑物时，除了迎风面受到压力作用外，其他面（如侧面、背面、屋面）都会由于风的流动致使该面受到吸力——由流动的空气与室内静止的空气所形成的压力差导致的，室内的空气压力将侧墙、屋面等构件向外推开。

另外，风的方向也是复杂多变的、随机的。在风荷载的测算与表达过程中，通常以风玫瑰图表示风向的分布规律——表示某一地区的全年冬季、夏季的风向的分布状况（如图2-11所示）。在图2-11中，虚线表示该地区冬季风向的分布规律，可以看出，西北风为主导风向；实线表示该地区夏季风向的分布规律，可以看出，东南风为主导风向。在设计中，以标准风荷载与风玫瑰图的主导风向为该地区的设计标准。

图2-11　风玫瑰图

3.风荷载的标准值

综合各种因素，我国采用以下计算公式表达建筑物主要承重结构的风荷载基本设计指标：

$$\omega_k=\beta_z\mu_s\mu_z\omega_0 \tag{2-6}$$

式中：

ω_k：风荷载标准值。

β_z：高度z处的风振系数。

μ_s：风荷载体型系数。

μ_z：风压高度变化系数。

ω_0：建筑物所在地区的基本风压。

对于具体建筑物，多按层间划分风荷载高度分布段落并选择高度系数与风振系数，按照主导风向设定建筑物与风的受力方向关系，按所处的不同侧面确定风体型系数，从而计算出建筑物各个侧面、各个高度区间的风荷载标准值，再根据相关的传力路径折算风荷载与主体结构的相关关系与量值。

（1）基本风压ω_0

基本风压是指某一地区风力在迎风表面产生作用的标准值，是某一地区风荷载的基本参数。

我国对某一地区的基本风压按以下标准确定：选择平坦空旷的，能反映本地区较大范围内的气象特点，并避免局部地形和环境影响的地面区域，在距地面10米高处，年最大风速发生时10分钟内的风速平均值所形成的，并考虑该风速的历史重现期（50年为标准期限）而确定的迎风面风力作用。

基本风压表示的是一个地区风力的基本状态，是在诸多限制条件下测算出来的。在实际工程中，建筑物的具体位置的具体风压，需要经过相应的调整才能得到。

（2）高度变化系数μ_z

风压高度变化系数μ_z体现了高度与风的作用。风压随高度而变化，同时还与地貌及周围环境有关。

随着风力测试点的高度增加，所受风力作用也随之加大（如图2-12所示），这是因为在高空处没有风的阻挡物，风速较大而造成的。

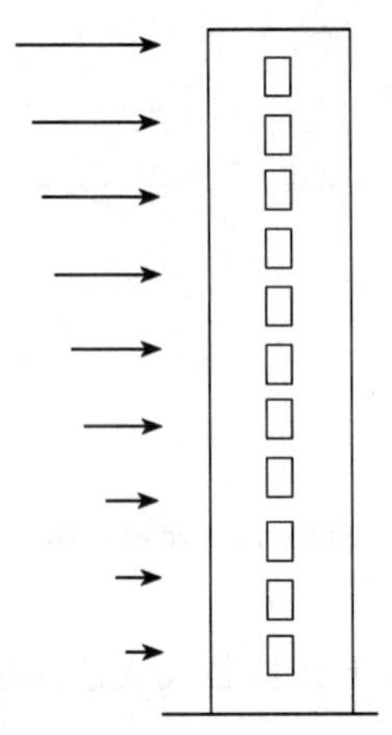

图2-12　建筑高度与风荷载的关系

高层建筑物所面临的风力作用明显高于普通建筑物，其侧面的风力分布规律体现出风力与高度的直接相关关系。因此许多高层建筑物采用在高处缩减截面，以减小风的作用效果。

对于平坦或稍有起伏的地形，风压高度变化系数应根据地面粗糙度类别来确定。

地面粗糙度可分为A、B、C、D四类：

A类指近海海面和海岛、海岸、湖岸及沙漠地区；

B类指田野、乡村、丛林、丘陵以及房屋比较稀疏的乡镇；

C类指有密集建筑群的城市市区；

D类指有密集建筑群且房屋较高的城市市区。

（3）风荷载体型系数μ_s

风荷载体型系数μ_s体现了建筑形体与风的作用。建筑物所采用的平面与剖面形体，与其各个外表面所受风的作用有密切关系：迎风面风力为压力，所受风作用强烈；侧风面随着与风的夹角的变化，风力逐渐由压力转变为吸力；背风面表现为吸力。

矩形、圆形、三角形等不同的平面形状的建筑物，各个侧面所受的风力作用差异很大。一般来说，圆形、六边形、“Y”形、十字形、三角形平面所受风力作用小于矩形，矩形平面建筑物做切角处理后，风力作用会降低。

建筑物表面的粗糙程度也影响着所受风力作用的大小，表面粗糙也会加大风力的作用。

几种常用结构型式的风荷载体型系数如图2-13所示。

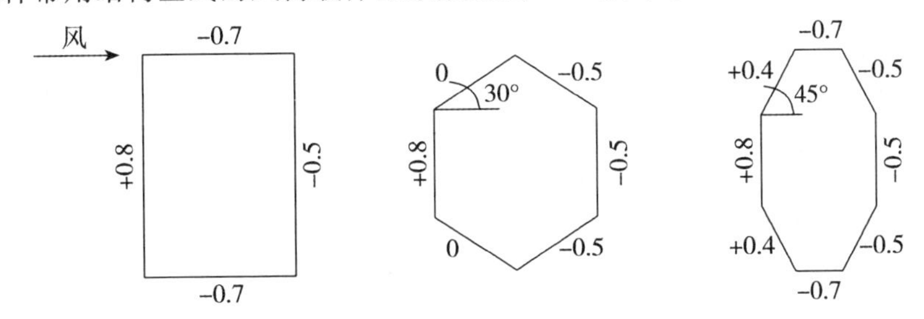

注：“+”代表压力；“-”代表拉力。

图2-13　常见风荷载体型系数

（4）风振系数β_z

自然风可以认为是由长周期的平均风和短周期的脉动风组成的，因此风作用也应由平均风荷载作用和脉动风荷载作用组成。风是随机出现的，除了平均风，阵风对于建筑物的影响也不能忽视。阵风会产生强烈的风振效应，并且具有极大的不稳定性。阵风会产生顺风的振动效应与侧风的振动效应，图2-14记录的是某高耸塔桅结构的顶部在风的作用下所产生的运动轨迹，可以看出其轨迹是极不规律的。

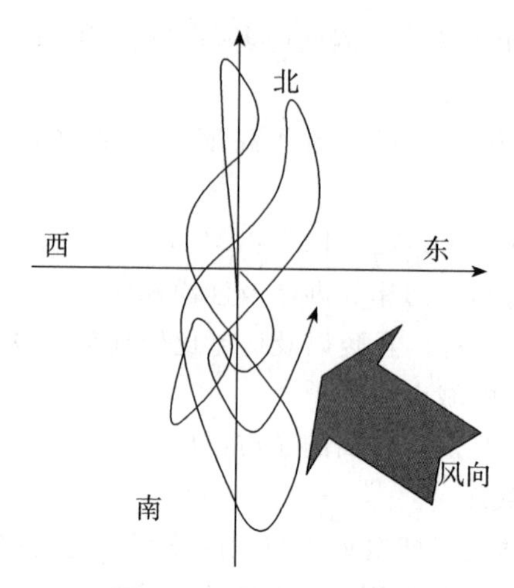

图2-14 风的振动效应

风振系数实质就是总风荷载作用与平均风荷载作用的比值。风振系数β_z反映了风荷载的动力作用，它取决于建筑物的高宽比、基本自振周期及地面粗糙度、基本风压。《荷载规范》规定对于基本自振周期大于0.25s的工程结构，如房屋、屋盖及各种高耸结构，以及对于高度大于30米且高宽比大于1.5的房屋，均应考虑风压脉动对结构产生顺风向风振的影响。

4.城市中心区高层建筑综合风效应

在城市中心区，建筑密度大，因而从常规理解，地面粗糙度大，会使得风速减缓。实际设计中也采用此观念，应考虑到地面粗糙效应会使风力折减。这个观念仅在城市多为多层建筑，或高层建筑不多、分布不密集时是正确的。城市中心区高层建筑大量增加、高度加大（多数在百米以上），密度也随之加大。据统计，城市中央商务区（CBD）的高层建筑间距多数小于30米。在这种情况下，高层建筑物对于地表气流穿过形成阻挡，宏观上会减小风的速度，降低风力作用；但在局部会由于过风面积狭小，造成风力急剧增加，而且这种风力增加是不确定的（如图2-15所示）。北京中心高层建筑密集区曾出现高达10级的瞬时阵风，这在华北地区常规意义上是不可想象的。

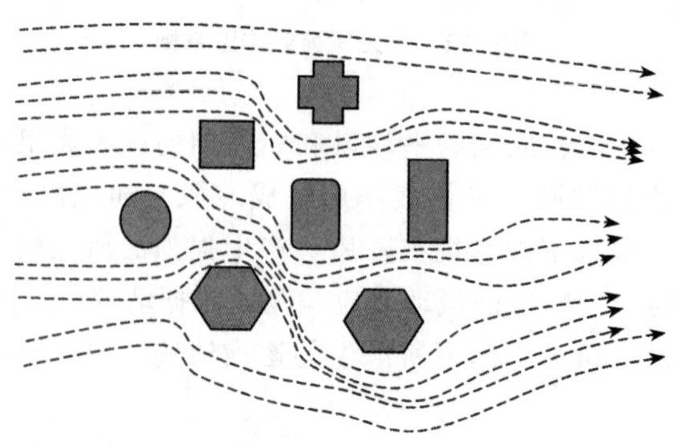

图2-15 建筑物对风的阻挡与加速作用

城市风是十分复杂的现象，带有很大的不确定性，随着建筑物的不同而不同。某一特定区域的城市阵风在建筑物建成前后是截然不同的，即当某一建筑物尚没有建设完成时，是难以预见到其建成后所面对的区域风的，原有的风的计算模式是不适用的。

因此，现在西方国家已经开始对城市中心商务区高层建筑区域进行特征风的研究，并采用航空技术，以风洞试验的方式对区域模拟规划进行调整，并以相关法律的方式确定各种建筑的规划与设计的相关关系（如图2-16所示）。

案例2-2

图2-16　日本某实验室正在进行的城市规划风洞试验

风力的作用是复杂的，虽不至于产生恶劣的结果，但也应引起关注。现代建筑抗风设计，需要考虑以上多种因素的共同影响，来确定建筑物所受侧向风荷载的大小与分布状况。

在高层建筑的施工过程中，尤其要注意塔吊、脚手架等施工过程的抗风设计；在使用过程中要尤其注意建筑物附加的广告牌、灯箱、旗杆的设计与安装。

二、地震作用

与风荷载相比，地震作用的破坏性更加严重。作为建筑物的根基，当地面发生震颤时，对建筑物的破坏是可以想象的。与风荷载所不同的是，地震并非一种直接的力学作用，而是在地面发生位移时，由于建筑物的惯性而形成的与地面的相对运动差，这种不协调就会使建筑物被严重破坏——就像急刹车时，车上的人所感受到的情况一样。

1.地震的形成

地震分为构造地震、人工诱发地震、陷落地震、火山地震，建筑设计中所指的地震是构造地震，构造地震是一种活动频繁、影响范围大、破坏力强的地震，世界上最多（90%以上）和最大的地震都属于构造地震。构造地震是由地壳运动所引起的地震，地壳运动是长期的、缓慢的，一旦地壳所积累的地应力超过了组成地壳岩石极限强度，岩石就要发生断裂而引起地震，即地应力从逐渐积累到突然释放时才发生地震。

地震是由于地壳内部发生错动等地质因素引起的地表震颤，地壳内发生地震的地方是震源，震源上方正对着的地面称为震中（如图2-17所示）。震源垂直向上到地表的距离是震源深度。我们把地震发生在60千米以内的称为浅源地震；60千米~300千米称为中源地震；300千米以上称为深源地震。我国发生的大部分地震都属于浅源地震，一般深度为5千米~40千米。地震的震源深度不同，对于地面的影响也不同，越浅的震源，破坏性越大。目前有记录的最深震源达720千米。

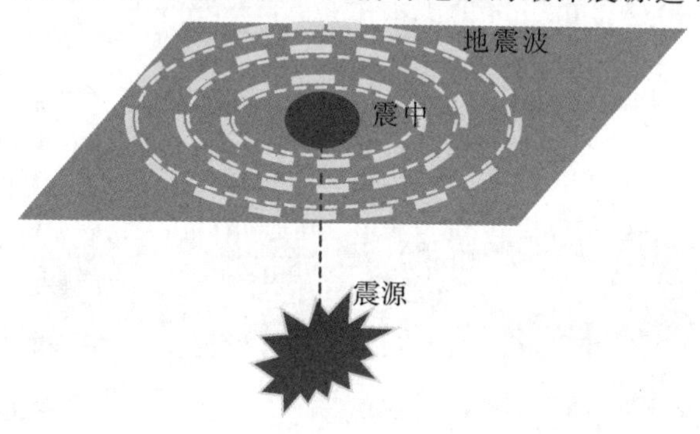

图2-17　地震波、震中、震源示意图

震中及其附近的地方称为震中区，也称极震区，是一次地震发生时破坏力最大的地方。震中到地面上任意一点的距离叫震中距离（简称震中距）。震中距在100千米以内的称为地方震；在1 000千米以内的称为近震；大于1 000千米的称为远震。

2.地震波、震级和烈度

地震时，从震源产生向四外辐射的弹性波叫作地震波。这就像把石子投入水中，水波会向四周一圈一圈地扩散一样。地震波分为体波（纵波和横波）和面波。在地球内部传播的波叫作体波，而在地球表面传播的波叫作面波，又称L波。

振动方向与传播方向一致的波为纵波（P波），纵波是推进波，在地壳中传播速度为5.5千米/秒~7千米/秒，最先到达震中，它使地面发生上下振动，破坏性较弱；振动方向与传播方向垂直的波为横波（S波），在地壳中的传播速度为3.2千米/秒~4.0千米/秒，第二个到达震中，它使地面发生前后、左右抖动，破坏性较强。由于纵波在地球内部传播速度大于横波，所以地震时，纵波总是先到达地表，而横波总落后一步。这一点非常重要，使得纵波可以成为具有较大破坏力量的横波的预警。面波是由纵波与横波在地表相遇后激发产生的混合波。其波长大、振幅强，只能沿地表面传播，是使建筑物被破坏的主要因素。

地震作用发生的时间极短，曾有人统计过，自古以来世界上有记录的大规模破坏性地震所发生的时间总和不超过1个小时。在我国唐山地震、海城地震中，主震所发生的时间不足1分钟，实际上仅仅几十秒钟，然而，正是这几十秒钟所产生的地震能量造成了难以想象的破坏后果。

地球上的地震有强有弱。用来衡量地震强度大小的尺度有两种：震级与地震烈度。震级是衡量地震大小的一种量度，每一次地震只有一个震级，它是根据地震时释放能量的多少来划分的，国际通用的震级标准称为“里氏震级”。

迄今为止，世界上最大的地震是1960年5月22日智利瓦尔迪维亚省遭遇的里氏9.5级地震，系自1900年有记录以来全世界发生的最强烈地震，有2万人丧生。此次地震所触发的海啸横扫太平洋，波及夏威夷群岛、日本和菲律宾群岛。

地震烈度是指地面及房屋等建筑物受地震破坏的程度。对于同一个地震，不同的地区烈度大小是不一样的。距离震源近，破坏就大，烈度就高；距离震源远，破坏就小，烈度就低（如图2-18所示）。

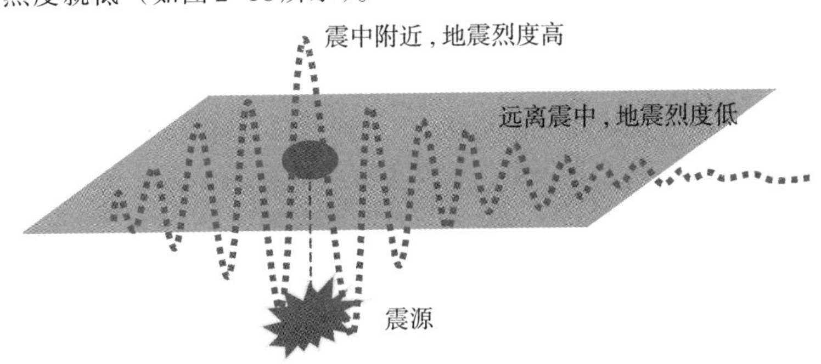

图2-18 地震的烈度

建筑设计中所采用的是地震烈度，是采用概率的方法预测的某一地区在今后一定的测算期内，可能遭受的最大地震烈度。于是就有了一个地区的基本烈度的概念，即一个地区在该地区今后50年内，在一定场地条件下（指地区内普遍分布的地基土质条件及一般地形、地貌、地质构造条件）可能遭遇的超越概率为10%的地震烈度。

抗震设防烈度是按国家规定的权限批准作为一个地区抗震设防依据的地震烈度，多数情况下采用该地区的基本烈度指标。对于重要建筑物，要在基本烈度的基础上加以调整。

通常来讲，地震烈度低于6度时，不会对永久性建筑物形成较大破坏。因此，我国规范规定，以6度为建筑设计基本抗震设防标准。

3.建筑抗震设防分类

抗震设防分类是指根据建筑遭遇地震破坏后，可能造成人员伤亡、直接和间接经济损失、社会影响的程度及其在抗震救灾中的作用等因素，对各类建筑所做的设防类别划分。

《建筑工程抗震设防分类标准》（GB50223-2016）规定，建筑抗震设防类别划分，应根据下列因素的综合分析确定：

（1）建筑破坏造成的人员伤亡、直接和间接经济损失及社会影响的大小。

（2）城镇的大小、行业的特点、工矿企业的规模。

（3）建筑使用功能失效后，对全局的影响范围大小、抗震救灾影响及恢复的难易程度。

（4）建筑各区段的重要性有显著不同时，可按区段划分抗震设防类别。下部区段的类别不应低于上部区段。区段指由防震缝分开的结构单元、平面内使用功能不同的部分或上下使用功能不同的部分。

（5）不同行业的相同建筑，当所处地位及地震破坏所产生的后果和影响不同时，其抗震设防类别可不相同。

根据使用功能的重要性和地震后所产生的灾害后果严重性可以将建筑工程分为以下四个抗震设防类别：

（1）特殊设防类：指使用上有特殊设施，涉及国家公共安全的重大建筑工程和地震时可能发生严重次生灾害等特别重大灾害后果，需要进行特殊设防的建筑，简称甲类。

（2）重点设防类：指地震时使用功能不能中断或需尽快恢复的生命线相关建筑，以及地震时可能导致大量人员伤亡等重大灾害后果，需要提高设防标准的建筑，简称乙类。

（3）标准设防类：指大量的除（1）、（2）、（4）款以外按标准要求进行设防的建筑，简称丙类。

（4）适度设防类：指使用上人员稀少且震损不致产生次生灾害，允许在一定条件下适度降低要求的建筑，简称丁类。

教育建筑中，幼儿园、小学、中学的教学用房以及学生宿舍、食堂的抗震设防类别不应低于乙类。《建筑工程抗震设防分类标准》GB50223-2016列出了主要行业甲、乙、丁类建筑及少数丙类建筑的实例，可供查阅。

4.建筑抗震设防标准

抗震设防标准是衡量抗震设防要求的尺度，由抗震设防烈度和建筑使用功能的重要性确定。

《建筑工程抗震设防分类标准》GB50223-2016规定，各抗震设防类别建筑的抗震设防标准应符合下列要求：

（1）标准设防类：应按本地区抗震设防烈度确定其抗震措施和地震作用，达到在遭遇高于当地抗震设防烈度的预估罕遇地震影响时不致倒塌或发生危及生命安全的严重破坏的抗震设防目标。

（2）重点设防类：应按高于本地区抗震设防烈度一度的要求加强其抗震措施；但抗震设防烈度为9度时应按比9度更高的要求采取抗震措施；地基基础的抗震措施应符合有关规定。同时，应按本地区抗震设防烈度确定其地震作用。

（3）特殊设防类：应按高于本地区抗震设防烈度提高一度的要求加强其抗震

措施；但抗震设防烈度为9度时应按比9度更高的要求采取抗震措施。同时，应按批准的地震安全性评价的结果且高于本地区抗震设防烈度的要求确定其地震作用。

（4）适度设防类：允许比本地区抗震设防烈度的要求适当降低其抗震措施，但抗震设防烈度为6度时不应降低。一般情况下，仍应按本地区抗震设防烈度确定其地震作用。

《建筑抗震设计规范》GB50011-2010规定，抗震设防烈度为6度时，除本规范有具体规定外，对乙、丙、丁类建筑可不进行地震作用计算。

5.建筑抗震设防目标

抗震设防目标是指建筑结构遭遇不同水准的地震影响时，对结构、构件、使用功能、设备的损坏程度及人身安全的总要求。建筑设防目标要求建筑物在使用期间，对不同频率和强度的地震应具有不同的抵抗能力，对于一般较小的地震，发生的可能性大，故又称多遇地震，这时要求结构不受损坏，在技术上和经济上都可以做到；而对于罕遇的强烈地震，由于发生的可能性小，但地震作用大，在此强震作用下要保证结构完全不损坏，技术难度大，经济投入也大，是不合算的，这时若允许有所损坏，但不倒塌，则将是经济合理的。因此，规范提出了“三水准”抗震设防目标。

第一水准：当遭受低于本地区抗震设防烈度的多遇地震（或称小震）影响时，不受损坏或不需修理仍可继续使用。

第二水准：当遭受相当于本地区规定抗震设防烈度的地震（或称中震）影响时，全体结构可能会产生一定的损坏，但经一般性修理仍可继续使用。

第三水准：当遭受高于本地区抗震设防烈度的罕遇地震（或称大震）影响时，不致倒塌或发生危及生命的严重破坏。

本抗震设防标准也可以概括为“小震不坏、中震可修、大震不倒”。

小震不坏：在较基本烈度低1.5度的第一水准烈度的地震作用下，结构处于正常使用阶段，材料受力处于弹性阶段，在地震的作用下，结构不会产生明显的变化，没有明显的破坏迹象。

中震可修：在遭受基本烈度（第二水准烈度）的地震作用下，结构可能出现一定的损坏，但加以修缮后可继续使用，材料受力处于塑性阶段，但被控制在一定限度内，残余变形不大。

大震不倒：在较基本烈度高1度的第三水准烈度作用下，结构出现严重破坏，但材料的变形仍在控制范围内，不至于迅速倒塌，赢得撤离时间。

同时在建筑设计中，我国荷载规范规定了两阶段的设计原则：

第一，以第一水准烈度为参数计算地震效应，与风、重力进行组合，并引入结构承载力、抗震调整系数进行截面设计；第二，以同一抗震参数计算结构弹性层间侧移角，使其不超限值，并采取相应的构造措施，满足第二水准烈度要求。

采用第三水准烈度为参数计算结构的弹塑性层间侧移角，使之小于规定的限值，并采取相应的构造措施，满足第三水准烈度要求。

6.地震的区域分布

经科学家研究，全球主要地震活动带有三个：

（1）环太平洋地震带

该地震带即太平洋的周边地区，包括南美洲的智利、秘鲁，北美洲的危地马拉、墨西哥、美国等国家的西海岸，阿留申群岛，千岛群岛，日本列岛，琉球群岛以及菲律宾、印度尼西亚和新西兰等国家和地区。这个地震带是地震活动最强烈的地带，全球约80%的地震都发生在这里。

（2）欧亚地震带

该地震带从欧洲地中海经希腊、土耳其、中国的西藏延伸到太平洋及阿尔卑斯山，也称地中海-喜马拉雅地震带。这个地震带全长两万多千米，跨欧、亚、非三大洲，全球约15%的地震发生在这里。

（3）海岭地震带

该地震带分布在太平洋、大西洋、印度洋中的海岭（海底山脉）。

中国位于世界两大地震带——环太平洋地震带与欧亚地震带之间，受太平洋板块、印度板块和菲律宾海板块的挤压，地震断裂带十分发达。20世纪以来，中国共发生6级以上地震近800次，遍布除贵州、浙江两省和中国香港特别行政区以外所有的省、自治区、直辖市。

中国地震活动频度高、强度大、震源浅、分布广，是一个震灾严重的国家。1900年以来，中国死于地震的人数达55万之多，占全球地震死亡人数的53%。1949年以来，100多次破坏性地震袭击了22个省（自治区、直辖市），其中涉及东部地区14个省份，造成27万余人丧生，占全国各类灾害死亡人数的54%；地震成灾面积达30多万平方千米，房屋倒塌达700万间。地震及其他自然灾害的严重性构成中国的基本国情之一。

我国的地震活动主要分布在五个地区的23条地震带上。这五个地区是：

①中国台湾省及其附近海域；

②西南地区，主要是西藏、四川西部和云南中西部；

③西北地区，主要在甘肃河西走廊、青海、宁夏、天山南北麓；

④华北地区，主要在太行山两侧、汾渭河谷、阴山-燕山一带、山东中部和渤海湾；

⑤东南沿海的广东、福建等地。

我国的台湾省位于环太平洋地震带上，西藏、新疆、云南、四川、青海等省（自治区）位于地中海-喜马拉雅地震带上，其他省（自治区）处于相关的地震带上。中国地震带的分布是制定中国地震重点监视防御区的重要依据。

7.地震作用的基本理论

与直接荷载作用不同的是，地震作用不是由于外界的力主动产生的，而是由于建筑物自身惯性产生的，因此建筑物所受到的地震作用与建筑物自身质量关系密切。

根据牛顿力学第一定律，任何物体都存在着惯性，或者保持运动状态，或者保持静止状态。因此，当地面出现水平运动时，建筑物由于惯性作用并没有与地面一同运动，这种运动不协调所产生的作用力就是地震作用。建筑物重量越大，惯性越大，地震作用也越大。

在实际计算中，采用荷载等效原则（达朗伯原理），将地面运动所产生的惯性力等效为地面不动而施加到结构上的力。力的大小按牛顿力学第二定律计算：若地面往复运动的加速度为 a，建筑物物理质量为 m，则等效力：$F=ma$（如图 2-19 所示）。

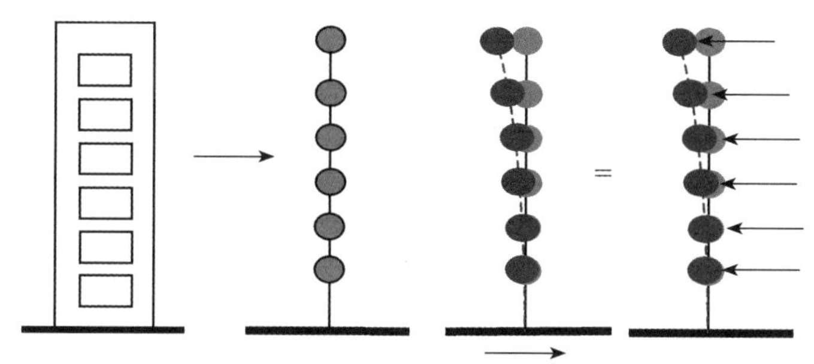

图2-19　地震作用的等效

在不同的地震设防烈度要求下，地表运动的加速度取值不同。

对于实际结构，考虑楼板上集中了大多数的竖向重力，因此可以将地震作用简化成在每一层的楼板高度处所施加的水平集中荷载。

三、温差作用

所有建筑物因昼夜温差变化、室内外温度不同和季节温度变化，每时每刻都在改变着它的形状和尺寸，它的效果与对建筑物施加荷载相当。这个看不见的荷载有时会大到使结构开裂或破坏的程度；由于它的隐蔽性，更值得注意。例如一根不受约束的钢梁（图 2-20（a）），长 20m，在冬季 0℃时安装完毕，到夏季在太阳辐射热下气温达 50℃时，会伸长（20×10^3）×（1.2×10^{-5}）×（50-0）=12mm（1.2×10^{-5}为钢材线膨胀系数）。它虽很短，只有总长度的 1/1667，但如果两端被约束不能自由伸长，这根梁就会在纵轴线方向受到约 125N/mm^{2}的压应力。这种应力称为温度应力，也即温差作用引起的应力。减少温度应力的措施是在钢梁下设置可移动支座。温差作用在现代高层建筑中更应引起注意，图 2-20（b）所示的高层钢框架结构的外柱暴露在大气中，夏季日照气温可达 50℃，若内柱在室温 20℃的情况下（有空调），内外柱高度差可达几十毫米，这时连接内外柱的梁（尤其是顶层梁）和与梁相连接的柱，势必都要承受较大的内应力。

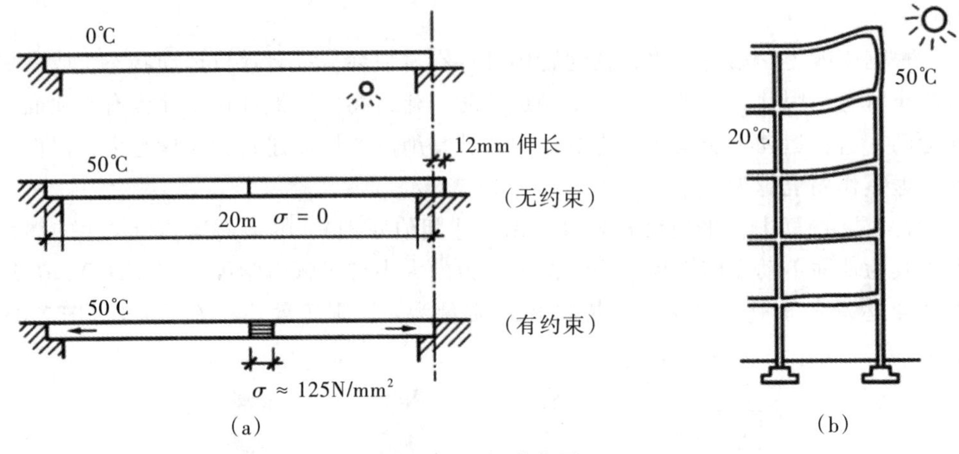

图2-20 温差作用

四、沉降作用

建筑结构是坐落在地基上的（承受建筑物重力的土壤称为地基）。地基因土质不匀或受力不一致会发生不均匀的沉降。以图 2-21（a）所示的单层单跨框架为例，地基的不均匀沉降使两侧柱和梁的两端发生不均匀下沉，导致梁左端上部受拉、下部受压，左柱上端与梁连接处外侧受拉、内侧受压；梁右端及右柱情况与之相反，此时可以画出该框架的弯矩图。用左侧柱头梁端的弯矩图还能分析出左柱受压、受剪，梁受压、受剪；用右侧柱头梁端的弯矩图也能类似分析出右柱受拉、受剪，梁受拉、受剪。当此不均匀沉降值不大时，框架中的梁、柱只承受一些附加的内力（弯矩、剪力、轴力）；但当不均匀沉降值很大时，框架梁或柱有可能开裂甚至破坏。若多跨多层结构中某一两个柱基础与其他柱基础间有不均匀沉降，还会使该建筑物的各层各柱都受到影响，如图 2-21（b）所示。

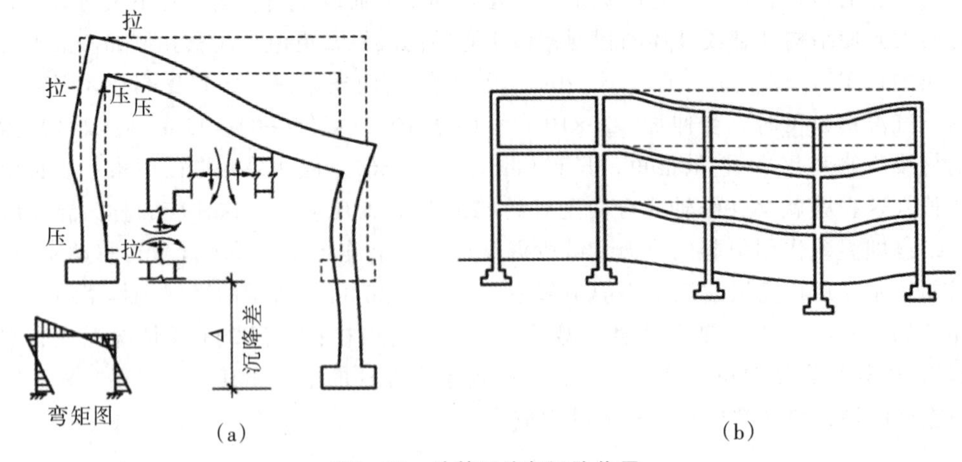

图2-21 地基不均匀沉降作用

第四节　小结

荷载一般分为荷载与作用两大类。荷载是指外界、建筑构造与结构自身对结构所形成的力；作用是由于外界、建筑构造与结构自身对结构所形成的变形、位移不协调等原因导致的结构受力。静定结构在各种静态的不协调的变形作用下，不产生相应的内力。在常规上也可以将荷载与作用统称为荷载。经过力学的简化后，荷载呈现出两种作用方式的集中荷载和分布荷载。

建筑物所承受的荷载的特征值要按以下前提测算：功能范围、时间范围、空间范围。

《建筑结构荷载规范》（GB50009-2012）给出了四种荷载代表值，即标准值、组合值、频遇值和准永久值。

风与地震是两种典型的、随机的动荷载与作用，是结构设计中必然要考虑的两种因素。

综合各种因素，我国规范采用以下计算公式表达建筑物特定区域的风荷载基本设计指标：

$$\omega_k=\beta_z\mu_s\mu_z\omega_0$$

城市风是十分复杂的现象，带有很大的不确定性，随着建筑物的不同而不同，原有的风的计算模式是不适用的。

与风荷载相比，地震作用的破坏性更加严重。地球上的地震有强有弱。用来衡量地震强度大小的尺度有两种，震级与地震烈度。建筑设计中所采用的基本烈度是抗震设计的主要参考指标。我国规范规定，以6度为建筑设计基本抗震设防标准。

我国荷载规范中，建筑应根据其使用功能的重要性分为特殊、重点、标准、适度四个抗震设防类别。

我国的抗震规范规定了建筑物的“三水准”抗震设防目标：小震不坏、中震可修、大震不倒。

在建筑设计中，我国规范规定了两阶段的设计原则。

关键概念

荷载　作用　活荷载标准值　基本风压　地震烈度　抗震设防烈度　建筑抗震设防分类　抗震设防标准　抗震设防目标

复习思考题

1. 什么是荷载与作用？

2. 如何确定活荷载的特征值？

3. 风荷载是如何计算的?

4. 建筑形体与风荷载有什么关系?

5. 地震作用荷载是如何形成的?

6. 我国建筑物对抗震设计的分类标准是什么?

7. 什么叫作“小震不坏、中震可修、大震不倒”?

第三章

常用的结构材料

□ 学习目标

掌握常用的结构材料的物理与力学性质，包括混凝土材料的各种力学性能、钢材的力学性能以及钢材与混凝土共同工作的原理。

第一节　结构材料的基本要求

结构的重要作用以及结构所承担荷载的复杂性对于结构所采用的材料有着较高的要求，不仅仅是强度——抵抗破坏的能力（这是最为基本的），同时，对于材料的刚度——抵抗变形的能力要求也很高。另外，建筑物的体量巨大，耗用材料数量相应惊人，造价额度对于普通人来讲更可能是天文数字，因此要求结构材料的价格要尽可能相对低廉，从而降低工程成本。除此以外，建筑物与构筑物不仅要在单一的环境中存在，还要面临气候的变化，甚至要面临特殊的灾祸——如火灾的作用。结构材料应该对各种环境都具有相对的适应性，其强度与刚度对于自然界的温度变化要有较大的适应度；对于特定的环境，如火灾，要有一定的适应时间——在一定的时间内保持其基本性能。

一、强度要求

足够的强度是对结构材料的基本要求，没有强度或强度不足就根本不能承担建筑物荷载所形成的巨大的应力作用，甚至会导致建筑物坍塌。结构材料还要面对季节变化所导致的温度、湿度、冻融循环等，其强度也不能有明显的变化，也要同样具有承担荷载的能力；同时，结构材料还应该能够抵御空气与环境的腐蚀影响；在特殊情况下，如火灾等，结构材料必须能够保证其强度性能在一定的时间范围内不会明显失效，使人们可以逃离险境。

从微观来看，以现有的科技水平与工艺水平，任何天然材料与人工生产的任何材料，均存在着各种缺陷，如材质不均匀、不稳定等。有些材料表现十分明显，如混凝土，有些材料表现不明显，如钢材。但从严格的数学与力学的角度来讲，所有材料的破坏临界值——强度指标，对于统一的试验标准、不同的试验个体来讲，均体现出一定的离散性。因此，这就需要以统计的手段来确定特定材料的强度特征性指标——在以该指标进行设计时，尽管实际材料的强度指标会有离散性，但该指标相对大多数所设计采用的材料是有效的、安全的。

二、刚度要求

除了强度指标，刚度——抵抗变形的能力也同样重要。没有足够的强度，构件受力后虽然不会被破坏，但可能由于变形过大，导致构件与构件之间的宏观几何关系发生改变，进而会使得结构整体的受力性能复杂化和不确定性增加，使设计复杂性提高，实际使用的模糊性加大，安全性降低。

另外，由于建筑结构设计的是以力学为基础的应用性科学，尤其是材料力学、弹塑性力学、结构力学等基础学科，因此这些基础学科的基本原理与力学假设在结构设计时应尽可能地遵守。如果由于实际材料的特殊性能不能完全满足力学基础与假设的要求，则应采取试验修正的方式来满足。材料刚度过小，就会使实际结构不符合材料力学与结构力学的基本假设——小变形原则，因此利用材料力学与结构力学所计算的各种实际结构的内力、变形等参数，均不能够适用于这种材料。

除了力学问题，变形也会导致使用中的问题，梁的挠曲过大，会使室内的人感到紧张与恐慌；墙面变形会使其表面的装饰材料发生裂缝、严重时会脱落。当变形不均匀、不一致时，会产生整体结构的倾斜，导致各种精密度要求较高的设备失效。

如果材料在静态力学作用下会产生较大的变形，则该结构与材料在动态力学作用下会产生较大的振幅，这种大幅度的振动会导致对结构的破坏加剧。

结构的刚度指标是强度指标之外的次重要指标，在结构设计中，刚度指标一般不属于设计内容，而是属于验算内容——根据强度计算指标的结果，在已经满足强度要求的前提下，验算结构或构件的刚度是否满足要求。在验算中，导致最大变形的不利荷载取值一般低于强度设计时所选用的指标，采用荷载标准值；同样，与刚度相关的指标也采用标准值。

三、重量要求

材料的重量是结构保持自身稳定性的重要手段，尽管现代建筑的要求是材料应该轻质高强，然而过轻的自重会使结构的自身惯性——保持自身固有的力学状态的能力（参见牛顿第一定律）也很小。庞大的体积与自重可以有效地抵御荷载所形成的运动趋势，使结构的稳固性大大提高。因此，在外部荷载的作用下，自身较轻的结构会产生明显的、较大的自身反应。尤其在动荷载作用下，轻薄的构件会产生不良的颤动，不仅影响工作效果，而且颤动所产生的往复应力的作用会使材料发生低应力脆断——疲劳破坏。

建筑物自身的自重是其保持整体稳定、抵抗倾覆的重要因素，现代建筑物中有许多结构都是利用结构的自重来达到其功能的。例如，重力式水坝、挡土墙——利用自重保持结构在水、土侧向作用下的稳定，达到挡水、土的目的；重型屋面——利用自重抵抗风的作用；重力式桥墩——利用自重抵抗水流、风、车辆的动力作用，稳定桥面。

当然，并不是材料越重越好，自重荷载是设计荷载的重要组成部分，自重过大会使结构的效率——总荷载中外荷载的比例降低；同时，自重大的结构，地震反应也剧烈（惯性大的原因）。因此，材料要有一定的自重指标，但前提是强度要满足相应的要求。

四、价格要求

结构材料要有相对低廉的价格。结构材料使用量大，成本是必须要被有效控制的。根据现有的资料测算表明，较现代化的建筑物，如写字楼、商业中心等，结构施工部分所消耗的资金约占建筑物建设总成本的1/3；一般民用建筑，如住宅，结构施工部分所消耗的资金约占建筑物建设总成本的2/3；一般工业建筑，如厂房，结构施工部分所消耗的资金约占建设物建设总成本的4/5甚至更多；而构筑物，如桥梁、水坝的结构成本几乎就是建设总成本。

因此，在选择结构材料时，价格低廉是非常重要的前提条件，以保证对总成本的控制。当然，材料的价格并非施工成本的全部，施工的难易程度也是总成本的重要影响因素。施工复杂不仅会使施工投入量增加，而且还会使施工期限延长，导致资金占用时间增加，机会成本与风险加大。

所以，设计者应从结构的性能要求、材料的基础价格、施工的难易程度等多方面综合考虑材料的成本，使其性能价格比达到较优的程度。

五、环保性能要求

结构材料要有良好的环保性能。环境保护与可持续发展的思路与概念在近十几年，特别是进入21世纪后，被社会各阶层迅速接受，环保已经成为面向未来的一种潮流。建筑材料、结构材料作为材料中用量较大的一类，更应体现环保原则。

结构材料良好的环保性能要从三方面体现出来：

首先是指材料在使用中不会对环境与健康产生不良的危害，对人体不产生不良作用，无毒，无放射性，没有不良气体的释放，不与空气发生不良反应等。这是对结构材料环保性能的基本要求，然而，由于现代化施工工艺的要求，结构材料在施工过程中会大量使用外加剂，以保证其抗渗、抗冻等特殊的性能。许多环保事故表明，外加剂的滥用会导致严重的环境问题。

其次，在材料的生产过程中不对自然界产生相对的破坏，不大范围地破坏自然界、影响自然环境，不破坏生态平衡。从这个意义上来讲，木材并不属于环保材料，尤其是像我国这样森林覆盖率远远低于世界平均水平的国家，将大量的木材作为结构材料是十分不合适的。黏土砖在生产过程中要占用大量的农田，烧砖需要采用大量的黏土，对于耕地紧缺的我国，显然也是违反环境保护与可持续发展原则的。

最后，材料是可回收、可以重复利用的，从而减少对新材料的利用，间接保护自然。由于建筑物的寿命一般较长，多数设计期限都超过百年，因此对于建筑结构材料的重复利用方面的性能要求并不十分严格，而装饰装修材料在此方面的原则正在逐步显现出来。现在有些科研院所与高校正在研发一种依靠破碎混凝土拌和的再生混凝土。这种混凝土的应用，无疑会使得大量废弃房屋所形成的建筑垃圾有了最好的去处，也会大大减少人们由于生产水泥砂石而对自然界的过度开发。

六、施工性能要求

知识拓展3-1

结构材料要有良好的方便施工的性能。材料终究是材料，必须经过适当的工艺过程才能成为构件、结构，才能承担各种力学作用。因此，材料在施工中的方便性是十分重要的。

材料良好的施工性能表现在两方面：其一，使用该材料的施工过程简便易行，劳动强度低，易于工业化生产，因此也就可以大幅度地降低生产成本，降低工程造价。其二，材料施工中的质量稳定性高，不会由于现场的施工过程与不利的作业环境，导致严重的质量问题甚至事故，即材料的施工环境适应度较高。这是因为，土木工程的施工环境与工厂中的精密仪器加工车间有所不同，没有环境适应度的材料在现场的施工质量难以得到保证。

从材料的选择原则与标准，现有的科学技术发展水平、经济条件与技术条件的限制，以及现阶段工程建设的实践中可以看出，符合上述条件的主要结构材料主要是混凝土与钢材。

第二节　结构材料的基本性能

材料是建筑结构的物质基础，每当出现新的优良建筑材料时，结构就会有一次飞跃发展。古代人类只能靠土、石、木材建造房屋，例如，我国的半坡村遗址、埃及的金字塔。公元前11世纪有了瓦、公元前5世纪有了砖，从此开始了大量用砖瓦建房的时代，这是结构的第一次飞跃。17世纪20年代开始有生铁、19世纪初开始用熟铁建造房屋，随后出现了强度高、质地均匀的钢材以及高强度钢丝、钢索，1855年建成的美国家庭保险大楼（Home Insurance Building，10层）就是用铁和钢建造的，并被公认为世界第一个钢结构高楼。从此有了钢屋架、钢框架、钢拱、钢索等结构型式百花争艳的局面，这是结构的第二次飞跃。19世纪20年代波特兰水泥制成后诞生了混凝土，19世纪中钢铁产量激增又出现了钢筋。20世纪以来钢筋混凝土在建筑工程各个领域得到广泛应用；尤其在20世纪30年代有了高强度钢筋和混凝土后，预应力混凝土进入实用阶段，建筑工程中混凝土和预应力混凝土几乎占了统治地位，这是结构的第三次飞跃。20世纪40年代中期出现了玻璃纤维增强塑料，它不仅轻质高强，还有较好的绝缘耐蚀性能，从那时起各种化学合成乃至智能型新材料不断涌现，同时传统材料（钢、木、混凝土）进一步迈向更强、更轻、更耐久以及组合应用的发展方向。目前最大的建筑跨度可以达到207m（美国圣路易斯安娜超圆顶体育场），最高的高度可以达到828m（迪拜哈利法塔），最强的高性能混凝土可以达到700MPa（1991年美国伊利诺斯大学试验室研制的）。这是在酝酿结构的新飞跃。

结构所用的材料有两大类：无机材料和有机材料。无机材料含土、石、砖、混凝土和硅酸盐制品、金属材料（钢、铝）等。有机材料含木材、竹材、塑料和其他高聚物材料等。此外还有用两种或两种以上材料组成的复合材料，如钢筋混凝土是钢筋和混凝土的复合体，砖砌体是砖和砂浆的复合体等。本节介绍我国目前常用结构材料的基本力学性能和耐久性能，以及对应用最广的钢材、混凝土、木材和砌体的基本认识。

一、常用结构材料的基本力学性能

建筑材料具有一般的物理性能，如容积密度、孔隙率、与水有关的性能（如透水、防水）、热工性能（如耐火、导热）等。但对于结构材料而言，更为基本的却是它们的力学性能和耐久性能。钢材、混凝土、砖或硅酸盐制品、木材等各种材料在经受荷载及其他作用的过程中所呈现的受力和变形的规律以及破坏的形态，通常是以弹性、塑性、延性等性能和应力σ、应变ε、弹性模量E等参数（如图3-1所示）及其相关图形来表达的，并以此作为结构设计依据。图3-1表示常用结构材料的应力-应变关系图。

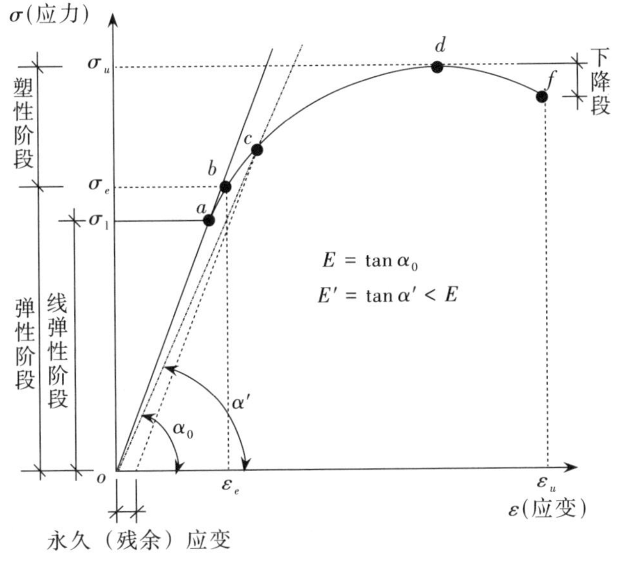

图3-1　常用结构材料应力-应变关系

（1）弹性和线弹性

结构材料在应力小时都具有弹性，即有应力就有应变，应力降为零时应变消失；弹性极限点处（图3-1中b点）的应力称为弹性极限（σ轴上的σ_e），材料从开始受力到弹性极限间称为弹性阶段。但弹性阶段内应力-应变间不一定都是直线关系，只是在应力较小时才呈直线图形（图3-1中oa段），称这时材料具有线弹性，线弹性阶段的极限应力称为线弹性极限（σ轴上的σ_i）。

（2）塑性、脆性和破坏

许多材料在应力较大时（图3-1中c点相应的应力）都呈塑性，表现为这时的应力一旦降为零应变并不消失，留有永久变形或称残余变形。从弹性极限到材料达到最大应力间称为塑性阶段，这时应变增长速率比应力快，最大的极限应力σ_u称为强度极限（即材料的强度）。随后应力下降，应变还可增加，直到材料达到极限应变值ε_u（相应于图3-1中f点的应变）而破坏。这个曲线的下降段是材料的破坏阶段。个别材料没有塑性阶段，破坏前应力-应变关系为直线或近直线，破坏突然发生，是为脆性材料，如玻璃。纯脆性材料是不能作为结构材料的。

（3）延性

延性是指材料超越弹性极限后至破坏前耐受变形的能力，以$(\varepsilon_u - \varepsilon_e)$或$(\varepsilon_u/\varepsilon_e)$表示。$\varepsilon_e$为弹性极限时的应变（如图3-1所示）。延性越大，材料破坏前的塑性变形越大；具有塑性的材料必然有延性，脆性材料没有延性。材料的延性在结构的抗震设计中极为重要。

（4）弹性模量和变形模量

弹性模量指材料在线弹性极限范围内的应力-应变关系，这时应力与应变成正比例，这个关系称为弹性定律，比例常数E称为弹性模量（如图3-1所示）：

$$E = \sigma/\varepsilon = 常数 = \tan\alpha_0$$

式中：

α_0为材料应力-应变曲线的直线段oa与应变坐标间的夹角。

当材料应力大于线弹性极限后，应力与应变的关系不再成正比例，应力-应变曲线上任一点c与原点o的连线oc的斜率$E' = \tan\alpha'$称为变形模量（也有将应力-应变曲线上任一点c切线的斜率称为变形模量）。变形模量E'是变数，随应力增大而减小（$\alpha' < \alpha_0$）。

（5）从材料的一般应力-应变关系图可以看出：材料的极限应力反映了材料的强度；材料的极限应变表现了材料的破坏；材料的弹性、塑性、延性和弹性模量说明了材料的变形特征；由于材料的延性，材料在达到极限应力时并不具有极限应变，反过来说，材料达到极限应变时应力并不是它的最大值。好的建筑结构材料要求是：

①极限应力高（尤其弹性极限高），意味着用它做成的结构强度（承载力）高。

②弹性模量大，意味着用它做成的结构变形小。

③延性好，意味着用它做成的结构在破坏前有较大的变形。这一点对结构的抗

地震作用十分有利，因为在结构发生较大变形的同时吸收能量，可以减小地震作用。

（6）钢材、混凝土、砖或硅酸盐砌体、木材的应力–应变关系虽有不同，但形状大体相似，如图3–2所示。其中钢材在到达弹性极限σ_e后有一个明显的平台阶段，这时应力不变但应变有极大增长，称为屈服台阶。钢材的弹性极限应力σ_e也称屈服应力σ_y。由图3–2可见钢材的弹性极限约为普通混凝土抗压强度的十余倍（也为混凝土抗拉强度的百余倍），钢材的弹性模量约为混凝土弹性模量的6~8倍，钢材的延性为混凝土受压时的百余倍，为混凝土受拉时的千余倍。所以，纯混凝土不宜用作结构材料，在混凝土结构构件中往往必须设置钢筋，代替混凝土承受内拉力，形成钢筋混凝土结构。

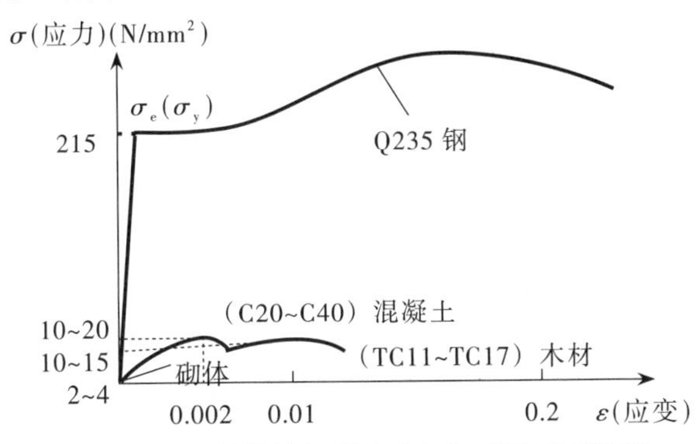

图3–2　不同材料轴心受压时应力–应变关系比较

二、材料力学性能与结构反应的关系

结构构件在荷载作用下的反应（主要指变形和内力，即荷载效应），必然受到材料的力学性能的影响。以简支梁受载为例（如图3–3所示），它的挠曲线微分方程为：

$$d^2y/dx^2 = M/EI$$

挠度方程为：

$$y = \iint (M/EI)dxdx + c_1x + c_2$$

式中：

y为挠度；

M为梁截面弯矩；

I为梁截面惯性矩；

E为采用材料的弹性模量。

可见梁的挠度与梁采用材料的力学性能密切相关，图3–4既是简支梁的荷载–挠度关系曲线，也是一般情况下各种结构的荷载–挠度关系曲线，它与图3–1所示的材料的应力–应变关系十分相似，充分说明在荷载作用下结构反应与材料应力–应变关系的一致性。

当结构承受各种荷载时，它的各个部位都会在竖向和水平方向产生位移，结构

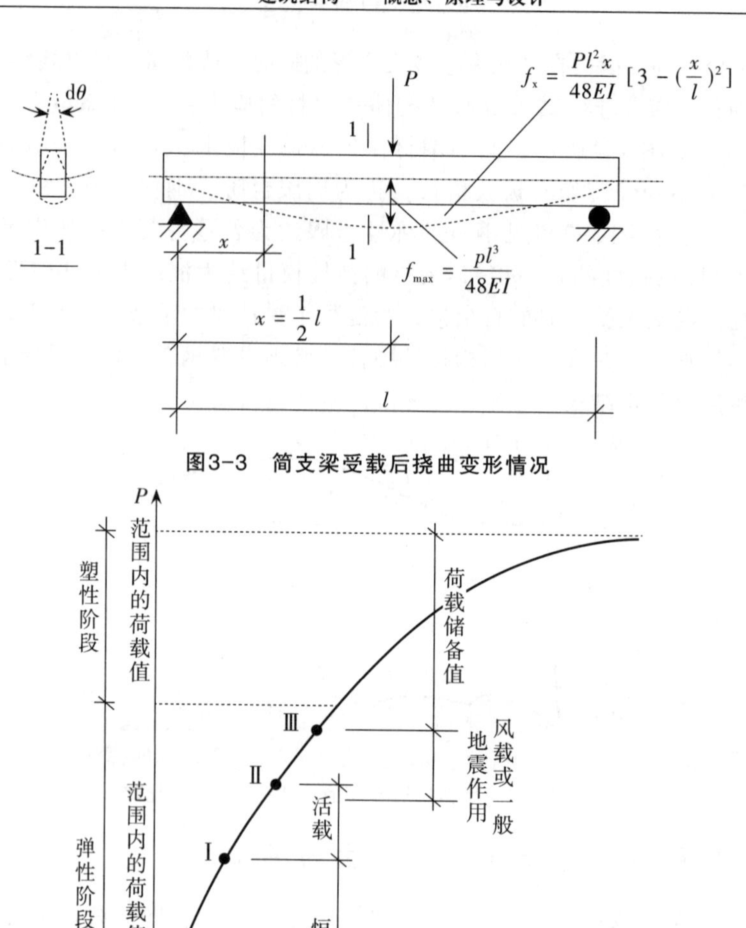

图3-3 简支梁受载后挠曲变形情况

图3-4 结构的荷载-挠度关系

总体在竖向和侧向产生挠度，挠度是衡量结构反应的主要标志，从图3-4中可见，当只有恒载作用时结构产生的总体挠度较小（图中Ⅰ点），结构处于弹性阶段；当结构承受使用活载作用时，结构总体的挠度将加大，但由于使用活载相当于恒载的一小部分，故挠度的增值不太大（图中Ⅱ点），结构仍处于弹性阶段；当结构承受风荷载或一般水平地震作用时，结构总体将产生更大的侧向挠度，但最大风力和一般水平地震作用同时发生的概率极低，它们不应同时考虑，而且刮最大风或发生地震时使用活载也不必考虑满载，这时结构仍应处于弹性阶段（图中Ⅲ点），结构所用材料也尚处于弹性极限范围内，可按照结构的弹性性能来估算材料所处的应力和应变状态。至于遭到灾难性大地震时，结构的内力和侧向挠度比一般情况要大很多，这时允许结构进入塑性阶段工作；正如材料要有延性那样，结构也应有足够的延性，可以吸收地震能量，减小地震作用，保证结构不倒塌。

三、常用结构材料的耐久性

在结构的设计中另一个重要的材料性能是它的耐久性。如果说材料的力学性能与上述结构在使用期限内的性能相关，那么，材料的耐久性则与保证结构在长期使用期限的性能有关。材料的耐久性定义为材料在使用过程中经受各种破坏因素的作用而保持其使用性能的能力。这种长期作用的破坏因素有物理的、化学的、生物的以及它们之间复合的作用。物理的因素如温湿度变化、日光暴晒、冻融循环；化学的因素如介质侵蚀、溶解氧化；生物的因素如虫菌寄生等。这些物理、化学、生物因素的外部作用往往是通过材料内部的缺陷产生影响的。材料本身组分和结构的不稳定、低密实度、各组分热膨胀的不均匀、节疤、内部裂缝等都是材料的内部缺陷。

钢材被腐蚀主要通过两个途径：一是直接与干燥气体如O_2、SO_2等接触，生成氧化层而受蚀；二是与周围介质如酸性介质、含氯离子介质、潮湿大气、土壤等发生还原反应，形成电化学腐蚀。腐蚀使钢材起锈皮、减小截面、降低强度，甚至断裂。因而钢材常用保护膜法使其与周围介质隔离。如在钢材表面喷漆、涂搪瓷、涂塑料或镁锌金属层等加以保护。

混凝土主要通过干湿或冻融循环、温度变化等物理作用和长期处于有酸、盐质侵蚀水或蒸汽环境中使水泥水化后的水泥石溶解而受蚀，从而导致混凝土疏松、剥落、强度降低。一般来说，可以从提高混凝土的强度、密实性、抗冻性入手，还可通过采用外加剂，谨慎选择水泥、集料，使用涂层材料等措施来改善其耐久性。现行《混凝土结构设计规范》（GB50010-2010）（2015版）增设“耐久性设计”一节，应予重视。

木材易受虫菌腐蚀，主要与树种、木材含水量、大气温湿度变化等因素有关。防护措施以材面喷漆最为普遍，浸注药剂更好（但易产生环境污染）；如能将木结构置于干燥、通风好的环境下则更能耐久。我国应县木塔（高67.3m）经历了近1 000年历史，至今木结构材料未受腐蚀，主要原因之一是处于干燥、通风情况良好的环境中。

第三节　混凝土

一、混凝土概述

混凝土是常见的建筑材料，我们日常生活中所见到的建筑物大多数是全部或部分使用混凝土作为主体结构材料的。混凝土是一种脆性材料，现代混凝土用水泥、水、砂子和碎石制成，需要与钢材联合工作才能保证其功效的发挥。作为一种优异的建筑材料，其价格相对低廉，可以就地取材，也可以被塑造成各种形状，这样便可以满足建筑师在设计时对建筑形体、曲线等的特殊需求，因此混凝土被许多建筑师作为城市雕塑作品的理想材料。另外，混凝土耐火性能、耐腐蚀性能好，可以在许多恶劣的条件下使用。但是混凝土的缺点也是显而易见的，与其强度相比，其自重也不小，因此很多采用混凝土的结构所承担的荷载实际上就是结构的自重，在大跨度结构中尤甚。从效率的观点来看，混凝土的承载效率较低。

与此同时，混凝土在强度上存在先天的缺陷。

首先，相对于混凝土的较好承压能力来讲，其抗拉能力很弱，这在结构使用中可以说是致命的缺陷——荷载的不确定性，必然导致结构在微观状态下的受力也随之存在不确定性，不仅仅是受压，还要受拉。因此，必须在设计中考虑荷载与应力的复杂变化与规律，在可能受拉的部位配置能够抗拉的补充材料——多数情况下采用钢筋，但实际工程的复杂性有时会使得优秀的工程师在设计时也不能预见所有状况。

其次，混凝土的强度具有极大的离散性与不稳定性，这与混凝土的成分与制作过程有关。混凝土是由骨料（石子与砂）、水泥凝胶（水与水泥的水化物）组成的混合物，由于施工与材料的原因，混凝土内部除了以上两种主要材料外，还有少量的未水化的水泥颗粒，游离的或结合在水泥凝胶表面的水分、气泡、杂质等。混凝土是组成不均匀的材料，不同构件的施工作业条件也存在巨大的差异，其力学性能必然体现出较大的离散性。因此，在设计中所采用的强度标准在实践中不一定全部满足。

通过多年的研究与实践，现代的工程技术已经可以有效地控制混凝土的质量，并采用钢筋、钢纤维等材料改善混凝土的性能，弥补其缺陷。从现在的建筑工程材料发展来看，可以大范围取代混凝土的材料还没有出现。

混凝土的发展经历了以下几个阶段：

古代混凝土——古代水泥的主要成分是生石灰，由石灰石加热制成。在公元前2500年已有石灰窑，但已知最早铺设强力混凝土的建筑建成约在公元前700年前的西亚。在伊拉克泽温保存至今的一条262米长的渡槽桥上，沿水道铺设了0.9米厚的混凝土层。公元前200年至公元400年，古罗马人也曾使用混凝土材料建造皇帝浴池的穹顶、神殿的大圆顶、地下水道等。

钢筋混凝土——最早使用者是法国花卉商莫尼尔。1867年，他用水泥覆盖角丝网制造水盆和花盆。随后他又把这个方法应用于制造横梁、楼板、管道和桥梁，接着取得在混凝土内放上纵横铁条的专利权，铁条承受张力而混凝土则承受压力，这一方法一直沿用至今。

预应力混凝土——1886年德国建筑家多切林发明了预应力混凝土，法国的佛莱辛奈从1940年起进一步推进了这方面的研究。佛莱辛奈的设想是在混凝土未干时把钢筋张拉，使钢筋承受张力，混凝土凝固后放松张力，这样就使混凝土在正常负荷下受拉的区域因受压紧而承受预加压力。如果预加的压力大于来自重量以及荷载所产生的张力，混凝土就只受压力——可以避免裂缝的发生。预应力混凝土梁与同样承受荷载的钢筋混凝土梁相比，可少用钢筋和混凝土。

对于一些特殊的构筑物，由于自身的重量与特定的环境要求，如港口、道路、水坝等，混凝土材料为首选。

普通跨度的多层与高层结构多数采用混凝土结构，但随着层数的增加、跨度的加大，结构强度的效率（结构强度抵抗外荷载的比率）随着结构自重的增加而减小。因此，超高层与大跨结构多数选择钢结构，相对于混凝土来讲，钢结构相同的构件截面可以承担更大的荷载。

二、混凝土的强度

1.材料强度的测算方法

作为离散性较大的材料，混凝土的强度测算较为复杂，同时，混凝土又是受压与受拉强度差异较大的材料，因而其强度测算更加复杂。

确定材料强度指标的方法与确定荷载指标的方法相类似，即模拟结构材料各种可能的常规工作环境，对于按照标准生产的材料，制作成标准试件，以标准的测试方法测量各个试件的强度指标，再以统计的方法测算各种强度区间的概率指标，回归成强度分布图。统一标准是指接受同一批次试验的试件的混凝土配合比与组成材料的成分相同，就是使用相同来源的原材料与相同的配合比。采用不同原材料，按不同配合比可以设计出相同的强度等级的混凝土，但不能作为同一组试件进行试验。

强度分布图一般呈正态分布，试验中按照95%的保证率的原则来选择特征强度指标，使高于该指标的材料强度的总概率为95%，即失效率为5%（如图3-5所示）。

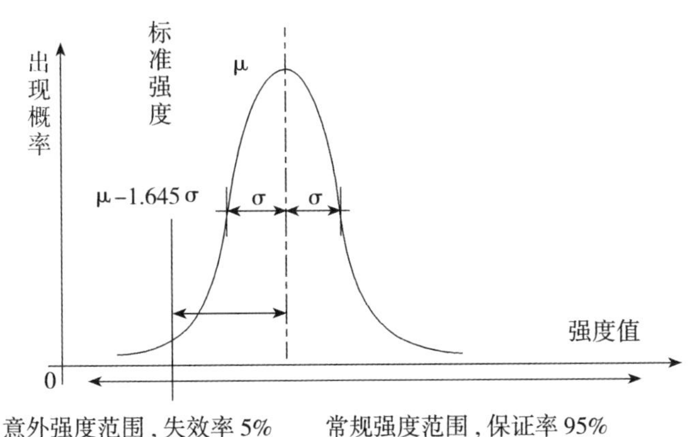

图3-5　材料强度的取值模式

因此，按照正态分布函数的基本数学特征，可以确定材料的强度指标为：

$$R_k=\mu-1.645\sigma \qquad (3-1)$$

式中：

R_k：被试验检验材料的基本强度指标。

μ：被试验检验材料在统计性试验中所测得的材料强度平均值。

σ：被试验检验材料在统计性试验中所测得的材料强度的标准差值。

以此方式测量并确定的材料强度指标被称为该种材料的强度标准值，是材料的基本特征之一，设计过程中在考虑材料的环境适应度后，确定材料的设计值为：

$$R=\frac{R_k}{\gamma_m} \tag{3-2}$$

式中：

R：材料的设计值，适用于各种环境的材料强度指标。

γ_m：材料强度的分项系数，根据材料的不同，分项系数也不尽相同，在我国各种设计规范与规程中均有相应的规定。

图3-6举例说明了某试验过程的情况。在该试验中，经过若干次的、针对同一标准的混凝土试件的相同试验，得出若干不同的试验强度，并在坐标图中标示出来。当采用某一强度指标来衡量这组试验数据时，如果95%的数据指标高于所选定的强度指标，则该强度指标为该组试件的标准强度。

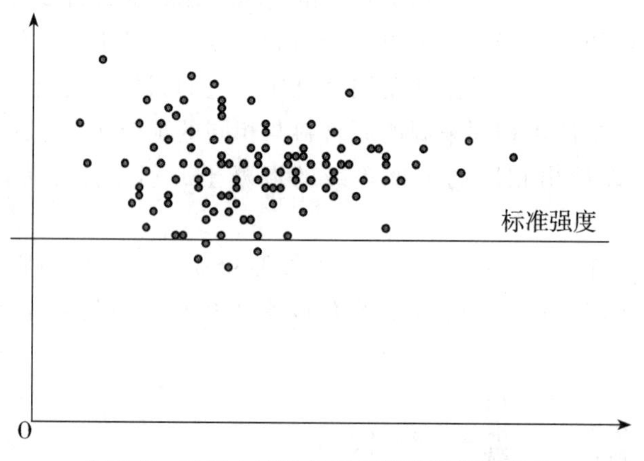

图3-6 混凝土试验分析与标准强度的设定

如果采用不同的保证率来衡量同一标准所生产的试件，则强度等级有所不同，提高保证率会导致强度等级降低，而降低保证率会得到较高的强度等级（如图3-7所示）。因此可以说，强度等级是与保证率相关的概念，是统计结果，并不代表具体试件或构件的强度状况，按照低标准生产的个别试件与构件的强度等级，有可能达到了较高的标准；同样，按照高标准生产的个别试件与构件的强度等级，也有可能达不到较高的标准——失效。

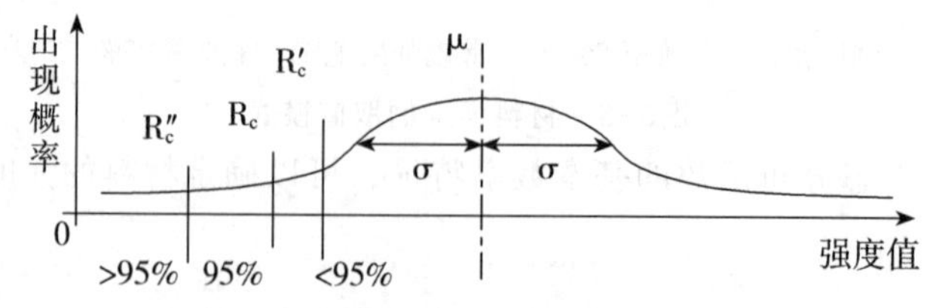

图3-7 保证率与强度等级的关系

因此，对混凝土的强度的理解可以归纳为：

（1）混凝土的强度是指某一类混凝土的统计指标，单一的具体试件的强度指标与统计指标没有直接相关关系。

（2）以该指标来衡量某一类混凝土的强度，可以达到95%的保证率，即95%的试件强度均高于该指标，以该指标进行强度设计是相对安全的。

（3）对于同一组试件的试验结果，按照不同的保证率要求，所得到的特征强度是不同的。

（4）不排除较低强度等级的试件，在试验中可能达到较高的强度指标，但不能说明该试件的强度指标就是高强度等级的。

在设计和施工中常用的混凝土的强度可分为立方体抗压强度、轴心抗压强度和轴心抗拉强度。

2.立方体抗压强度f_{cu}

混凝土的立方体抗压强度（简称立方体强度）是衡量混凝土强度的重要指标，混凝土强度等级由立方体抗压强度标准值确定。立方体抗压强度标准值是混凝土各种力学指标的基本代表值，是在特定的条件下使用特定的试验方法对特定的混凝土进行测试所得出的混凝土强度指标。

按照我国的混凝土技术规范，立方体抗压强度的定义与测算可以作如下描述：在标准的试验机上，以标准的实验方法，对于大量的、按照某一统一标准生产制作的混凝土标准试件进行压缩破坏，所得出的保证率为95%的强度指标——f_{cu}。

根据混凝土立方体抗压强度标准值的数值及《混凝土结构设计规范》（GB50010-2010）（2015版）的规定，将混凝土分为14个等级，C15、C20、C25、C30、C35、C40、C45、C50、C55、C60、C65、C70、C75、C80。其中，C表示混凝土，后面的数字表示混凝土立方体抗压强度的标准值，单位是N/mm^2。

素混凝土结构的强度等级不应低于C15；钢筋混凝土结构的混凝土强度等级不应低于C20；采用400MPa及以上钢筋时，混凝土强度等级不应低于C25；承受重复荷载的钢筋混凝土构件，混凝土强度等级不应低于C30；预应力混凝土结构的混凝土强度等级不宜低于C40，且不应低于C30。同时，还应根据建筑物所处的环境条件确定混凝土的最低强度等级，以保证建筑物的耐久性。

试验过程：将标准试件放置在试验机上，当压力试验机压力较小时，试件表面无变化，但可以听到混凝土试件内部隐约的噼啪声，表明试件内部的微裂缝出现；随着压力试验机压力的增加，试件侧面中部开始出现竖向裂缝，并逐渐向上下底面延伸；逐渐地，中部的混凝土开始脱落，混凝土可以出现正、倒四角锥体相连的形态；如果再进一步增加荷载，压力达到一定数量之后，正、倒四角锥体相连的中部混凝土破碎，整个试件被破坏（如图3-8所示）。

在试验过程中，要符合以下几个“标准”：

（1）标准试验机

所谓标准试验机，是指用来压缩试块的试验机的基本指标，重点在于试块上下两端的压板。

图3-8　混凝土试件的破坏过程

压板的刚度是重要的指标，压板的刚度过小，会使得在试验过程中压板变形过大，在试块破坏时压板变形恢复量大，而加快试件的破坏。

压板与试件接触面的摩擦系数也十分关键（如图3-9所示），根据力学的一般原则，受压构件会产生侧向尺度的膨胀，如果摩擦系数较大，压板会在试件的压缩过程中对试件的上、下两端形成强大的、防止试件侧向扩展的约束作用，即形成约束试件上、下边缘侧向变形，形成类似环箍的作用，称为“环箍效应”，这种约束可以有效约束混凝土端部裂缝的出现与开展，延缓试件的破坏。在标准试验机上，由于摩擦的约束作用，试件受压破坏的结果是形成两个类似的四角锥相对放置的情形（如图3-10所示），即上、下端没有被破坏或少量被破坏，中部破坏较大。当对试件与压板进行润滑处理后，原有的摩擦力减小，对端部的环箍效应减弱或消失，试件被均匀破坏。

图3-9　有无摩擦力对试验过程的影响

图3-10　被破坏的混凝土试件

（2）标准的试验方法

所谓标准的试验方法，是指试验机的加荷速度为0.3MPa/s~0.5MPa/s（C30以下试件），0.5MPa/s~0.8MPa/s（C30及以上试件）。这是因为混凝土的破坏实质上是混凝土内部裂缝开展的累积结果，裂缝开展的速度与荷载增加速度的关系也就十分重要。如果荷载的增加速度快于试件内部破坏裂缝开展的速度，会使得试验结果偏高；反之，如果荷载的增加速度慢于试件内部破坏裂缝开展的速度，在加荷的过程中混凝土试件内部的微裂缝会充分地开展，将会导致试件承载结果偏低。图3-11较为形象地说明了试验加荷速度与试件强度的关系。

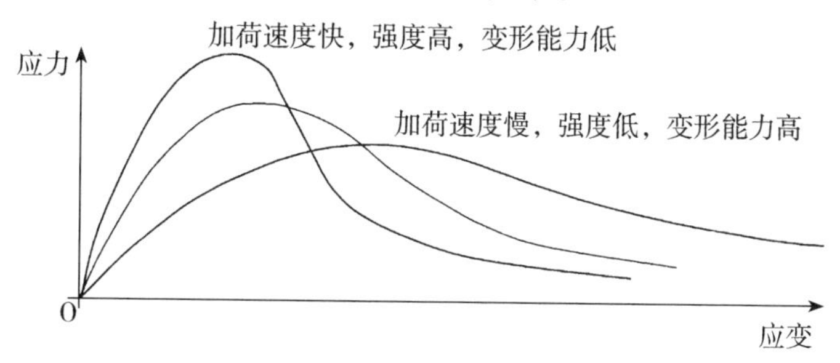

图3-11　加荷速度与试件强度的关系

（3）标准试件

标准试件是指试件的尺度与养护状况。我国规范所确定的标准试件的尺度为150毫米边长的立方体，养护状况为标准状况——20℃±3℃，90%相对湿度，标准大气压——养护28天。

当试件的形状与尺度不同时，所得的试验结果也必然存在较大的差异。从尺度来看，较大尺度的试件所测得的结果偏低，其原因在于较大的尺度会导致边界的“环箍效应”影响区域相对降低；相反，较小的尺度会形成试件的试验结果稍高的情况。

不同的形状也会形成受力破坏的不同，美国、日本多采用圆柱形的试件，受力相对均匀；我国沿袭苏联的做法，采用立方体试件，制作简单方便，虽然在受力上不均匀，但经过多年的调整与积累，已经形成了完整的测试理论与修正方法。

另外，混凝土是逐渐生成强度的材料，是水泥与水逐渐水化、固化并与石子、砂子共同形成强度的材料，因此其强度的形成过程在不同的条件下是不同的，在不同的时间也是不同的。规定混凝土的养护条件与时间，就是为了对混凝土的强度形成过程加以标准化与量化。图3-12说明了在不同环境条件（特别是温度条件）、不同养护时间的混凝土试件的强度增长状况，同时也可以看出，混凝土在标准状况下28天的强度指标并不是其最高强度指标，仅是一个特征指标，在28天之后，混凝土强度仍然会有缓慢的增长，有时甚至会持续几年。

由于边界效应的影响，立方体抗压强度指标较高，不能作为实际结构中的混凝土强度指标，一般仅用于判断混凝土的强度等级，实用价值并不大。

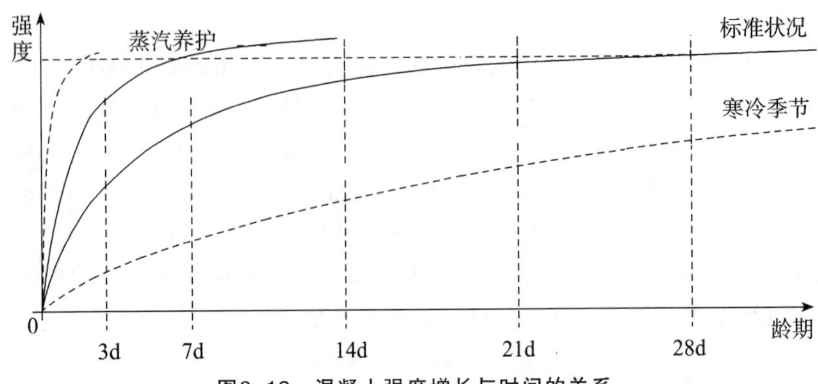

图3-12 混凝土强度增长与时间的关系

3.轴心抗压强度f_c

在工程中，钢筋混凝土轴心受压构件的长度比其横向尺寸小得多。因此，这些构件中的混凝土强度与混凝土棱柱体轴心抗压强度接近。在设计这类构件时，混凝土强度应采用棱柱体轴心抗压强度，简称轴心抗压强度。

混凝土轴心抗压强度是指按照标准方法制作养护的截面为150mm×150mm，高度为300mm的棱柱体标准试件，经28天龄期，用标准试验方法测得的抗压强度，用符号f_c表示。

在试验中，由于压力试验机压板对试件的边界约束影响区域有限，当立方体抗压强度试件的高度增加时，试件中部所受的影响逐渐减小，试件受压破坏的强度指标逐渐降低。在试验中人们发现，当试件高度增加至宽度的3倍以上时，试件的强度指标不再降低，而是趋于稳定，说明此时试件中部受压破坏截面已经不再受边界约束的影响，其破坏体现出混凝土材料本身的破坏强度（如图3-13所示）。

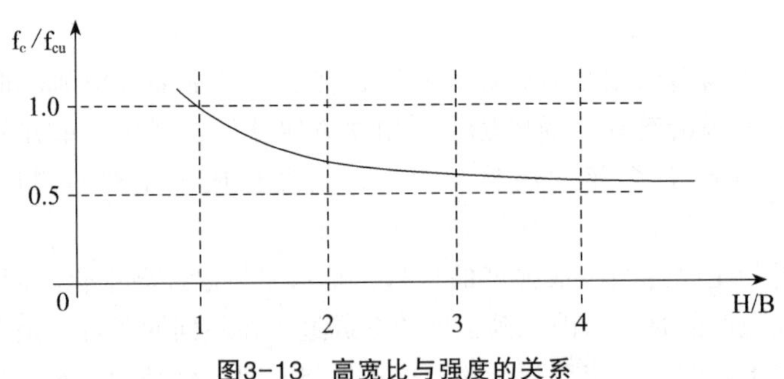

图3-13 高宽比与强度的关系

因此，在我国《混凝土结构设计规范》中，将此时的混凝土试件受压强度称为轴心抗压强度，也叫作混凝土的棱柱体抗压强度。轴心抗压强度可以被作为混凝土构件受压设计的强度指标。

4.轴心抗拉强度f_t

由于在某些特定条件下，混凝土的抗拉强度指标也很重要，对于特殊建筑物，如抗渗型要求较高的水池、地下室的外墙等，混凝土的抗裂性的高低是保证不发生渗漏的主要因素，此时特别需要使用混凝土的受拉强度进行抗裂计算，因此对于混凝土来说也需要抗拉强度。与受压强度相比，混凝土的抗拉强度很低，虽然有一定的强度，但一般不作为计算依据。在实际结构设计中，凡是混凝土的受拉区均配有钢筋来承担拉应力，故一般也不考虑混凝土的抗拉强度。在拉力的作用下，混凝土是开裂的，钢筋混凝土是带裂缝工作的。

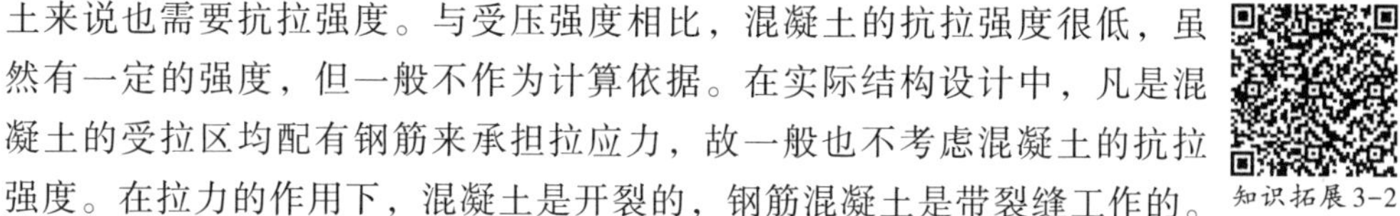

知识拓展3-2

与钢材有所不同，混凝土的抗拉强度极低，必须采用特定的措施才能够测量。轴心抗拉强度用f_t表示。

混凝土抗拉强度的试验测定一般采用两种方法进行：标准抗拉试验与劈拉试验。这里对标准受拉试验做一下介绍：

标准抗拉试验如图3-14所示，所测得的强度指标为混凝土的抗拉强度，但是这样的试验方式受钢筋的影响很大，对试件的尺度与精确度要求很高，试验困难程度高。因此在工程中经常采用力学折算方式进行抗拉强度的试验测定，具体方式是：从弹性力学的基本原理出发，设定试验方法如图3-15所示，取立方体或圆柱体混凝土试件，当压力达到一定的数值后，在试件的中心部位会形成侧向拉力并将混凝土拉裂。根据力学原理，可以折算出核心拉力与上下压板压力的相关关系，即可以从压力的实测数值折算出混凝土的抗拉强度。

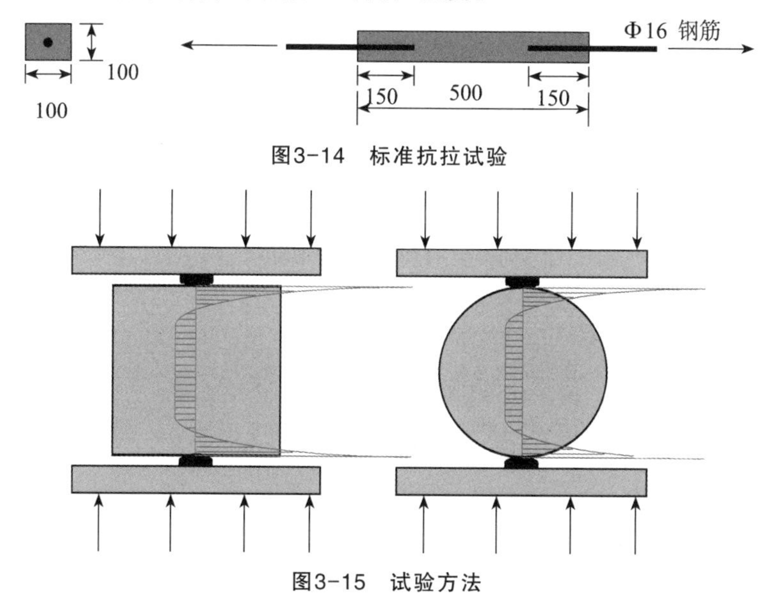

图3-14　标准抗拉试验

图3-15　试验方法

5.特殊强度

混凝土的特殊强度是指混凝土在多维压力作用下的强度指标，即在多维压力作用下的材料的强度，以及与普通单轴压力作用下强度的相关关系。

在实际结构中，由于受弯矩、剪力、扭矩等多种外力的作用，混凝土经常不处于简单的单轴应力状态，而受多种应力的组合作用，混凝土构件中的受力混凝土单元体也会处于多维应力的作用下。另外，在实际工程中，混凝土还经常处于局部受力状态，如混凝土或钢柱作用于混凝土基础上，形成对混凝土基础的较高的局部压力，如果简单地从混凝土普通强度的角度是难以解释的。

从常识中我们可以知道，各方面均受压的密实物体是不会受压被破坏的，如一个密实的钢球，虽置于大洋的底部，受巨大的水压作用，但钢球并不会被破坏，甚至连形状也不会有任何改变，其原因在于各个方向的压力作用完全相同。也就是说，当内部致密的材料受到各个方向完全相同的压力作用时，材料会体现出很高的受压强度，理论上是无穷大的。

对于实际的工程材料，混凝土材料也是如此，在受压的同时有侧向压力的作用，该侧向压力会延缓纵向受压所形成裂缝的出现与开展，促使纵向受压强度在一定范围内有效提高；反之，侧向拉力会使纵向受压裂缝的开展加快，促使纵向受压强度明显降低（如图3–16所示）。

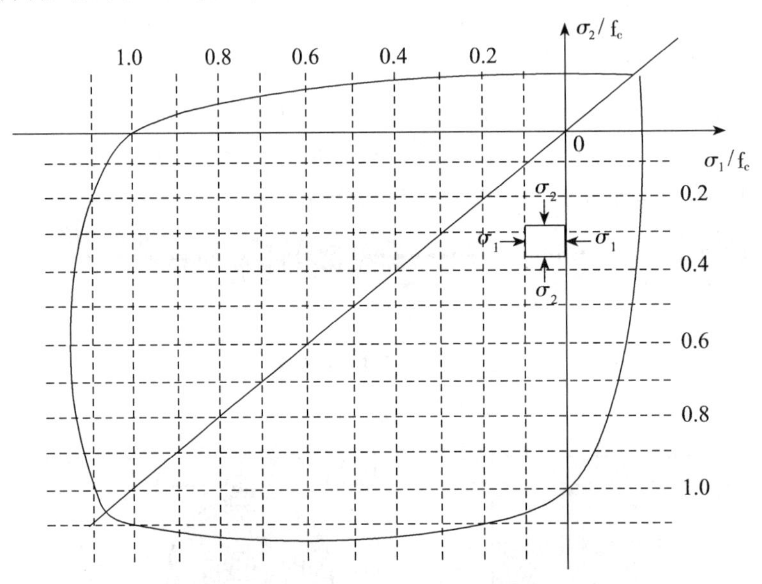

图3–16 混凝土双向应力的组合关系

多维受力强度可以采用经验公式：$f^{*}=f_c+4.1\sigma_2$来进行计算。

式中：

f^{*}为被约束混凝土的抗压强度；

f_c为非约束混凝土的抗压强度；

σ_2为约束混凝土的侧向压力。

在工程中，对于混凝土的多维强度的应用是很广泛的，不仅是对局压问题的解释，而且对实际的工程构件与结构，如螺旋箍筋（如图3–17所示）与钢管混凝土（如图3–18所示）进行了解释。

螺旋箍筋是圆形或多边形钢筋混凝土轴心受压柱经常采用的一种配筋方式，该钢筋的主要作用不在于承担普通箍筋所承担的剪力，而是对其内部的核心混凝土形成有效的侧向压力，提高混凝土的抗压能力。

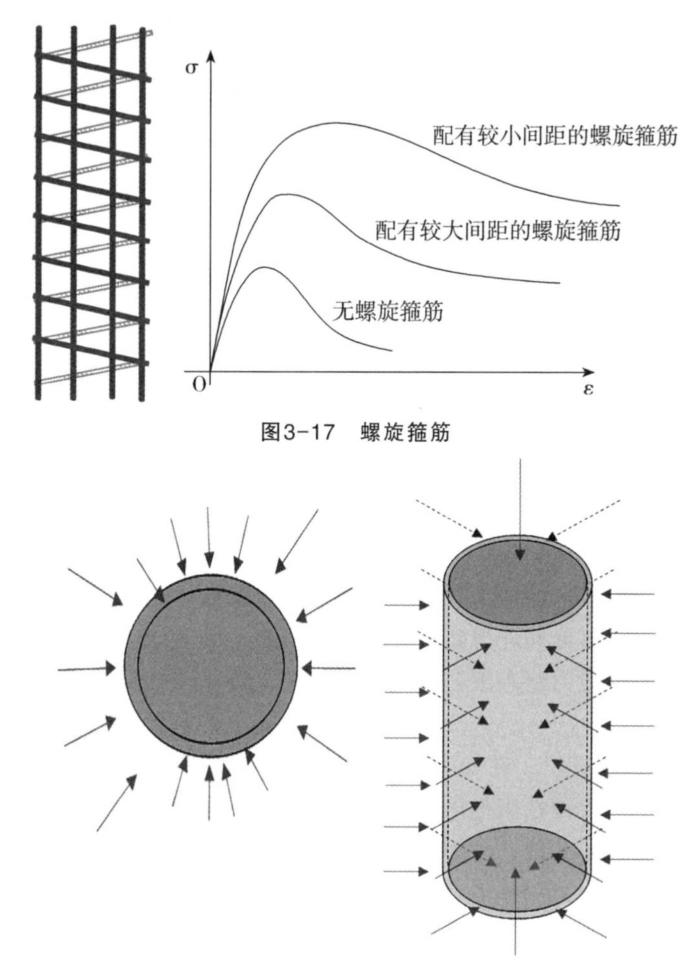

图3-17 螺旋箍筋

图3-18 钢管混凝土

钢管混凝土是在钢管中灌注混凝土，形成内部是混凝土外部是钢管的钢管混凝土构件，其受力如图3-18中的左图。在实际工程中，该结构主要用于轴心受压构件，如高层建筑底层的柱、拱桥的主拱、地下结构的主柱等。使用钢管混凝土结构不仅可以有效地减小原来使用钢筋混凝土的构件的截面，还可以有效提高构件的延性，使结构具有良好的抗震性能。

三、混凝土的变形

混凝土的变形分为两大类：一类是由外荷载作用而产生的受力变形，包括一次短期加载变形和荷载长期作用下的变形；另一类是非荷载引起的体积变形，包括混凝土收缩变形和温度变形等。

1.一次短期荷载下的变形

混凝土在外荷载的短期作用下会发生变形（如图3-19所示），其变形的组成包括：材料的弹性变形，该变形在外力去除后可以恢复；水泥胶体（水泥与水的水化物）的塑性变形，该变形在外力去除后不可以恢复，但不会形成对混凝土的破坏；微裂缝的开展所体现的宏观变形，虽没有形成宏观破坏，但不可以恢复，是混凝土最终被破坏的基本原因。短期外荷载与变形呈相关关系，荷载越大，变形越大，塑性体现得越明显。

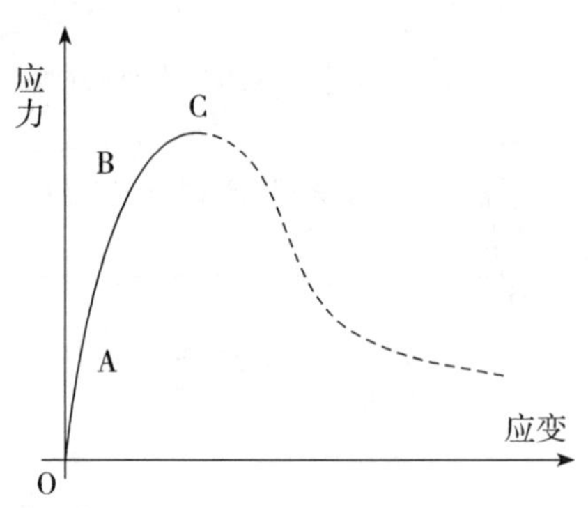

图3-19 混凝土应力应变图

混凝土在一次加载下的应力应变关系是混凝土最基本的力学性能之一，可以较全面地反映混凝土的强度和变形特点，反映出混凝土在各个受力阶段与状态下的变形过程，是确定各种受力状态下各种构件截面上混凝土受压区应力分布图形的基本与主要依据。

从图3-20中可以看出，在受力的开始阶段，即OA段：$\sigma \leqslant 0.3 f_c$，由于混凝土所受应力较小，基本处于弹性工作阶段，应力应变关系呈线性，此时混凝土内部既不发生塑流也没有裂缝的开展，外力撤除后，变形可以完全恢复。

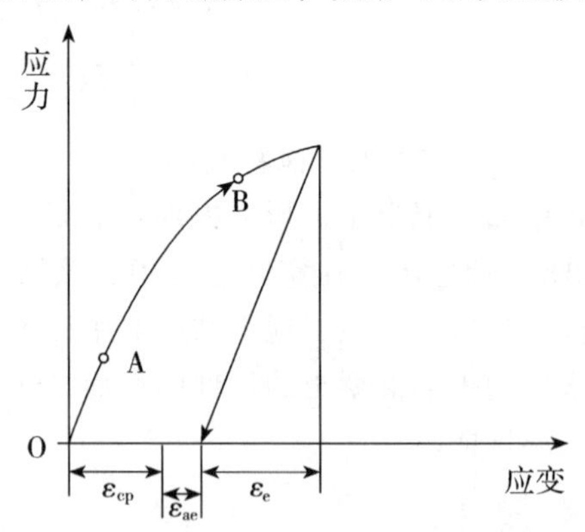

图3-20 混凝土的应力应变过程

AB段：σ约为（0.3~0.8）f_c，混凝土的塑性变形在总变形中的比例逐渐增大，应力应变关系越来越偏离直线。在AB段的初始阶段，塑性变形主要由于水泥凝胶微小的塑性流动产生。随着应力的增加，混凝土内部的微裂缝逐渐开展，成为塑性变形的主要原因。BC段：σ约为（0.8~1.0）f_c，塑性变形显著增大，微裂缝急剧开展并互相连接，C点的应力达到峰值。C点以后：试件承载能力下降，承载应力降低，应变继续增大。如果在C点以内卸去荷载，混凝土的应力应变曲线呈现出直线状态的回归，直线状态的斜率等于混凝土应力应变曲线起始点的斜率，完全卸去荷载后，混凝土的变形会继续回缩。从卸荷曲线上可以看出，应变值可分成三部分：Ⅰ为卸荷立即恢复的弹性应变ε_e；Ⅱ是经过一段时间可以逐渐恢复的应变，称为弹性后效ε_{ae}；Ⅲ是留有一部分不可能恢复的应变，称为残余应变ε_{cp}。

大量的统计试验回归分析表明，混凝土的标准强度（立方体抗压强度）的变化与混凝土的变形能力——塑性并不呈现出确定的相关关系（如图3-21所示），而且强度提高或降低时，混凝土的极限变形能力基本相差不大。

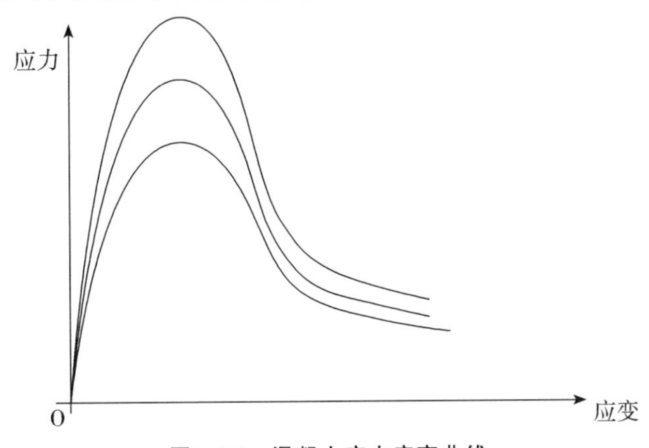

图3-21　混凝土应力应变曲线

2.长期荷载作用下的变形

混凝土在长期的高荷载作用下会发生徐变——指混凝土在长期的、不变的、较高的荷载作用下，其变形随时间的增长而增加的现象。徐变会使混凝土梁挠度增加，柱偏心增大，预应力结构的预应力损失，结构受力状况改变，以及内力重分布。

徐变在受力的早期发展迅速，随时间的推移，发展速度逐渐放缓，最终徐变趋于稳定。当外力撤除后，构件会形成瞬时回缩（如图3-22所示）。

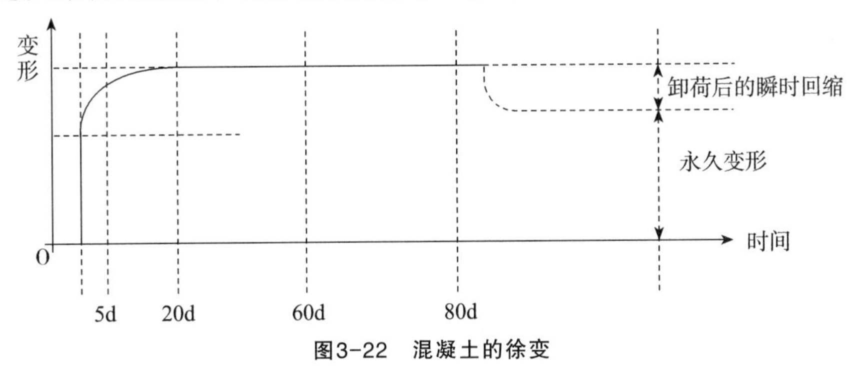

图3-22　混凝土的徐变

混凝土产生徐变的原因在于：①混凝土内部水泥与水的水化物（水泥胶体）在高应力状态下的塑性流动（水泥胶体在高应力状态下其形状会在一定范围内逐渐发生改变）。这种微观状态下的形体改变会随着时间的推移逐步累积形成宏观上的变形表现。②混凝土受力后，其内部也同时产生了大量的不可恢复的细小裂缝，但是由于荷载并没有达到混凝土的临界破坏荷载，因此细小裂缝形成后，逐渐稳定并不再继续开展成为破坏性裂缝，细小的微观状态的裂缝也会在宏观上形成变形。

试验表明，徐变与下列因素有关：

（1）水泥用量越多，水灰比越大，徐变越大。当水灰比在0.4~0.6范围内变化时，单位应力作用下的徐变与水灰比成正比。

（2）增加混凝土骨料的含量，徐变减小。当骨料的含量由60%增大到75%时，徐变将减小50%。

（3）养护条件好，水泥水化作用充分，徐变减小。

（4）构件加载前混凝土的强度越高，徐变就越小。

（5）构件截面的应力越大，徐变越大。

徐变会给结构带来一些十分不利的影响，如增大混凝土构件的变形，引起预应力构件的预应力损失，所以，应该控制徐变的产生。从混凝土徐变的原因分析可以知道，控制水泥胶体的流动、控制微观裂缝的开展是控制徐变的主要方法。在保证施工和易性与混凝土强度的基础上，增强混凝土的密实度，减少水泥胶体在混凝土中的含量，可以有效减小徐变。因此，控制徐变宜从以下几方面进行：

（1）控制并减小水泥胶体在混凝土内部的总体积：采用减水剂可以在混凝土强度与坍落度不变的前提下有效减少水泥用量，进而减少水泥胶体的含量，也可以降低水灰比，减少水的用量，从而减少混凝土形成强度后其内部游离水的含量，减少裂缝发生的可能性。

（2）良好的砂石骨料及配备可以有效地形成混凝土内部较高的骨料密实度与骨架结构，不仅可以减少水泥胶体的体积，更可以抵抗水泥胶体的塑性流动。

（3）施工中的振捣可以提高混凝土的密实度而减少水泥胶体的体积，从而不仅可以减少发生徐变的物质基础，更可以由于骨料的密实度提高而减少水泥胶体的塑性流动，进而抵抗徐变的发生。

（4）控制并减小混凝土内部微观裂缝的数量也是减小徐变所必需的，所采用的方法一般为：采用减水剂可以有效减少水的用量，减少多余水分蒸发所产生的毛细孔隙以及混凝土内部游离水分所形成的空洞，这些都是混凝土受力后产生应力集中的环节，因而也是裂缝开展的基础；配置相应的钢筋可以有效改善混凝土内部微观的受力状况，约束混凝土裂缝的开展；良好的养护可以使混凝土内部形成良好均匀的强度状态，对于减少徐变也有极大的作用。

3.混凝土的收缩

混凝土的非应力变形主要发生在混凝土的凝结硬化过程中，混凝土会发生体积的自然变化，一般表现为收缩。混凝土的收缩主要源于两方面——一种是干缩，是由于混凝土内部水分大量并短时间内的迅速蒸发所导致的体积减小，其表现犹如干涸的泥塘；另一种是凝缩，是水泥与水在凝结成胶体的过程中发生收缩，凝结硬化后的水泥胶体的体积要小于原混凝土的体积。这两种收缩均是混凝土在空气中凝结硬化所发生的。如果混凝土在水中凝结硬化，体积会略有膨胀。

混凝土的收缩与下列因素有关：

（1）水泥用量越多，水灰比越大，收缩越大；

（2）强度高的水泥制成的混凝土构件收缩大；

（3）骨料弹性模量大，收缩小；

（4）在结硬过程中，养护条件好，收缩小；

（5）混凝土振捣密实，收缩小；

（6）使用环境湿度大，收缩小。

混凝土的收缩对混凝土和预应力混凝土也会产生不利的影响，所以应该减少收缩的产生。减小徐变的方法对于减少收缩也是十分有效的，特别是加强对混凝土的养护。另外，在混凝土的配料中加入膨胀剂，可以使其在凝结硬化过程中产生膨胀来抵偿收缩。

4.混凝土的温度变形

当温度变化时，混凝土的体积同样也有热胀冷缩的性质。混凝土的温度线膨胀系数一般为（1.0~1.5）$\times10^{-5}$℃，用这个值去度量混凝土的收缩，则最终收缩大致为温度降低15℃~30℃时的体积变化。当温度变形受到外界的约束而不能自由发生时，将在构件内产生温度应力。在大体积混凝土中，由于混凝土表面较内部的收缩量大，再加上水泥水化热导致混凝土的内部温度比表面温度高，如果把内部混凝土视为相对不变形体，它将对试图缩小体积的表面混凝土形成约束，对表面混凝土形成拉应力，如果内外变形较大，将会造成表层混凝土外裂。

四、混凝土的模量

1.弹性模量

从混凝土的应力应变图形（如图3-23所示）可以看出，从整个受力过程来看，除了混凝土受力的初始阶段外，混凝土不具备单一的、稳定的应力与应变的相关关系，即混凝土没有单一的弹性模量。

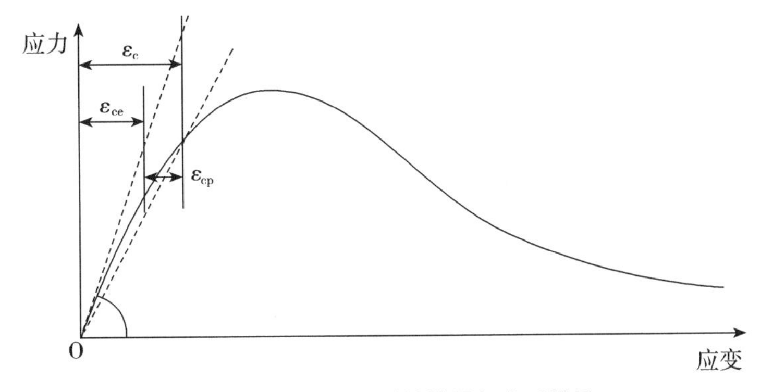

图3-23　混凝土的弹性模量与变形模量

但是根据混凝土受力的初始状态所表现出来的应力与应变的比例关系——弹性

关系，混凝土的弹性模量可以定义为：以标准试验方法所确定的混凝土的应力应变曲线的起始点的切线的斜率，记为E_c。

2.变形模量

由于混凝土的弹性模量仅仅说明与描述了混凝土受力变形初始状态的应力与应变的关系，因此，对于混凝土的各个受力过程的应力与应变关系还需要其他参数来进行描述。通常情况下，以混凝土的变形模量来表示混凝土应力应变曲线上任意一点的状态。所谓变形模量是指以标准试验方法所确定的混凝土的应力应变曲线上任意一点与起始点的连线的斜率——曲线上一点与O点所形成的割线的斜率，记为E'_c。从图3-23可以看出，变形模量并不表示混凝土的应力与应变的相关关系。

第四节　钢筋

一、钢筋概述

钢是以铁为基础，以碳为主要添加元素的合金，同时伴随有其他改善钢材性质的元素以及不良杂质。随着钢材成分的不同，钢材的性能有很大差异。

钢材是优秀的建筑材料，与混凝土、木材相比，虽然质量密度较大（钢筋混凝土为25千牛/立方米，木材为6千牛/立方米，钢材为78千牛/立方米），但其强度设计值较混凝土和木材要高得多（可以达到10倍以上），而且钢材质地均匀，各向同性，弹性模量大，有良好的塑性和韧性，为理想的弹塑性体，并具有较好的延性，因而抗震及抗动力荷载性能好。钢材基本符合目前所采用的计算方法和基本理论，便于做各种力学计算与推导。

钢材的质量密度与屈服点的比值相对较低，因此在承载力相同的条件下，钢结构与钢筋混凝土结构、木结构相比，构件横截面较小，重量较轻，更加便于运输和安装；钢结构生产具备成批大件生产和高度准确性的特点，可以采用工厂制作、工地安装的施工方法，所以其生产作业面多，可缩短施工周期，进而为降低造价、提高效益创造条件，更节约资金占用时间，对于商业建筑更有利于提前进入市场，效率较高。坐落于美国芝加哥的希尔斯大厦建筑高度曾经一度排名第一，其地上钢结构主体建筑仅用了15个月就宣告封顶，这对于混凝土结构是不可想象的。

案例3-1

由于钢材的强度高、承载力大而自重相对轻，因此钢结构有效空间较大，不仅仅平面空间的效率（可利用面积/建筑总面积）较高，而且可以在建筑有效使用高度不降低的情况下降低层高，进而在建筑物总高度不降低、建筑物使用空间满足的情况下，增加建筑物的层数，提供更多的使用面积。

另外，钢结构的构件截面是空腹的，可以为各种管道提供大量的空间，减少对建筑空间的占用，并可以保证维修的方便。

钢结构不仅施工方便，对于拆卸也同样方便，拆卸后的钢材还可以有效地回收利用，因此钢结构是很好的环保型结构体系，钢材是很好的环保型材料。

钢材可以经过焊接施工进行连接，由于焊接结构可以做到完全密封，一些要求气密性和水密性好的高压容器、大型油库、气柜、管道等板壳结构都采用钢结构。

将钢材制作成钢筋，置于混凝土的受拉区，形成钢筋混凝土，可以有效改善混凝土受拉不足的特点，发挥混凝土受压强度相对较高的优势，形成对材料的合理利用。

钢材的缺点在于不耐火，当温度在250℃以内时，钢的物理力学性质变化很小，但当温度达到300℃以上时，强度逐渐下降，达到450℃~650℃时，强度降为零。因此，钢结构可用于温度不高于250℃的场合。在自身有特殊防火要求的建筑中，钢结构必须用耐火材料予以维护。当防火设计不当或者当防火层处于破坏的状况下，有可能将产生灾难性的后果。

钢结构抗腐蚀性较差，新建造的钢结构一般都需仔细除锈、镀锌或刷涂料，以后隔一定时间又要重新刷涂料，维护费用较高。目前国内外正在发展不易锈蚀的耐候钢，可大量节省维护费用，但还未能广泛采用。

无论是结构性能、使用功能还是经济效益，钢结构都有一定的优越性。

二、钢筋的种类

1.按照用途分类

《混凝土结构设计规范》（GB50010-2010）（2015版）规定：用于钢筋混凝土结构和预应力混凝土结构中的普通钢筋可采用热轧钢筋；用于预应力混凝土结构中的预应力筋可采用预应力钢丝、钢绞线和预应力螺纹钢筋。

（1）普通钢筋

普通钢筋是用于各种钢筋混凝土构件中的非预应力热轧钢筋，是由低碳钢或普通合金钢在高温下轧制而成的热轧钢筋。其强度由低到高分为HPB300级（工程符号为Φ）、HRB335级（Φ）、HRB400级（Φ）、HRBF400级（$Φ^{F}$）、RRB400级（$Φ^{R}$），HRB500级（Φ）、HRBF500级（$Φ^{F}$）。其中，HPB300级为低碳钢，外形为光面圆形，称为光圆钢筋；HRB335级、HRB400级和HRB500级为普通低合金钢，HRBF400级和HRBF500级为细晶粒钢筋，均在表面轧有月牙肋，称为变形钢筋。RRB400级钢筋为余热处理月牙纹变形钢筋，是在生产过程中钢筋热轧后经淬火提高强度，再利用芯部余热回火处理而保留一定延性的钢筋。

（2）预应力钢筋

预应力钢筋是用于混凝土结构构件中施加预应力的消除应力钢筋、钢绞线、预应力螺纹钢筋和中强度预应力钢筋。

中强度预应力钢丝的抗拉强度为800MPa~1 270MPa，外形有光面和螺旋肋两种。消除预应力钢筋的抗拉强度为1 470MPa~1 860MPa，外形也有光面和螺旋肋两种。钢绞线是由多根高强钢丝扭结而成的，常用的有1×3（3股）和1×7（7股），抗拉强度为1 570MPa~1 960MPa。预应力螺纹钢筋又称精轧螺纹粗钢筋，是用于预应力混凝土结构的大直径高强钢筋，抗拉强度为980MPa~1 230MPa，这种钢筋在轧制时沿钢筋纵向全部轧有规律性的螺纹肋条，可用螺处套筒连接和螺帽锚圆，不需要再加工螺丝，也不需要焊接。

预应力筋宜采用预应力钢丝、钢绞线和预应力螺纹钢筋。

2.按照化学成分分类

如果按照钢材的化学成分分类，钢材可以简单地分为碳素钢与合金钢两类。

（1）碳素钢

碳素钢可分为：低碳钢，含碳量小于0.25%；中碳钢，含碳量为0.25%~0.60%；高碳钢，含碳量高于0.60%。

（2）合金钢

合金钢可以分为：低合金钢，合金元素总含量小于5.0%；中合金钢，合金元素总含量为5.0%~10%；高合金钢，合金元素总含量大于10%。

建筑工程中，钢结构用钢和钢筋混凝土结构用钢主要使用非合金钢中的低碳钢，及低合金钢加工成的产品，合金钢亦有少量应用。

3.按照脱氧程度分类

如果按脱氧程度划分，钢材可以分为沸腾钢、镇静钢和半镇静钢。

（1）沸腾钢

沸腾钢是脱氧不完全的钢，浇铸后在钢液冷却时有大量一氧化碳气体外逸，引起钢液剧烈沸腾。沸腾钢内部杂质、夹杂物多，化学成分和力学性能不够均匀、强度低、冲击韧性和可焊性差，但生产成本低，可用于一般的建筑结构。

（2）镇静钢

镇静钢是指在浇铸时钢液平静地冷却凝固，基本无一氧化碳气泡产生，是脱氧较完全的钢。镇静钢钢质均匀密实，品质好，但成本高。镇静钢可用于承受冲击荷载的重要结构。

（3）半镇静钢

脱氧程度与质量介于镇静钢和沸腾钢之间的钢称为半镇静钢，其质量较好。

此外，还有比镇静钢脱氧程度还要充分彻底的钢，其质量最好，称为特殊镇静钢，通常用于特别重要的结构工程。

4.按照使用方法分类

如果按照钢材在结构中的使用方式，钢材可以分为钢结构用钢与混凝土结构用钢。

（1）钢结构用钢

钢结构用钢多为型材——热轧成形的钢板和型钢等；薄壁轻型钢结构中主要采用薄壁型钢、圆钢和小角钢；钢材所用的母材主要是普通碳素结构钢及低合金高强度结构钢。钢结构用钢有热轧型钢、冷弯薄壁型钢、棒材、钢管和板材。

（2）混凝土结构用钢

钢筋混凝土结构用钢多为线材（钢筋），如图3-24所示。混凝土具有较高的抗压强度，但抗拉强度很低。用钢筋加入混凝土，可大大扩展混凝土的应用范围，而混凝土又对钢筋起保护作用。钢筋混凝土结构中的钢筋主要由碳素结构钢和优质碳素钢制成，包括热轧钢筋、冷拔钢丝和冷轧带肋钢筋。预应力混凝土结构中的钢筋主要为施加预应力的钢丝、钢绞线和预应力螺纹钢筋等。

图3-24 钢筋

三、钢筋的成分

钢的基本元素为铁（Fe），此外还有碳（C）、硅（Si）、锰（Mn）等杂质元素，及硫（S）、磷（P）、氧（O）、氮（N）等有害元素，这些元素总含量很少，但对钢材的力学性能却有很大的影响。

钢与生铁的区分在于含碳量的大小。含碳量小于2.11%的铁碳合金称为钢。含碳量大于2.11%的铁碳合金称为生铁。

碳：对于钢材中的各种添加元素来讲，碳是除铁以外最主要的元素。碳含量增加，使钢材强度提高，塑性、韧性，特别是低温冲击韧性下降，同时耐腐蚀性、疲劳强度和冷弯性能也显著下降，恶化钢材可焊性，增加低温脆断的危险性。一般建筑用钢要求含碳量在0.22%以下，焊接结构中应限制在0.20%以下。

硅：作为脱氧剂加入普通碳素钢。适量的硅可提高钢材的强度，而对塑性、冲击韧性、冷弯性能及可焊性无显著的不良影响。一般镇静钢的含硅量为0.10%~0.30%。含量过高（达1%），会降低钢材塑性、冲击韧性、抗锈性和可焊性。

锰：是一种弱脱氧剂。适量的锰可有效提高钢材强度，消除硫、氧对钢材的热脆影响，改善钢材热加工性能，并改善钢材的冷脆倾向，同时不显著降低钢材的塑性、冲击韧性。普通碳素钢中锰的含量为0.3%~0.8%。含量过高（达1.0%~1.5%）会使钢材变脆变硬，并降低钢材的抗锈性和可焊性。

硫：是有害元素。硫会引起钢材热脆，降低钢材的塑性、冲击韧性、疲劳强度和抗锈性等。一般建筑用钢含硫量要求不超过0.055%，在焊接结构中应不超过0.050%。

磷：是有害元素。磷虽可提高强度、抗锈性，但会严重降低塑性、冲击韧性、冷弯性能和可焊性，尤其在低温时易使钢发生冷脆，含量需严格控制，一般不超过0.050%，焊接结构中不超过0.045%。

氧：是有害元素，会引起热脆，一般要求含量小于0.05%。

氮：能使钢材强化，但会显著降低钢材塑性、韧性、可焊性和冷弯性能，增加时效倾向和冷脆性，一般要求含量小于0.008%。

为改善钢材的力学性能，可适量增加锰、硅含量，还可掺入一定数量的铬、镍、铜、钒、钛、铌等合金元素，炼成合金钢。钢结构常用合金钢中合金元素含量较少，称为普通低合金钢。

四、钢筋的应力应变分析

在做此项分析前，通常将钢材做成标准受拉试件，对其进行张拉，并对横截面的应力与应变状况进行对比分析，做出应力应变曲线。

从应力应变图（如图 3-25 所示）中可以看出，钢材受拉力被破坏的过程可以分为五个阶段：

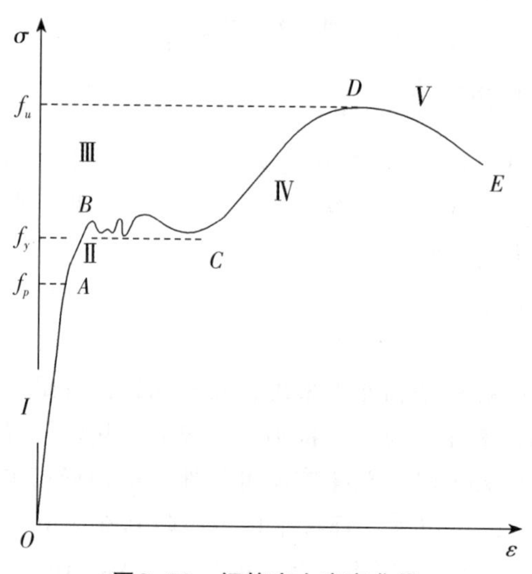

图3-25 钢筋应力应变曲线

Ⅰ：当拉力处于相对较小的阶段时，钢材的应力与应变成固定的比例关系——弹性模量，而且不同的钢材拥有相同的弹性模量。弹性模量反映了材料受力时抵抗弹性变形的能力，即材料的刚度，它是钢材在静荷载作用下计算结构变形的一个重要指标。

Ⅱ：当拉力达到并超过一定限值后，钢材的应力应变曲线不再继续保持直线状态，而是逐步呈现出弯曲状态，表明钢材开始进入塑性。强度不同、种类不同的钢材开始进入塑性状态的时间不同，钢材弹性阶段与塑性阶段的区分点被称为比例极限f_p——应力与应变成比例的最高应力极限。

Ⅲ：继续增加拉力，曲线开始进入颤动阶段，材料表现出在所承担的应力基本不变的前提下，应变持续性地增加，其宏观表现就是在承担的荷载不变的情况下，发生持续性的变形增加。该现象被称为屈服，该阶段被称为钢材的屈服阶段，或“屈服台阶”，该阶段的特征强度指标被称为屈服强度。

Ⅳ：钢材在经过屈服阶段的内部金属结构调整后，应力与应变之间的相关关系重新恢复，虽然不成固定的比例关系，但应力与应变增加同时存在，因此该阶段被称为钢材的强化阶段，强化阶段的应力顶峰被称为极限强度。

Ⅴ：经过强化阶段后的钢材，强度已经完全表现出来，再增加荷载，钢材就进入了破坏阶段。

从受力至破坏的几个阶段来看，钢材天然是用于建筑的结构材料。除了钢材具有较高的强度外，钢材存在的屈服特征也是极其重要的。正是有了屈服，才使得钢材这种材料在保证承担较高应力与荷载的条件下，表现出较大的变形——破坏前的预警，可以向使用者提供破坏先兆，使其及时逃离或进行处理。另外，钢材屈服后不是立即被破坏，在钢材屈服后的强化阶段，钢材拥有一定的强度储备——屈服后强度，可以保证钢材的破坏后期强度，这也是安全的重要保证。

因此，在结构设计中，将屈服强度确定为钢材的强度指标，并规定钢材的屈服强度的实测值不应大于设计值的1.3倍。同时考虑极限强度与屈服强度的比值关系——强屈比，在承担较大动荷载的结构与抗震性能要求较高的结构、钢筋混凝土结构的受力主筋，对该比例关系的要求是不得低于1.25。

需要明确的是，并非所有的钢材都具有明显的屈服强度，体现出良好的塑性。很多钢材，如钢绞线、冷拔低碳钢丝等，其应力应变曲线并不存在屈服与塑流过程。因此，其设计采用的屈服强度并非试验中可以真实测量的指标，而是一个折算指标——以抗拉强度的85%为屈服强度，称之为条件屈服强度。

五、钢筋的基本工程指标

为了保证结构中钢材的力学与变形性能，确定了以下指标，作为选择钢材必须进行检查的项目。

1.强度指标

强度指标除了屈服强度之外还有极限强度，即钢材所能承担的最大受拉应力特征指标，当应力达到该指标时，被检测的钢材试件将被拉断。

2.塑性指标

塑性指标包括伸长率和断面收缩率。结构或构件在受力时（尤其在承受动力荷载时），材料塑性好坏往往决定了结构是否安全可靠，因此钢材塑性指标比强度指标更为重要。

伸长率的计算公式为：

$$\delta=\frac{(l_1-l_0)}{l_0} \tag{3-3}$$

如果把经过受拉试验后的断裂试件的两段拼起来，便可测得标距范围内的长度l_1，l_1减去标距长度l_0就是塑性变形值，此值与原长l_0的比率称为伸长率δ。伸长率δ是衡量钢材塑性的指标，其数值越大，表示钢材的塑性越好。良好的塑性可将结构上的应力（超过屈服点的应力）重分布，从而避免结构过早被破坏。

δ_5和δ_{10}分别表示$l_0=5d_0$和$l_0=10d_0$时的伸长率。对于同一种钢材，$\delta_5>\delta_{10}$。这是因为钢材中各段在拉伸的过程中伸长量是不均匀的，颈缩处的伸长率较大，因此原始标距l_0与直径d_0之比越大，则颈缩处伸长值在整个伸长值中的比重越小，因而计算得出的伸长率就越小。某些钢材的伸长率是采用定标距试件测定的，如标距l_0=100mm或200mm，则伸长率用δ_{100}或δ_{200}表示。

断面收缩率的计算公式为：

$$\Psi=\frac{(A_0-A_1)}{A_0} \tag{3-4}$$

式中：

A_0：试件原来的断面面积。

A_1：试件拉断后颈缩区的断面面积。

断面收缩率是指试件拉断后，颈缩区的断面面积缩小值与原断面面积比值的百分率，是衡量钢材塑性的一个比较真实和稳定的指标，但是在测量时容易产生较大的误差，因而钢材标准中往往只采用伸长率为塑性保证要求。

当钢材较厚时，或承受沿厚度方向的拉力时，要求钢材具有板厚方向的收缩率要求，以防厚度方向的分层、撕裂。

3. 钢材的韧性

钢材的韧性是指钢材在塑性变形和断裂的过程中吸收能量的能力，也是表示钢材抵抗冲击荷载的能力，它是强度与塑性的综合表现。钢材韧性通过冲击韧性试验（如图3-26所示），测定冲击功来表示。

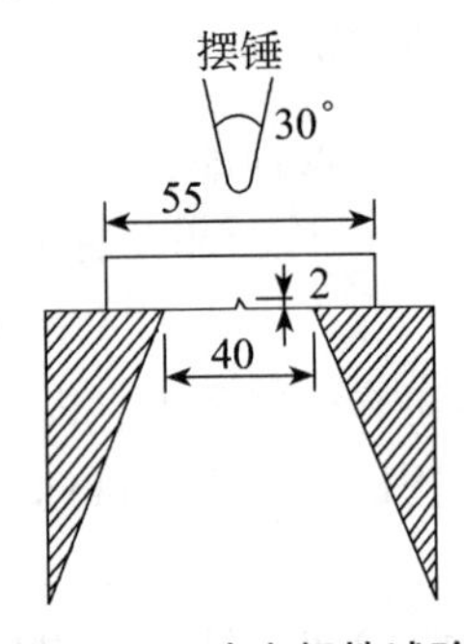

图3-26 冲击韧性试验

冲击韧性值的计算公式为：

$$a_k=\frac{A_k}{A_n} \tag{3-5}$$

式中：

A_k：冲击功。

A_n：试件缺口处的净截面面积。

钢材的冲击韧性越大，钢材抵抗冲击荷载的能力越强。a_k值与试验温度有关。有些材料在常温时冲击韧性并不低，破坏时呈现韧性破坏特征。当试验温度低于某值时，a_k突然大幅度下降，材料无明显塑性变形而发生脆性断裂，这种性质称为钢材的冷脆性。

我国《钢结构设计规范》对钢材的冲击韧性a_k有常温和负温要求的规定。选用钢材时，要根据结构的使用情况和要求提出相应温度的冲击韧性指标要求。

4.冷弯性能

冷弯性能是指钢材在冷加工（常温下加工）产生塑性变形时，对产生裂缝的抵抗能力。通常采用试验方法来检验钢材承受规定弯曲程度的弯曲变形性能，检查试件弯曲部分的外面、里面和侧面是否有裂纹、裂断和分层。

5.抗疲劳性能

疲劳现象是指钢材受交变荷载反复作用（微观产生往复应力），钢材在应力低于其屈服强度的情况下突然发生脆性断裂破坏（称为疲劳破坏）的现象。

钢材的疲劳破坏一般是由拉应力引起的，首先在局部开始形成细小断裂，随后由于微裂纹尖端的应力集中而使其逐渐扩大，直至突然发生瞬时疲劳断裂。疲劳破坏是在低应力状态下突然发生的，所以危害极大，往往造成灾难性的事故。

6.钢材的可焊性

钢材的可焊性是指在一定工艺和结构条件下，钢材经过焊接能够获得良好的焊接接头的性能。可焊性分为：施工上的可焊性——材料是否容易进行焊接施工，在施工过程中，焊接是否会产生相关问题；使用性能上的可焊性——焊接后对钢材各种力学性能的影响，是否满足钢材的使用要求，焊接构件在焊接后的力学性能不能低于母材。

钢筋混凝土、劲性混凝土以及钢管混凝土属于钢与混凝土两种材料的复合材料，当然，混凝土本身就是一种复合材料。复合材料中，不同的材料成分往往承担不同的微观力学作用，其工作性能往往是单一材料所难以达到的。下面的内容会对这几种材料分别进行介绍。

第五节 钢筋混凝土

一、钢筋与混凝土协调工作的前提

并不是所有的或任意的两种材料均可以形成复合材料，尽管两种材料理论上可能存在优势互补，但共同工作必须存在可能性与前提。

混凝土与钢筋共同工作的前提在于两种材料具有有效的互补性：钢材有效地改善了混凝土力学性能的离散性，降低了混凝土破坏的脆性；混凝土对于钢材的连续性的侧向约束，大大降低了钢材发生失稳的概率，同时混凝土对钢材表面的保护也减少了钢材的锈蚀，减缓了钢材在火中的损坏时间。

1.钢筋的作用

钢筋在混凝土中的主要作用是配置在混凝土的受拉区，承担相应的拉力，并约束混凝土内裂缝的开展；钢筋要配置在混凝土内部的相对外侧，在其内部形成混凝土的核心区，并使该核心区混凝土处于多维应力状态，提高其强度；钢筋在混凝土内部形成钢筋骨架，使混凝土形成整体的结构。

劲性混凝土是在钢筋混凝土中加入型钢所形成的特殊复合材料，由于型钢芯的存在，可以有效改善混凝土的延性，大大提高混凝土的抗震性能；混凝土对钢材的侧向约束保证了钢材力学性能的发挥，不会因失稳提前退出工作。

钢管混凝土是在钢管中填入混凝土后形成的建筑构件，多数为圆形或多边形钢管混凝土。它利用钢管和混凝土两种材料在受力过程中相互之间的组合作用——混凝土受压膨胀促使钢管膨胀受拉，钢管的反力促使混凝土处于多维受压状态，使混凝土的塑性和韧性大为改善，且可以避免或延缓钢管发生局部屈曲，使钢管混凝土整体具有承载力高、塑性和韧性好、经济效益优良和施工方便等优点。

2.混凝土的作用

混凝土在钢筋混凝土结构中主要承受压力；混凝土为钢筋提供有效的侧向支撑，避免受压钢筋失去稳定性；混凝土可以为钢筋提供有效的锚固，并为钢筋形成外部保护层，防止其锈蚀；混凝土包裹在钢材的表面，在火灾发生时可以延长钢材温度升高的时间，提高钢材的耐火极限。

因此，混凝土对钢材的保护是十分重要的，必须达到一定的厚度才能有效地保护钢材。混凝土保护层厚度是指结构中钢筋外边缘至构件表面范围用于保护钢筋的混凝土，简称保护层，用a_s表示。混凝土保护层至少有三个作用：保护钢材不被锈蚀；在火灾等情况下使钢材的温度上升缓慢；对于钢筋混凝土结构，可以使纵向钢筋与混凝土有较好的黏结。

构件的混凝土保护层厚度与环境类别和混凝土强度等级有关。一般来讲，在阴湿的环境中、室外、地下以及腐蚀性环境中的保护层厚度要大些；随着混凝土强度等级的提高，混凝土的致密性也会加大，相对的保护层厚度也可以降低。

3.两种材料温度线膨胀系数的影响

除了共同工作的互补效应之外，混凝土与钢材的温度线膨胀系数在微观上基本相同，在同一数量级。其意义在于采用钢-混凝土所形成的复合型材料的建筑结构，可以保证在较大温度变化范围下钢材与混凝土共同工作的效果，保证复合材料的环境适应度。

4.两种材料之间有良好的黏结力

黏结力具体介绍见下面相关内容。

二、钢筋与混凝土的黏结

钢筋与混凝土间具有足够的黏结是保证钢筋与混凝土共同受力、变形的基本前提。黏结应力通常是指钢筋与混凝土界面间的剪应力。

1.黏结力的来源

一般来说，钢筋在混凝土中的黏结力来源于以下几方面。

（1）摩擦力：所谓摩擦力是指钢筋与混凝土接触表面在钢筋受力后所存在的摩擦作用，统计试验表明，这种摩擦力的大小与钢筋和混凝土接触的表面积成正比；对于表面粗糙的钢筋来讲，摩擦力是其锚固力的主要来源。

（2）化学胶着力：混凝土在凝结硬化过程中，水泥胶体与钢筋间产生的相互吸附的作用即化学胶着力。混凝土强度等级愈高，胶着力也愈高。

（3）机械咬合力：钢筋表面的凸凹不平，在钢筋与混凝土之间由于力学作用出现相对错动时，所形成的机械挤压作用，表面变形钢筋——月牙纹、螺纹——会显著加强这种机械咬合作用。

（4）锚固力：可在钢筋端部加弯钩、弯折或在锚固区焊短钢筋、焊角钢等来提供锚固能力。钢筋混凝土是最为常见的钢与混凝土共同工作的复合型材料，如果要保证钢筋受拉作用的实现，必须保证钢筋在混凝土中形成有效的锚固——提供受拉所产生的反力，才能发挥钢筋的作用。

2.黏结力的数学表达式

$$N=\pi d\int_{0}^{l}\tau_{f}dx=\overline{\tau_{f}}\cdot\pi dl \tag{3-6}$$

式中：

N：钢筋的黏结力。

x：钢筋的锚固长度。

τ_f：锚固力沿钢筋纵向长度的分布函数，即锚固长度范围内某点的黏结强度。

$\overline{\tau_f}$：平均黏结强度。

d：钢筋直径。

可以看出，锚固力的大小与钢筋的锚固长度（x）、钢筋直径（d）、钢筋与混凝土连接表面状态τ_f有关。

影响钢筋与混凝土黏结强度的因素很多，主要有混凝土强度、保护层厚度及钢筋净间距、横向配筋及侧向压应力，以及浇筑混凝土时钢筋的位置等。

（1）混凝土强度：光面钢筋和变形钢筋的黏结强度均随混凝土强度的提高而增加，但并不与立方体强度f_{cu}成正比，而与抗拉强度f_t成正比。

（2）保护层厚度c和钢筋净间距s：对于变形钢筋，黏结强度主要取决于劈裂破坏，因此相对保护层厚度c/d越大，混凝土抵抗劈裂破坏的能力也越强，黏结强度越高。当c/d很大时，若锚固长度不够，则产生剪切“刮犁式”破坏。同理，钢筋净间距s与钢筋直径d的比值s/d越大，黏结强度也越高。

（3）横向配筋：横向钢筋的存在限制了径向裂缝的发展，使黏结强度得到提高。由于劈裂裂缝是顺钢筋方向产生的，其对钢筋锈蚀的影响比受弯垂直裂缝更大，将严重降低构件的耐久性，因此应保证不使径向裂缝到达构件表面形成劈裂裂缝。所以，保护层应具有一定的厚度，钢筋净间距也应得到保证。配置横向钢筋可以阻止径向裂缝的发展，因此对于直径较大钢筋的锚固区和搭接长度范围，均应增加横向钢筋。当一排并列钢筋的数量较多时，也应考虑增加横向钢筋来控制劈裂裂缝的产生。

（4）受力情况：在锚固范围内存在侧压力可提高黏结强度；剪力产生的斜裂缝会使锚固钢筋受到销栓作用而降低黏结强度；受压钢筋由于直径增大会增加对混凝土的挤压，从而使摩擦作用增加，受反复荷载作用的钢筋，肋前后的混凝土均会被挤碎，导致咬合作用降低。

（5）钢筋位置：钢筋底面的混凝土出现沉淀收缩和离析泌水，气泡溢出，使两者间产生酥松空隙层，削弱黏结作用。

（6）钢筋表面和外形特征：光面钢筋表面凹凸较小，机械咬合作用小，黏结强度低。变形钢筋螺纹肋优于月牙肋。由于变形钢筋的外形参数不随直径成比例变化，对于直径较大的变形钢筋，肋的相对受力面积减小，黏结强度也有所降低。此外，当钢筋表面为防止锈蚀涂环氧树脂时，钢筋表面较为光滑，黏结强度也将有所降低。

3.钢筋锚固和连接

《混凝土结构设计规范》（GB50010-2010）（2015年版）采用以下构造措施来保证混凝土与钢筋黏结：

①对不同等级的混凝土和钢筋，要保证最小搭接长度和锚固长度；

②必须满足钢筋最小间距和混凝土保护层厚度的要求；

③在钢筋的搭接接头范围内应加密箍筋；

④钢筋端部应设置弯钩。

此外要合理浇筑混凝土，正确对待钢筋的锈蚀。

在构造措施中，钢筋的锚固和连接对黏结力影响非常大。

（1）钢筋的锚固

在实际工程中，当计算中充分利用钢筋的抗拉强度时，普通受拉钢筋的基本锚固长度应按下列公式计算：

$$l_a=\frac{\alpha \cdot d \cdot f_y}{f_t \cdot d} \tag{3-7}$$

式中：

l_a：受拉钢筋的基本锚固长度。

f_y：普通钢筋强度设计值。

f_t：混凝土轴心抗拉强度设计值，当混凝土强度等级高于C60时，按C60取值。

d：钢筋直径。

α：钢筋的外形系数，光面钢筋α=0.16，带肋钢筋α=0.14。

当符合下列条件时，计算的锚固长度应进行修正：

①带肋钢筋的直径大于25mm时，其锚固长度应乘以修正系数1.1。

②环氧树脂涂层带肋钢筋，其锚固长度应乘以修正系数1.25。

③当钢筋在混凝土施工过程中易受扰动（如滑模施工）时，其锚固长度应乘以修正系数1.1。

④当纵向受力钢筋的实际配筋面积大于其设计计算面积时，其锚固长度可乘以设计计算面积与实际配筋面积的比值；但对有抗震设防要求及直接承受动力荷载的结构构件，不得采用此项修正。

⑤锚固钢筋的保护层厚度为3d时，修正系数取0.80，保护层厚度为5d时，修正系数取0.70，中间采用插值法确定。d为钢筋直径。

为了保证钢筋和混凝土的共同工作，现行《混凝土结构设计规范》(GB50010-2010)(2015版) 要求通过锚固强度的计算来确定基准锚固长度。除此之外，常规的增强锚固措施还有：

①端部弯钩。

带肋钢筋与混凝土之间有良好的黏结作用，端部不需做弯钩。当计算中充分利用抗拉强度时，光圆钢筋的末端都应做180°标准弯钩，弯后平直段长度不应小于3d。板中的细钢筋和插入基础内的受压钢筋常做成直弯钩。用作梁、柱中的附加钢筋、梁的架立钢筋和板中的分布钢筋的光圆钢筋可不做弯钩。

②机械锚固措施。

按计算，HRB335、HRB400、RRB400级钢筋的锚固长度较大，此时也可以在钢筋末端采取机械锚固措施。机械锚固的形式如图3-27所示。

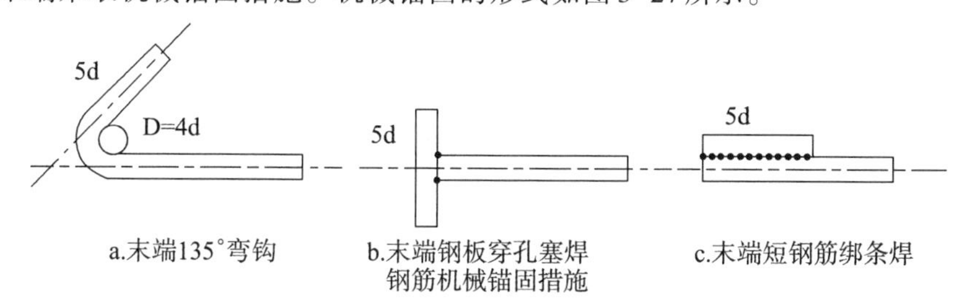

图3-27　机械锚固的形式

采取机械锚固措施时，锚固长度范围内的箍筋不应少于3个，直径不应小于锚固钢筋直径的1/4，间距不应大于锚固钢筋直径的5倍。当混凝土的保护层厚度不小于锚固钢筋直径的5倍时，可以不设置箍筋。

（2）钢筋的连接

钢筋的连接可采用绑扎搭接、机械连接或焊接。机械连接接头及焊接接头的类型和质量应符合国家现行有关标准的规定。

纵向受拉钢筋绑扎搭接接头的搭接长度，应根据位于同一连接区段内的钢筋搭接接头面积百分率按下列公式计算，且不应小于300mm。

$$l_l=\zeta_l l_a \tag{3-8}$$

式中：

l_l：纵向受拉钢筋的搭接长度。

ζ_l：纵向受拉钢筋搭接长度修正系数，按表3-1取用。当纵向搭接钢筋接头面积百分率为表的中间值时，修正系数可按内插取值。

表3-1　**纵向受拉钢筋搭接长度修正系数**

纵向搭接钢筋接头面积百分率（%）	≤25	50	100
ζ_l	1.2	1.4	1.6

第六节 劲性混凝土

一、劲性混凝土及其优点

劲性混凝土（SRC）结构是钢与混凝土组合结构的一种主要形式（如图3-28所示），由于其承载能力强、刚度大、耐火性好及抗震性能好等优点，已越来越多地应用于大跨结构和地震区的高层建筑以及超高层建筑。

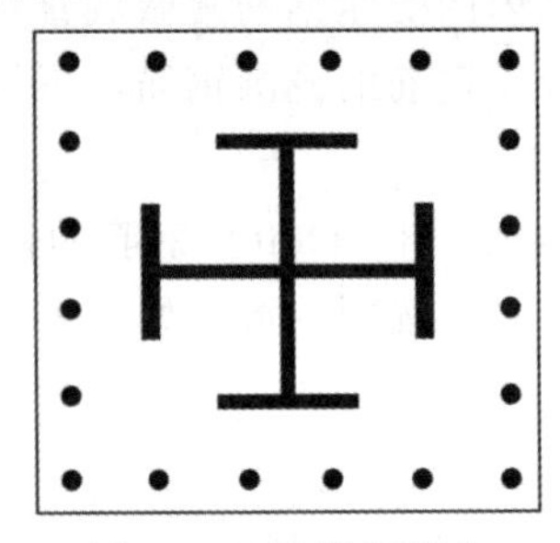

图3-28 劲性混凝土

以劲性混凝土为主体结构的结构与构件，有时称为组合结构。组合结构的力学实质在于钢与混凝土间的相互作用和协同互补，这种组合作用使此类结构具有一系列优越的力学性能。

SRC结构可比钢结构节省大量钢材，增大截面刚度，克服了钢结构耐火性、耐久性差及易屈曲失稳等缺点，使钢材的性能得以充分发挥。采用SRC结构，一般可比纯钢结构节约钢材50%以上。与普通钢筋混凝土（RC）结构相比，劲性混凝土结构中的配钢率比钢筋混凝土结构中的配钢率要高很多，因此可以在有限的截面面积中配置较多的钢材，所以劲性混凝土构件的承载能力可以高于同样外形的钢筋混凝土构件的承载能力一倍以上，从而可以减小构件的截面积，避免钢筋混凝土结构中的肥梁胖柱现象，增加建筑结构的使用面积和空间，减少建筑的造价，产生较好的经济效益。

劲性混凝土结构在施工上，钢骨架可作为施工的自承重体系，具有很好的经济和社会效益；同时，由于SRC结构整体性强、延展性能好等优点，能大大改善钢筋混凝土受剪破坏的脆性性质，使结构抗震性能得到明显的改善。即使在高层钢结构中，底部几层也往往为SRC结构型式，如上海的金茂大厦和深圳的地王大厦。

日本1978年宫城县地震的统计显示，在调查的95幢层数为7~17层的SRC建筑中，仅有13%（12幢）发生结构轻微损坏。因此日本抗震规范规定：高度超过45m的建筑物不得使用钢筋混凝土结构，而劲性混凝土结构则不受此限制。

我国也是一个多地震国家，绝大多数地区为地震区，甚至位于高烈度区，因此在我国，推广SRC结构就具有非常重要的现实意义。到目前为止，我国采用SRC结构的建筑面积还不到建筑总面积的千分之一，而日本在6层以上的建筑物中采用SRC结构的建筑物占总建筑面积的62.8%。因此，SRC结构在我国有着非常广阔的市场和应用前景。

二、劲性混凝土结构的特殊问题

首先，钢骨的含钢率。关于劲性混凝土构件的最小和最大含钢率，目前没有统一的认识，但当钢骨含钢率小于2%时，可以采用钢筋混凝土构件，而没有必要采用劲性混凝土构件。当钢骨含钢率太高时，钢骨与混凝土不能有效地共同工作，混凝土的作用不能完全发挥，且混凝土浇筑施工有困难。一般说来，较为合理的含钢率为5%~8%。

其次，钢骨的宽厚比。钢板的厚度不宜小于6mm，一般为翼缘板20mm以上，腹板16mm以上，但不宜过厚，因为厚度较大的钢板在轧制过程中存在各向异性，在焊缝附近常形成约束，焊接时容易引起层状撕裂，焊接质量不易保证。钢骨的宽厚比应满足规范的要求。

再次，钢骨的混凝土保护层厚度。规范规定，对钢骨柱，混凝土最小保护层厚度不宜小于120mm，对钢骨梁，则不宜小于100mm。

最后，要重视劲性混凝土柱与钢筋混凝土梁在构造连接上的配合协调问题。

三、钢骨的制作与相关构造措施

钢骨的制作必须采用机械加工，并宜由钢结构制作厂家承担。施工中应确保施工现场型钢柱拼接和梁柱节点连接的焊接质量。型钢钢板的制孔应采用工厂车床制孔，严禁现场用氧气切割开孔。在钢骨制作完成后，建设单位不可随意变更，以免引起孔位改变造成施工困难。

劲性混凝土与钢筋混凝土结构的显著区别之一是型钢与混凝土的黏结力远远小于钢筋与混凝土的黏结力。根据国内外的试验，大约只相当于光面钢筋黏结力的45%。因此，在钢筋混凝土结构中，通常认为钢筋与混凝土是共同工作的，直至构件被破坏。而在劲性混凝土中，由于黏结滑移的存在，将影响到构件的破坏形态、计算假定、构件承载能力及刚度、裂缝。通常可用两种方法解决：

一种方法是在构件上另设剪切连接件（栓钉），并通过计算确定其数量，即滑移面上的剪力全由剪切连接件承担。这被称为完全剪力连接。这样可以认为型钢与混凝土完全共同工作。

另一种方法是在计算中考虑黏结滑移对承载力的影响，同时在型钢的一定部位，如柱脚及柱脚向上一层范围内、与框架梁连接的牛腿的上下翼缘处、结构过渡层范围内的钢骨翼缘处，加设抗剪栓钉作为构造要求。

钢骨柱的长度应根据钢材的生产和运输长度限制及建筑物层高综合考虑，一般每三层为一根，其工地拼接接头宜设于框架梁顶面以上1m~3m处。钢骨柱的工地拼接一般有三种形式：全焊接连接；全螺栓连接；栓、焊混合连接。设计施工中多采用第三种形式，即钢骨柱翼缘采用全溶透的剖口对接焊缝连接，腹板采用摩擦型高强度螺栓连接。

框架梁、柱节点核心区是结构受力的关键部位，设计时应保证传力明确，安全可靠，施工方便，节点核心区不允许有过大的变形。

第七节　钢管混凝土

钢管混凝土虽由两种材料组合而成，但对于构件业而言，它被视为一种新材料，即所谓的“组合材料”（不再区分钢管和混凝土）。

外包钢管对核心混凝土的约束作用使混凝土处于三向受压应力状态，延缓了混凝土的纵向开裂，而混凝土的存在避免或延缓了薄壁钢管的过早局部屈曲，所以这种组合作用使组合结构具有较高的承载能力。同时，该组合材料具有良好的塑性和韧性，因而抗震性能好。

火灾作用下，由于钢管和核心混凝土之间相互作用、协同互补，使钢管混凝土具有良好的耐火性能。首先，核心混凝土的存在，使钢管升温滞后。火灾情况下，外包钢皮的热量充分被核心混凝土吸收，使其温度升高的幅度大大低于纯钢结构，可有效地提高钢管混凝土构件的耐火极限和防火水平。其次，当温度升高时，由于钢管和核心混凝土之间变形的不一致，二者之间亦会存在相互作用问题，从而使它们处于复杂应力状态，且随着温度连续变化，这种相互作用的变化也是连续的，因而使钢管混凝土构件的耐火性能大大优于钢材和混凝土二者的叠加。在火灾后外界温度降低后，钢管混凝土结构已屈服截面处钢管的强度可以不同程度地恢复，截面的力学性能比高温下有所改善，结构的整体性比火灾中也有提高，这可以为结构加固补强提供方便。这和火灾后钢筋混凝土结构与钢结构都有所不同，对于钢筋混凝土的截面力学性能和整体性不会因温度的降低而恢复，而钢结构的失稳和扭曲的构件在常温下也不会有更高的安全性。

另外，高强混凝土的弱点——脆性大、延性差，可以依靠钢管混凝土来得到较好的克服。将高强混凝土灌入钢管，高强混凝土受到钢管的有效约束，其延性将大为增强。此外，在复杂受力状态下，钢管具有很大的抗剪和抗扭能力。这样，通过二者的组合，可以有效地克服高强混凝土脆性大、延性差的弱点，使高强混凝土的工程应用得以实现，经济效益得以充分发挥。

大量实例证明，与普通强度混凝土的钢管混凝土和钢柱相比，钢管高强混凝土可节约钢材50%左右，降低造价；和钢筋混凝土柱相比，不需要模板，且可节约混凝土50%以上，减轻结构自重50%以上，而耗钢量和造价略多或约相等。

采用在钢管内填充高强混凝土而形成的钢管混凝土，除了具备钢管普通强度混凝土的其他优点外，可节约混凝土60%以上，减轻结构自重60%以上。

除了钢材与混凝土之外，常用的结构材料还有木材、砌体材料与结构铝合金材料。木材在我国有较大范围的应用，但由于我国是一个森林极度匮乏的国家，使用木材作为结构材料是不经济的，也不利于环境的保护。砌体材料主要是砖、砌块、石材等，砌体材料属于脆性材料，形成的砌体结构也属于脆性结构，同时砌体结构施工劳动量大、强度高，因此已经在被逐步地淘汰。结构铝合金材料的使用方兴未艾，铝合金以其自重轻、比强度高等特点，随着科学技术的发展正逐步应用于大跨度结构上。

第八节 砌体

砌体结构的历史悠久，天然石是最原始的建筑材料之一。我国的砌体结构有着悠久的历史和辉煌的纪录，在历史上有举世闻名的万里长城，它是两千多年前用“秦砖汉瓦”建造的世界上最伟大的砌体工程之一；建于北魏时期的河南登封嵩岳寺塔为中轴线高度41米的砖砌密檐式塔；建于隋大业年间的河北赵县安济桥，净跨37.02米，全长64.4米，为世界上最早的空腹式石拱桥，该桥已被美国土木工程师学会选为世界第12处“国际土木工程历史古迹”；还有如今仍然起灌溉作用的秦代李冰父子修建的都江堰水利工程。所有这些都是值得我们自豪和继承的。

一、砌体材料的块体

1.砖

根据孔洞率大小，砖可分为实心砖、多孔砖、空心砖等三种。

根据制作工艺不同，砖可分为三大类：第一类是烧结砖，包括烧结普通砖、烧结多孔砖和烧结空心砖；第二类是蒸压砖，包括蒸压灰砂普通砖和蒸压粉煤灰普通砖；第三类是混凝土砖，包括混凝土普通砖和混凝土多孔砖。

烧结普通砖是以黏土、煤矸石、页岩或粉煤灰为主要原料，经过焙烧而成的（或孔洞率不大于15%）且外形和尺寸符合规定的实心砖。按其主要原料种类可分为烧结黏土砖、烧结煤矸石砖、烧结页岩砖及烧结粉煤灰砖等。正常质量的烧结砖具有较好的耐久性、抗冻性，适用于各类地面及地下砌体结构。所谓正常质量是指正常烧结质量，如果砖未烧透，那么它对于外界的冻融腐蚀和可溶性盐的结晶风化作用（盐害）的抵抗能力就会大大减弱，造成自身强度的下降。烧结普通砖的规格尺寸为240mm×115mm×53mm。

烧结多孔砖是以黏土、页岩、煤矸石或粉煤灰为主要原料，经焙烧而成，孔洞率不大于35%，孔的尺寸小而数量多，主要用于承重部位，简称多孔砖。多孔砖分为P型砖与M型砖，P型砖的规格尺寸为240mm×115mm×90mm，M型砖的规格尺寸为190mm×190mm×90mm（如图3–29所示）。

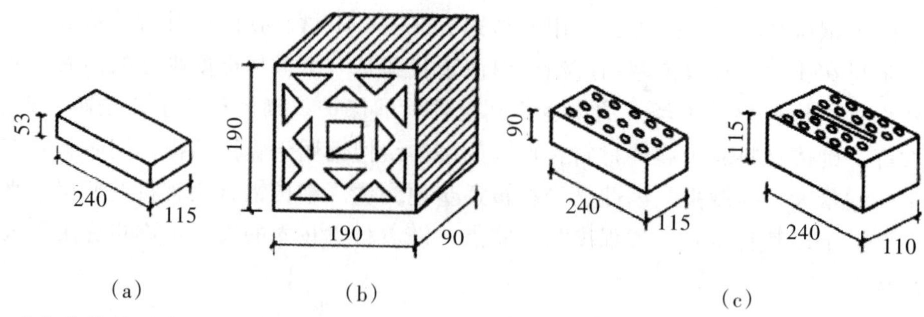

(a) 烧结普通砖；(b) M型烧结多孔砖；(c) P型烧结多孔砖

图3-29 烧结普通砖和烧结多孔砖的外形尺寸

烧结空心砖是以黏土、页岩、煤矸石、粉煤灰为主要原料经焙烧而成的，孔的尺寸大而数量少，孔洞率大于40%，用于建筑物的非承重部位。其主要规格尺寸为290mm×190mm×90mm等。

蒸压灰砂普通砖是以石灰和砂为主要原料，经坯料制备、压制排气成型、高压蒸汽养护而成的实心砖，简称灰砂砖。这种砖不适用于砌筑承受高温的砌体，如壁炉、烟囱等。

蒸压粉煤灰普通砖是以粉煤灰、石灰、砂、消石灰或水泥为主要原料，经坯料制备、压制排气成型、高压蒸汽养护而成的实心砖，简称粉煤灰砖。这种砖抗冻性和长期强度稳定性及防水性能较黏土砖差，不宜用于地面以下或潮湿房间的砌体中。灰砂砖和粉煤灰砖的规格尺寸与烧结普通砖相同。

混凝土普通砖和多孔砖是以水泥为胶结材料，以砂、石等为主要集料，加水搅拌、成型、养护制成的一种多孔的混凝土实心砖和半盲孔砖。实心砖的主要规格尺寸为240mm×115mm×53mm、240mm×115mm×90mm等，多孔砖的主要规格尺寸为240mm×115mm×90mm、240mm×190mm×90mm等。

抗压强度是块体力学性能的基本指标，我国规范根据以毛截面计算的块体抗压强度（同时考虑抗折强度的要求）平均值划分块体的强度等级。

烧结普通砖、烧结多孔砖的强度等级为MU30、MU25、MU20、MU15和MU10。

烧结空心砖的强度等级为MU10、MU7.5、MU5和MU3.5。

蒸压灰砂普通砖、蒸压粉煤灰普通砖的强度等级为MU25、MU20和MU15。

混凝土普通砖、混凝土多孔砖的强度等级为MU30、MU25、MU20和MU15。

MU后的数字表示抗压强度值，单位为MPa。

2.砌块

采用较大尺寸的砌块代替小块砖砌筑砌体，可减少劳动量并可加快施工进度，是墙体材料改革的一个重要方向。砌块一般指混凝土空心砌块、加气混凝土砌块及硅酸盐类砌块。此外还有用黏土、煤矸石等为原料，经焙烧而制成的烧结空心砌块。

目前，使用最为普遍的是混凝土小型空心砌块，由普通混凝土或轻集料混凝土制成，主要规格尺寸为390mm×190mm×190mm，空心率一般在25%~50%之间。

混凝土空心砌块的强度等级是根据以毛截面计算的砌块抗压强度平均值来划分的。用于承重的混凝土砌块和轻集料混凝土砌块的强度等级为MU20、MU15、MU10、MU7.5和MU5，用于非承重的轻集料混凝土砌块的强度等级为MU10、MU7.5、MU5和M3.5。

3.石材

常用石材有花岗岩、石灰岩和凝灰岩等，按加工程度不同可分为料石和毛石。石材抗压强度高、耐久性好，多用于房屋的基础及勒脚部位。在有开采和加工石材能力的地区，也用于房屋的墙体。但石材传热性较高，当用于寒冷或炎热地区房屋的墙体时，厚度需做得较大。

石材的强度等级是根据边长为70mm的立方体石块抗压强度的平均值划分的，共分为MU100、MU80、MU60、MU50、MU40、MU30和MU20七个强度等级。

二、砂浆

砂浆的主要作用是：黏结块体，使单个块体形成受力整体；找平块体间的接触面，促使应力分布较为均匀；充填块体间的缝隙，减少砌体的透风性，提高砌体的隔热性能和抗冻性能。

砂浆按其组成材料的不同可分为水泥砂浆、混合砂浆、非水泥砂浆和专用砂浆。

（1）水泥砂浆

水泥砂浆是由水泥和砂加水拌和而成的，其强度高、硬化快、耐久性好，但和易性和保水性差。水泥砂浆属于水硬性材料，因此适用于水中或潮湿环境中的砌体。

（2）混合砂浆

混合砂浆是指在水泥砂浆中掺入一定塑化剂的砂浆，如水泥石灰砂浆、水泥黏土砂浆。这种砂浆虽然强度会略低于水泥砂浆，但和易性和保水性都得到了很大改善，有利于砌体的砌筑质量，故适用于一般地上砌体结构。

（3）非水泥砂浆

非水泥砂浆是指不含水泥的石灰砂浆、黏土砂浆、石膏砂浆等。这类砂浆强度低、硬化慢、耐久性差、抗水性差，仅适用于干燥地区的低层建筑和临时性简易建筑。

（4）专用砂浆

由水泥、砂、水以及根据需要掺入的掺合料和外加剂等组分，按一定比例，采用机械拌和制成，包括砌块专用砂浆和蒸压硅酸盐砖专用砂浆。

采用普通砂浆砌筑块体高度较高的混凝土砌块（砖）时，很难保证竖向灰缝的砌筑质量，而蒸压硅酸盐砖表面光滑，与普通砂浆的黏结力较差，使砌体沿灰缝的抗剪强度较低，影响了蒸压硅酸盐砖在地震设防区的推广与应用。因此，为了保证砂浆砌筑时的工作性能和砌体抗剪强度不低于用普通砂浆砌筑的烧结普通砖砌体，砌筑混凝土砌块（砖）和蒸压硅酸盐砖时，应采用黏结性强度高、工作性能好的专用砂浆。

砂浆的强度等级按边长为70.7mm的立方体试块的抗压强度平均值划分。

普通砂浆的强度等级为M15、M10、M7.5、M5和M2.5。

砌块（单排孔砌块）专用砂浆的强度等级为M_b20、M_b15、M_b10、$M_b7.5$和M_b5。

蒸压硅酸盐砖专用砂浆的强度等级为M_s15、M_s10、$M_s7.5$和M_s5。

M（或M_b、M_s）后的数字表示抗压强度值，单位为MPa。

三、砌体的种类

砌体是由块材和砂浆砌筑而成的整体，它之所以能成为一个整体承受荷载，除了靠砂浆与块材间的黏结作用外，还需要块材在砌体中合理排列，具体的砌筑原则是：灰缝饱满，块体错缝搭砌，避免竖向通缝。因为竖向连通的灰缝会将砌体分割成彼此无连系或连系薄弱的几个部分，不能相互传递压力和其他内力，使砌体无法整体工作而提前破坏。

砌体分为无筋砌体和配筋砌体两大类。根据块体类型，无筋砌体又分为砖砌体、砌块砌体和石砌体。配筋砌体指在砌体中配置受力筋或钢筋网的砌体，《砌体结构设计规范》（GB 50003-2011）（以下简称《砌体规范》）将配筋砌体分为配筋砖砌体和配筋砌块砌体两大类，配筋砖砌体又分为网状配筋砖砌体和组合砖砌体。

1.无筋砌体

（1）砖砌体

砖砌体一般采用实砌，用于内外承重墙、围护墙及隔墙。

根据砌体砌筑原则，可采用一顺一丁，梅花丁（同一皮丁顺间砌）或三顺一丁的砌筑方式（如图3-30所示）。

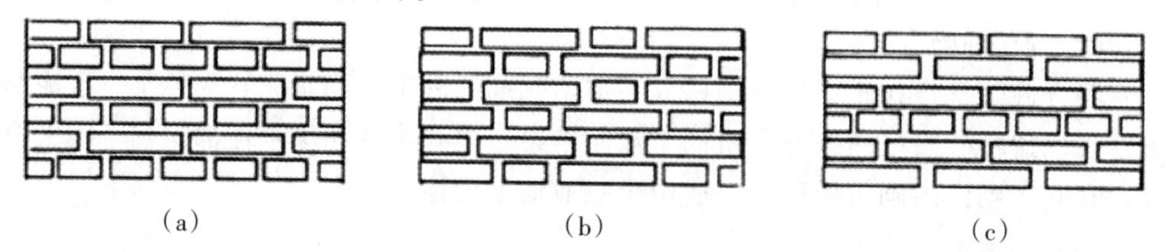

（a）一顺一丁；（b）梅花丁；（c）三顺一丁

图3-30 砖砌体的砌筑方法

实砌砖墙的厚度应满足强度、稳定性以及保温隔热的要求，可为120mm（半砖，能承重）、240mm（一砖）、370mm（一砖半）、490mm（二砖）、620mm（二砖半）、740mm（三砖）等厚度。有时为了节约材料，墙厚可按1/4砖进位，因此有些砖必须侧砌，构成180mm、300mm和420mm等厚度。试验表明，这种砖墙的强度是完全符合要求的。

采用P型多孔砖砌筑砌体时，墙厚与烧结普通砖相同。M型多孔砖由主砖及少量配砖组成，基本厚度为190mm。

混凝土结构及钢结构中的填充墙常采用烧结空心砖、蒸压加气混凝土砌块、轻骨料混凝土小型空心砌块等砌筑，以减轻建筑物的自重。当用轻骨料混凝土小型空心砌块或蒸压加气混凝土砌块时，考虑到其吸湿性大，又不宜受剧烈碰撞等因素，为了提高强度和耐久性，墙体底部一定范围内应以烧结普通砖、多孔砖或普通混凝土小型空心砌块砌筑，或现浇混凝土坎台等，其高度不宜小于200mm。

（2）砌块砌体

砌块砌体主要指混凝土小型空心砌块砌体，宜采用专用砂浆砌筑，并应对孔错缝搭砌，搭接长度不应小于90mm。需要灌实小砌块孔洞或浇筑芯柱混凝土时，宜选用高流态、低收缩和高强度的专用灌孔混凝土（强度等级符号为Cb）。

（3）石砌体

石砌体常用作一般民用建筑的基础、墙、柱等，料石砌体还用于建造拱桥、大坝和涵洞等构筑物，毛石混凝土砌体常用于建筑物的基础。

2.配筋砌体

（1）配筋砖砌体

为了提高砖砌体的强度和减小构件的截面尺寸，可在砖砌体内配置适量钢筋，构成配筋砖砌体，主要有网状配筋砖砌体和组合砖砌体。

若将钢筋网配置在砌体的水平灰缝中，利用水平灰缝的黏结力，砌体受压时钢筋受拉，两者共同工作，从而提高砌体的抗压承载力。这种砖砌体称为网状配筋砖砌体，如图3-31（a）所示。

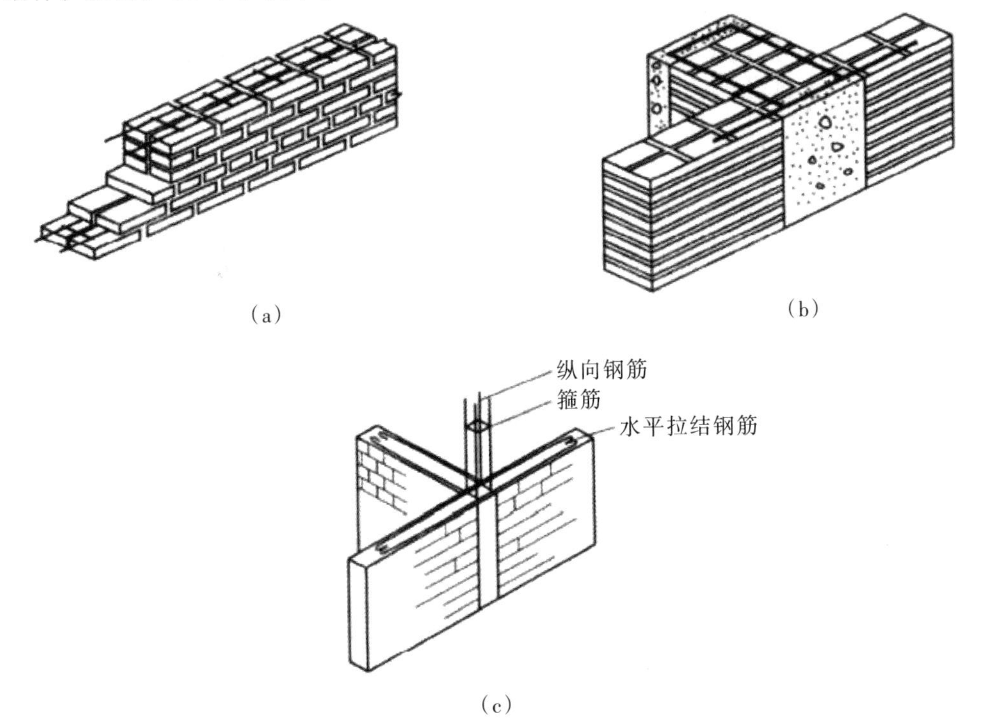

（a）网状配筋砖砌体；（b）组合砖砌体；（c）内嵌式组合砖砌体。

图3-31　配筋砖砌体的类型

在偏心受压砖砌体中，有时为了有效地提高砖砌体承受偏心力的能力，可将砖砌体的部分截面改用钢筋混凝土或钢筋砂浆面层，形成外包式组合砖砌体，如图3-31（b）所示。

砖砌体和钢筋混凝土构造柱组合墙，将构造柱嵌入砖墙中，利用构造柱与砖墙的共同工作，不但提高墙体的承载力，而且明显增强房屋的抗变形能力和抗震能力。这种砌体属于内嵌式组合砖砌体，如图3-31（c）所示。

（2）配筋砌块砌体

在混凝土空心砌块的竖向孔洞中配置竖向钢筋，在砌块横肋凹槽内或水平灰缝内配置水平钢筋，然后浇筑灌孔混凝土，所形成的砌体称为配筋混凝土砌块砌体，这种砌体常用于中高层房屋中起剪力墙作用的结构，因此又叫配筋砌块砌体剪力墙，是一种装配整体式钢筋混凝土剪力墙。这种砌体构件抗震性能好，造价低于现浇钢筋混凝土剪力墙，而且在节土、节能、减少环境污染方面有积极意义。

四、砌体的抗压强度

1.砌体的轴压破坏特征

砌体在轴心压力作用下加载至破坏分为三个阶段，如图3-32所示。

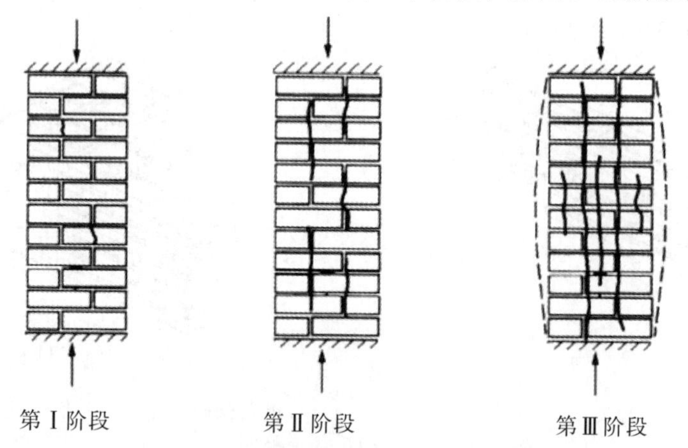

图3-32　砖砌体标准试件受压破坏过程

第Ⅰ阶段：单砖开裂

从砌体受荷开始，到轴向压力增大至50%~70%的破坏荷载时，砌体内某些单块砖在拉、弯、剪复合作用下出现第一批裂缝。在此阶段裂缝细小，未能穿过砂浆层，如果不再增加压力，单块砖内的裂缝也不再继续发展。该阶段横向变形较小，应力-应变呈直线关系，故属弹性阶段。

第Ⅱ阶段：形成连续裂缝

继续加载至80%~90%的破坏荷载时，单块砖上的个别裂缝沿竖向灰缝与相邻砖块上的裂缝贯穿，形成平行于加载方向的纵向间断裂缝。在此期间，若荷载不增加维持恒值，裂缝仍会继续发展，砌体临近破坏。

第Ⅲ阶段：形成贯通裂缝，砌体完全破坏

荷载稍有增加，裂缝迅速发展，并形成上、下贯通到底的通长裂缝，将砖砌体分割成若干独立半砖小柱，同时发生明显的横向膨胀，最终由于小柱压碎或失稳导致砌体完全破坏。

以砌体破坏时的最大轴向压力值除以砌体截面面积所得的应力即为砌体的抗压强度。试验结果表明，砌体的抗压强度远低于单块砖的抗压强度。

2. 单块砖在砌体中的受力特点

（1）砖块处于局部受压、受弯、受剪状态

由于砖块受压面并不平整，再加之水平灰缝厚度不均匀和不密实，单块砖在砌体内并不能均匀受压，而是处于局部受压、受弯、受剪的复杂应力状态下。由于砖的抗拉强度较低，当弯、剪引起的主拉应力超过砖的抗拉强度后，砖就会开裂，如图 3-33 所示。

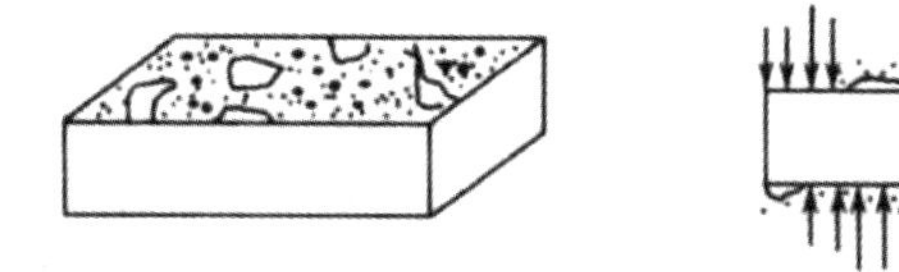

图3-33　砌体内砖的受力状态示意图

（2）由于砖和砂浆受压后的横向变形不同，砖还处于侧向受拉状态

一般情况下，砂浆的泊松比大于砖的泊松比，在压力作用下，砂浆的横向变形大于砖的横向变形。当砖和砂浆因其存在黏结力而共同变形时，砖对砂浆的横向变形起阻碍作用，砂浆对砖则形成了水平附加拉力，这种拉力也是使砖过早开裂的原因之一，如图 3-34 所示。

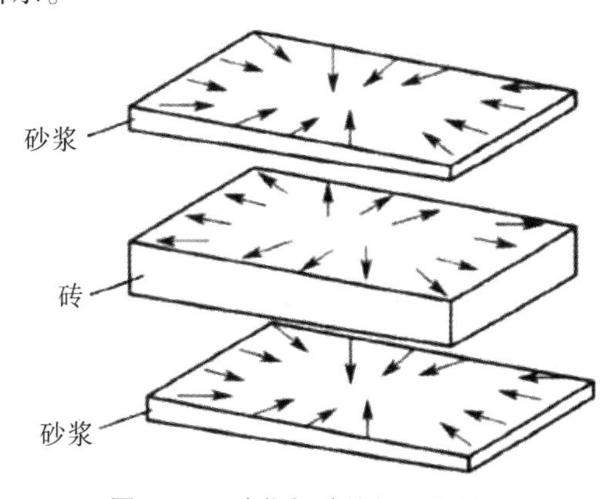

图3-34　砂浆与砖的相互作用

（3）竖向灰缝处块材的应力集中

由于竖向灰缝不易填实，成为砌体的薄弱环节，造成砌体的不连续性和块材的应力集中，引起砌体抗压强度降低。

3.影响砌体抗压强度的因素

（1）块体的强度、尺寸和几何形状

块体的强度是影响砌体抗压强度的最主要因素，是确定砌体抗压强度的主要参数。块体的强度越高（对抗压强度、抗折强度均有一定要求），砌体的抗压强度越高。

块体的外形越整齐、越规则，表面越平整，受力越均匀，砌体的抗压强度也越高。另外，块体厚度增加，会增加其抗折强度，同样可以提高砌体的抗压强度。

（2）砂浆的强度、和易性和保水性

砂浆强度也是影响砌体抗压强度的最主要因素，是确定砌体抗压强度的主要参数，砂浆的强度越高，砌体的抗压强度越高。

另外，砂浆的和易性及保水性越好，越容易铺砌均匀，从而减小块材的弯、剪应力，提高砌体的抗压强度。试验表明，水泥砂浆的保水性及和易性较差，由它所砌筑砌体的抗压强度降低5%~15%。

（3）砌筑质量的影响

砌体的砌筑质量对砌体的抗压强度影响很大，如灰缝不饱满、不密实，则块材受力不均匀；水平灰缝过厚（大于12mm），则砂浆横向交形增大，块体受到的横向拉应力增大；水平灰缝过薄（小于8mm），则不易铺砌均匀，不利于改善块体的受力状态；砖的含水率过低，将过多吸收砂浆的水分，影响砂浆和砌体的抗压强度；若砖的含水率过高，将影响砖与砂浆的黏结力等。

另外，砌筑工人的技术水平、施工单位的管理水平等都会影响到砌筑质量，为此，我国《砌体结构工程施工及验收规范》（GB 50203-2011）中规定砌体施工质量控制等级，它根据施工现场的质量保证体系、砂浆和混凝土强度变异程度的大小以及砌筑工人的技术等级等方面的综合水平，将施工质量控制等级分为A、B、C三级。

4.砌体抗压强度

（1）砌体抗压强度设计值

砌体大多用来承受压力，但也有受拉、受弯、受剪的情况，比如圆形水池池壁上的轴心拉力，挡土墙在土侧压力下的弯矩作用，砌体过梁在自重和楼面荷载作用下的弯、剪作用及拱支座处的剪力作用等。因此，砌体有抗压强度f、轴心抗拉强度f_t、弯曲抗拉强度f_{tm}和抗剪强度f_v四种强度类别，全面描述砌体的承载能力。

在砌体的四种强度中，抗压强度是最重要的。砌体抗压强度又有平均值f_m、标准值f_k与设计值f之分。砌体抗压强度平均值f_m是根据各类砌体轴心受压试验结果分析得到的，砌体抗压强度的标准值f_k的保证率为95%，$f_k=f_m(1-1.645\delta_t)$，式中δ_t为各类砌体的抗压强度变异系数。砌体抗压强度设计值$f=f_k/\gamma_f$，式中γ_f为砌体结构的材料性能分项系数，当砌体施工质量控制等级为B级时取$\gamma_f=1.6$，当为C级时取$\gamma_f=1.8$。

（2）砌体抗压强度设计值

在某些特定情况下，砌体抗压强度设计值需要乘以调整系数。例如，截面面积较小的无筋砌体及网状配筋砌体，由于局部破损或缺陷对承载力影响较大，要考虑承载能力的降低；砌体进行施工阶段验算时，可考虑适当放宽安全度的限制等，见表3-2。

表3-2　砌体抗压强度设计值调整系数γ_a

使用情况	γ_a
对无筋砌体，构件截面面积$A<0.3m^2$	0.7+A
对配筋砌体，构件截面面积$A<0.2m^2$	0.8+A
验算施工中房屋的构件	1.1
用小于M5的水泥砂浆砌筑的各类砌体	0.9（0.8）
施工质量控制等级为A级	1.05
施工质量控制等级为C级	1.6/1.8=0.89

第九节　木材

木材是最古老的天然结构材料，可在林区就地取材，制作简单，但受自然条件所限，木材生长缓慢。我国木材产量太少，远不能满足建设需要，供应奇缺，故应特别注意节约，不宜作为结构材料大量采用。

木材质轻，其强度虽不及钢材，但抗拉、抗压强度都相当高，比混凝土完备；其比强度比砖、石、混凝土等脆性材料高很多。然而，一些天然缺陷却成其致命弱点：节疤、裂缝、翘曲及斜纹等天然疵病不可避免，且直接影响木材强度，影响程度取决于缺陷的大小、数量及所在部位。根据木材缺陷多少的实际情况，国家有关技术规范将承重结构木材分成三个等级。近年来，国外采用的胶合叠层木料已将木材缺陷减少到极低限度。该种木料的制作方法是把经过严格选择并加工成厚度≤5cm的整齐薄板，分层叠合成所需截面形状，用合成树脂胶可靠黏合成整体。该种木料可用作梁、拱等构件。

木材的纤维状组织使其成为典型的各向异性材料，其强度与变形随受力方向而变。除受剪强度外，顺纹强度都远大于横纹强度。比如，顺纹受压强度约为横纹受压强度的10倍，而顺纹抗剪值比横纹抗剪值小得多。故木材宜顺纹抗拉压，而不宜顺纹抗剪。胶合板是把各层木纹方向正交的薄木片靠塑胶加压黏合起来，以补救各向异性的缺点，从而获得具有各向相当均匀的强度。

木材力学性能的另一大缺点是其弹性模量与其强度不相适应，强度高而抗变形能力低；而且其变形大，但比铝合金好。故木梁多受挠度控制，在破坏前有显著变形。要发挥其抗拉强度潜力，最好用作轻载的长跨梁，且将其截面做成竖立薄板状。

木材的强度与弹性模量和时间有关，在持久荷载下它们都会降低，同时也与木材含水量增大有关，所以，一般老木结构房屋的木屋盖，其屋面常呈现出肉眼能看出来的波浪起伏状态。有的底层木地板梁的挠度也相当严重。由此可见，木结构的防潮、通风极其重要。

木材受含水量的影响极大，不仅影响强度与正值，也是造成裂缝与翘曲的主要原因，更是给危害木材的木腐菌与白蚁提供了生存与繁殖的温床，因此，在制材前要自然晾干或人工烘干，使木材脱水干燥。干燥后的木材还会从空气中吸收水分，因此木结构还必须辅以可靠的防潮措施，使其处于良好的通风、干燥环境中。

木材强度的影响因素主要有：含水率、环境温度、负荷时间、表观密度、疵病等。木材作为土木工程材料，缺点还有易腐朽、虫蛀和燃烧，这些缺点大大地缩短了木材的使用寿命，并限制了它的应用范围。采取措施来提高木材的耐久性，对木材的合理使用具有十分重要的意义。

木材的木料可分为针叶树和阔叶树两大类。大部分针叶树理直、木质较软、易加工、变形小，建筑上广泛用作承重构件和装修材料，如杉树、松树等。大部分阔叶树质密、木质较硬、加工较难、易翘裂、纹理美观，适用于室内装修，如水曲柳、核桃木等。

第十节 小结

结构对所采用的材料有着较高的要求，不仅仅是强度，还有材料的刚度、价格、环保性能、施工的性能等。从材料的选择原则与标准、现有的科学技术发展水平、现有的经济条件与技术条件的限制，以及现阶段工程建设的实践中可以看出，符合这些条件的主要结构材料主要是钢材与混凝土材料。

混凝土是常见的建筑材料。作为离散性较大的材料，混凝土的强度较为复杂；同时，混凝土又是受压与受拉强度差异较大的材料，故使其强度测算更加复杂。其强度是以概率方法测定的。通常，对于混凝土的强度有以下几个标准：立方体抗压强度、轴心抗压强度、轴心抗拉强度与特殊强度。

混凝土的标准强度的变化与混凝土的变形能力不呈现出确定的相关关系。混凝土不具备单一的稳定的弹性模量。

钢结构用钢有热轧型钢、冷弯薄壁型钢、棒材、钢管和板材。钢筋混凝土结构用钢多为线材。

在结构设计中，通常将屈服强度确定为钢材的强度指标，同时还应考虑极限强度与屈服强度的比值关系——强屈比。为了保证结构中钢材的力学与变形性能，确定了以下指标，作为选择钢材必须进行检查的项目：强度指标、塑性指标、钢材的韧性指标、冷弯性能、抗疲劳性能、钢材的可焊性。

建筑用复合材料包括钢筋混凝土、劲性混凝土与钢管混凝土。

混凝土与钢共同工作的前提在于两种材料具有有效的互补性：钢材有效地改善了混凝土力学性能的离散性，减小了混凝土破坏的脆性；混凝土对于钢材的连续性侧向约束，大大降低了钢材发生失稳的概率。此外，混凝土对钢材表面的保护也减少了钢材的锈蚀，减缓了钢材在火中的破坏时间。

钢筋在混凝土中的黏结力来源于以下几方面：摩擦力、化学胶着力、机械咬合力、锚固力。

除了钢材与混凝土之外，常用的结构材料还有砌体材料、木材与结构铝合金材料。

砌体材料主要是砖、砌块、石材等。砌体材料依靠黏结材料的作用形成整体受力体系，黏结材料主要是砂浆、水泥砂浆或水泥石灰混合砂浆。砌块质量、砂浆质量与砌筑的工艺质量是影响砌体强度的主要因素。与混凝土相比，砌体结构的离散性更大，整体性更差。

木材的纤维状组织使其成为典型的各向异性材料，其弹性模量与其强度不相适应，另外木材含水量的影响极大。

关键概念

混凝土立方体抗压强度f_{cu}　混凝土轴心抗压强度f_c　混凝土轴心抗拉强度f_t　混凝土徐变　钢材应力应变图　比例极限f_p　屈服强度f_y　极限强度f_u　钢筋的基本工程指标　劲性混凝土　钢管混凝土

复习思考题

1.混凝土的强度等级是根据什么确定的？我国的《混凝土结构设计规范》规定的混凝土强度等级有哪些？

2.某方形钢筋混凝土短柱浇筑后发现混凝土强度不足，根据约束混凝土原理应如何加固该柱？

3.单向受力状态下，混凝土的强度与哪些因素有关？混凝土轴心受压应力-应变曲线有何特点？

4.混凝土的变形模量和弹性模量是怎样确定的？

5.什么是混凝土的徐变？徐变对混凝土构件有何影响？通常认为影响徐变的主要因素有哪些？如何减少徐变？

6.混凝土收缩对钢筋混凝土构件有何影响？收缩与哪些因素有关？如何减少收缩？

7.为什么选用钢材的屈服极限作为强度标准？

8.钢筋混凝土结构对钢筋的性能有哪些要求？

9.什么是钢筋和混凝土之间的黏结力？影响钢筋和混凝土黏结强度的主要因素有哪些？为保证钢筋和混凝土之间有足够的黏结力，要采取哪些措施？

10.砌体结构的破坏过程如何？

11.木结构有什么优缺点？

第四章

结构设计原理

□ 学习目标

本章着重阐述结构设计的基本原理，要求学生掌握结构功能与概率极限状态设计原则，对于结构可靠度理论有初步的理解。

结构设计的任务：结构设计应根据建筑物的安全等级、使用功能要求或生产需要所确定的使用荷载、抗震设防标准等，对基本构件和结构整体进行设计，以保证基本构件的强度、变形、裂缝满足设计要求，同时保证结构整体的安全性、稳定性、抗变形性能符合设计要求；保证在突发事件发生时，结构能保持必要的整体性；保证合理用材，方便施工，同时尽可能降低建筑造价。总之，结构设计的核心是解决两个问题：一是结构功能问题，二是经济问题。

在结构设计中，增大结构的安全余量的代价是增加造价，例如，为提高结构安全可靠度而采取加大构件的截面尺寸、增加配筋量或提高材料强度等级等措施的同时，建筑工程的造价必定提高，导致结构设计经济效益降低。科学的设计方法是在结构的可靠性与经济性之间选取最佳平衡，即以经济合理的方法设计和建造有适当可靠度的结构。

基于对荷载与材料的认识，在结构设计方面我们可以确定以下基本概念与原则：结构设计，就是根据建筑物的功能，选择适当的结构型式与使用材料，并以此来确定结构的荷载、内力，进而确定结构中最大内力发生的截面及其应力，在此基础上调整该应力与材料强度的关系，在使之相对应的基础上绘制工程图纸的过程。

结构设计流程如图4-1所示。

其具体过程可以描述为：

首先，确定建筑物的功能与建筑区域，这是由投资者与建筑师所确定的。

其次，根据建筑物的位置与形式以及各种功能，确定该建筑物所使用的结构型式、结构材料、力学简化模型与所面临的荷载。

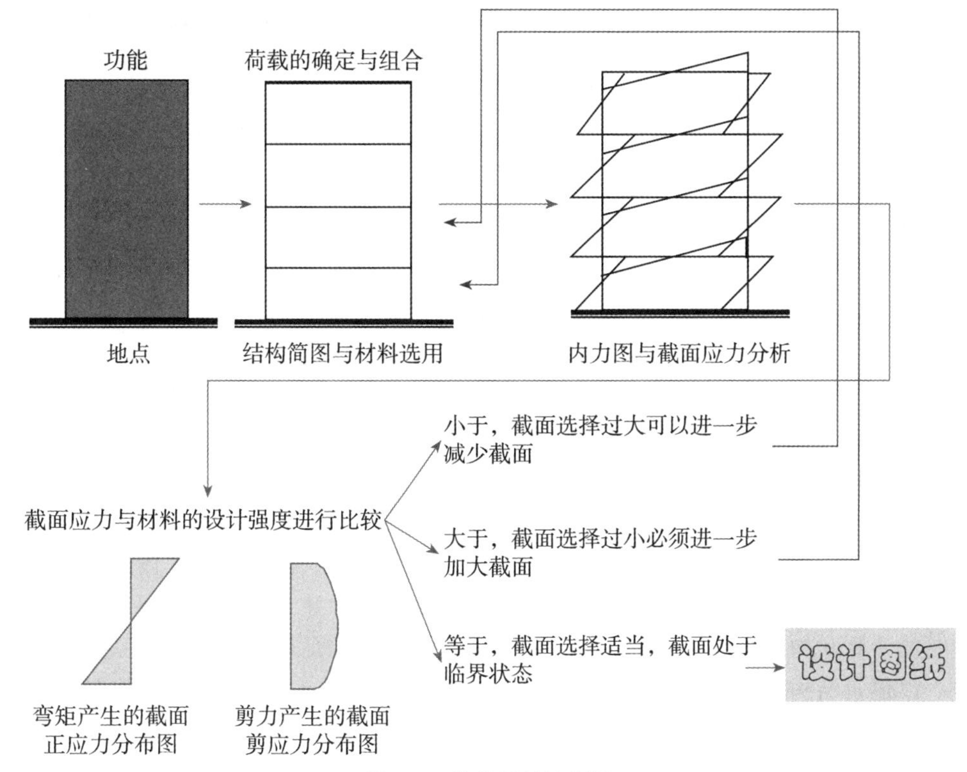

图4-1　结构设计流程图

后续的工作是枯燥的，然而计算力学的进步与计算机的使用使得该工作变得相对简单，可以使我们迅速地得出使用特定材料的结构在荷载作用下的反应——弯矩、剪力、轴力、扭矩等。进而，在理论上，可以根据所确定的截面形式，计算出所有截面上、所有点的应力状况。但这不是十分必要的，我们只要找到最大的应力所在的位置并求出来就可以了。

随后的工作变得更加简单，仅仅是进行最大应力与材料强度的比较，最为经济的结论是：最大应力与材料的强度是相等的——临界状态。偏于安全考虑的设计者会选择一个合理的比例参数，使强度适当的大于应力指标；但也经常出现不理想的情况——强度不足，这时候的措施是重新修正结构中各个杆件的截面尺度，再进行重新计算，直到符合设计者的要求。

多数设计者的工作到此结束，但有时还会验算一下结构的变形，防止出现由于变形过大致使结构计算失效（不符合力学的小变形原则）或不满足使用要求的情况。

如果均可以满足要求，即可画出图纸，完成设计工作。

可以看出，结构设计是一个循环的过程，在这个过程中，并非寻求唯一化的解决方案，而是对于前提、假设求得合理的结果，因此，对于同一座建筑物的结构设计的最终结论可能是多种多样的，对于同一结构的最终设计结论也可能是完全不同的。另外，由于结构是极其复杂的，材料本身是十分复杂的，荷载也是极其复杂的，因此仅仅依靠力学分析是不够的，工程师的实践经验十分重要，尤其在结构的选型阶段，这个过程的结论是千差万别的，优秀的工程师的超人之处就在于选择的过程。选择一个合理、简捷而高效的结构型式是全部设计成功的基础，或者可以说是设计的主要工作，因此，“概念设计”是结构设计的基本理念与原则。

事实上，最佳的设计往往是通过概念设计来实现的，它能协调建筑功能、结构功能、造型美观和建造条件之间的关系，是整个设计的灵魂。概念设计是根据理论与试验研究结果、以往工程结构震害和设计经验等总结形成的基本设计原则和设计思想，进行建筑和结构的总体布置，并正确确定细部构造的过程。

概念设计包括建筑概念设计和结构概念设计两个方面。建筑概念设计是对满足建筑使用功能且造型优美、技术先进的总建筑方案的确定；结构概念设计是在特定的建筑空间中用整体的概念来完成结构总体方案的设计。

概念设计强调，在工程设计一开始，就应把握好建筑场地选择、建筑选型与平立面布置、结构选型与结构布置、刚度分布、构件延性，确保结构的体型、建筑材料选择和施工质量保障等几个主要方面，从根本上消除建筑中的薄弱环节，再辅以必要的计算和构造措施，就可以设计出具有良好性能和足够可靠度的房屋建筑。

以建筑结构布置形式中的对称与非对称为例，通常，当建筑立面对称时，恒载不会引起总体水平弯曲，这是因为荷载对于总体支撑平面是轴向的。然而，当建筑立面为非对称时，或者当支撑体系合力不在房屋中心轴上时，将引起总体弯曲，如图4-2所示。

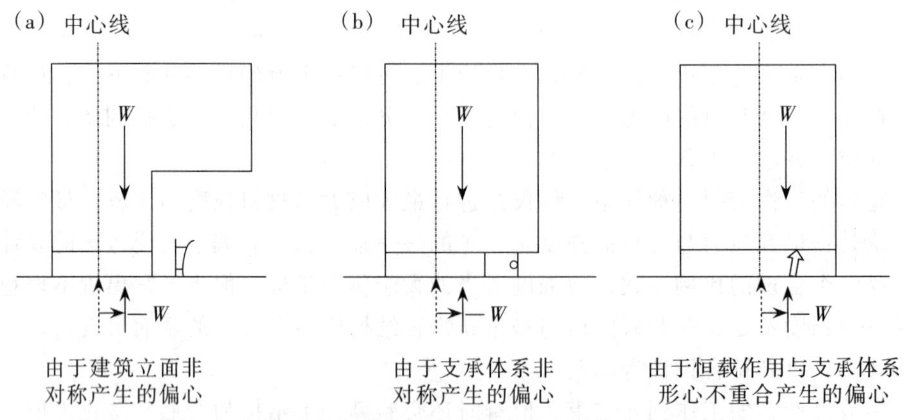

图4-2 恒载合力与支撑体系中心有偏心时将产生倾覆力矩

大多数情况下，竖向荷载的偏心问题不会像风荷载和地震作用那样成为主要的设计问题，这是因为柱子和墙的面积可以随竖向荷载的分布而变化，从而可减小偏心。但是，在与地震和风荷载组合时，偏心的荷载可能成为重要问题。例如地震和风作用的转动（倾覆方向）与恒载偏心转动方向相反时，可能是有利的，但是当作用方向一致时，将使倾覆问题更为严重。由于风或者地震作用方向是任意的，因此应该在最初就要通过概念设计分析竖向荷载的偏心，并将非对称的竖向及水平作用组合起来。

另外，建筑总体形式与支撑体系之间不对称也会引起风荷载和地震作用合力与抵抗剪力之间存在水平方向不对称的问题，这会产生水平扭转，如图4-3所示。图4-3（a）说明房屋形式的非对称会引起扭转，而在图4-3（b）中，扭转问题是由于支撑平面不对称造成的。

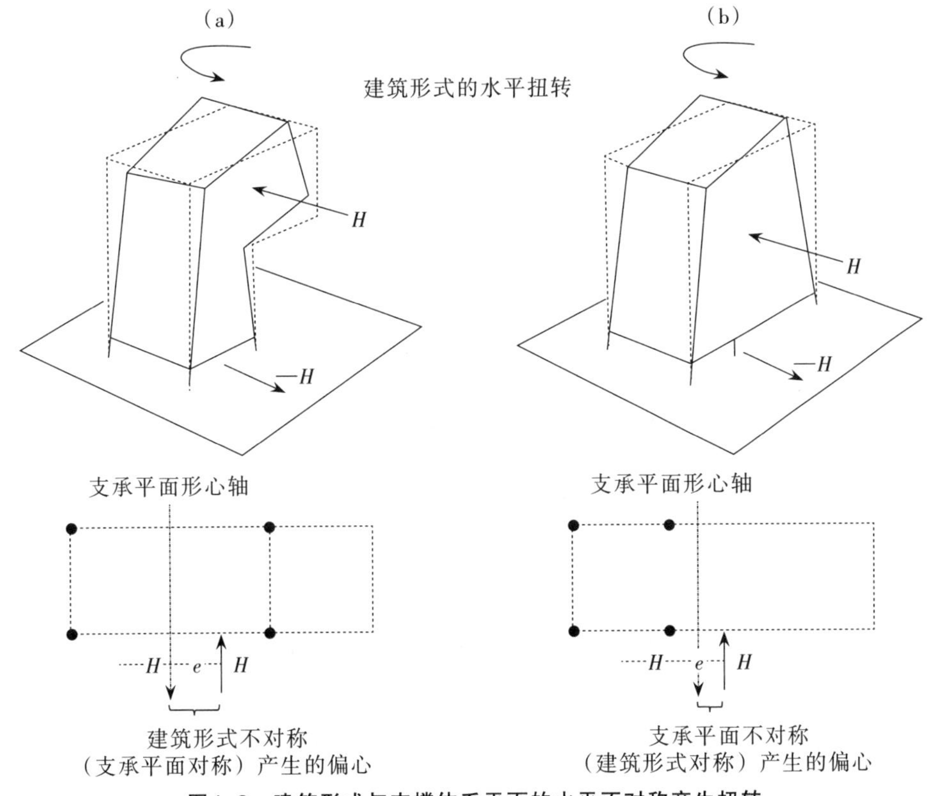

图4-3　建筑形式与支撑体系平面的水平不对称产生扭转

在很多设计中，复杂的建筑形式使它竖向和/或水平尺寸出现明显的不对称形式及不对称质量分布性质。在图4-4中说明了对于这样的复杂形式，通过将主要部分拆开处理，从而应用整体概念设计来进行分析。能够拆分的主要原因是可以把任何一层结构视为“基础”支撑体系，在某一层上面的结构将由该层支撑。

假定每个主要组成单元都是整体，就可以把注意力集中在设计方案的总体性能，以及各个单元间的接合面上，事实上，接合面部位乃是概念设计方案中的关键，因为各组成单元之间的接合面将决定该方案是否真正成为一个整体。

如果不断地把结构型式再分割，那么从上到下的每一楼层都可以进行分析并确定最优平面布置和有效支撑体系所需的尺寸。事实上，上述概念设计的基本原理和力学分析中取隔离体在基本概念上都是相同的，只是分析的深度有差别。

这样，通过对单元的整体假定，设计者可以在概念设计阶段，也是建筑形式及

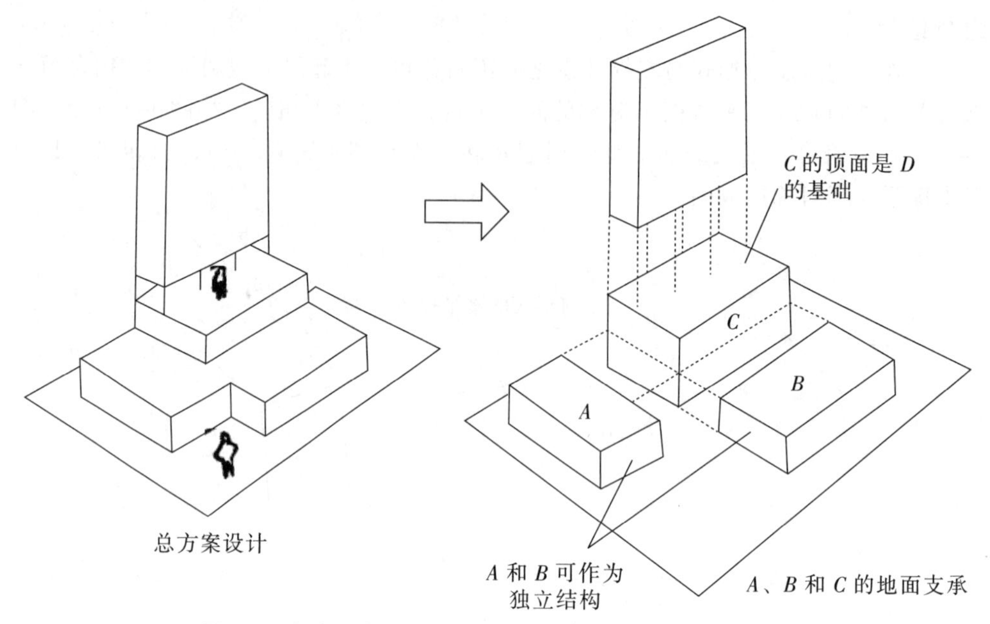

图4-4 复杂形式结构可分解成主要单元（概念设计方法）

结构方案最容易修改的阶段，提前找出结构与形式之间的总问题，并加以解决。一些小的次要问题可以在以后的设计阶段再进行细化处理。当然，当试图通过近乎概念的方法解决一些大问题时，也必须记住各个分体系的经济和施工可行性问题。

第一节 设计使用年限

设计使用年限是设计规定的一个使用时期。《建筑结构可靠度设计统一标准》（GB50068-2018）首次正式提出了“设计使用年限”，明确了设计使用年限是设计规定的一个时期，在这一规定时期内，房屋建筑在正常设计、正常施工、正常使用和维护的条件下，不需要进行大修就能按其预定要求使用并能完成预定功能。建筑结构设计使用年限分类见表4-1。

表4-1 建筑结构设计使用年限分类

类别	1	2	3	4
设计使用年限	5年	25年	50年	100年
示例	临时性结构	易于替换的结构构件	普通房屋和构筑物	纪念性建筑和特别重要的建筑结构

设计使用年限不同于设计基准期的概念，设计使用年限不是一个固定值，其与结构的使用功能和重要性有关，两者在荷载标准值的取值方面存在较大的差异，设

计使用年限越长，在设计中应提高按设计基准期确定的荷载标准值，反之则降低荷载标准值。所以，在荷载规范中引入了考虑设计使用年限的可变荷载调整系数，见表4-2。但对于普通房屋和构筑物，设计使用年限和设计基准期一般均为50年。

表4-2　楼面和屋面活荷载考虑设计使用年限的调整系数γ_L

结构设计使用年限（年）	5	50	100
γ_L	0.9	1.0	1.1

第二节　结构设计的功能要求和可靠度

一、结构设计的功能要求

对于结构设计来讲，设计师至少要使其所设计的结构满足两个方面的基本要求：安全性与适用性。

第一是安全性，所谓结构的安全性是指结构在预定的使用期间，应能承受正常施工、正常使用情况下可能出现的各种荷载、外加变形（如超静定结构的支座不均匀沉降）、约束变形（如温度和收缩变形受到约束）等的作用。在偶然事件（如地震、爆炸）发生时和发生后，结构应能保持整体稳定性，不应发生倒塌或连续破坏而造成生命财产的严重损失。安全性是结构工程最重要的质量指标，主要取决于结构的设计与施工水准，也与结构的正确使用（维护、检测）有关，而这些又与土建法规和技术标准的合理规定及正确运用相关联。对于结构工程设计而言，结构的安全性主要体现在结构构件承载能力的安全性、结构的整体牢固性等方面。因此，安全性表征了结构抵御各种作用的能力。

第二是适用性，结构的适用性是指结构在正常使用期间具有良好的工作性能。如不发生影响正常使用的过大的变形（挠度、侧移）、振动（频率、振幅），或产生让使用者感到不安的过大的裂缝宽度。《混凝土结构设计规范》对适用性要求主要是通过控制变形和裂缝宽度来实现的。对变形和裂缝宽度限值的取值，除了保证结构的使用功能要求，防止对结构构件和非结构构件产生不良影响外，还应保证使用者的感觉在可接受的程度之内。由于结构构件所处的位置及每个人的感觉均有所不同，考虑最一般的情况，规范将挠度控制在$l_0/250$~$l_0/300$（l_0为梁的计算跨度），最大裂缝宽度限制在0.2mm~0.3mm以内认为是可以接受的。由此看来，适用性是指良好的适宜的工作性能。

除此以外，结构设计者还必须考虑结构的耐久性，结构的耐久性按照《建筑结构可靠度设计统一标准》的定义是指结构在规定的工作环境中，在预定时期内，其材料性能的恶化不致导致结构出现不可接受的失效概率，在正常维护条件下，结构能够正常使用到规定的设计使用年限。而对于混凝土结构耐久性的定义则可为：混凝土结构及其构件在可预见的工作环境及材料内部因素的作用下，在预期的使用年限内抵抗大气影响、化学侵蚀和其他劣化过程，而不需要花费大量资金维修，也能保持其安全性和适用性的功能。在这个混凝土结构耐久性的定义中主要包含了三个基本要素：(1) 环境。结构处于某一特定环境（包括自然环境、使用环境）中，并受其侵蚀作用。(2) 功能。结构的耐久性是一个结构多种功能（安全性、适用性等）与使用时间相关联的多维函数空间。(3) 经济。结构在正常使用过程中不需要大修。结构耐久性的概念在规范中仅局限于外部环境（非荷载作用）对结构的长期作用，致使结构性能的退化或增强上，有一定的局限性。事实上，荷载对结构产生的累积损伤也应属于耐久性的范畴。结构的耐久性是结构的综合性能，反映了结构性能随时间的变化。

因此，对于结构工程师来讲，在进行结构设计时，所要考虑的结构的基本问题为：所设计的结构安全吗？是否适用？能保证其对环境变化与岁月流逝的适应吗？结构可靠性的定义便应运而生，结构可靠性的定义为：结构在规定的时间内，在规定的条件下，完成预定功能的能力。其中，规定时间是指结构的设计使用年限，规定的条件是指正常设计、正常施工、正常使用和正常维护，而预定功能则指结构的安全性、适用性和耐久性。我国标准对结构可靠性的定义与国际标准ISO2394：1998《结构可靠性总原则》和欧洲规范EN1990：2002《结构设计基础》基本一致。因此，在结构设计中，结构的安全性、适用性和耐久性三者构成了结构可靠性的基本内涵。结构可靠性分析和计算的核心就是在规定的时间和条件下满足预定的安全性、适用性和耐久性三方面的功能要求。

结构能否完成预定的功能具体是以功能极限状态作为判别条件的。在国内外技术标准中，功能极限状态均被明确地划分为承载力极限状态和正常使用极限状态。

1.承载力极限状态

承载力极限状态，就是指结构所达到的最大的荷载承担状态，这是对结构所确定的最大承载力的指标，承载力达到或超过了该指标时，结构会发生严重的破坏——断裂、坍塌、倾覆等，将导致严重的损失。对于结构来讲，承载力极限状态的发生，标志着结构的破坏和结构作为承载体系的功能的丧失，损失无疑是巨大的，因此要将该状态的发生概率控制得很低。

当出现以下现象，可以判断出结构已经不能够继续承担相应的荷载或作用了，已经进入了结构的承载力极限状态：

(1) 因材料强度不足或塑性变形过大而失去承载力；

(2) 结构的连接失效而变成机构；

(3) 结构或构件丧失稳定；

(4) 整个结构或部分失去平衡。

以上四种状态，无论出现哪一种，结构均将处于坍塌状态，即彻底失去承载的能力。

2.正常使用极限状态

正常使用极限状态，就是指结构在外力作用下，所发生的不能满足建筑物的基本功能实现的状态，但建筑物在该状态下并不会发生灾难性的后果。通常所理解的正常使用极限状态，主要是指结构发生了影响使用的变形、位移、裂缝、震颤等问题。

当出现以下现象，则表明结构已经对其正常使用形成障碍，为正常使用极限状态，但不处于危险之中：

（1）出现影响外观与使用的过大的变形，但该变形的大部分属于弹性变形而非塑性变形；

（2）局部发生破坏而影响结构的使用；

（3）发生影响使用的震颤；

（4）影响使用的其他状态。

由两类极限状态的含义和具体说明可知，承载力极限状态和正常使用极限状态分别对应于结构的安全性和适用性功能，并且给出了明确的界定原则，也就是失效准则（极限状态）。在设计中，两种极限状态都必须同时得到满足，那种重视承载力极限状态而忽视正常使用极限状态的设计思想是极其错误的。常规的做法是，对承载力极限状态进行设计和计算，当满足该状态后，再对正常使用极限状态进行校核与验算，以确保后一状态也可以得到满足。

但是，两个状态的计算与设计所采用的指标是有所差异的。通常来讲，承载力极限状态的后果是较严重的，因此荷载指标与材料强度均采用设计值；而对于正常使用极限状态的验算，则通常采用荷载指标与材料强度的标准值。

荷载的设计值一般高于荷载的标准值，其比值称为荷载的分项系数；材料强度的设计值低于其标准值，其比值称为强度的分项系数。

目前，对安全性、适用性的认识和理解已基本达成了共识。然而对可靠性重要组成部分的耐久性表述不多，考虑还很不全面。从现有的失效准则来看，标准给出的是安全性和适用性的失效准则，强调的仍然是极端荷载作用下结构的安全性和适用性。而结构长期使用过程中由于荷载、环境等作用引起材料性能劣化的影响，则被置于比较次要和从属的地位。因此，模糊了耐久性对安全性、适用性的影响。

应当看到，结构工程中许多结构的提前失效和破坏都是由于耐久性不足而导致的。耐久性是当前困扰土建基础设施工程的世界性问题，并非我国所特有。为了修复耐久性不足而导致的结构失效和破坏，世界各国付出了巨大的代价。惨痛的教训使人们认识到工程结构的可靠性问题不仅仅存在于正常使用阶段，也普遍存在于工程结构的整个生命周期，即设计-施工-维护-拆卸-再利用各个环节，因此，从结构全生命周期的角度建立和认识结构的安全性、适用性、耐久性与两个极限状态的内在联系以及它们三者之间的关系是十分必要的。

钢筋锈蚀是导致结构抗力（承载力、刚度等）衰减及结构性能退化的最主要原因，为了分析安全性、适用性、耐久性三者之间的相互关系，以钢筋锈蚀导致的结构性能变化为例，从结构全生命周期的角度将结构性能变化过程分为5个阶段，如图4-5所示。

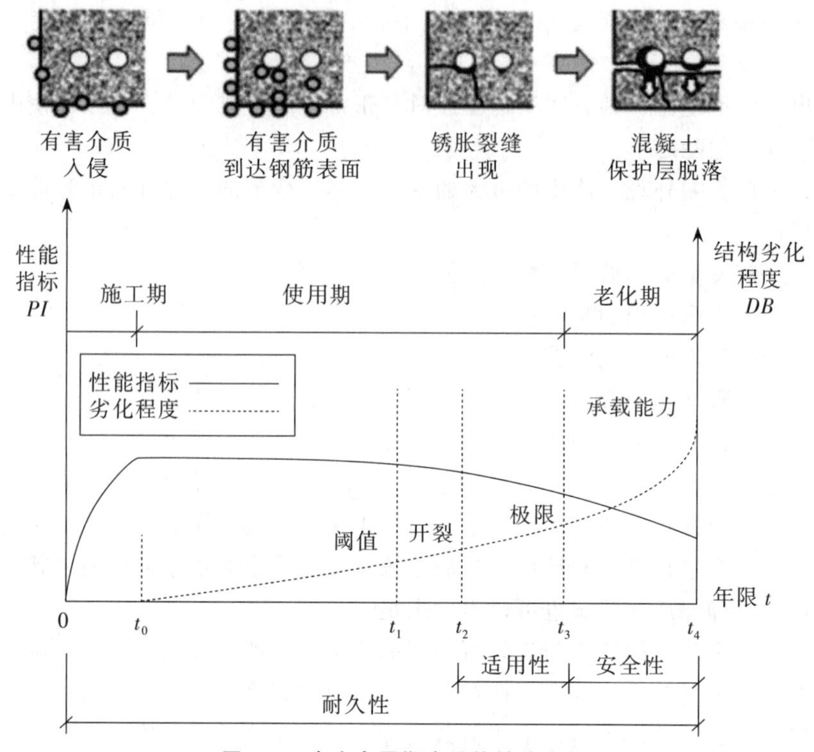

图4-5 全生命周期内结构性能变化

第一阶段为0~t_0，混凝土结构的施工期。第一阶段是施工建造期，结构的性能会由于设计缺陷、施工缺陷、材料本身的性能影响等而不能像预期设计的那样完美。但随着施工的进行，混凝土材料强度不断增加，结构整体受力骨架逐渐形成，结构的性能表现为逐渐增强的趋势，在图4-5中该阶段的性能指标曲线不断上升。从图纸结构变为现实空间实体的过程中，结构的性质已被决定，结构已处于特定的环境中并受其影响，因此，结构的耐久性问题伴随着结构的建造过程在施工期已经产生并潜伏于其中。t_0时刻，结构建成并投入使用。

第二阶段为t_0~t_1，前期使用阶段。这一阶段是有害介质缓慢入侵的诱发期，需要相当长一段时间，材料性能劣化速度较慢，劣化程度有限。因此耐久性问题对结构性能的影响不明显。劣化程度曲线DB和性能指标曲线PI变化平缓。

第三阶段为t_1~t_2，随着使用年限的增加，有害介质在钢筋表面堆积，使保护钢筋的碱性环境逐渐消失，钢筋开始发生局部锈蚀，钢筋一旦开始锈蚀，较小的锈蚀量、较短的时间足以使混凝土开裂。根据已有研究成果对钢筋锈蚀特征的分析，锈蚀初期，钢筋的力学性能变化不明显，钢筋与混凝土之间的黏结性能在锈蚀量较小时略有增长，而后随着锈蚀率的增加，黏结锚固性能逐渐降低，结构劣化程度由内及外逐渐表露。这一阶段，为结构性能劣化的发展期。t_2时刻混凝土处于即将胀裂的状态。结构劣化程度曲线和性能指标曲线较上一阶段的诱发期上升或下降更快。

第四阶段为t_2~t_3，随着钢筋锈蚀的加剧，混凝土出现锈胀裂缝，裂缝的存在，加速了钢筋锈蚀的进程。试验研究表明，钢筋屈服强度与延伸率随锈蚀率的增加而减小，特别是延伸率下降较为明显。锈胀裂缝出现后，钢筋与混凝土之间的黏结性能退化，黏结锚固性能下降进一步引起钢筋和混凝土之间的协同工作能力下降。这一阶段为结构性能劣化的加速发展期，结构劣化程度曲线和性能指标曲线的斜率明显增大。当达到t_3时刻时，结构处于正常使用极限状态。耐久性不足的影响将使结构构件的变形、裂缝开展宽度提前达到正常设计情况时规范规定的限值，使结构的使用寿命缩短，适用性能受到影响，结构的可靠性明显降低。

第五阶段为t_3~t_4，结构性能进入老化期。已有研究表明，钢筋严重锈蚀后，屈服强度和极限强度降低，塑性性能下降。混凝土和钢筋之间的黏结性能退化较大，混凝土保护层大面积脱落，同时构件混凝土截面受到损伤，结构构件的承载能力急剧下降。当结构性能退化到t_4时刻时，结构构件达到了承载力极限状态。

由以上过程可以看出，第一阶段是施工期，此期间结构性能受设计、施工质量等众多不确定性因素控制。结构的可靠性问题主要表现在安全性和耐久性两方面。施工期的耐久性问题随结构的建造过程出现，但材料性能的劣化需要时间的积累，相对于结构的整个生命周期来说，施工期是短暂的，因此施工期的耐久性不会影响结构的安全性。施工期的安全性主要来源于设计失误、施工缺陷、管理不善等。第二阶段是前期使用阶段，此期间结构性能与材料均完好，无须采取任何修复措施就能满足所需要的适用性与安全性要求，该时段为耐久性的正常状态。第三阶段是中期使用阶段，此期间结构性能与材料基本完好，或者虽然有轻微的损伤累积，但结构性能与材料基本完好，或者虽然有轻微的损伤累积，但基本上能够满足所需要的适用性与安全性要求，仅需采取小修措施来完善其使用功能，该时段为耐久性基本正常状态。第四阶段是后期使用阶段，此期间损伤积累影响到结构的适用性，t_3时刻，已不能满足适用性的要求，必须经过修复（小修或中修）处理才能继续使用，该状态达到正常使用寿命，为正常使用极限状态。第五阶段，即超越t_3时刻后，结构进入老化期，由于结构劣化程度的加剧和结构性能的快速下降，损伤积累对结构的安全性产生了较大的影响，必须经过加固处理才能继续使用，t_4时刻达到承载力使用寿命，为承载力极限状态。由此看来，结构在建造-使用-老化的全生命过程中，不同的阶段，耐久性水平不同。不同的劣化程度或耐久性状态，对结构的适用性和安全性产生不同的影响。耐久性的时变性使得它与适用性、安全性之间相互影响、相互制约成如图4-6所示的交叉关系。

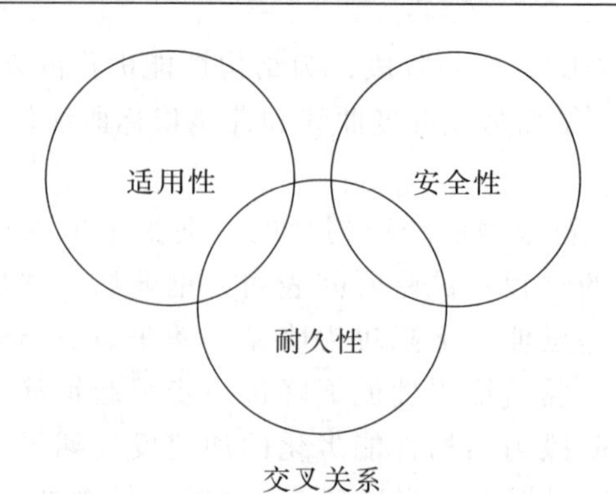

图4-6 安全性、适用性与耐久性的关系

当然，经济问题也是结构工程师所必然要考虑的，即结构的投资问题。这不仅仅包括结构杆件截面尺度的选择问题——选择较小的截面可以获得相对低廉的造价，而且还要涉及因不同的结构型式与材料选择而导致的施工成本、静态的材料采购价格、动态的施工复杂性与施工周期问题等。

二、结构设计的可靠度

结构的三个方面的功能要求若能同时得到满足则称该结构可靠，也就是结构在规定的时间内，在规定的条件下能完成预定功能的能力为可靠性。结构满足相对的功能要求（安全性、适用性、耐久性）的程度被称为结构的可靠度。可靠度是对结构可靠性的定量描述，即结构在规定的时间内、规定的条件下，完成预定功能的概率。所谓相对的功能要求，是指建筑物所在的特定位置与环境、特定的设计功能与安全等级要求。不同的建筑物，各种条件不同，结构设计的要求也不一样，但是，需要特殊说明的是，没有任何结构可以达到100%的可靠度。100%意味着该建筑物是绝对不会倒塌的，绝对安全的，这显然在理论上是荒谬的，在实践中也是难以做到的，理性的投资者与设计者不会盲目提高建筑物的可靠度指标，而是根据建筑物的重要程度确定其基本设计依据。

常规建筑物的可靠度指标一般为95%——对于特定地区所建设的、在特定的时间范围内、完成特定功能的建筑物，特定荷载的可靠度为95%。这是一个相对的概念，不同建筑物之间的可靠度与安全性是不可以简单比较的，原因在于不同建筑物的功能不同、荷载不同，所在位置与地质状况也不同。

结构的可靠度是一个非常复杂的概念，整体结构的可靠度不仅仅包括每一杆件各个截面的可靠度、杆件之间的相互关系、结构体系的构成关系等多方面的内容，还要包括对荷载的认识，尤其是对于不确定的荷载，如风、地震等的研究，更要包括对于建筑物倒塌后的严重性进行评估，以确定其安全等级。可靠度指标绝不是简单的、绝对化的指标，而是非常模糊性的指标体系。在设计中，不能将单一截面的破坏就视为杆件的破坏，也不能将单一杆件的破坏视为结构的破坏，要根据不同的设计原则来进行区分。当今一些结构工程与力学研究领域内的工程师们，正力求采用模糊数学的方法与理论，来解决结构中的模糊破坏与临界标准的界定问题，并取得了大量的成果。

近几年，在各种房地产开发广告中，曾一度流行这样的说法："钢结构比混凝土结构安全、混凝土结构比砖混结构安全。"这在理论上是非常错误的，也是对消费者的一种误导。很明显，对于处在相同地区、具有相同功能、按照相同设计标准所设计的建筑物，其可靠度指标应该是完全相同的，与所使用的材料的强度及性能是无关的。尽管从材料的延性、强度以及抵抗动力荷载的性能来看，钢材要优于钢筋混凝土，钢筋混凝土也同样优于砖石砌体，但是采用不同材料设计的结构，所使用的截面尺度不同，构造处理方式不同，结构体系也截然不同。正是由于采用了不同的处理方式，对于相同的功能与荷载，其承担能力是相同的。

第三节　建筑结构的设计方法

我国工程结构设计的基本方法先后经历了四个阶段，即容许应力法（中华人民共和国成立前及成立初期使用的英美规范）；破损阶段设计法（使用苏联规范）；极限状态设计法（我国1966年、1974年编制的规范）和以概率理论为基础的概率极限状态设计法（以我国1984年颁布的国家标准《建筑结构设计统一标准》（GBJ68-84）为依据编制的规范）。在这一演变过程中，可以看到设计方法在理论上经历了从弹性理论到极限状态理论的转变，在方法上经历了从定值法到概率法的转变。这些转变是随着可靠度理论的发展而展开的。

拓展阅读4-1

一、可靠度理论

结构是否安全可靠，主要看极限状态下结构的抗力和作用效应两者之间的比较结果。可是结构的抗力与作用效应都具有不确定性，并且影响它们的因素很多，极有可能使结构发生破坏。这种情况下，可靠度理论应运而生，其目的就是将这种破坏的可能性减小到最低程度。

1.全经验法

结构安全度的确定有两大要素：

① 结构抗力R（如承载力、刚度、抗裂度等）和荷载效应S（如内力、变形、裂缝等）的取值；

② 允许的安全度指标的取值。

全经验法对荷载与抗力的取值是凭经验的，并且所规定的安全指标也是凭经验确定的。最初，人们只根据结构的比例来控制结构的可靠度，例如宋代"营造法式"规定木材梢径的大小取决于梁的跨度。到了十九世纪，人们开始尝试定量设计。虽然已经认识到材料有瑕疵和缺陷，强度会出现变异性，但无法了解变异的规律，于是就用一个较大的安全系数限值来应对这种变异性。人们虽然意识到这种方法是不完善的，但是直到20世纪40～50年代之前，定量设计仍停留在全经验法上，其中设计表达式可以表达为：$R/S \geqslant K$，其中，R与S都是凭借经验确定的，安全系数K也是经验的。

2.半概率法

随着工程实践的积累和实验手段的发展，人们积累了较多的试验资料，对于抗力R和荷载效应S的取值不再完全依靠经验进行估计，主要体现在材料强度和荷载的标准值开始采用概率方法进行确定。比如，苏联在1954年颁布的建筑法规和1955年颁布的各类结构设计规范中，开始采用统计分析方法确定材料强度、风和雪荷载的标准值。但是，安全系数K仍然是依靠经验进行取值，它仍然不能与破坏概率相联系，不能对构件和结构的可靠度给出科学的定量描述，在结构安全的控制方面，其本质仍属于经验方法。

3.近似概率法

全经验法和半概率法都停留在定值设计法的阶段，这种方法让人们误认为，只要设计中采用了某一给定的安全系数，结构就是百分之百安全可靠的，也就是将设计安全系数与结构可靠度简单地等同起来。早在1946年，美国的弗罗尹登彻尔（A. M. Freudenthal）发表了题为“结构安全度”的文章，就开始较为集中地讨论结构安全度的问题，使人们充分意识到实际工程中的随机因素，将概率分析和概率设计的思想引入到结构工程领域。与此同时，苏联的尔然尼钦（A. P. Ржанцин）教授于1947年提出了一次二阶矩理论的基本概念和计算结构失效概率的方法，但当时以及之后的研究都还局限于古典可靠度理论，设计中的随机变量完全由其均值和标准差所确定。显然，这只有在随机变量都服从正态分布时，计算结果才是精确的。1969年，美国的康奈尔（C. A. Cornell）在尔然尼钦的工作基础上，提出了与结构失效概率相联系的可靠指标β，以该指标作为衡量结构安全度的统一数量指标，奠定了结构可靠度设计的基础，并且建立了可靠指标β的二阶矩模式。

用具有明确物理意义的可靠指标β定量分析结构或构件的可靠度是近似概率法区别于上述定值设计方法的重要特点。近似概率法与半概率法的本质不同是利用功能函数Z将荷载效应和抗力综合在一起进行分析。

1971年，加拿大的林德（N. C. Lind）提出了分项系数的概念，采用分离函数方式将可靠度指标表达成设计人员习惯采用的分项系数形式，这加速了结构可靠度方法的实用化。1976年，国际结构安全性联合委员会（JCSS）推荐了拉克维茨（Rackwitz）和菲斯特（Fiessler）等人提出的通过“当量正态化”方法以考虑随机变量实际分布的二阶矩模式，也就是基于验算点改进的一次二阶矩法（JC法）。至此，可靠度理论开始广泛应用。

随着结构可靠度理论进入实用阶段，近似概率极限状态设计法成为国际上的一种发展趋势，由148个国家8个著名国际学术组织CEB、FUP、CIB、CECM、IABSE、IASS、RILEM、JCSS组成的国际标准化组织ISO于1985年制定了一个国际标准草案ISO/DIS2394，并于1986年正式以国际标准ISO2394《结构可靠性总原则》发布，随后经过了多次修订和补充，现在已经成为很多国家编制或者修订规范的参照。

为了提高我国建筑结构规范的先进性和统一性，原国家建委在1976年下达了开展“建筑结构安全度与荷载组合”课题的研究任务。在此基础上，原国家建委于1979年又进一步下达了编制《建筑结构设计统一标准》的任务，以提高下一代建筑结构设计规范的质量并逐步形成完整的体系。由中国建筑科学研究院会同各建筑结构设计规范管理单位及有关的设计、科研单位和高等院校组成的编制委员会在吸取国内外先进经验和总结我国近年来科研成果的基础上，提出了《建筑结构设计统一标准》（草案），并于1982年由专门会议审查定稿，后被批准为国家标准。

《建筑结构设计统一标准》（GBJ 68-84）的主要特点是采用了近似概率极限状态设计法，从而使结构可靠度具有比较明确的物理意义和定量尺度，使我国的建筑结构设计基础准则更为合理并开始走向统一。随后以此为基础相继颁发了《工程结构可靠度设计标准》《港口工程结构可靠度设计统一标准》《建筑结构可靠度设计统一标准》，这些规范的大规模修订或编制也使得我国不断从以经验为主的安全系数设计法转为以概率论为基础的极限状态设计法，标志着我们国家在解决可靠度的问题上已进入了以统计数学为基础的定量分析阶段，在工程结构可靠度设计方面走在了世界的前列。考虑到目前主要在统计参数上尚不具备条件，难以直接采用可靠度指标进行结构设计，而且设计方法的改进宜逐步进行，不能操之过急，故《建筑结构设计统一标准》（GBJ 68-84）规定，结构的极限状态设计仍采用工程技术人员所习惯的以分项系数和标准值形式的设计表达式。但是，与以往有重大区别的是，设计表达式中的各分项系数是按近似概率法经优选确定的。《建筑结构设计统一标准》（GBJ 68-84）采用了习惯的设计表达式，但以近似概率方法来确定各种设计分项系数的取值，既使各种结构在不同情况下具有较佳的可靠度一致性，又使实际应用比较方便，这是对极限状态设计方法的一个重要发展。

综上所述，近似概率极限状态设计法的主要优点是可以更全面地考虑影响结构可靠度诸因素的客观变异性，使所设计的工程结构更加合理。同时，由于有了具体度量结构可靠度的可靠指标，就可以根据建筑结构的不同特点恰当地划分和选择安全等级，具体规定各级建筑结构的可靠度水准，做到使所设计的同类结构构件在不同的受荷情况下具有较佳的可靠度一致性。

结构设计就是寻找结构的极限状态的过程，并力求使结构受力变得经济、简洁与高效，否则结构设计是毫无意义的——任何人都可以选择一个大得惊人的截面来承担荷载。

在实际结构设计中，可根据业主或使用者对结构的具体要求、环境状况、结构的重要性、可修复性等方面的要求选择相应的性能极限状态，本书在结构设计中主要针对的是承载力极限状态。

二、功能函数与极限状态方程

按极限状态设计的目的是保证结构功能的可靠性，这就需要满足作用在结构上的荷载或其他作用（地震，温差，地基不均匀、沉降等）对结构产生的效应（简称荷载效应）S（如内力、变形、裂缝等）不超过结构在达到极限状态时的抗力R（如承载力、刚度、抗裂度等），即：$S \leq R$。

将上式写为$Z=g(S, R)=R-S$，当此式等于0时，称为“极限状态方程”。其中$Z=g(S, R)$称为功能函数，式中的S、R为基本变量。

通过结构功能函数Z可以判定结构所处的状态。

当$Z>0$（即$R>S$）时，结构能完成预定功能，处于可靠状态；

当$Z=0$（即$R=S$）时，结构处于极限状态；

当$Z<0$（即$R<S$）时，结构不能完成预定功能，处于失效状态，也即不可靠状态。

图4-7可以清晰表达结构所处的状态。

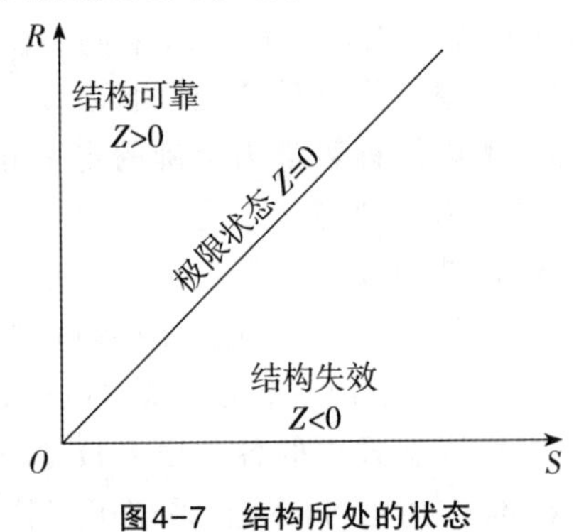

图4-7 结构所处的状态

三、结构失效概率和可靠度

1.失效概率

结构在规定的时间内和在规定的条件下，完成预定功能的概率，称为结构的可靠度。可靠度（概率度量）是对结构可靠性的一种定量描述。

结构能够完成预定功能的概率称为“可靠概率”（P_s）；相反，结构不能完成预定功能的概率称为“失效概率”（P_f）。二者互补，即：

$$P_s+P_f=1 \tag{4-1}$$

于是，可以采用P_s或P_f来度量结构的可靠性，而一般习惯采用失效概率P_f。

设基本变量R、S均服从正态分布，故功能函数：

$$Z=g(S, R)=R-S \tag{4-2}$$

亦服从正态分布，如图4-8所示。

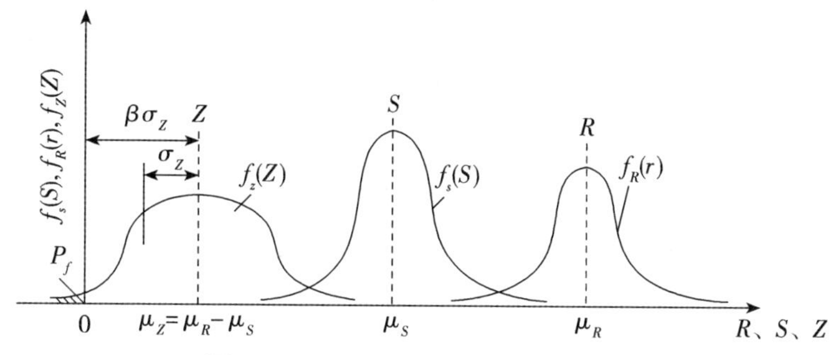

图4-8　R、S、Z概率密度函数的图形

图4-8中，$Z<0$部分（阴影）面积即为失效概率P_f。用失效概率P_f来度量结构的可靠性具有明确的物理意义，能够较好地反映问题的实质，因而已为工程界所公认。但是，计算P_f的数学处理比较复杂，因此，《建筑结构设计统一标准》采用可靠指标来度量结构的可靠性，计算分析较为方便。

2.可靠度

由概率论的原理可知，用μ_R，μ_S和σ_R，σ_S分别表示结构抗力R和荷载效应S的平均值和标准差，则Z的平均值μ_Z和标准差σ_Z为：

$$\mu_Z=\mu_R-\mu_S \tag{4-3}$$

$$\sigma_Z=\sqrt{\sigma_R^2+\sigma_S^2} \tag{4-4}$$

由图4-8可以看出，结构失效概率P_f与Z的平均值μ_Z到原点的距离有关。令$\mu_Z=\beta\sigma_Z$，则β与P_f之间存在着相应的关系，即β大则P_f小，因此β和P_f一样，可以作为衡量可靠度的一个指标，β成为结构的“可靠”指标，即：

$$\beta=\frac{\mu_Z}{\sigma_Z}=\frac{\mu_R-\mu_S}{\sqrt{\sigma_R^2+\sigma_S^2}} \tag{4-5}$$

可靠度与失效概率是有一一对应关系的（见表4-3）。

表4-3　可靠度β与失效概率P_f的对应关系

β	1.0	2.0	2.7	3.2	3.7	4.2
P_f	1.59×10^{-1}	2.28×10^{-2}	3.5×10^{-3}	6.2×10^{-4}	1.1×10^{-4}	1.3×10^{-5}

四、建筑物的安全等级

由上述可知，在正常条件下，失效概率P_f尽管很小，但总是存在的，所谓“绝对可靠”（$P_f=0$）是不可能的。因此，要确定一个适当的可靠度指标，使结构的失效概率降低到人们可以接受的程度，做到既安全可取又经济合理，需要满足以下条件：

$$\beta\geqslant[\beta] \tag{4-6}$$

式中：

$[\beta]$：结构的目标可靠指标。

对于承载能力极限状态的目标可靠指标，根据结构安全等级和其破坏形式，按

表4-4采用。表4-4是以建筑结构安全等级为二级且为延性破坏时的［β］值为3.2作为基准，其他情况相应增加或减少0.5制定的。

表4-4 **结构安全等级、结构重要性系数γ_0、结构构件承载力极限状态目标可靠值［β］**

安全等级	破坏后果	建筑物类型	设计使用年限	结构重要性系数γ_0	目标可靠指标［β］	
					延性破坏	脆性破坏
一级	很严重	重要性房屋	≥100	1.1	3.7	4.2
二级	严重	一般的房屋	50	1.0	3.2	3.7
三级	不严重	次要的房屋	5	0.9	2.7	3.2

设计建筑结构时，应根据结构破坏可能产生的后果，采用不同的安全等级。建筑结构安全等级的划分应符合表4-4的要求。

对于正常使用的极限状态，［β］值应根据结构构件特点和工作经验确定。一般情况下低于表4-4中给定的数值。

五、极限状态设计的数学表达式

《建筑结构可靠度设计统一标准》(GB50068-2018）给出了极限状态设计实用表达式。

1.承载力极限状态设计

按照承载力极限状态设计时，应采用荷载效应的基本组合或偶然组合，并按下列设计式进行设计：

$$\gamma_0 S \leq R \tag{4-7}$$

式中：

γ_0：结构重要性系数，对安全等级为一级、二级、三级的结构构件分别取1.1，1.0，0.9。

S：荷载效应组合设计值。

R：结构构件抗力设计值。

由于荷载位置与方向差异，不同荷载对同一结构产生的效果不同，可以用数学表达式表述为：$S=CQ$。其中，C为荷载效应系数，是由特定结构或构件对特定荷载所确定的。

例如简支梁，在均布荷载（荷载集度q）作用下，其最大弯矩为$M=ql^2/8$，最大剪力为$V=ql/2$，则其最大弯矩的荷载效应系数为：$C=l^2/8$，最大剪力的荷载效应系数$C=l/2$。

荷载效应系数的确定，对于结构设计的过程来讲是一个大大的简化过程，虽然荷载的量值千差万别，但荷载的性质、位置可以做简单的分类，因此就可以针对特定的结构型式、特定的荷载特征，确定不同的荷载效应系数。在设计中，可以简单地以公式$S=CQ$求得特定截面的内力与变形。

例如对于三跨连续梁，在特定荷载作用下的荷载效应系数见表4-5。

表4-5　**特定荷载作用下的荷载效应系数**

受力模式	跨内最大弯矩		支座弯矩		剪力			
	M_1	M_2	M_B	M_C	V_A	V_{Bl} V_{Br}	V_{Cl} V_{Cr}	V_D
G G　G G　G G A　B　C　D	0.244	0.067	−0.267	0.267	0.733	1.267 1.000	−1.000 1.267	−0.733
Q Q　　Q Q A　B　C　D	0.289	—	−0.133	−0.133	0.866	−1.134 0	0 1.134	−0.866
Q Q A　B　C　D	—	0.200	−0.133	−0.133	0.133	−0.133 1.000	−1.000 0.133	0.133
Q Q　Q Q A　B　C　D	0.229	0.170	−0.311	−0.089	0.689	−1.311 1.222	−0.778 0.089	0.089
Q Q A　B　C　D	0.274	—	−0.178	0.044	0.822	−1.178 0.222	0.222 −0.044	0.044

在确定了G与Q的量值后，即可以直接求得M_1、M_2、M_B、M_C、V_A、V_{Bl}、V_{Br}、V_{Cl}、V_{Cr}、V_D等关键内力指标。

结构抗力与结构所选择的材料、截面的形式、结构型式相关。确定结构抗力是结构设计者的基本任务，在结构设计中，设计者通过结构材料、杆件截面形式与尺度、结构型式等的选择，确定特定结构的结构抗力。

在实际结构的设计中，需要考虑一些特殊的问题，那就是实际结构可能同时承担多种不同的荷载作用，这些荷载作用可能相互加强，也可能相互削弱；荷载作用的位置也会有各种变化，不同的作用位置对于结构的影响也是不同的，也可能出现相互加强或相互削弱的情况。因此对于结构设计者来讲，在设计开始时就要根据建筑物的实际状况，考虑多种不同荷载的组合方式与作用的位置，以求得对于结构来说最为不利的作用状况。只有在最不利的作用下结构是安全的，才可以保证结构在大多数状态下的安全。

作用在结构上的荷载不是单一和固定的，这就需要将多个荷载进行组合。荷载效应组合是指在设计结构或结构构件时，在所有可能出现的多种荷载作用下，确定结构或结构构件内产生的荷载总效应，并分别对承载能力和正常使用两种极限状态进行组合。在所有可能的组合中，选取对结构或构件产生总效应为最不利的一组进行设计。最不利组合是指将可能出现的荷载同时作用在结构上，以求得对于结构的最为不利的荷载状况。当然，并不是所有的荷载都可以同时出现，有时虽同时出现还会有相互削弱的情况，在设计中仅考虑可以同时出现并可以相互加强的荷载状况。

例如，在单层工业厂房的设计中，可以设想该厂房结构的最不利荷载状况为：厂房已经经历了多年的使用，此时屋顶的积灰已经达到了极限；刚刚下过一场多年不遇的大雪，使屋面积雪荷载达到最大；厂房内两台吊车同时同向在最大的起重吨位上运行，而此时发生了罕见的地震，使得吊车司机同时进行急刹车……这种特殊的荷载状况是可能出现的，而此时的厂房正处于最为危险的状况，结构工程师的任务就是使厂房结构在如此危难之时，不会立即发生坍塌，从而防止灾难的扩大化。

桥梁结构工程师也同样会做这样的设想：满载货物的车辆正以最高速度行驶，突然发生的地震使得司机采取了急刹车措施，在这样的条件下所产生的巨大的荷载效应是桥梁必须能够承担的。

知识拓展4-1

另外，对于一些特定的偶然性荷载，结构工程师需要因地制宜地加以考虑。例如爆炸作用，常规的建筑物几乎很少在设计中会被工程师验算过这种荷载作用，然而对于一些有特定安全要求的建筑物或构筑物来讲，就要加以设计。在“9·11”事件中，倒塌的世界贸易中心大楼向世人证明，尽管经过工程师们的精心计算与设计，这种非常规的荷载仍然是难以预料的。

因此，可以将荷载的最不利组合描述为：当结构在最大的使用荷载作用下，同时发生特殊的、可以预料其量值的意外作用。使用荷载是可以预计的，意外作用多数情况下要考虑地震与风的影响，即建筑物所在地区在建筑物存在的期限内，可能出现的最大地震烈度以及风速。不过，人们通常很少将二者同时考虑，这是因为二者同时出现的概率几乎为0。特殊的建筑物与构筑物还要考虑特定的特殊荷载，如堤坝与桥梁要考虑洪水的波浪作用等。

经过荷载的最不利组合设计后，结构处于一个相对安全的状况中，在大多数的情况下，结构不会面临大于该最不利组合的荷载作用环境——这是结构工程师工作的责任范围；但对于某些难以预料的特殊作用，仍然可以摧毁结构——这不是结构工程师工作的责任范围。

进行荷载组合的基本原则是：结构自重是不能忽略的，其是在各种状况中均存在的；活荷载的出现是随机的，少数活荷载同时出现是可能的，但同时达到设计荷载的特征指标的概率较小；将最大的活荷载的组合系数设定为1，不进行任何折减；同时，将其他活荷载根据其同时出现的可能性进行相加，并考虑这种可能性的概率，再对其相加的结果进行折减。

对于承载能力极限状态设计，一般考虑荷载效应的基本组合或偶然组合进行荷载组合。

（1）基本组合

基本组合中，荷载效应组合设计值S应从下面两种组合中取最不利的情况进行确定：

①由可变荷载效应控制的组合：

$$S=\gamma_G S_{Gk}+\gamma_{Q1} S_{Q1k}+\sum_{i=2}^{n}\gamma_{Qi}\varphi_{ci}S_{Qik} \tag{4-8}$$

式中：

γ_G：永久荷载分项系数，当其效应对结构不利时，对由可变荷载效应控制的组合，应取1.2；对由永久荷载效应控制的组合，应取1.35。当其效应对结构有利时，一般情况下，不应大于1.0；对结构的倾覆、滑移或漂浮验算，荷载的分项系数应满足有关建筑结构设计规范的规定。

S_{Gk}：按永久荷载标准值G_k计算的荷载效应值。

γ_{Qi}：第i个可变荷载的分项系数，一般情况下取1.4，对于标准值大于4kN/m^{2}的工业房屋楼面结构的活荷载取1.3。

S_{Qik}：按可变荷载标准值Q_{ik}计算的荷载效应值，其中S_{Q1k}为可变荷载中起控制作用的荷载。

φ_{ci}：可变荷载Q_i的组合值系数，按《建筑结构荷载规范》（GB50009-2012）取用。

n：参与组合的可变荷载数。

荷载分项系数乘以荷载标准值Q_K称为荷载设计值Q。

②由永久荷载效应控制的组合：

$$S=\gamma_G S_{Gk}+\sum_{i=1}^{n}\gamma_{Qi}\varphi_{ci}S_{Qik} \tag{4-9}$$

式中符号与式（4-8）中规定相同。

（2）偶然组合

此种组合中，荷载效应组合的设计值应按下列规定确定：偶然荷载代表值不乘以分项系数；与偶然荷载同时出现的其他荷载，可根据观测资料和工程经验采用适当的代表值。各种情况下荷载效应的设计值公式，应符合专门规范规定。

2.正常使用极限状态设计

对于正常使用极限状态，应根据不同设计要求，采用荷载的标准组合、频遇组合和准永久组合。承载力极限状态的后果是较严重的，因此荷载指标与材料的强度均采用设计值；而对于正常使用极限状态的验算，则通常采用荷载指标与材料强度的标准值。正常使用极限状态设计属于验算性质，可靠度可以降低，所以采用荷载标准进行计算。要求按荷载效应的标准组合并考虑长期作用影响计算的最大变形或裂缝宽不得超过规定值，即：

$$S\leqslant C \tag{4-10}$$

式中：

S：荷载效应组合的设计值。

C：机构或结构构件达到正常使用要求的规定限值（变形、裂缝、振幅和加速度等）。

（1）标准组合

当一个极限状态被超越而将产生永久性损害的情况时，应采用标准组合。这种组合是考虑荷载短期效应的一种组合，是指永久荷载标准值、主导可变荷载标准值与伴随可变荷载组合值的效应组合。采用在设计基准期内根据正常使用条件下可能出现最大可变荷载时的荷载标准值确定。主要设计值S应按下式采用：

$$S=S_{Gk}+S_{Q1k}+\sum_{i=2}^{n}\varphi_{ci}S_{Qik} \tag{4-11}$$

式中：

φ_{ci}：可变荷载Q_i的组合值系数。

（2）频遇组合

当一个极限状态被超越时产生局部损害、较大变形或最短暂的振动等情况时，应采用频遇组合。这是考虑荷载短期效应的一种组合，多指永久荷载标准值、主导可变荷载频遇值与伴随可变荷载的准永久值的效应组合。设计值S应按下式采用：

$$S=S_{Gk}+\varphi_{f1}S_{Q1k}+\sum_{i=2}^{n}\varphi_{Qi}S_{Qik} \tag{4-12}$$

式中：

φ_{f1}：可变荷载Q_1的频遇值系数。

φ_{Qi}：可变荷载Q_i的准永久值系数。

（3）准永久组合

当遇到长期效应起决定因素的一些情况时，应采用准永久值组合。这是考虑荷载的长期效应时的一种组合，是采用设计基准期内持久作用的准永久值进行组合确定的，多指永久荷载标准值与伴随可变荷载的准永久值的效应组合。设计值S应按下式采用：

$$S=S_{Gk}+\sum_{i=1}^{n}\varphi_{Qi}S_{Qik} \tag{4-13}$$

第四节　结构上的荷载最不利分布

恒荷载在结构上的位置是确定的，而活荷载则不同，在不同的位置上对结构的影响则不同。在力学中，我们学过“结构的影响线”，知道在移动的荷载作用下，特定的结构截面所产生的内力是不一样的。因此，结构工程师就要考虑这种由于荷载的移动而产生的截面不利状况。由于实际工程结构是千差万别的，而荷载作用也是千差万别的，难以采用具体的数学表达式将其表示清楚，因此，本章以连续梁为例，说明均布活荷载的作用下该结构截面内力的具体变化。

连续梁是结构设计时经常采用的结构型式，不仅在建筑工程中使用，也常见于桥梁等大型结构。连续梁以其传力明确、设计简便、功能明确等特点，深受结构工程师的喜爱。除了梁的自重荷载所形成的恒荷载外，均布的活荷载在不同的跨间自由分布。由于恒荷载作用确定，因此在不利组合中暂时忽略恒荷载的存在。

当活荷载作用于第1跨时，梁的变形与弯矩如图4-9所示。

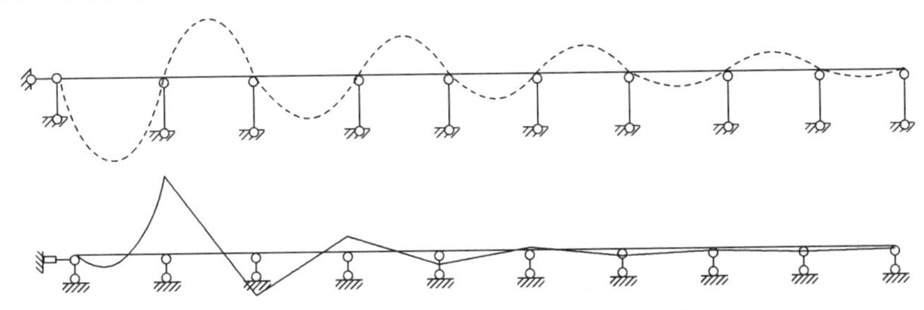

图4-9 活荷载作用于第1跨时梁的变形与弯矩图

同样，当活荷载作用于第2跨时，梁的变形与弯矩如图4-10所示。

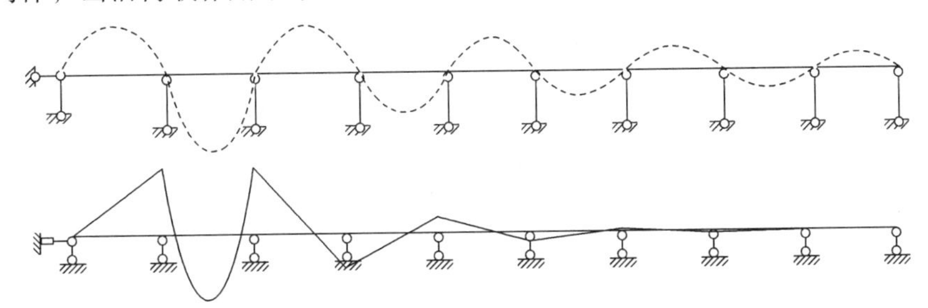

图4-10 活荷载作用于第2跨时梁的变形与弯矩图

当活荷载作用于第3跨时，梁的变形与弯矩如图4-11所示。

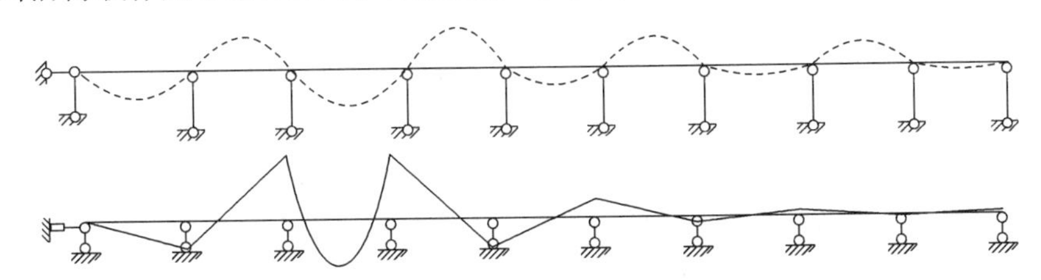

图4-11 活荷载作用于第3跨时梁的变形与弯矩图

当活荷载作用于第4跨时，梁的变形与弯矩如图4-12所示。

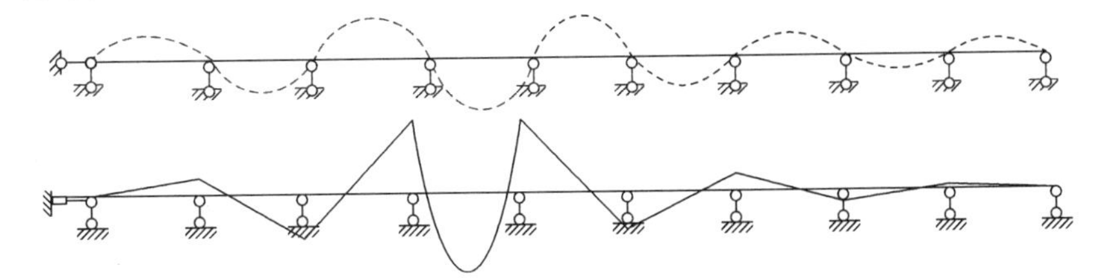

图4-12 活荷载作用于第4跨时梁的变形与弯矩图

从图4-9至图4-12中可以看出，不同的荷载作用位置所产生的变形是不一样的，即不同的荷载位置所产生的内力的差异，以及不同荷载位置之间的内力的相互关系：有时相互加强，有时相互削弱。因此，在对于连续梁的某一跨作结构设计时，工程师要在梁上作对于该跨来说最为不利的荷载分布。

从图4-9至图4-12中可以得出以下对连续梁结构的最不利荷载分布规律：

当求某一跨跨中的最大正弯矩时，应考虑在该跨布置活荷载，同时在该跨两侧的相邻跨隔跨布置：如求第3跨跨中最大正弯矩，在第3跨布置活荷载，然后要考虑在第1、5、7、9跨布置活荷载（如图4-13所示）。

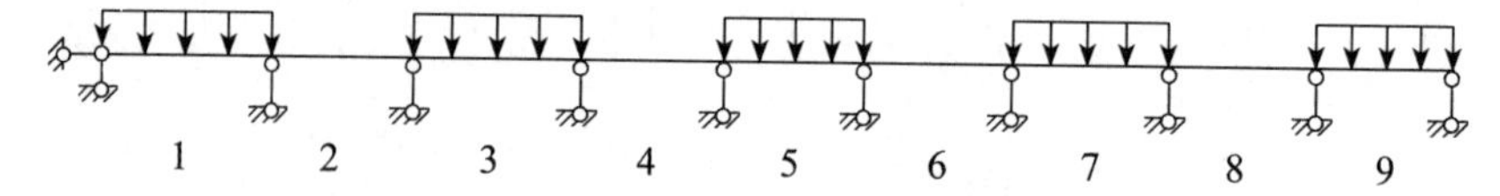

图4-13　求第3跨跨中最大正弯矩活荷载布置图

当求某一跨跨中的最大负弯矩时，应考虑在该跨不布置活荷载，而两侧相邻跨布置，并继续在相邻跨的隔跨布置：如求第3跨跨中最大负弯矩，则在第3跨不布置活荷载，然后要考虑在第2、4、6、8跨布置活荷载（如图4-14所示）。

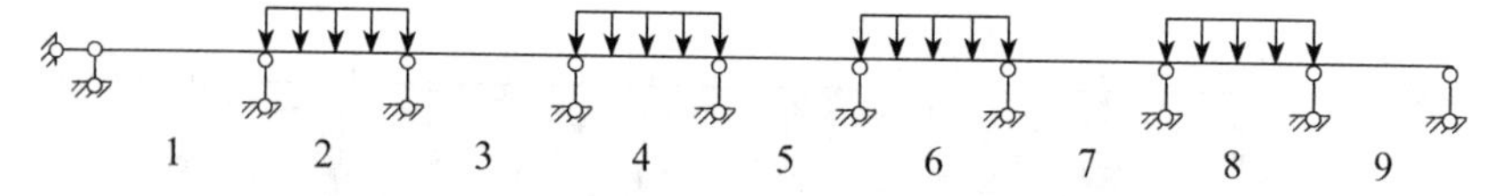

图4-14　求第3跨跨中最大负弯矩活荷载布置图

当求某一支座的最大负弯矩时，应考虑在该支座相邻两跨布置活荷载，并继续在相邻跨的隔跨布置：如求第3、4支座处的最大负弯矩，则在第3跨、第4跨布置活荷载，然后要考虑在第1、6、8跨布置活荷载（如图4-15所示）。

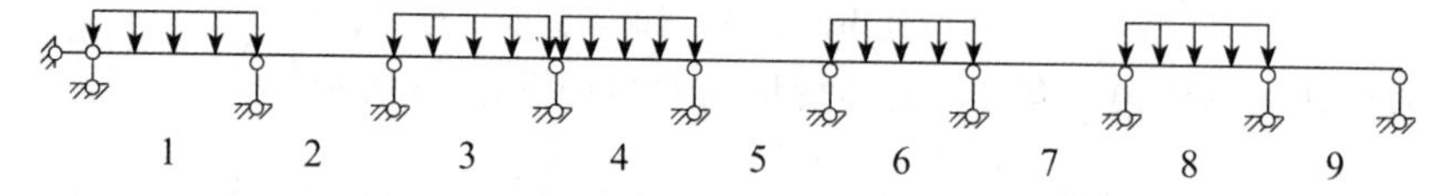

图4-15　求第3、4支座处的最大负弯矩活荷载布置图

当求某一支座的最大剪力时，与求该支座最大负弯矩时所分布荷载状况相同。

对于其他结构，如刚架、排架、桁架、拱等常见结构也是如此，均要找出其最不利荷载分布与组合的规律，再进行各种分布与组合。

在实际结构的受力过程中，各种受力形式均有可能出现，而且还可能同时出现，因此结构的强度与刚度必须在各种条件下均要得到满足。这就要求设计者将各种受力分布条件下的内力图相互重叠——将各种荷载布置下的内力图绘制在同一连续梁上，从而得到各种荷载作用的内力图的外包络线——内力包络图。

图4-16为在第1、2、3、4跨分别布置活荷载时，连续梁所形成的弯矩的包络图。实际结构的荷载分布所形成的包络图更为复杂。

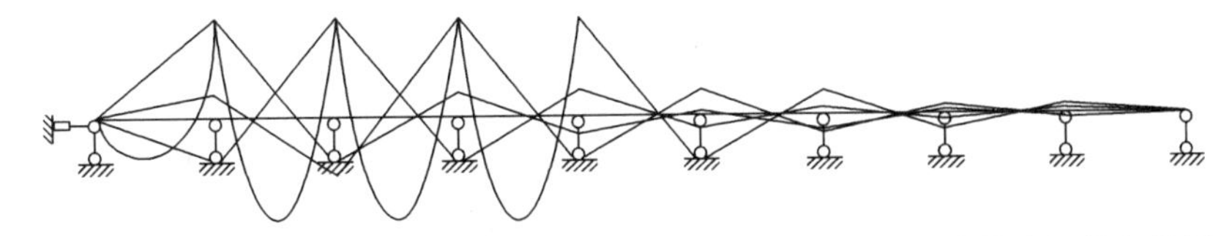

图4-16　在第1、2、3、4跨分别布置活荷载时，连续梁所形成的弯矩的包络图

包络图并非一种实际的内力图，而是各种可能的内力图的叠加，因而可以出现同一截面不同的受力状况——既有正弯矩，又有负弯矩。在包络图中可以确定某一截面所可能承担的最大正负内力值，进而可以求出该截面的最大应力，再根据该应力值进行截面的强度设计。

另外对于连续梁，考虑荷载的影响区域，一般取相邻5跨之内的荷载分布为有效荷载，在5跨之外的荷载分布为无效荷载——5跨之外所分布的荷载对于本跨的影响，可以在工程计算中忽略。

案例 4-1

第五节　建筑结构设计过程综述

一、建筑设计的一般程序

一栋建筑物从设计到施工落成，需要建筑师、结构工程师、设备工程师、施工工程师的通力合作。不论建设项目的规模大小、复杂程度，在设计程序方面一般都需要经过三个设计阶段，即初步设计、技术设计、施工图设计。

初步设计阶段——这主要是建筑师的工作，如建筑物的总体布置、平面组合方式、空间体型、建筑材料等，此时结构工程师要配合建筑师做出结构选型。

该阶段提出的图纸和文件主要有：建筑总平面图，包括建筑物的位置、标高，道路绿化以及地基设施的布置和说明；建筑物各层平面图、立面图、剖面图，并应说明结构方案、尺寸、材料；设计方案的构思说明书、结构方案及构造特点、主要技术经济指标；建筑设计造价估算书，包括主要建筑材料的控制数据。

技术设计阶段——该阶段的主要任务是在初步设计的基础上，确定建筑、结构、设备等专业的技术问题、技术设计的内容，各专业间相互提供资料、技术设计图纸和设计文件。建筑设计图纸中应标明与其他技术专业有关的详细尺寸，并编制建筑专业的技术条件说明书和概算书。

结构工程师要根据建筑的平立面构成、设备分布等做出结构布置的详细方案图，并进行力学计算。设备工程师也要提供相应的设备图纸及说明书。同时，各专业须共同研究协调，为编制施工图打下基础。

施工图设计阶段——这一过程的主要任务是在技术设计的基础上，深入了解材料供应、施工技术、设备等条件，做出可以具体指导施工过程的施工图纸，包括建筑、结构、设备等专业的全部施工图纸、工程说明书、结构计算书和设计预算书。

二、结构设计的一般过程

虽然不同材料的建筑结构各有特点，但设计的一般过程仍可归纳如下。

结构选型：在收集基本资料和数据（如地理位置、功能要求、荷载状况、地基承载力等）的基础上，选择结构方案——结构型式和结构承重体系。原则是满足建筑特点、使用功能的要求，受力合理，技术可行，并尽可能达到经济技术指标先进。对于有抗震设防要求的工程，要充分体现抗震概念设计思想。

结构布置：在选定结构方案的基础上，确定各结构构件之间的相互关系，初步定出结构的全部尺寸。确定结构布置也就确定了结构的计算简图，确定了各种荷载的传递路径。计算简图虽是对实际结构的简化，但应反映结构的主要特点及实际受力情况，以用于内力、位移的计算。所以，结构布置是否合理，将影响结构的性能。

确定材料和构件尺寸：按规范要求选定合适等级的材料，并按各项使用要求初步确定构件尺寸。结构构件的尺寸可用估算法或凭工程经验定出，也可参考有关手册，但应满足规范要求。

荷载计算：根据使用功能要求和工程所在地区的抗震设防等级确定永久荷载、可变荷载（楼、屋面活荷载，风荷载等）以及地震作用。

内力分析及组合：计算各种荷载下结构的内力，在此基础上进行内力组合。各种荷载同时出现的可能性是多样的，而且活荷载位置是可能变化的，因此结构承受的荷载以及相应的内力情况也是多样的，这些应该用内力组合来表达。内力组合即所述荷载效应组合，在其中求出截面的最不利内力组合值作为极限状态设计计算承载能力、变形、裂缝等的依据。

结构构件设计：采用不同结构材料的建筑结构，应按相应的设计规范计算结构构件控制截面的承载力，必要时应验算位移、变形、裂缝以及振动等的限值要求。所谓控制截面是指构件中内力最不利的截面、尺寸改变处的截面以及材料用量改变的截面等。

构造设计：各类建筑结构设计的相当一部分内容尚无法通过计算确定，可采取构造措施进行设计。大量工程实践经验表明，每项构造措施都有其作用原理和效果，因此构造设计是十分重要的设计工作。构造设计主要是根据结构布置和抗震设防要求确定结构整体及各部分的连接构造。

另外，在实际工作中，随着设计的不断细化，结构布置、材料选用、构件尺寸等都不可避免地要作调整。如果变化较大，应重新计算荷载和内力、内力组合以及承载力，验算正常使用极限状态的要求。

三、结构设计应完成的主要文件

结构设计计算书：结构设计计算书对结构计算简图的选取、荷载、内力分析方法和结果、结构构件控制截面计算等，都应有明确的说明。如果结构计算采用商业化计算机软件，应说明软件名称，并对计算结果作必要的校核。

结构设计施工图纸：所有设计结果，以施工图纸反映，包括结构、构件施工详图、节点构造、大样等，应标明选用材料、尺寸规格、各构件之间的相互关系、施工方法的特殊要求、采用的有关标准（或通用）图集编号等，要达到不作任何附加说明即可施工的要求。施工详图需全面符合设计规范要求，并便于施工。

第六节 小结

结构设计是一个循环的过程，在这个过程中，并非寻求唯一化的解决方案，而是对于前提假设求得合理的结果。“概念设计”是结构设计的基本理念与原则。

结构设计就是寻找结构的极限状态的过程。所谓结构设计的极限状态，是指结构在受力过程中存在某一特定的状态，当结构整体或其中的组成部分达到或超过该状态时，就不能够继续满足设计所确定的功能，此特定的状态就是该结构或部分的极限状态。

现代建筑的结构设计，设定了两个极限状态为设计的基准：承载力极限状态与正常使用极限状态。在设计中，两种极限状态都必须同时得到满足。

对于结构设计来讲，设计师至少要使其所设计的结构满足两个方面的基本要求：安全性与适用性。除此以外，结构设计者还必须考虑结构的耐久性。结构满足相对的功能要求的程度被称为结构的可靠度，常规建筑物的可靠度指标一般为95%。

我国根据建筑物的功能与破坏后的影响，将建筑物的重要程度分为三级。

结构保证其设计可靠度指标的时间期限——为确定可变荷载代表值而选用的时间参数，称为设计基准期，即在基准期内，结构的可靠度指标完全满足设计要求。或者从通俗的意义上讲，设计基准期也就是结构设计的保质期。

由荷载引起结构或结构构件的反应称为荷载效应，结构或构件抵抗各种力学作用与变形的能力等被称为结构抗力，结构特定的抗力要不小于荷载在结构上产生的特定荷载效应。

在实际结构的设计中，需要考虑一些特殊的问题，那就是实际结构可能同时承担多种不同的荷载作用，这些荷载作用可能相互加强，也可能相互削弱；荷载作用的位置也会有各种变化，不同的作用位置对于结构的影响也是不同的，也可能出现相互加强或相互削弱的情况，求得对于结构的最为不利的荷载状况。

结构的强度与刚度必须在各种条件下均要得到满足，这就要求设计者将各种受力分布条件下的内力图相互重叠——将各种荷载布置下的内力图绘制在同一结构上，从而得到各种荷载作用的内力图的外包络线——内力包络图。

一栋建筑物从设计到施工落成，在设计程序方面一般必须经过三个设计阶段，即初步设计、技术设计、施工图设计。

结构设计的一般过程仍可归纳如下：结构选型、结构布置、确定材料和构件尺寸、荷载计算、内力分析及组合、结构构件设计、构造设计。结构设计应完成的主要文件包括：结构设计计算书、结构设计施工图纸。

■ 关键概念

设计基准期　设计使用年限　结构设计的可靠度　承载力极限状态　正常使用极限状态　结构的可靠度　荷载效应　结构抗力　内力包络图

■ 复习思考题

1.什么是承载力极限状态？

2.什么是正常使用极限状态？

3.什么是结构的可靠度？

4.什么是设计基准期？

5.什么是荷载效应？

6.什么是结构抗力？

7.什么是最不利荷载组合？说明如何进行多种荷载的最不利荷载组合以及连续梁的最不利荷载组合。

8.什么是内力包络图？

第五章

混凝土结构体系与受力特点

□ 学习目标

本章着重阐述各种常见的混凝土建筑结构，要求学生掌握常见的各种混凝土建筑结构的力学特点、设计原理与关键环节。

第一节　建筑结构体系综述

结构是建筑的骨架，是建筑赖以生存的物质基础，不同的建筑功能，要求建筑采用不同的结构型式与体系。结构按其采用主要承重材料的不同，可以分为钢结构、木结构、砌体（砖石）结构及混凝土结构；结构按其组成结构单元的几何尺度与线、面、体的不同，又可分为杆件结构、薄壁结构和实体结构；按结构承荷传力的单向或多向的不同，可分为平面结构与空间结构。

小空间的低层与多层房屋建筑，多采用砖石混合的砌体建筑结构。因其空间不大，可采用钢、木、钢筋混凝土作楼（屋）盖，而用砖石作承重墙、柱。空间稍大、层数较多，尤其在地震区的多层和高层建筑多采用混凝土框架或钢框架、框架-剪力墙、剪力墙、筒体等结构体系。大空间的单层或多层房屋建筑，多采用中跨与大跨建筑结构，采用适用的建筑结构材料作梁、桁架、排架、拱、壳、折板、网架、网壳、悬索等结构体系及构件。大跨度结构在桥梁上的应用是很典型的，许多大跨度结构型式也同样被应用于建筑结构，如大型桁架、大跨度预应力梁、大跨度拱及悬索等。随着建筑材料和建筑技术的发展，越来越多的原来只局限于桥梁中使用的结构体系，在建筑结构中也得到了广泛的使用。因此，选择什么样的建筑结构体系，需要根据建筑的实际情况、综合性要求等来确定。

案例 5-1

案例 5-2

案例 5-3

从宏观上看，跨度与高度是选择建筑结构体系的重要依据，由于跨度与高度的变化，建筑结构型式会产生较大的差异。然而，在同样的跨度与高度前提下，不意味着只存在某一种可以选择的建筑结构型式，选择适宜的结构体系需要考虑多方面的因素，如适用功能、美观效果、耐久性及经济性等多方面的因素。

现代的建筑趋于高度更高、跨度更大，因而结构的重要性愈发突出。许多经典的现代建筑是以其雄伟、壮观的建筑结构体系而著称的，如巴黎的埃菲尔铁塔、北京的“鸟巢”、中国香港的中国银行大厦等，这些建筑已经成为当地的主要标志之一。随着现代建筑设计理念的发展，那种以雄伟的几何构图与造型所形成的力量美感越来越深入人心，谁能说金门大桥所体现出的力学原理，不是美学的构图呢？

经济性与效率是现代建筑结构设计的关键问题之一，也是价值工程的焦点，即以较少的投入，获得较高的产出。在进行建筑结构设计时，结构工程师应该根据建筑师对于建筑空间的要求，尽量以最简洁的结构体系与结构材料满足其要求，这就要求结构工程师能够精准地掌握力学、材料以及施工工艺等多方面的理论知识与技术，才能很好地实现建筑建设的目标。

一、结构的经济性

在满足规范所要求的结构坚固与安全的前提下，结构工程师应该全面综合考虑建筑物在施工与使用期间所有一切因素所产生的经济效果。很难设想，一个不经济的建筑结构方案能称得上是一个好的结构设计。也就是说，选择恰当的结构体系与构件尺度，是体现结构工程师专业水准的重要标志。

知识拓展 5-1

建筑物的经济性通常包括下列三个方面：

首先，建筑物的经济性体现在建筑物的静态成本，即通常人们所认为的经济性的概念。虽然建筑物的成本费用，会随着时间、地点，以及建材生产与施工技术水平而不断变化，但在一定的时期与范围内，这些费用是相对固定的。建筑物的静态成本，主要包括土建费用与建筑设备费用。它们与生产水平、施工技术及劳动效率等因素密切相关。通常情况下，发达国家由于其工业化程度较高，建筑结构材料的价格普遍低于劳动力的价格，因此采用预制装配化程度高的钢结构、预应力混凝土结构，具有较好的经济性。与此相比，发展中国家劳动力的价格普遍低于建筑结构材料的价格，故更倾向于大量使用人力与小型机具进行施工，多采用砖石砌体与钢筋混凝土结构。当然建筑结构的造价也会受到其他因素的影响，如抗震、防火等。另外，造价也受建筑、结构及设备等方面的影响，不能专注于降低某一方面的造价，而不顾其他方面的造价。

其次，建筑物的经济性体现在建筑物的动态成本上，即建筑物投入使用后，为保证其适用功能而进行的维护及修缮等费用。在现实的建筑工程界中，为了节省一次投资而造成长期维修成本高昂，或者造成其他连续性问题的工程案例不乏先例，应该尽量避免。建筑结构的维修成本通常包括建筑构造与结构的维护费（如露面钢材需要除锈、刷漆等的保养与维修费）和保持正常使用环境（如采光、空调等）的能源与材料消耗费用。此外，动态成本还包括早日竣工投产、收回投资、加速资金周转等因素。

最后，建筑物的经济性还体现在建筑物的广义成本上，即由于建筑物所产生的社会与环境问题及其成本。虽然建筑物的建设成本问题并不是大多数结构设计者职责中必须考虑的，对这个问题的考量属于投资决策问题的范畴，但在某些建筑工程的特殊问题上，结构工程师的选择是极其关键的。例如，在桥梁设计中桥面高度的选择问题上，若选择较高的桥面高度会造成工程的投资大量增加，而选择较低矮的桥面高度虽然工程建设成本相对低廉，但却会限制某些大型船只在桥下的通行，造成运输障碍，可能使某些港口资源不能被充分利用。目前我国许多海湾谋求建设跨海大桥，桥面的高度控制就是一个典型的建筑结构-社会效益问题。

此外，建筑结构本身的投资也是一个复杂的问题。例如，当前在结构方案选择中对于钢结构与混凝土结构的比选，尤其突出。这类建筑结构的投资方案比较并非一个简单、静态和孤立的过程，唯一的答案是不存在的，不同的建筑所处的情况与环境不同，结论也大相径庭。一个成熟的设计师需要在直接的建筑材料成本、施工工艺成本、空间使用效率、建筑设备的协调、维修维护的费用以及意外事件的安全性，甚至拆除成本与回收价值等多个方面来探讨结构方案的选择问题。

二、结构的效率

建筑结构最直接的目的是形成人工环境的空间体系。由此，结构构件以各种不同方式跨越空间，靠静力平衡来抗衡荷载并传递荷载，最终将力传至基础和地基上，这也是建筑结构设计的最基本任务。所谓结构的效率，是指结构所固有的合理性，即结构对于其所承接荷载进行传递时的简洁性、实用性与可靠性。

简洁有效的传力体系是结构设计的目标，为了取得较高的承载效率，应做到以下两个方面：一是提高结构传力的效率，即在建筑结构中，荷载应尽可能以最短的路线取得平衡并被传递到地基。二是保证结构材料的效率，即结构材料应尽量发挥其最大的强度潜力，以抗衡荷载。结构设计就是遵循着这些内在而必然的客观规律向前发展并不断进步的，这是推动结构发展的内在规律，这些规律的核心是如何运用结构材料，即提高并发挥结构材料的最大效率。

1.结构的传力效率

人们在长期的实践中不断积累经验，总结出一条关于结构基本原理的“窍门”：传力尽量不走“弯路”，即结构上荷载的最佳传递路径，是能直接被支座反力平衡的。也就是说，若从荷载作用点通过结构构件、支座到达地基的传力路线越短，则结构的构件用料越少、结构自重越

知识拓展 5-2

轻，经济效益也会越好。由此出发，人们寻求并探索更经济合理的结构型式。

根据结构承载的传力路线长短，通常采用三种平衡方式：直接平衡、间接平衡和迂回平衡。

第一，直接平衡。二力平衡是最典型的直接平衡，也是最短、最直接的平衡方式。

例如，在轴心受压柱中，荷载直接沿柱轴线以最简单直接及最短的途径传入地基，达到平衡。从理论上来说，严格按照力的最短途径来确定构件形式是最经济的方式，但在实际的建筑中却很难在所有的构件中全部实现，更经常以间接甚至迂回平衡方式实现。而力的间接或迂回传递，就意味着降低效率，可能需要付出提高造价的代价。

第二，间接平衡。间接平衡是指通过间接的方式将荷载传递至支座上，虽非直接平衡，却是最接近直接平衡的传力方式。

拱结构和索结构，就是非常典型的间接平衡方式。拱结构是古老的结构型式之一，它依靠合理拱轴，将荷载转化为轴向压力，使用受压材料形成较大的跨度，因此古代的桥梁多数采用拱结构。然而，拱结构由于受压杆件特定的失稳效应影响，会使得拱结构很难做得轻巧。在这方面，索结构具有特殊的优势，索结构以受拉索作为其主要构件，摆脱了受压失稳的可能性。然而，拱与索结构的主要问题在于该结构类型难以形成较为平坦的屋面结构，因此这种结构型式很难形成多层建筑结构。如果需要形成多层建筑结构，应该选择表面平整的跨度空间，而梁是表面平整的多层建筑结构最佳的选择之一。

第三，迂回平衡。直线的梁是典型的迂回平衡结构，它依靠受弯来形成跨度空间。

由于弯矩的作用，在梁的截面内会产生两种相反的应力，因此截面内材料的利用率是较低的。为了在梁的下部获得建筑物的使用空间，梁两端必须支于柱或墙上才能构成房屋的使用空间，因此梁柱结构是承载与传力方式中路线比较迂回，且效率相对不高的结构。

2.结构的材料效率

结构材料在使用中应发挥其最大的强度潜力。以结构材料本身所能承担的最理想方式、最大的应力作用来设计结构体系的内力，是最能发挥结构材料效率的理想状态。这可以从选材适宜、内力及应力均匀等方面考虑。

首先，选材适宜。各种结构材料的受力特性是不同的。例如，混凝土材料耐压性好，钢材虽然兼具良好的受拉和受压性能，但用作受拉材料更为经济适用，钢筋混凝土就是典型的结合二者长处的结构材料。结构材料应依据结构的受力状态进行选择，发挥材料的长处，避开材料的弱点。例如，利用混凝土、砖石砌体材料建造较大跨度的拱式结构，利用高强钢丝建造大跨度的悬索结构等，均为选材适宜的范例。

其次，内力及应力均匀。一般情况下，结构构件的截面尺寸（如构件截面尺寸的大小、构件形式等）是依据内力的最危险截面、应力最危险点来确定的。因此，内力与应力在结构构件的内部分布均匀，则结构的效率较高。

在实际的建筑结构工程中，提高结构构件材料使用效率的方式，主要有以下几种：

第一，依据材料的力学性能和力学原理，选择并优化使用结构材料，使材料能够充分发挥其性能优势，避免或克服其性能劣势。

工程中各种建筑材料的力学性能各不相同，有的抗拉性能良好，有的抗压性能优异。例如，在常用的建筑材料中，混凝土和砖石砌体的抗压性能良好，而抗拉性能却很差，其中混凝土的抗拉强度只有其抗压强度的1/10左右；而钢材的抗拉和抗压性能都很好。因此，应根据结构的受力特点选择材料，扬长避短，钢筋混凝土就是典型的例子。在钢筋混凝土结构中，钢筋的作用不仅仅体现在受拉区承担拉力，同时还提高了混凝土构件的整体性，限制与延缓混凝土裂缝的出现与开展等。而劲性混凝土（又称型钢混凝土、钢骨混凝土）、钢管混凝土更是将钢材与混凝土的组合性能发挥至极限，大大地提高了混凝土的延性，使结构的抗震性显著加强。由此，现代建筑材料的基本使用方式之一——钢材与混凝土的组合使用，是提高结构构件材料使用效率优选的结果。

对于一般的建筑结构材料来说，其要求是轻质、高强，并具有一定的可塑性，且便于加工。而在大跨度结构中，恒荷载几乎达到其所承受全部荷载的80%，因此在大跨度建筑和高层建筑中，采用轻质、高强的结构材料更具意义。

第二，提高受弯构件的抗弯刚度，是保证材料使用效率的基本手段之一。

轴心受力构件在受力过程中，其截面的应力是均匀分布的，因此构件中的材料强度能够得到充分的发挥。而受弯构件在受力过程中，其截面的应力分布是不均匀的。通常情况下，受弯构件是上部受压而下部受拉的，此时除了上下边缘达到强度指标外，中间部分材料没有得到充分发挥（详见图5-1）。

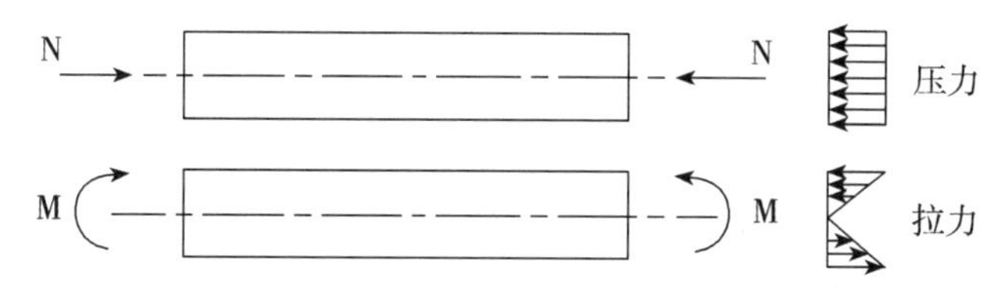

图5-1　轴力与弯矩作用下的截面弯矩

对于受弯构件的抗弯刚度EI来说，E是结构材料的弹性模量，I是截面的惯性矩。截面惯性矩I是截面的几何特征，可以在截面面积不变（即材料用量不变）的前提下采取适宜的方式将其提高。具体的方法是：将受弯构件中间部分的材料减少到最低限度，把它集中到上下边缘，获取较大的截面惯性矩。以承受均布荷载的简支梁为例，在梁的截面面积和截面高度不变的前提下，将矩形截面改变为工字形截面，则受力更为合理，从而提高了材料的使用效率。一般情况下，建筑结构中大量的构件是受弯构件，因此，提高受弯构件的抗弯刚度是保证材料使用效率的基本手段之一。

第三，合理采用格构式构件或结构，提高材料使用效率。将结构（或构件）中效率较低、应力较小的部分去除，并将其补充到效率较高的部位上，通常称之为格构化。

以上述承受均布荷载的简支梁为例，可以再进一步变化，将梁中部的材料挖去，形成三角形的孔洞，于是矩形截面梁就变成了桁架结构，即形成一种格构化的梁式结构。桁架梁的上弦受压，下弦受拉，它们组成力偶来抵抗弯矩，桁架梁的腹杆以所承受轴力的竖向分量来抵抗剪力。因此，桁架梁比矩形截面梁更能发挥材料的力学性能。

此外，均布荷载作用下的桁架梁的弯矩图呈折线形（接近抛曲线），跨中最大，两端为零；而平行弦桁架各个杆件的内力不等，并非每根杆件的材料强度都能得到充分的发挥，若此时将桁架的外轮廓线设计成与弯矩图的形状类似（如折弦桁架等），会使桁架的受力更加合理。因此，在设计中应该力求使结构型式与内力图一致（如图5-2所示）。

图5-2　格构式结构的受力效果

然而，构件的合理性也具有相对性，受力合理只是其中的一个方面。虽然矩形截面梁从受力合理性来看存在受力不合理的一面，但它外形简单、制作方便，又有其合理的一面。在小跨度结构或构件的范围内，矩形截面梁仍是广泛应用的构件形式之一。

梁、刚架、拱、索是最基本的四种结构型式，各类结构各有自己的跨度适用范围。一般情况下，应用最广、最常见的，也最基本的梁多用于小跨度结构；用于中等跨度的梁应与柱刚接形成刚架结构；索常用于大跨度结构；而拱结构，由于它宜于用砖、石和混凝土等耐压材料构筑，故应用范围较广，可用于小跨度、中等跨度以至大跨度结构。因此，选用结构材料和结构型式要根据建筑的要求、材料供应、允许的造价和施工条件等综合考虑。

第四，结构型式的优选组合，也是提高结构构件材料的使用效率的方式。这种工程实例很多，其中美国雷里竞技馆（Raleigh，1953）的结构体系就应该值得称颂（如图5-3所示）。它是悬索结构和拱式结构的组合，是世界最早的双曲抛物面悬索屋盖。屋盖采用悬索结构，悬索的拉力传到两个交叉的钢筋混凝土斜拱上，斜拱受压。这个建筑不仅受力合理，形成了自平衡体系，而且索拱的材料强度得到充分发挥，基础很小，施工方便，造型也很美观。斜拱的周边以间距2.4m的钢柱支撑，立柱兼做门窗的竖框，形成了节奏感很强的建筑风格。雷里竞技馆被认为是世界上第一座优秀的大跨度索网结构屋盖建筑，开创了现代建筑索结构的历史。

案例5-4

a.立面图

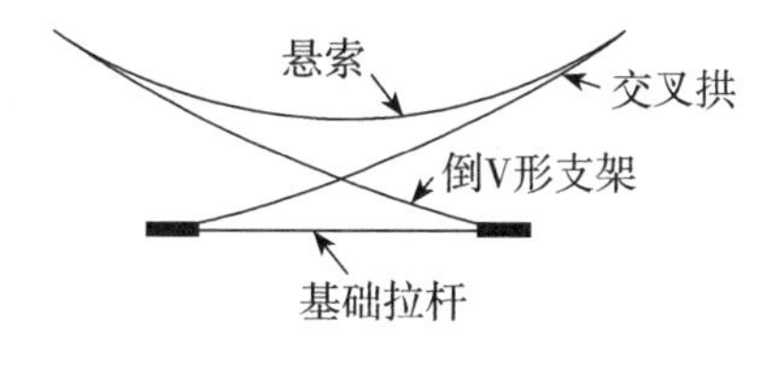

b.受力示意图

图5-3　美国雷里竞技馆

三、结构构件的形式

根据材料的使用状况与优化原则，根据结构的构成，构件的形式与作用也不同。

1.线形构件

具有较大长细比的细长构件，被称为线形构件或线构件。当它不是作为一个独立构件承受荷载，而是作为某种构件（如框架、桁架或支撑）中的一个组成部分时，被称为杆件。

杆件是最常见的结构构件，当它作为框架中的柱或梁使用时，主要承受弯矩、剪力和轴力，其变形中的最主要部分是垂直于杆轴方向的弯曲变形；当它作为桁架或支撑中的弦杆和腹杆使用时，则主要承受轴向压力或拉力，轴向压缩或轴向拉伸是其变形的主要部分。

2.平面构件

具有较大宽厚比的片状构件，被称为平面构件或面构件，楼板与墙是典型的平面构件。

当楼板在使用中承受平面内弯矩时，根据其支座的支承状况及长短边的边长比不同，可以表现为空间受力体系的双向板，也能表现为可以简化为梁的单向板。当楼板在使用中承受平面外弯矩时，其巨大的刚度还可以协调整体结构的受力状况。结构中的墙体在其使用时，不仅承受着竖向的压力，如墙体的自重、上层结构传来的竖向荷载等，而且还承受着沿其平面作用的水平剪力和弯矩，弯曲变形和剪切变形是墙体侧移的主要部分。

3.立体构件

由线构件或面构件组成的具有较大横截面尺寸和较小壁厚的空间受力构件，被称为立体构件，或空间构件。筒是典型的立体构件。在高层建筑结构中，立体构件作为竖向筒体使用时，主要承受倾覆力矩、水平剪力和扭转力矩。与线构件和面构件相比，立体构件除了具有较大的抗推刚度之外，还具有较大的抗扭刚度，在水平荷载作用下所产生的侧移值较小，因此特别适用于高层建筑和超高层建筑结构。立体构件是框筒体系、筒中筒体系、框筒束体系、支撑框筒体系、大型支撑筒体系和巨型框架体系中的基本构件。

第二节　结构概念设计

结构设计是一项复杂的工作。结构的力学计算仅是对结构的计算模型与荷载简化的分析，而简化后的计算模型与实际结构的受力状况相比，存在大量被忽略和简化的内容。因此，结构工程师在进行结构设计时，不能简单地依靠力学计算，更不能过分依赖计算机程序的计算结果，而应该根据力学与结构的基本概念，把握结构设计中宏观的结构体系与概念原则。这种宏观的结构体系与概念原则，即结构设计中所体现的概念设计原则，而对于结构的抗震设计，概念原则更为重要。

在结构设计与选型时，概念设计是对结构的破坏方式、整体性、刚度、结构与地基的关系等方面进行宏观的、多方面的考虑，根据建筑物的功能性要求，选择恰当的结构型式、传力路径及破坏模式等。其中，选择简洁、合理的传力路径，是结构设计者的基本工作。

一、概念之一：结构的破坏方式——延性与脆性

结构与构件破坏方式的确定，是在结构设计之初就需要明确的问题，而结构的延性破坏是工程师们的首选。所谓延性破坏，是指材料、构件或结构具有在破坏前发生较大变形并保持其承载力的能力。延性破坏的宏观表现是：挠度、倾斜及裂缝等具有明显破坏先兆的破坏模式，能够提供一定的预警。更为重要的是，尽管结构（或构件）出现了明显的破坏征兆，但延性材料、结构或构件仍然能够保持一定的承载力，可以为预警提供一定的时间延迟。

延性破坏的这种性能对于建筑物是十分重要的，其真正的意义在于以下几方面：

首先，延性破坏具有破坏先兆与示警作用。历史上发生的重特大建筑事故大多属于脆性破坏，而建筑物在破坏之前的明显征兆可以提醒人们及时撤离现场或进行补救。在实际中，完全不能破坏的材料是不存在的，因此，材料在破坏之前的示警作用对于建筑物来讲就十分重要了。

其次，延性材料或结构的延性不仅仅体现在变形上，还体现在破坏的时间延迟上。也就是说，在材料（或结构）承载力不降低或不明显降低的前提下，产生较大的、明显的变形，即发生屈服现象。这种破坏的延迟效应，可以为逃生或者建筑物的修补提供宝贵的时间。

最后，延性材料与结构所产生的变形能力，对于动荷载的作用也可以表现出良好的工作性能，这良好的工作性能对于结构的抗震是十分关键的。例如，对于结构抗力最严重的考验之一就是抗震，地震由于它的不确定性、突然性和破坏性会使得结构工程师不得不全力以赴。在强烈地震的作用下，工程结构有效的办法是发挥结构的延性，以延性结构所发生的宏观与微观的变形，降低受力反应，储存大量的能量，以柔克刚，避免发生破坏。也就是说，改善结构的延性，是结构抗震设计的核心问题。

构件或连接的良好延性能力可显著耗散能量，因此是减少结构发生连续性破坏的重要能力特征。适当的延性对提高结构的整体承载力具有显著的影响。必要的延性是充分发挥结构内部冗余潜力的重要条件。当然，延性的概念并不能完全脱离强度概念而作简单的评价。当构件或连接的强度过低时，延性能力并不能避免发生局部断裂或严重破坏的可能。

脆性是与延性相对应的破坏性质。脆性材料或构件、结构在破坏前几乎没有变形能力，在宏观上则表现为突然性的断裂、失稳或坍塌等。应引起我们注意的是，虽然有些脆性材料可能具有较高的强度，采用脆性材料或构件、结构可能具有较大的承载力，但由于这种脆性材料没有破坏征兆或破坏征兆不明显，在工程应用时应该慎重选择。

在进行结构设计时，实现延性与防止脆性的方法并不复杂，一般应遵循以下原则：

第一，尽量选择延性材料作为建筑的结构材料。钢材是很好的延性材料，这在结构材料选择的章节中已经探讨过。以往钢结构多用于高层、大跨度建筑以及承担动荷载的建筑结构中，随着科学技术的发展，钢结构住宅也已经开始逐步推广使用。

第二，对于某些脆性材料，可以加入延性材料形成混合结构材料，以改善脆性材料的不良性能，使混合结构材料能够具有延性材料的破坏特征。最为典型的例子是钢筋混凝土、劲性混凝土与钢管混凝土等结构材料的应用。实践证明，经过加入钢材改良后的混合材料，即钢材和混凝土形成的混合结构材料，可以在建筑中大量使用，并且体现出很好的延性。

第三，在结构中避免出现细长结构杆件、薄壁构件等，以防止失稳破坏现象的发生。失稳破坏是由于结构或构件的尺度关系造成的破坏形式，一般与结构材料本身的性能关系不大。也就是说，采用延性材料的结构并不一定是延性结构。失稳问题的存在，会使得轻质高强的材料在使用时若稍有不慎，就可能发生意外。调查表明，钢结构建筑由于自身材料受力屈服而发生破坏是很少的，钢结构发生破坏的现象大多是由于其失稳造成的。

第四，对于不适宜用延性材料改良的脆性材料，在建筑结构使用时应该慎重。在建筑结构中使用比较多的脆性材料是砖石材料，砖石结构经过长期的工程实践，其适用范围、结构模式是相对确定的。在选用砖石作为结构材料时，不宜采用新型结构型式，同时应该注意增大脆性材料的安全系数。

二、概念之二：结构的整体性——形体与刚度

知识拓展5-3

结构的整体性，是指结构在荷载的作用下所体现出来的整体协调能力与保持整体受力能力的性能。结构在荷载的作用下，只有保持其整体性，才可以称之为结构。整体性与结构的整体形状、刚度的相关度较大。

1.结构的形体设计

结构的形体设计是指建筑物的平面、立面形状以及形状的形成设计。对于结构的形体来说，在简单的垂直力（尤其是重力）的作用下，除了倒锥形的建筑结构形体之外，不同的形体并没有多大的差异。但是对于侧向力的反应，不同的形体却大不相同。

随着建筑物的增高，如何抵抗侧向力，将会逐渐成为结构设计的主要问题。从力学的基本原理来看，简单的、各方向尺度均衡的平面形状更有利于对侧向力的抵抗，而复杂的平面对此是不利的，因此应该尽量将建筑的平面形状设计成简单的平面或者由简单的平面组合而成。

结构最好的竖向结构模式是上小下大的金字塔形，可以有效地降低重心，增加建筑的稳定性，减少高处风荷载的作用。结构立面的形状与组合，关系到结构不同层间的侧向力传递。简单地说，简洁的、各方向尺度比较均衡的竖向形状是有利的。不规则的立面、过于高耸的结构、突然变化的形式等，对于抗震与受力都是不利的（如图5-4所示）。

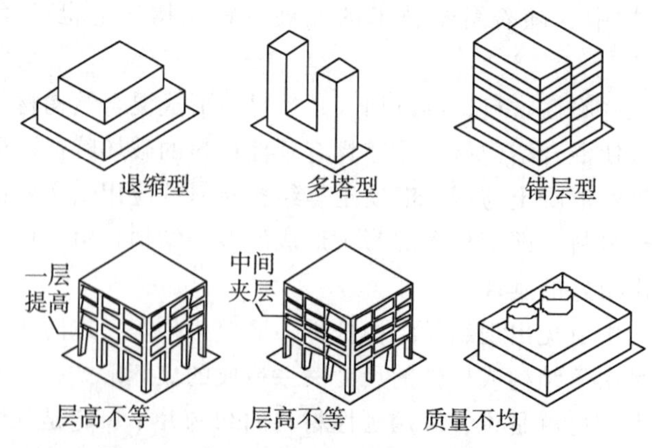

图5-4 对抗震与受力不利的建筑立面形态

建筑物高度与宽度的比例在结构的形体设计中也是十分重要的。超出高宽比限

值的高耸结构对结构整体是非常不利的，它在侧向作用下可能会产生较大的变形（或晃动）导致影响建筑物的使用，甚至发生破坏。因此，对建筑物高宽比例相关的规范（《高层建筑混凝土结构技术规程》JGJ3-2010）已有限定（见表5-1、表5-2）。

表5-1　**钢筋混凝土结构高层建筑结构适用的最大高宽比**

结构体系	非抗震设计	抗震设防烈度		
		6度、7度	8度	9度
框架	5	4	3	—
板柱-剪力墙	6	5	4	—
框架-剪力墙、剪力墙	7	6	5	4
框架-核心筒	8	7	6	4
筒中筒	8	8	7	5

表5-2　**钢结构高层建筑的高宽比限值**

结构类型	结构体系	非抗震设计	抗震设防烈度		
			6度、7度	8度	9度
钢结构	框架	5	5	4	3
	框架-支撑（剪力墙）	6	6	5	4
	各类筒体	6.5	6	5	5
有混凝土剪力墙的钢结构	钢框架-混凝土剪力墙	5	5	4	4
	钢框架-混凝土核心筒	5	5	4	4
	钢框筒-混凝土核心筒	6	5	5	4

除了竖向构成以外，结构平面布置必须考虑有利于抵抗水平和竖向荷载，受力明确，传力直接，尽量均匀对称，减少扭转的影响。在地震作用下，建筑平面力求简单、规则；在风荷载作用下，则可适当放宽。1976年7月28日唐山地震中，很多L形平面和其他不规则平面的建筑物因扭转而破坏。1985年9月墨西哥城地震中，相当多的框架结构由于平面不规则、不对称而产生扭转破坏。

在进行结构平面布置时，应该注意以下几点：

第一，平面布置力求简单、规则、对称，避免出现应力集中的凹角和狭长的缩颈部位；尽量不要在凹角和端部设置楼梯间及电梯间。建筑平面的长宽比不宜过大，L/B一般宜小于6，以避免两端相距太远、震动不同步，或由于复杂的振动形态而使结构受到损害。为了保证楼板在平面内具有很大的刚度，防止建筑物各部分之间振动的不同步，应尽可能减小建筑平面的外伸段长度。此外，由于在建筑平面的凹角附近，楼板容易产生应力集中，因此需要格外加强此位置的楼板配筋。

第二，结构平面的刚度中心与几何中心应尽可能重合，对于楼梯、电梯间，避免偏置，以免产生或减小扭转效应的影响。

第三，对于一些不规则的平面建筑形态的结构型式，使用时应尽量避免或慎重选择（如图5-5所示）。对由于功能设计而导致的特殊平面图形，应该考虑设置结构缝，即将复杂的结构分解成为若干个简单的结构单元（尽量以矩形结构单元为主），以利于结构的受力。

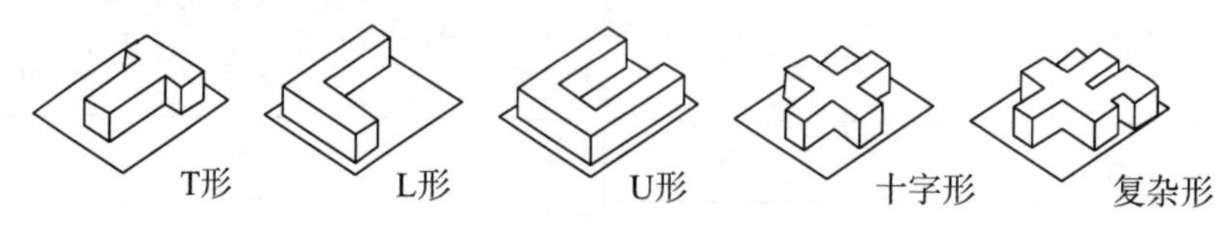

图5-5 不规则平面建筑形态

在建筑物的形体设计中，除了考虑抗震设计的因素之外，建筑物的抗风设计也是非常典型的影响因素，尤其是针对高层建筑、超高层建筑。

一般情况下，建筑物的形体是产生不同效果的风荷载的重要原因之一，因此建筑物的抗风设计的关键在于对建筑形体的选择。此时，应该尽量选择对空气的流动产生阻力小的建筑形体，也就是平常所说的流线型形体。流线型的平面与立面形体更有利于风的通过，因而风力对建筑物总体的作用较弱。但也正是由于这种有利于风顺利通过的效应，使得建筑物周边的风速加大，因此可能会导致建筑物的围护结构所承担的负压作用加强。

具体来说，建筑物抗风的形体设计包括以下几方面的内容：平面几何形体、平面长度方向与主导风向的关系、立面几何形体与表面状态等。

选择周边棱角较少的平面几何形体，是抗风设计的第一步。一般来说，圆形、椭圆形等形状对风的阻力最小，但是这类形状不利于建筑物的平面功能的实现，因此需要认真考量建筑物的功能选择采用。在多数情况下，建筑物多采用矩形平面，并可以对矩形平面进行适当的抗风处理。例如，可以对矩形平面的四个边角进行削切处理，使得矩形平面的边角突出部分不明显，可以大大削减对风的阻力。对于建筑物表面，整体表面材质光滑、无棱角或突出的部分，也可以有效地减少迎风面所受的风力作用，这也是高层建筑经常采用玻璃幕墙的原因之一。

建筑物平面长度方向的选择也是十分重要的因素之一，如果建筑物呈细长的平面形状，就犹如一堵墙挡住了气流的流动，从而引起较大的风荷载作用。如果该建筑物的长度方向与建筑物所在地区的主导风向垂直，那么则会加剧不利的荷载状态。因此，对于在平面功能设计上需要细长平面的建筑物，其长度方向应尽可能与当地的主导风向平行，以减小风荷载的作用。

对于建筑物的立面形体，从理论上来说，金字塔形的建筑物是最为理想的抗风形体。这类形体不仅缩减了顶部的侧向尺度，减小了高处风荷载区域的作用面积，还降低了建筑物的重心，使其更加稳定，同时塔形建筑物的侧面斜向构件能够将顶部荷载更好地传向基础，如旧金山泛美大厦（如图5-6所示）。然而，塔形建筑物的有效使用面积会有所降低，经济性较差，因此采用这类设计方案的建筑物并不多见。在工程实践中，很多建筑物采用在建筑物顶部设置镂空的过风孔洞等方法，以减小风力的作用，如上海中心、上海环球金融中心、金茂大厦等（如图5-7所示）。

图5-6　旧金山泛美大厦

图5-7　上海中心、上海环球金融中心、金茂大厦

在建筑物的立面选择上，尽量不要将建筑物设计成高耸结构或在建筑物顶部设立高耸的支架、天线及塔桅等。这是由于高耸物在风荷载的随机作用下会产生不规则的风振效应，这类震颤可能会导致材料的疲劳破坏。因此，在进行高耸建筑物设计的时候需要充分考量这个问题。

此外，建筑物的抗风设计要求在选择结构材料时，应尽可能选择重度较大的材料与构件，以提高结构的惯性与稳定性。这样做不仅可以有效减小风荷载所产生的震颤，还可以防止或减小风荷载所产生的负压作用。

2.建筑物的刚度问题

刚度是满足结构正常使用的基本要求，刚度不满足要求的结构在使用上是没有意义的，因此在某种程度上可以说，刚度设计是结构设计的基本工作。建筑物保持其刚度是十分重要的，只有保持其形体与构件之间的几何关系，结构的计算理论与分析理论才是有效的。

结构刚度分为构件的刚度与结构的整体刚度两类。构件刚度主要是梁式构件对于竖向荷载的变形反应，属于局部问题；结构的整体刚度则是整体结构在侧向力作用下的变形反应，是结构设计的关键问题，尤其是对于风、地震等特殊荷载的作用，更应引起重视。

随着社会的发展和科技的进步，高层建筑物也得到了迅猛的发展，侧向作用逐步成为影响高层建筑物的主要影响因素，因此对结构的抗侧移刚度要求越来越高。在建筑物的刚度分布中最为重要的是均衡，建筑平面内的均衡与竖向的均衡可以有效地避免由于刚度剧烈变化而形成的应力集中。例如，下列结构型式的刚度是不连续的，使用时应慎重（如图5-8所示）。

侧向刚度变化的建筑：

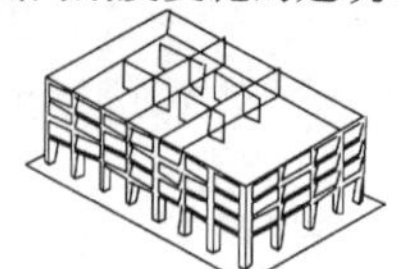

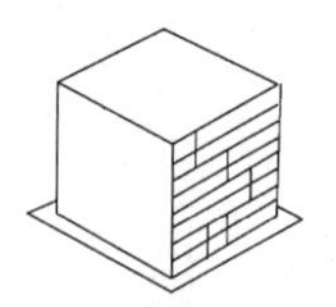

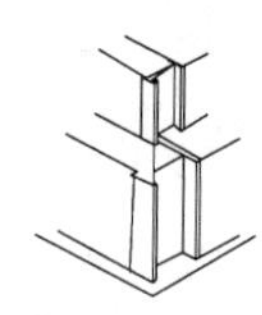

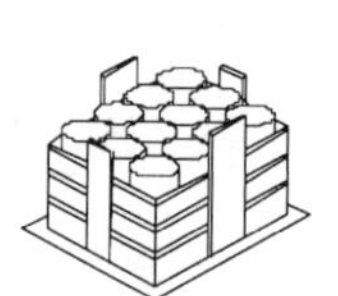

抵抗侧向力的结构布置不当：

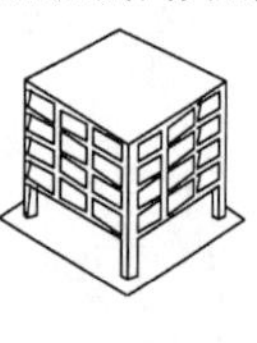

剪力墙开洞

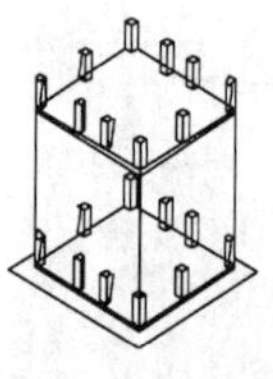

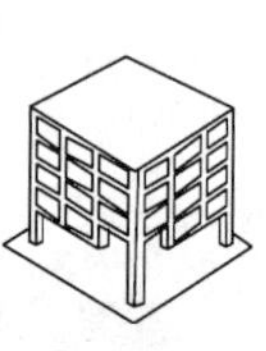
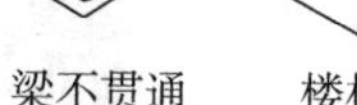

图5-8 刚度不连续的结构型式

由于特殊原因，尤其是现代高层建筑向多功能和综合用途发展，实际结构中会出现上下结构体系不同的情况。例如，在高层建筑的同一竖直线上，顶部楼层布置住宅、旅馆，中部楼层设置办公用房，下部楼层用作商店、餐馆和文化娱乐设施等，而不同用途的楼层，需要大小不同的开间，采用不同的结构型式。也就是说，在建筑要求上，建筑顶部需要小开间的布置、较多的墙体，建筑中部办公用房需要中等大小的室内空间，而建筑下部的公共用房部分，则需要较大的自由灵活空间，柱网尺寸尽量大而墙尽量少。这些建筑的功能性要求与结构的合理性及自然布置的条件正好相反。从结构的合理性来看，建筑结构的下部楼层受力大，因此要求建筑结构下部刚度大、墙体多、柱网密，到上部逐步减少墙体数量、柱网密度。为了满足建筑功能的要求，结构需要以与结构合理性相反的方式布置，即建筑上部小空间，布置刚度大的剪力墙；建筑下部大空间，布置刚度小的框架柱。为了满足上述要求，通常采取设置结构转换层的方法，即在上、下部结构转换的楼层设置刚度较大的转换层，将上部结构的侧向荷载较为均匀地传递至下部抗侧向力的结构上。

转换层可以采用多种结构型式。当内部要形成大空间时，可以采用梁式、桁架式、空腹桁架式、箱形和板式转换层；当框筒结构在底层要形成大的入口时，可以有多种转换层形式的选择，如梁式、桁架式、墙式、合柱式和拱式等。目前，我国用得最多的是梁式转换层，主要原因在于其设计和施工简单，受力明确，一般用于底部大空间剪力墙结构。当上下柱网、轴线错开较多，难以用梁直接承托时，可以做成厚板或箱形转换层，但其自重较大，材料耗用较多，计算分析也比较复杂。

三、概念之三：结构与地基的关系

1.场地的选择

建筑物所在的场地是影响建筑安全的重要因素之一，不同的场地类别（见表5-3）适用于不同的结构型式。通常情况下，坚硬、平整的场地对于建筑物来说是有利的，而软弱、易损的场地是不利的。对于不利的建设场地，最好的方式是避开，重新选择有利的场地。而当重新选择有利的场地遇到困难或难以避开不利的场地时，就需要对不利的场地进行适当的地基处理。

表5-3 **有利、一般、不利和危险场地的划分**

场地类别	地质、地形、地貌
有利场地	稳定基岩，坚硬土，开阔、平坦、密实、均匀的中硬土等
一般地段	不属于有利、不利和危险的地段
不利场地	软弱土，液化土，条状突出的山嘴，高耸孤立的山丘，陡坡、陡坎，河岸和边坡的边缘，平面分布上成因、岩性、状态明显不均匀的土层（如故河道、疏松的断层破碎带、暗埋的塘浜沟谷和半填半挖地基）高含水量的可塑黄土，地表存在结构性裂缝等
危险场地	地震时可能发生滑坡、崩塌、地陷、地裂、泥石流等及发震断裂带上可能发生地表位错的部位

第一，单一性的土层、岩层对建筑结构抗震是有利的，对于结构设计者来说，分布均匀、走势平缓的岩层或土层是适宜选择的地基。对于以土层为主的地基，此要求较易保证，但对于以岩石为主的场地，却不易保证。

第二，场地的震动频率应与建筑物的自振频率错开。地震时的共振是造成建筑结构破坏的重要原因之一，避免共振可以有效地减少结构破坏。因此，在进行高层建筑设计时，首先需要预计地震引起的建筑所在场地的地震动卓越周期①；其次，在进行建筑方案设计时，通过改变房屋层数、结构类别和结构体系等手段，尽量扩

① 又称地震动主导周期，一个地区的地震动卓越周期，是地震机制、震源特性、传播介质和该地区场地条件的综合性产物。

大建筑物基本周期与地震动卓越周期之间的差距，从而满足场地震动频率应与建筑自振频率错开的要求。

经验证明，高层建筑结构基本周期的长短，与其层数或高度成正比，并与所采用的结构类别和结构体系密切相关。就结构类别而言，钢结构的周期最长，钢筋混凝土结构次之，而砌体结构最短。就结构体系而言，框架结构体系周期最长，而框架-剪力墙、框架-支撑、墙筒-框架等结构体系的周期较短，筒中筒、大型支撑结构体系的周期更短一些，全剪力墙结构体系的周期最短。一般而言，采用全剪力墙结构体系的高层建筑，其基本周期比采用框架体系时减少约40%。

第三，避免选择可能发生滑坡、液化的场地。这类场地在地震时可能会形成下陷，因此应该避免选择该类场地。液化等级为中等液化和严重液化的故河道，以及现代河滨、海滨等，当有液化侧向扩展或流滑可能性时，在距离常时水线约100m以内不宜修建永久性建筑。若由于特殊原因，而不得不在此类场地进行建设时，应进行抗滑动验算，采取防土体滑动措施或结构抗裂措施。当地基主要受力层范围内存在软弱黏性土层与湿陷性黄土时，应结合具体情况综合考虑，如采用深基础、地基加固等处理方法。

第四，坡地与差异性地基也是危险的。由于坡地上的建筑物底层构件的刚度通常是不一致的，短柱刚度大，极易形成破坏。而差异性地基在地震时，易形成断层，导致建筑物的破坏甚至倒塌。

2.基础的埋置深度

对于高层建筑来说，它犹如一根埋在地上的悬臂梁，需要基础埋置在地面下一定的深度，才能满足结构抵抗侧向力的要求。地震作用引起的倾覆力矩，可以使房屋发生整体倾倒，因此适当加大基础埋置深度对结构抗震是有益的。

在日本的相关规范中，要求高层建筑基础埋置深度不少于建筑地上高度的1/10，且不小于4m；我国的相关规范也规定，基础埋置深度不少于建筑地上高度的1/15，采用桩基础时不少于建筑地上高度的1/18（桩长不计入埋置深度）。针对基础具体的设计原理及设计方法，详见本书第十一章结构的地基与基础。

综上所述，概念设计是指不必要经过数值计算，依据整体结构体系与分体系之间的力学关系、结构破坏机理、震害、实验现象和工程经验所获得的基本设计原则和设计思想，从整体的角度来确定建筑结构的总体布置和抗震细部措施的宏观控制。

第三节　结构的选型

根据结构的概念设计原理，对于不同的建筑物需要选择不同的结构型式。建筑结构的设计方案应选用合理的结构体系、构件形式和布置；结构的平、立面布置尽量规则，各部分的质量和刚度易均匀、连续；结构传力途径应简洁、明确，竖向构件易连续贯通、对齐。一般来说，应力要求结构型式简洁，传力路径清晰明确，破坏结果确定，并尽量保证具有多道防止结构破坏的防线。因此，建筑结构一般不设计成静定结构，而以超静定结构为主，重要构件和关键传力部位应增加冗余约束或多条传力途径。同时，宜采取减小偶然荷载作用影响的措施，且符合节省材料、方便施工、降低能耗与保护环境的要求。

在结构选型中，结构的高度与跨度是最基本的两种限制条件与要素。

一、高度与结构型式的关系

随着建筑高度的增加，侧向作用成为结构所抵御的主要作用，而保证结构在侧向作用下的刚度，也逐渐成为结构设计的重点。不同的结构材料使用、结构构成、荷载状态及抗震状况，所适用的建筑高度是不同的。

在低矮的多层房屋建筑结构中，结构的负荷主要是以重力为代表的竖向荷载，水平荷载处于次要地位，即影响结构内力的主要荷载是竖向荷载，在结构变形方面主要考虑竖向荷载作用下的挠度，而不必考虑结构侧向位移对建筑使用功能或结构可靠性的影响。由于此类房屋结构的横向尺度一般大于竖向尺度，因此结构的整体变形以剪切变形为主要特征。同时，由于较低房屋的层数较少，建筑总重较小，因此对结构材料的强度要求不高，在结构型式的选择上比较灵活，制约的条件较少。

与低矮的房屋建筑不同，高层建筑结构由于层数多、总重大，导致竖向构件所负担的重力荷载较大，而且水平荷载又在竖向构件中引起较大的弯矩、水平剪力和倾覆力矩。高层建筑结构受力特点与多层建筑结构的主要区别，是侧向力成为影响结构内力、结构变形及建筑物土建工程造价的主要因素。在高层结构中，竖向荷载的作用与多层建筑相似，柱内的轴力随层数的增加而增大，可近似认为轴力与层数呈线性关系。因此，为了使竖向构件的结构面积在建筑面积中所占比例不致过大，要求结构材料具有较高的抗压、抗弯和抗剪强度。

此外，对于地处地震区的高层建筑结构，要求其结构材料具有足够的延性，因此强度低、延性差的结构不宜用于高层建筑。通常情况下，高层建筑结构的横向尺度小于其竖向尺度，因此其结构的整体变形以弯曲变形为主要特征，而保证结构的整体刚度是高层建筑结构选择的重点内容。

高度和层数是高层建筑的两个主要指标，对于高层建筑的定义，世界各国的标准不一，也不严格。因为高层建筑一般标准较高，因而对高层建筑的定义与国家的经济条件、建筑技术、电梯设备、消防装置等许多因素有关。我国《高层建筑混凝土结构技术规程》规定10层及10层以上，或房屋高度超过28m的混凝土结构高层民用建筑物称为高层建筑。在结构设计中，高层建筑的高度一般是指从室外地面至主要屋面的距离，不包括突出屋面的水箱、电梯间、地下室等部分的高度。

通常情况下，一般的高层建筑需要采用钢筋混凝土结构，而层数更多的特高层建筑则宜采用钢结构、劲性混凝土等组合结构。高层建筑钢筋混凝土结构可采用框架、剪力墙、框架-剪力墙、筒体和板柱-剪力墙结构体系等。钢筋混凝土高层建筑结构的最大适用高度和高宽比分为A级、B级（B级高度高层建筑结构的最大适用高度和高宽比可较A级适当放宽，其结构抗震等级、有关的计算和构造措施应相应加严），详见表5-4、表5-5。

表5-4 A级高度钢筋混凝土结构高层建筑的最大适用高度（m）

结构体系		非抗震设计	抗震设防烈度				
			6度	7度	8度		9度
					0.20g	0.30g	
框架		70	60	50	40	35	24
框架-剪力墙		150	130	120	100	80	50
剪力墙	全部落地剪力墙	150	140	120	100	80	60
	部分框支剪力墙	130	120	100	80	50	不应采用
筒体	框架-核心筒	160	150	130	100	90	70
	筒中筒	200	180	150	120	100	80
板柱-剪力墙		110	80	70	55	40	不应采用

表5-5 B级高度钢筋混凝土结构高层建筑的最大适用高度（m）

结构体系		非抗震设计	抗震设防烈度			
			6度	7度	8度	
					0.20g	0.30g
框架-剪力墙		170	160	140	120	100
剪力墙	全部落地剪力墙	180	170	150	130	110
	部分框支剪力墙	150	140	120	100	80
筒体	框架-核心筒	220	210	180	140	120
	筒中筒	300	280	230	170	150

在图5-9、图5-10中，可以清晰地看出钢筋混凝土结构体系的一般建筑高度（层数）与钢结构体系的一般建筑高度（层数），相比较而言，钢结构体系的一般建筑高度高于钢筋混凝土结构体系。

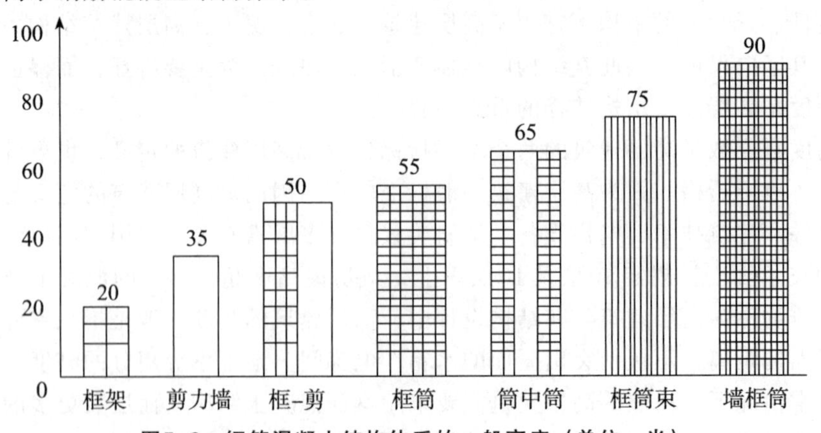

图5-9 钢筋混凝土结构体系的一般高度（单位：米）

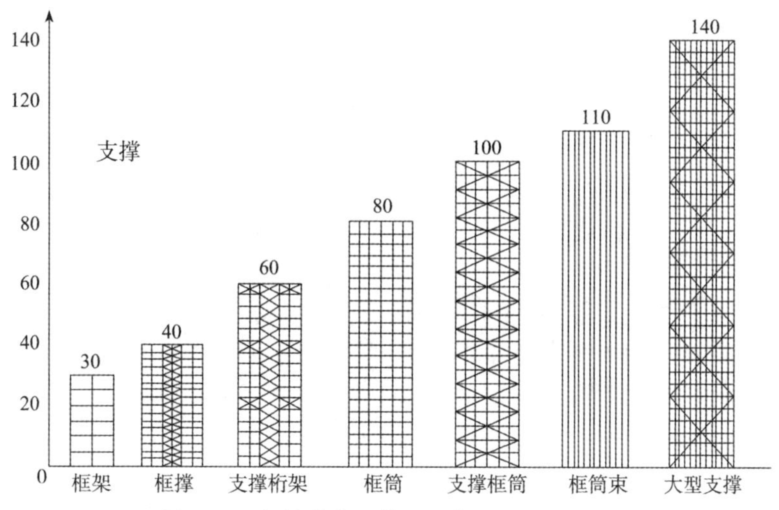

图5-10　钢结构体系的一般高度（单位：米）

二、跨度与结构型式的关系

跨度是建筑空间的基本性能，没有跨度就没有建筑的室内空间。如果说追求建筑的高度是为了节约用地，那么跨度却是建筑物功能性要求应该保证的参数，是建筑结构或构件应该实现的。梁是建筑结构中最常见的形成跨度的构件。

建筑结构中的空间大跨度结构是由梁演变而来的。从普通梁的弯矩图来看，梁沿着其跨度和截面的受力是不均匀的，其材料强度不能得到充分的发挥。首先，为了受力更加合理，可将矩形截面梁转变为工字形截面（即对梁中部应力较小的部分进行节约化处理，并对梁边缘部位进行加强），进而还可采用格构式梁或桁架来提高梁的承载力和刚度。其次，为了实现结构的更大跨越，可以将梁截面的受力尽量转化为均匀的轴向力，使材料的效率发挥至最大，而拱和索以其截面受力的均一性成为一种高效结构，再进一步横向扩展就形成了空间结构。

所谓空间结构，是形状呈三维曲面状态，具有三维受力、荷载传递路线短、受力均匀等特点。自然界也有许多令人惊叹的空间结构，如贝壳、海螺等是薄壳结构，蜂窝是空间网格结构，肥皂泡是充气膜结构，蜘蛛网是索网结构，棕榈树叶是折板结构等。著名的悉尼歌剧院就是采用空间薄壳结构的典型代表（如图5-11所示）。这些结构受力效果优越，材料使用经济，同时也具有很高的艺术欣赏价值。

案例5-7

衡量一个大跨度空间结构设计水平的高低，通常有五项基本指标，即材料强度充分发挥的程度、基础推（拉）力处理的方式、施工安装费用的高低、跨度是否满足要求、结构的艺术表现力。

大跨度结构是极具艺术表现力的结构体系，发挥这种表现力和利用这种装饰效果，可以自然地显示出结构所体现的力学之美。优秀的工程师会以不同型式的结构来满足跨度要求：小跨度结构可采用简支梁，稍大一些的跨度则采用连续梁式的

图5-11　悉尼歌剧院

结构；一般的民用建筑（如住宅、宾馆、写字楼等）采用框架（刚架）结构就可以达到其功能性的跨度要求（跨度可达10m）。对于大型的公共建筑与工业建筑来说，其屋面效果十分重要，是体现建筑美感的重要组成部分。大跨度结构产生的空间作用强烈，屋面与楼面的重量也十分大，因此梁式结构体系是受力最差的体系，轻型结构与整体式空间结构是大跨度建筑的首选。常见的大跨度建筑结构型式有刚架结构、桁架结构、拱式结构、薄壳结构、网架结构、悬索结构和薄膜结构等。要设计好一个大跨度空间结构建筑，建筑师、结构工程师与施工工程师的合作是十分重要的。

第四节　框架结构的设计原理

框架结构是多层房屋建筑经常使用的结构型式之一，该结构是梁柱结构的一种形式，以其传力明确且简洁的特点，被结构工程师所青睐。框架结构体系的优点是建筑平面布置灵活，可以提供较大的建筑空间，也可以构成丰富多变的立面造型。框架结构的构件受力形式以受弯为主，杆件可以采用各种延性材料，形成钢筋混凝土框架、劲性混凝土框架、钢框架及木框架等多种框架形式。不论哪一种类型的框架结构，其宏观受力状况都是基本相同的。

本节以钢筋混凝土框架结构为例，阐述框架结构的各种特点。

一、框架结构的组成、特点及分类

1.框架结构的组成

框架结构的组成包括梁、板、柱以及基础（如图5-12所示），框架结构体系是由竖向构件的柱子与水平构件的梁通过节点刚性连接而组成的，既承担竖向荷载，又承担水平荷载（风、地震等）。通常情况下，梁与柱连接的节点为刚节点，柱与基础连接的节点为刚性节点，特殊情况下也有可能做成半铰节点或铰节点。框架结构属于高次（或多次）超静定结构，在力学计算中，通常称之为刚架。

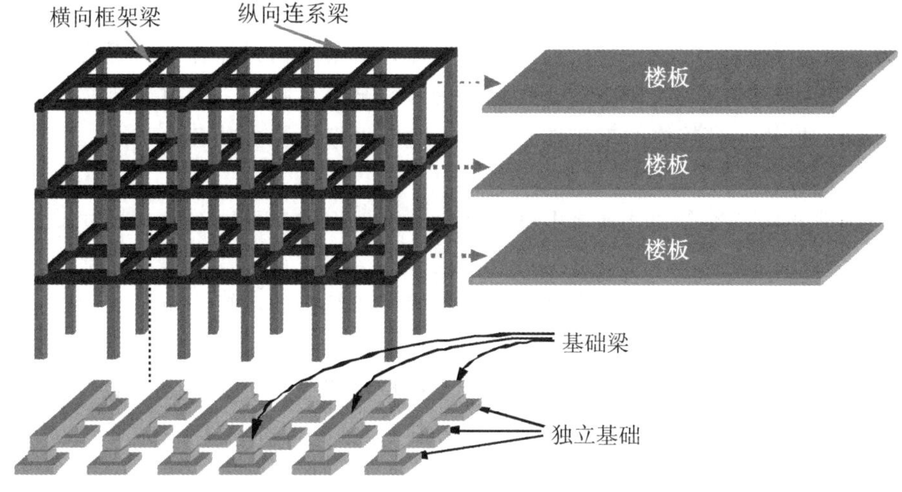

图5-12　框架结构的组成

（1）框架柱

框架柱是框架的主要竖向承重构件、抗侧向力构件，是框架的关键构件。框架结构柱的截面形状多为方形、矩形，也可以根据建筑的需要做成圆形、多边形等。近年来，随着结构计算技术的发展以及人们对建筑室内空间要求的提高，与柱肢厚度、墙体厚度一致的“异型柱”（如“L”“T”“+”等形状）也有使用。

（2）框架梁

框架梁在框架中起着双重作用：一方面，梁承接着板的荷载，并将其传递至框架柱上，再通过框架柱传递至基础；另一方面，梁协调着框架柱的内力，与框架柱共同承担竖向与水平荷载，这在各种荷载作用下的弯矩与剪力图上（详见图5-15），可以清楚地看到。

框架与框架之间的梁称为连系梁，理论上连系梁不承担荷载，仅仅连接框架。实际上，连系梁具有调整框架不均匀受力的作用，促使框架受力更加均衡。此外，部分连系梁也承担着板所传来的荷载。

（3）板

框架结构中的板不仅直接承担着竖向荷载，而且对于水平荷载，板也具有十分重要的作用。板是重要的保证框架结构空间刚度的构件，由于板的平面内刚度很大，因此在框架空间的主要作用表现在：对框架柱所承担的侧向受力进行整体协调，以及平衡各榀框架之间的不均匀受力。在房屋建筑的楼梯间，由于此处没有连续的楼板，空间刚度大大折减，需要依靠楼梯间四角的角柱来稳固这一不利空间，因此很多工程师会考虑加强楼梯间的角柱设计，将其设计成相对较大的尺度。

梁与板一般采用钢筋混凝土整体浇筑，能够良好地保证这种空间刚度，而装配式楼板如果需要保证空间刚度，需要特殊的构造方式来加强其刚度，因此对于地震区，可以采用现浇楼板或加强抗震节点设计的装配式叠合板等。

（4）墙

通常情况下，框架结构的墙体是填充性的墙体，即墙体仅起着分隔与围护的作用，不承担上部结构的重量与作用。没有墙体，框架结构仍然存在。因此，墙体应与框架结构进行可靠的连接，防止在意外受力时被甩出结构，同时还要避免由于连接过密而与框架形成整体的工作体系，从而改变框架的受力状态。

（5）基础

由于框架柱是各自独立地将上部荷载传递至地面的，可以对每一根柱单独设计其基础，因此在地基条件允许的情况下，框架结构通常首选柱下独立柱基础。各个独立基础之间一般设有基础梁，其作用是平衡柱所承担的弯矩，减小基础由于弯矩作用产生的偏心。

在下面两种情况下，结构设计者通常会选择框架柱下条形基础。第一，由于建筑物的上部荷载较大或地基相对软弱，或各独立基础下卧土层的差异性较大，若采用独立基础可能会导致基础之间形成地基的不均匀变形，从而产生地上建筑结构的裂缝甚至破坏；第二，由于独立基础的基底面积过大，在基础的实际施工中已经形成各个基础的相连或者接近相连的状态，此时选择框架柱下条形基础是比较妥当的。一方面，柱下条形基础可以调整柱之间的受力，使地基承担的荷载更加均匀；另一方面，条形基础的基底面积大于独立基础，更有利于基础对于荷载的承担与分布，提高了基础的整体性。条形基础可以设计成单向平行条形基础，也可以设计成相互交叉形式的交叉梁式基础，而后者的基底面积可能更大、整体性更好。

对于较高层的框架结构或地质状况相对较软弱的区域，框架结构的基础也可以选择筏板式基础（又称片筏基础），即以一块筏板（通常为钢筋混凝土板）将各个框架柱连接在一起，协调框架柱之间的作用，形成整体性的基础，更有利于荷载的传递。筏板式基础施工较方便，但是由于筏板的厚度较大，混凝土用量较多，因此在选择时宜慎重考量其经济性。

结构基础设计的基本方法，详见教材结构的地基与基础相关章节。

2.框架结构的特点

框架结构体系的结构强度高，自重较轻，整体性和抗震性能好。框架结构体系的抗侧刚度主要取决于梁、柱的截面尺寸，在水平荷载的作用下侧向变形较大，抗侧能力较弱，因而其建筑高度受到一定的限制。框架结构体系的优点是建筑平面布置灵活，可以提供较大的建筑空间，也可以构成丰富多变的立面造型。钢筋混凝土框架结构广泛应用于多层工业厂房、仓库、商场、办公楼及住宅等建筑。

3.框架结构的分类

钢筋混凝土框架结构按照其施工方法，可以分为：现浇式、装配式、装配整体式三种类型。

现浇式的钢筋混凝土框架结构，其梁、柱及楼板为现浇钢筋混凝土，一般的做法是每层的柱与其上部的梁板同时支模、绑扎钢筋，然后浇筑混凝土。楼板中的钢筋伸入梁内锚固，梁的纵向钢筋伸入柱内锚固。这种类型的框架结构整体性好、抗震性能好，但现场施工量大、工期长、需要大量的模板。

装配式的钢筋混凝土框架结构，其梁、柱、楼板均为预制，并通过焊接拼装连接。由于焊接的接头处需要预埋连接件，因此增加了一部分用钢量。这种类型的框架结构的构件标准化程度较高，符合当前建筑产业化的趋势，但其整体性较差，抗震能力弱，因此不宜在地震区使用。

装配整体式的钢筋混凝土结构，其梁、柱、楼板均为预制，在构件吊装就位后，焊接或绑扎节点区的钢筋，再浇筑节点混凝土，从而将梁、柱、楼板连成整体。这种类型的框架结构既有良好的整体性和抗震能力，又可采用预制构件，减少现场浇筑混凝土的工作量，因此兼有现浇式和装配式框架的优点，但框架结构节点区的施工相对比较复杂。

二、框架结构的计算模型与传力路径

1.平面布置

框架结构的平面布置通常是指框架结构的柱网布置。一般情况下，框架结构的柱网布置是根据规划用地、建筑用途、建筑平面及建筑造型等因素确定的，柱网通常采用方形或矩形布置（如图5-13所示）。

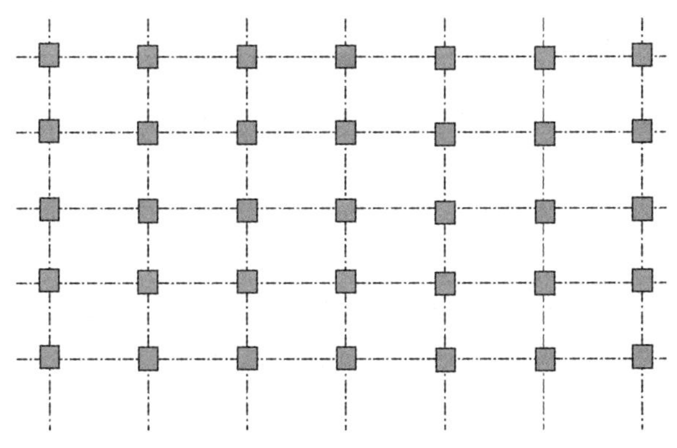

图5-13　框架结构平面布置

按照承重方式的不同，框架结构可以分为：横向框架承重、纵向框架承重及纵横框架双向承重三种方案。

通常情况下，由于框架结构的横向柱数量较少，刚度相对较弱，传统的框架结构设计大多进行横向平面结构的设计计算，即将房屋建筑横向的梁设计成框架梁，形成横向框架承重方案。此时，框架结构的纵向柱相对较多，刚度较大，故对纵向框架可按照构造设计，纵向的框架与框架之间联结的梁被做成连系梁。

纵向框架承重方案的纵向框架为主要承力构件，沿房屋的纵向设置框架主梁，沿横向设置次梁。此方案有利于充分利用室内空间，但其横向刚度较弱，对抗震不利，因此在实际工程中应用较少且在地震区不宜采用。

纵横框架双向承重方案，比较适合于建筑平面呈正方形或矩形的边长比较小的情况，此类承重方案需将纵横两个方向的梁、柱节点按刚接处理，此时常采用现浇双向板楼盖或井式楼盖。

2.计算单元

在框架结构竖向承重结构的布置方案中，一般情况下横向框架和纵向框架都是均匀布置的，各自的刚度基本相同。而作用在房屋建筑上的荷载，如自重、雪荷载、风荷载等基本是均匀分布的。因此，在荷载作用下，各榀框架产生的位移也近似相等，相互之间不会产生很大的约束力。由此，无论框架是横向布置或是纵向布置，都可以单独取用一榀框架作为基本的计算单元（如图5-14所示）。而在纵横框架双向布置时，则可以根据结构的不同特点进行分析，并对荷载进行适当的简化，采用平面结构的分析方法，分别对横向和纵向框架进行计算。

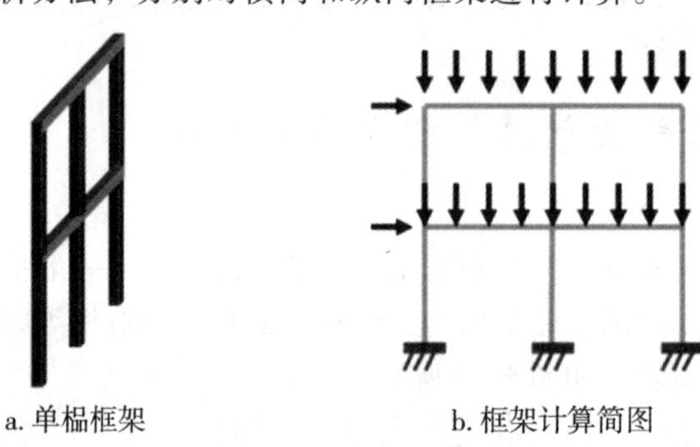

a. 单榀框架　　　　b. 框架计算简图

图5-14　框架的计算单元

在计算简图5-14b中，框架梁的跨度取柱轴线间的距离，当框架梁各跨的跨度不等但相差不超过10%时，可当作具有平均跨度的等跨框架。计算简图中的柱高，对框架底层柱可取为基础顶面至二层楼板顶面（对预制楼板则取至板底）之间的高度，对其他层取层高。

从框架结构的计算简图中，可以看出框架结构是高次超静定结构，计算时取一榀框架作为计算单元，荷载取两榀框架之间的荷载进行设计计算。

3.计算荷载传递

框架结构的受力主要是垂直力与水平力两种类型，框架结构承受的作用包括竖向荷载、水平作用（如地震作用、风荷载）。

竖向荷载源于建筑结构的自重以及各种活荷载，除了某些特殊荷载以外，大多数的竖向荷载都被设计成均布荷载。这些均布荷载可能直接作用在框架上（楼板搭载在框架梁上），也可能通过其他构件（次梁）以集中荷载的方式传递至框架上（楼板搭在非框架梁的次梁上，再由次梁传递至框架梁上）。框架结构的竖向荷载通过梁板体系来承担，并传递给框架柱，进而由框架柱传至基础、地基。

水平作用主要是由地震、风的作用产生的，即地震作用、风荷载。由于框架结构中的楼板承担了建筑的主要重量，地震时在楼板处会产生巨大的地震作用力，因此在框架的设计计算时，一般将水平地震荷载简化为作用在楼板处的水平集中力。此外，由于框架结构所承担的风力作用在建筑物的侧墙上，并通过侧墙传递至承担该墙体的框架梁上，因此风荷载对于框架也可以简化为集中作用。综上，水平荷载作用的简化是作用于各层框架节点上的水平集中荷载。

4.框架结构的内力图

框架结构的内力图如图5-15所示。

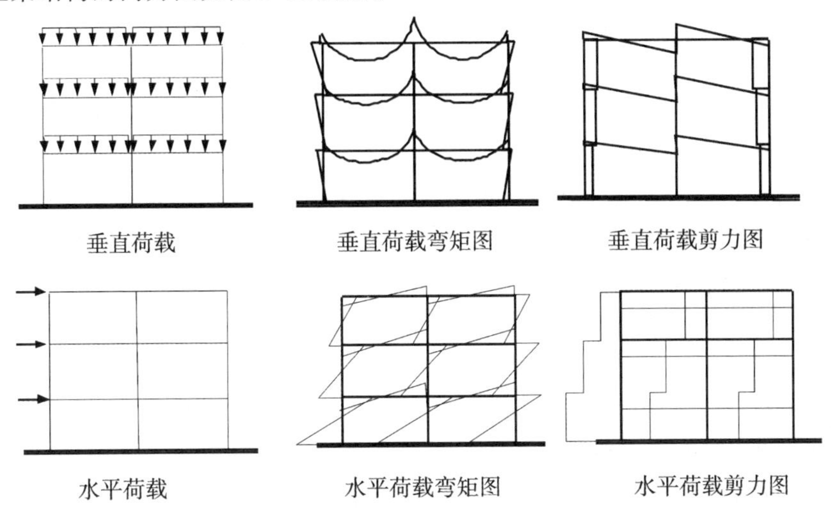

图5-15 框架结构内力图

从内力图可以看出，框架结构的梁和柱是共同协调受力的。仅等跨的框架结构的中柱在竖向荷载作用下不承担弯矩，而在其他的情况下框架柱均承担弯矩。

竖向荷载对于中柱产生轴心或近似轴心的受压作用，对于边柱产生偏心受压作用，顶层偏心作用大（顶层柱由于竖向作用的荷载较小，弯矩作用表现得更加明显），底层偏心作用小。水平荷载对于所有构件均产生弯矩、剪力作用，底层弯矩大，顶层相对小。水平作用是双向的，内力图仅表示一个方向，设计时应考虑相应的不利组合。框架仅形成了平面内刚度，在加强框架间的连系、形成空间刚度中，楼板的作用不可忽视。

在实际的工程设计中，框架结构的内力基本上采用计算机进行精确分析完成，手工算法也时有采用，主要是对简单的框架进行初步分析。常用的手工算法有分层计算法、反弯点法及D值法等，详细的计算方法请参考相关的建筑结构设计书籍。

三、框架的设计概念原则

框架结构属于高次超静定结构，计算复杂，虽然可以依靠计算机进行精确分析，但必须建立在概念设计的基础之上。对于框架结构设计，其概念原则有以下几点：

1.符合“强柱弱梁、强节弱杆、强剪弱弯、强压弱拉”的抗震设计准则

该准则是从破坏的延性与相对脆性两方面来考虑的结果，使框架结构具有合理的抗震破坏机制——梁铰侧移机制，达到对结构抗震设防的目标要求。

强柱弱梁——在结构的破坏过程中，柱的破坏会导致整体或局部结构的坍塌，因此要将柱设计得更加稳固；而相对于梁，由于其失效一般不会导致整体结构的问题，因此相对次要。简单来理解，如果建筑结构中下层的柱子垮了，上面的各层也不复存在了。梁是局部问题，垮了一根梁，垮了一间房；而柱是整体问题，垮了一层柱，垮了整栋建筑。另外，由于柱的破坏可能出现相对脆性的状况，而梁的破坏一般均为延性，因此对于柱的设计，要选择更高的可靠度。

强节弱杆——节点与杆件的设计关系。一方面，节点是杆件的连系，节点破坏要比杆件的破坏严重得多；另一方面，在现代的设计计算理论中，杆件设计已经较为成熟，而节点设计尚没有完善的理论。

强剪弱弯——与受弯的破坏过程相比，杆件受剪破坏过程体现出相对的脆性，而且受剪计算的计算公式也体现出更多的经验性而非理论性，防止受剪破坏是防止结构整体破坏的重点之一。

强压弱拉——使结构出现更多的受拉特征破坏，是设计的关键之一。钢筋混凝土结构的受压破坏是混凝土的破坏，属于脆性；而受拉破坏是钢筋的屈服破坏，为延性，因此设计者更希望将结构设计成以受拉破坏为特征的体系。

2.避免使用与框架成整体的小面积刚性墙体

与框架成整体的小面积刚性墙体的刚度要远大于柱的刚度，会承担更多的侧向作用，因此刚性墙体会改变框架结构的受力体系，改变结构的传力过程，使框架结构出现超出设计的破坏，这是很危险的。

3.柱宜采用双向受弯设计，截面宜采用正方形对称配筋的方式

由于地震作用的方向是随机的，框架柱若采用正方形截面则属于双向对称截面，因此双向对称受弯设计的框架柱，更有利于框架结构的抗震。此外，在适合的条件下采用纵横框架双向承重方案，也有利于抵抗多向随机的水平作用。

4.保证框架结构构件和节点的刚度，以及结构的平面内受力

框架结构的设计中，应该保证框架梁、柱刚性中心线在一个平面内，避免偏心。所有节点的刚度应满足要求，保证节点刚度，对于必要的区域进行箍筋加密。避免用梁承担其他框架梁，同层梁的标高尽量一致，避免较大的高差。同时，框架柱的轴压比（N/f_cA——竖向荷载下组合设计轴心压力产生的结构断面压应力与砼抗压设计强度之比）应控制在一定范围内（相关内容参见第七章）。

四、框架节点的构造要点

框架节点是指梁和柱的重叠区域，是框架结构的关键环节。框架结构梁柱节点的连接直接影响结构安全、经济以及施工是否方便。

一般情况下，现浇框架结构的节点为刚性节点。梁柱节点按位置来分有中间层端节点、中间层中（间）节点、顶层端节点、顶层中（间）节点。框架节点的静力设计主要是构造设计。设计时，梁柱通常采用不同等级的混凝土（柱的混凝土强度等级比梁高），这时要注意节点部位混凝土强度等级与柱相比不能低很多，否则节点区应做专门处理。

在梁柱节点区应设置水平箍筋，水平箍筋应符合规范的构造规定。进行非抗震设计时，箍筋间距不宜大于250mm；进行抗震设计时，箍筋设置应符合箍筋加密区的要求。

梁柱节点处钢筋的锚固构造形式有：贯穿节点的方式、直线锚固方式、90°弯折的锚固方式（梁或柱截面尺寸较小时）。

1.中间层端节点构造

框架梁上部纵向钢筋伸入中间层端节点的锚固长度，当采用直线锚固形式时，不应小于l_a（纵向受拉钢筋的锚固长度），且伸过柱中心线不宜小于$5d$，d为梁上部纵向钢筋的直径。当柱截面尺寸不足时，锚固构造如图5-16所示。

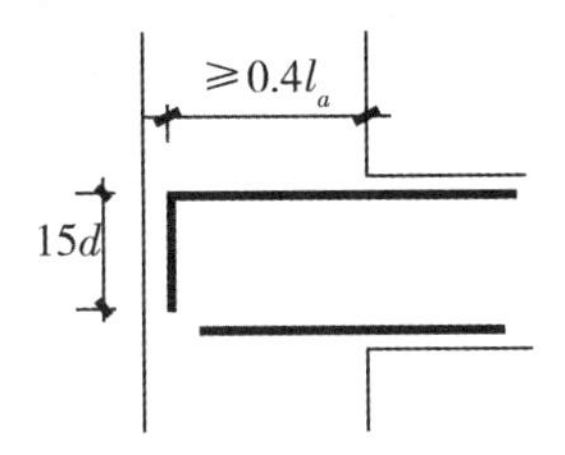

图5-16　中间层端节点构造（锚固构造）

2.中间层中节点构造

框架梁或连续梁的上部纵向钢筋应贯穿中间节点或中间支座范围，该钢筋自节点或支座边缘伸向跨中的截断位置，应符合梁支座截面负弯矩纵向受拉钢筋的要求。

对于梁底钢筋锚固，当计算中充分利用钢筋的抗拉强度时，下部纵向钢筋应锚固在节点或支座内。此时，最好采用直线锚固形式（如图5-17所示），当然有关规范也推荐了其他几种形式。

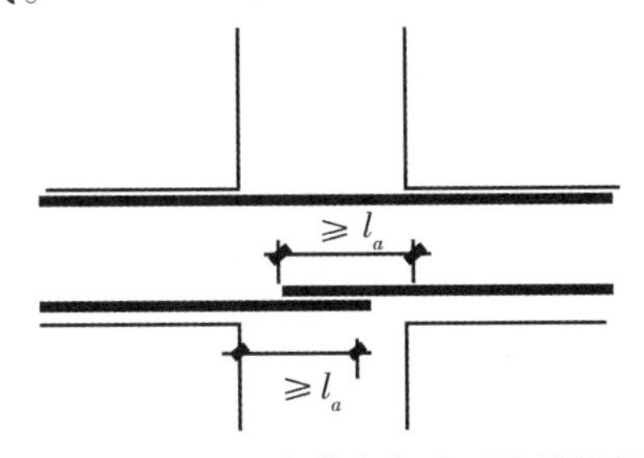

图5-17　中间层中节点构造（直线锚固）

如果计算中充分利用钢筋抗压强度的下部纵向钢筋，应锚固在节点或支座内，其直线锚固长度不应小于$0.7l_a$；下部纵向钢筋也可伸过节点或支座范围，并在梁中弯矩较小处设置搭接接头。

3.柱纵向钢筋构造

框架柱的纵向钢筋应贯穿中间层中节点和中间层端节点，柱纵向钢筋接头应设在节点区以外。

对于顶层中间节点的柱纵向钢筋及顶层端节点的柱内侧纵向钢筋，可用直线方式锚入顶层节点，其自梁底标高算起的锚固长度不应小于l_a，且必须伸至柱顶。

若顶层节点处梁截面高度不足，柱纵向钢筋应伸至柱顶并向节点内水平弯折。当充分利用其抗拉强度时，柱纵向钢筋锚固段弯折前的竖直投影长度不应小于$0.5l_a$，弯折后的水平投影长度不宜小于$12d$（如图5-18所示）。当柱顶有现浇板且板厚不小于80mm、混凝土强度等级不低于C20时，柱纵向钢筋也可向外弯折，弯折后的水平投影长度不宜小于$12d$。此处，d为纵向钢筋的直径。

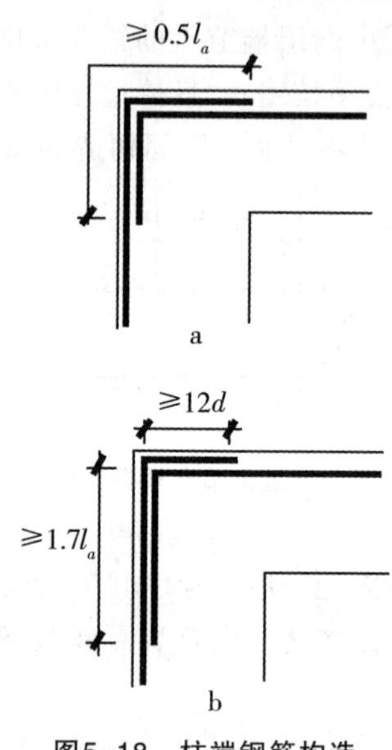

图5-18 柱端钢筋构造

对于框架顶层端节点外侧钢筋，可将柱外侧纵向钢筋的相应部分弯入大梁内作梁上部纵向钢筋使用，也可将梁上部纵向钢筋与柱外侧纵向钢筋在顶层端节点及其附近部位搭接。搭接接头可沿顶层端节点外侧及梁端顶部布置，也可沿柱顶外侧布置。

但是，如果梁上部和柱外侧钢筋配筋率过高，顶层端节点核心区混凝土会由于压力过大而发生斜压破坏，故应限制顶层端节点处梁上部纵向钢筋的截面面积A_s：

$$A_S \leqslant \frac{0.35\beta_c f_c b_b h_0}{f_y} \tag{5-1}$$

式中：

β_c：混凝土强度影响系数（详见钢筋混凝土梁斜截面的计算）。

f_c：混凝土强度。

b_b：梁腹板宽度。

h_0：梁截面有效高度（详见钢筋混凝土梁正截面的计算）。

f_y：钢筋屈服强度。

第五节 剪力墙结构的设计原理

建筑结构中的剪力墙一般是指钢筋混凝土墙片，由于墙体的横向尺度很大，因此可以形成较大的平面内刚度，以抵抗较大的侧向作用。在高层建筑中，剪力墙是至关重要的结构组成部分，这是因为随着建筑物高度的增加，水平（侧向）作用（如风、地震作用等）逐步增大并取代竖向（垂直）作用（如建筑结构的自重等），成为高层建筑结构设计中的控制性受力。

剪力墙不仅可以单独形成结构体系，墙体同时承担重力与侧向力，而且可以与框架共同组成结构体系，发挥不同的作用。此外，剪力墙还可以与其他结构形成多种结构模式（如悬挂结构等）。然而，不论在何种结构体系中，剪力墙的抗侧向力的功能都是不变的。

在钢结构房屋中，可以用支撑代替钢筋混凝土剪力墙作为抗侧力结构。

一、剪力墙结构的分类

框架-剪力墙结构与剪力墙结构是剪力墙最常见的结构构成。

框架-剪力墙结构（简称框-剪结构），顾名思义，是框架与剪力墙结合共同形成的结构体系。纯框架结构由于抗侧力性能差，在抗震设防地区的应用范围受到一定的局限。在框架-剪力墙结构体系中，框架结构可以保证宽敞、灵活的建筑平面空间布置，剪力墙可以保证结构的侧向稳定性、具有良好的抗震性能。

单纯的剪力墙结构是主要依靠剪力墙形成的结构体系。剪力墙结构侧向刚度大，适宜做较高的高层建筑。由于剪力墙的墙面较多且开孔困难，大大限制了建筑的使用空间，因此其不易灵活布置的特性，使得纯剪力墙结构一般只在高层住宅或宾馆中使用。

二、剪力墙结构的构成

1.框架-剪力墙结构体系

通常情况下，剪力墙与框架在建筑结构中，形成以下不同的结构体系。

（1）单片墙体-框架

在这一体系中，剪力墙是单独的墙体，与框架相连（如图5-19所示）。为了保证结构整体刚度，剪力墙一般布置在结构的周边，并保证刚度的对称性分布。

（2）剪力墙筒-框架

剪力墙形成筒状，与框架组成剪力墙筒-框架模式（如图5-20所示）。在该模式中，剪力墙不是单独的墙片，而是具有空间性能的筒。筒一般布置于结构的中心区域，可以兼做电梯与楼梯井。这种模式的结构在现代建筑中非常普遍，原因在于高层建筑必须设置电梯，电梯井壁自然会形成剪力墙体系。但这种结构不利于墙体的有效布置，尤其是结构的横向刚度较小。

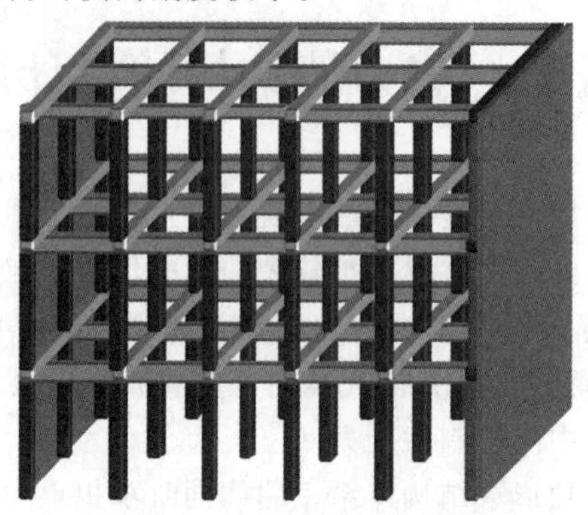

图5-19 单片墙体-框架

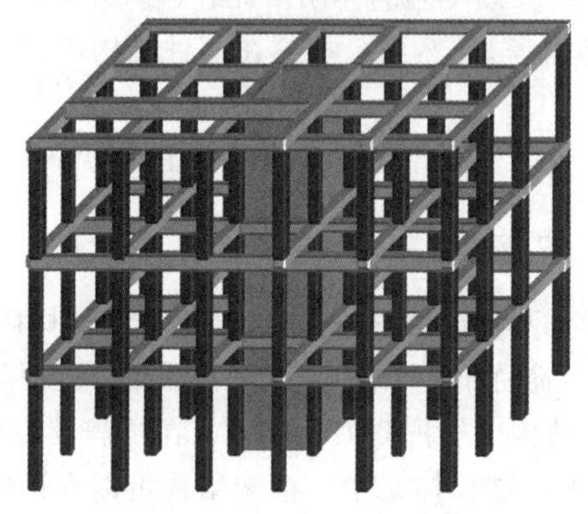

图5-20 剪力墙筒-框架

（3）剪力墙-刚臂-框架

该体系中，剪力墙通过刚性大梁或桁架——刚臂与框架相连，刚臂会促使剪力墙的变形完全复制到框架上，并协调剪力墙与框架的变形（如图5-21所示）。这与框架-剪力墙中，依靠刚度较小的框架梁的联结作用协调剪力墙与框架的变形完全不同。刚臂一般相隔10层左右设置，除了刚臂以外，以框架梁形成各层间梁。

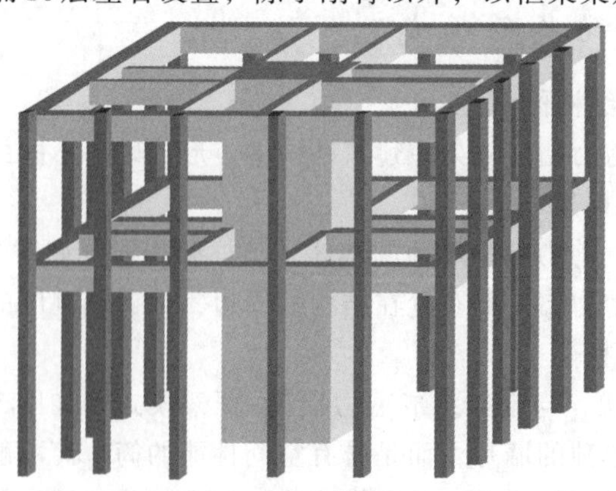

图5-21 剪力墙-刚臂-框架

2.剪力墙结构体系

全剪力墙结构有以下两种形式：

（1）剪力墙片所构成的板式建筑

剪力墙在结构中单向布置，以多片墙体形成横向刚度较大的建筑（如图5-22所示）。该结构型式纵向刚度相对较小，一般采用在纵向中部布置剪力墙的方式。

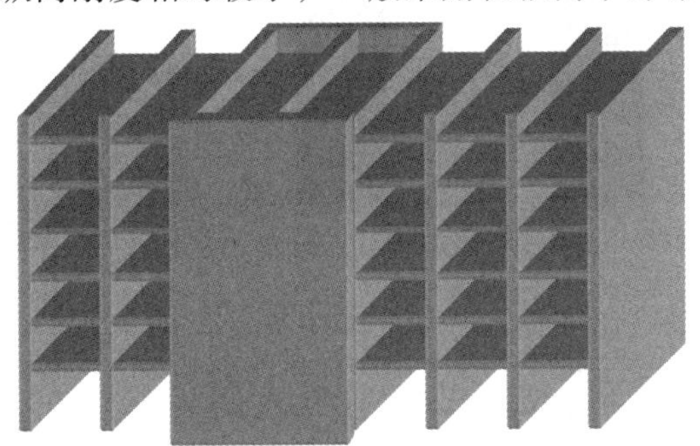

图5-22 剪力墙片所构成的板式建筑

（2）剪力墙筒式建筑

剪力墙双向形成空间结构体系，形成筒状或通束（如图5-23所示）。这种结构的刚度较大，适于做高层或超高层建筑。

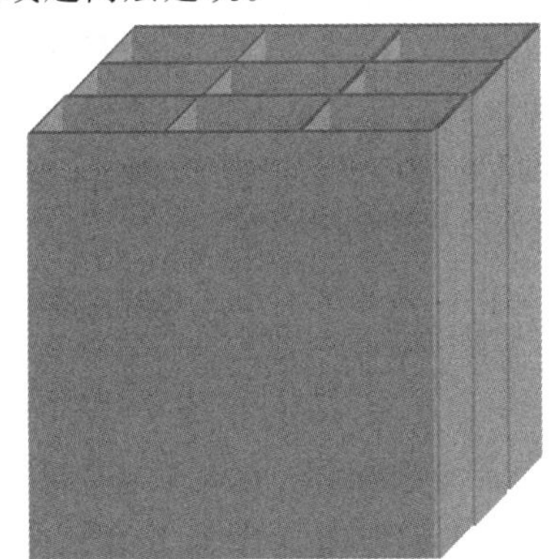

图5-23 剪力墙筒式建筑

三、框架-剪力墙结构的受力特点

框架-剪力墙结构是最为普遍的高层建筑模式之一。

由于框架结构的刚度较小，在侧向力作用下框架结构的变形体现出剪切变形的模式，即结构底层的相对变形大，顶层的相对变形小。而剪力墙结构刚度较大，在侧向力作用下剪力墙结构体现的是弯曲变形模式，即结构顶层的相对变形大，底层相对变形小。由此看来，框架与剪力墙在侧向力作用下的变形模式差异性极大，而框架与剪力墙的变形协调也使得结构受力变得十分复杂。

在框架-剪力墙结构中，由于剪力墙的刚度较大，框架在框-剪结构底部实际承担的剪力很小，与纯框架结构中框架底部剪力较大形成对比；反之，在框架-剪力墙结构的顶部，由于剪力墙侧向变形较大，对于框架会形成侧向推力，因此框架在框-剪结构顶部相对剪力较大，这与纯框架结构中框架顶部剪力较小形成对比。框架的中下层，层间位移较大，其最大值剪力发生的相应层间，如图5-24所示。

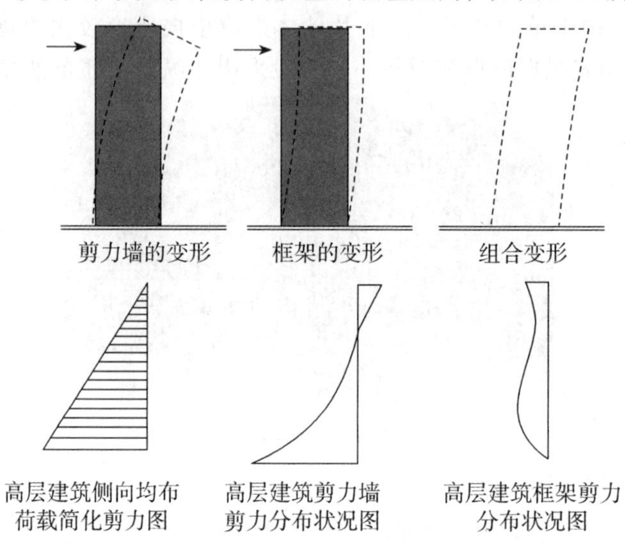

图5-24 框架-剪力墙的相互联合作用

因此，框架结构附加剪力墙后，框架自身与原有的框架结构相比，受力存在较大差别，必须重新核算。而仅仅单纯地认为“任何框架在附加了剪力墙之后都会更加稳固”的理念是不准确的，认为“框架-剪力墙结构，是框架承担垂直作用，剪力墙承担水平作用的简单组合”也是片面的。

框架-剪力墙结构协同工作计算方法，通常是将所有的框架等效为综合框架，将所有的剪力墙等效为综合剪力墙，它们之间的连杆就是楼板（通常可以忽略楼板的变形），并将综合框架和综合剪力墙作为平面结构体系，在同一平面内进行分析计算。

剪力墙又称“抗风墙”或“抗震墙”，它的作用是抵抗水平剪力，但它的变形特征却是弯曲型，也就是说，剪力墙主要是一个固定在地面的“受弯的悬臂梁”。框架的每根柱子主要是受弯，但整片框架却是剪切型结构，在受力的过程中，楼面依然保持水平，只有侧移而忽略倾斜。由框-剪体系从下而上看，剪力墙的悬臂梁变形曲线越往上增加越快，而框架越往上增加越慢。由此可见，当整个框-剪体系协调变形时，下面各层的剪力墙在帮助框架，而接近屋顶时，框架反而在帮助剪力墙，即框架会分担更多的剪力。也就是说，力按照刚度分配的原则，不但体现在各榀框架和剪力墙之间，也体现在刚度沿高度变化时，二者分配比例的变化上。

四、剪力墙的一般布置原则

剪力墙的布置不但要刚柔适当，而且应尽量力求匀称对称。太刚则地震反应增大，令结构承受更大的地震作用，太柔则变形过大，满足不了规范对房屋顶点位移及层间位移的要求。结构刚度中心偏移，很容易在侧向作用下造成扭转，应尽量避免。

房屋建筑的平、立面体型应尽量简单匀称，剪力墙宜采用均匀、分散的布置模式。分散布置剪力墙的片数较多，有利于从整体上提高建筑的刚度。均匀布置的每片剪力墙的刚度均衡且不宜过大，使得结构的刚度均匀，避免结构出现应力集中现象。

剪力墙的布置应合理地尽量离开房屋建筑的重心，宜采用对称的周边布置原则，尽量使抗侧力结构的刚度中心与水平荷载的合力作用线接近或重合，可以有效地抵抗建筑物在地震作用下可能产生的扭转效应，对称布置保证了刚度的均匀性，周边布置增大了抗扭刚度。

对于剪力墙筒式的结构体系，一般不满足上述要求，可以采用补充墙体、在结构周边布置剪力墙的方法。

一般情况下，剪力墙基本设置在以下主要位置，并且应关注以下重要事项：

（1）剪力墙常布置在竖向荷载较大的部位。一方面可以承担重力荷载，减小柱子的尺度；另一方面可以防止剪力墙在受弯时出现拉力，提高其承载力，也有利于基础的受力。

（2）剪力墙常布置在平面形状变化处。针对应力集中的出现，采用剪力墙对结构进行加强。

（3）可以有效利用电梯间、楼梯间的墙体布置剪力墙。没有楼板，平面刚度减小，而且容易产生应力集中，另外电梯间的井壁自然是剪力墙。

（4）纵横剪力墙宜联合布置为“T”“+”“口”“L”等形式，互为腹板与翼缘，增加惯性矩与抗弯刚度。

（5）对于横向剪力墙，为了避免温度应力的强烈作用，其间距不宜超过建筑物宽度的2.5倍，也不宜超过30m。

（6）剪力墙的刚度沿房屋高度不宜有突变，为了使剪力墙的刚度沿着房屋高度不发生突变，剪力墙应上下位置对齐，且宜贯通房屋全高。

（7）为避免纵向的温度变形对剪力墙产生影响，纵向墙体不宜布置于结构的两侧，否则会承担较大的温度应力作用。

五、剪力墙的基本构造

剪力墙的墙片一般较薄，在平面内刚度较大，但出平面的刚度很小，剪力墙的边缘则更是柔弱。因此，剪力墙通常需要设置边柱与边梁，加强其边缘，以防止边缘失稳；剪力墙的边缘钢筋也应形成刚性封闭，避免边缘失稳破坏，进而保证整体墙面的刚度，提高其工作效果。

楼板是极为重要的水平刚度分布与连接构件，可以有效地将框架与剪力墙连接为整体，共同工作，因此楼板上不宜开大量的不规则的孔洞，不同层楼板的孔洞宜上下对齐。

剪力墙上不宜开过多、过大的孔洞，必要时要在孔洞周边设有钢筋加强带，以防止刚度折减与应力集中；竖向布置应连续，孔洞应是规则的。

剪力墙横向尺度不宜过大，以保证墙体受弯的力学状态，避免过度受剪；墙片的横向尺度不宜相差悬殊，必要时在剪力墙上规则地开洞，使整体墙片成为联肢墙片。剪力墙中应设置暗柱与暗梁，即竖向与水平的钢筋加强带。

剪力墙的混凝土强度等级不宜低于C20。在剪力墙结构中墙厚不应小于楼层高度的1/25，在框架-剪力墙结构中不应小于楼层高度的1/20，且都不应小于140mm。

墙内钢筋有布置于水平截面两端的竖向受力钢筋（一般都采用对称配筋，$A_s'=A_s$），均匀分布的水平分布钢筋和竖向分布钢筋均应采用热轧钢筋，墙每端的竖向受力钢筋不宜少于4根直径为12mm的钢筋或2根直径为16mm的钢筋。沿该竖向钢筋方向宜配置直径不小于6mm、间距为250mm的拉筋。

墙中水平分布钢筋和竖向分布钢筋的直径不应小于8mm，间距不应大于300mm，在温度应力、收缩应力较大的部位，宜适当加粗。水平分布钢筋沿墙的两个侧面应双排布置并用拉筋连系，拉筋直径不应小于6mm，间距不应大于600mm。水平分布钢筋和竖向分布钢筋的最小配筋率均为0.2%，在重要部位宜适当提高。

剪力墙水平分布钢筋应伸至墙端，并向内水平弯折10d（d为钢筋直径）。当剪力墙端部有翼墙或转角墙时，内墙两侧的水平分布钢筋和外墙内侧的水平分布钢筋应伸至翼墙或转角墙外边，并分别向两侧水平弯折，弯折长度不宜小于15d。在转角墙处，外墙外侧的水平分布钢筋应在墙端外角处弯入翼墙，并与翼墙外侧水平分布钢筋搭接。

剪力墙中的门窗洞口宜上下对齐，洞口上、下两边的水平纵向钢筋应满足洞口连梁正截面受弯承载力要求，截面面积分别不宜小于在洞口截断的水平分布钢筋总截面面积的一半，且不应少于2根，直径$d\geq12$mm；纵向钢筋自洞口边伸入墙内的长度不应小于受拉钢筋锚固长度。

洞口连梁应沿全长配置箍筋，箍筋直径不宜小于6mm，间距不宜大于150mm。在顶层洞口连梁纵向钢筋伸入墙内的锚固长度范围内，箍筋间距应不大于150mm，直径宜与该连梁跨内箍筋直径相同。同时，门窗洞边的竖向钢筋应锚固在顶层连梁高度范围内。

第六节　排架结构的设计原理

排架结构是单层大跨度厂房中最普遍、最基本的结构型式，通常用于一些机器设备较重且轮廓尺寸较大的厂房。在许多民用建筑中，如影剧院、菜市场及仓库等也可以采用排架结构。排架结构属于平面超静定结构，但与框架相比，超静定次数较少，手工计算较为容易。排架计算一般采用剪力分配法（力学中位移法的一种）。

一、排架结构的结构组成

1.结构组成

排架结构的承重结构主要由三个主要部分组成：形成跨度的屋面结构（又称屋

盖结构)、排架柱和基础结构。

在排架结构的计算中，应该进行以下的前提假设：基础与柱之间为刚性联结，柱顶端与屋架之间为铰接，屋面结构的刚度为无穷大（即忽略屋面结构的轴向变形)。在排架结构的设计中，应该做好各种构造措施以保证假设条件的实现（如图5-25所示)。

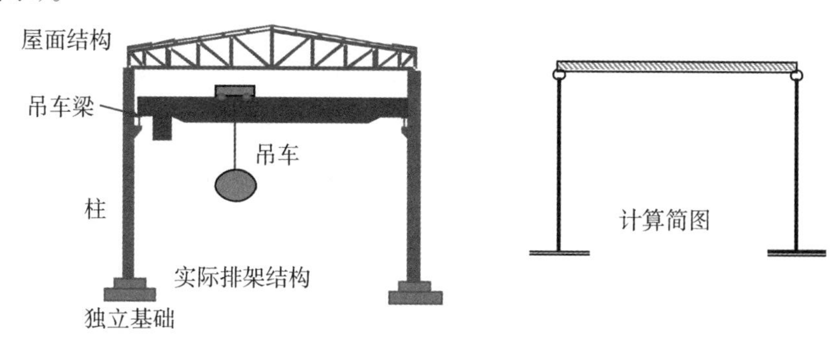

图5-25　排架结构的构成与简化

2.屋面结构

由于排架结构跨度较大，屋面结构多采用桁架体系、钢结构或钢筋混凝土结构，以减轻屋面结构的重量。较小跨度的排架结构（跨度在15m以下）则多采用钢筋混凝土屋面梁。由于连接平面排架之间纵向构件的标准长度为6m，因此排架的纵向柱距通常采用6m（或6m的倍数)。

排架结构的屋架之间需要搭设屋面板（如图5-26所示)。为了保证屋面结构的整体刚度，屋面板多数采用重型结构，即大型预应力混凝土屋面板（无檩体系)。有时也采用轻型屋面结构，以檩条连接屋架，在檩条之上放置小型屋面板或轻型板(有檩体系)。

图5-26　大型屋面板

同时为了保证屋面体系的刚度，屋架之间通常需要设置各种支撑，包括上、下弦水平支撑、垂直支撑及纵向水平系杆等。

屋盖上、下弦水平支撑是指布置在屋架（屋面梁）上、下弦平面内以及天窗架上弦平面内的水平支撑。支撑节间的划分应与屋架节间相适应。水平支撑一般采用十字交叉的形式。交叉杆件的交角一般为30°~60°。屋盖垂直支撑是指布置在屋架(屋面梁）间或天窗架（包括挡风板立柱）间的支撑。系杆分刚性（压杆）和柔性

（拉杆）两种。系杆设置在屋架上、下弦及天窗上弦平面内。屋架上弦支撑（如图5-27所示）是指排架每个伸缩缝区段端部的横向水平支撑，它的作用是：在屋架上弦平面内构成刚性框，增强屋盖的整体刚度，保证屋架上弦或屋面梁上翼缘平面外的稳定，同时将抗风柱传来的风荷载传递到（纵向）排架柱顶。

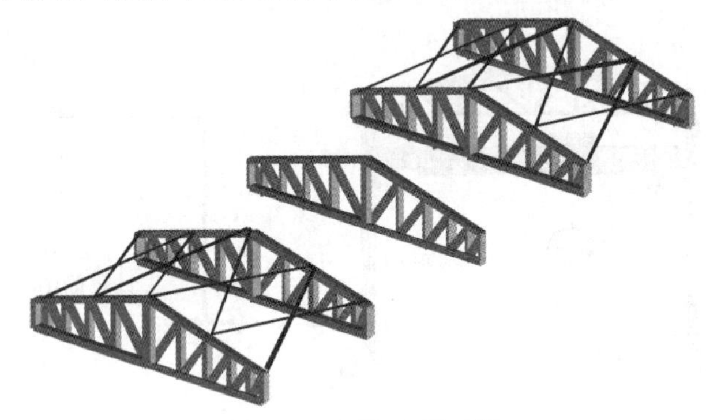

图5-27 屋架上弦支撑

当采用钢筋混凝土屋面梁的有檩屋盖体系时，应在梁的上翼缘平面内设置横向水平支撑，并应布置在端部第一柱距内以及伸缩缝区段两端的第一或第二个柱距内。当采用大型屋面板且连接可靠，能保证屋盖平面的稳定并能传递山墙风荷载时，则认为大型屋面板能起上弦横向支撑的作用，可不再设置上弦横向水平支撑。

对于采用钢筋混凝土拱形及梯形屋架的屋盖系统，应在每一个伸缩缝区段端部的第一或第二个柱距内布置上弦横向水平支撑。当排架设置天窗时可根据屋架上弦杆件的稳定条件，在天窗范围内沿排架纵向设置连系杆。

屋架（屋面梁）下弦支撑（如图5-28所示）包括下弦横向水平支撑和纵向水平支撑两种。下弦横向水平支撑的作用是承受垂直支撑传来的荷载，并将山墙风荷载传递至两旁的柱上。

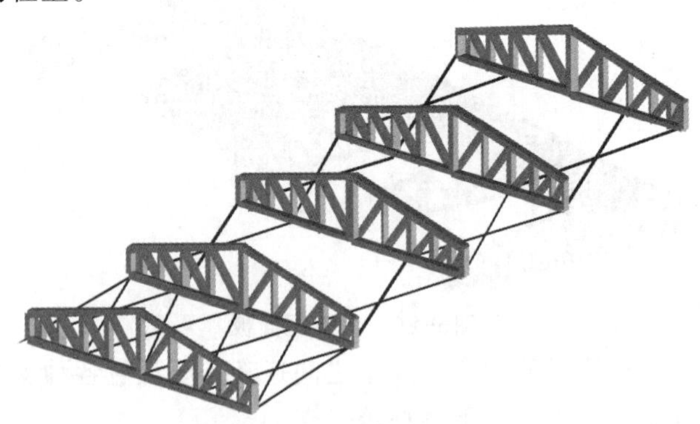

图5-28 屋架下弦支撑

当排架跨度≥18m时，下弦横向水平支撑应布置在每一伸缩缝区段端部的第一个柱距内。当排架跨度<18m且山墙上的风荷载由屋架上弦水平支撑传递时，可不设屋盖下弦横向水平支撑。当设有屋盖下弦纵向水平支撑时，为保证排架空间刚度，必须同时设置相应的下弦横向水平支撑。

下弦纵向水平支撑能提高排架的空间刚度，增强排架间的空间作用，保证横向水平力的纵向分布。当排架柱距为6m，且排架内设有普通桥式吊车，吊车吨位≥10t（重级）或吊车吨位≥30t等情况时，应设置下弦纵向水平支撑。

屋架垂直支撑（如图5-29所示）除能保证屋盖系统的空间刚度和屋架安装时结构的安全外，还能将屋架上弦平面内的水平荷载传递到屋架下弦平面内。所以垂直支撑应与屋架下弦横向水平支撑布置在同一柱间内。在有檩屋盖体系中，上弦纵向系杆是用来保证屋架上弦或屋面梁受压翼缘的侧向稳定的（即防止局部失稳），并可减小屋架上弦杆的计算长度。

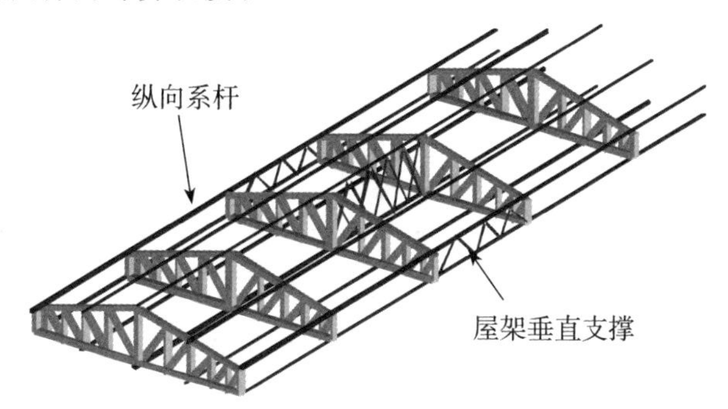

图5-29　屋架垂直支撑

当排架跨度为18m~30m，屋架间距为6m，采用大型屋面板时，应在屋架跨度中点布置一道垂直支撑。对于拱形屋架及屋面梁，因其支座处高度不大，故该处可不设置垂直支撑，但需对梁支座进行抗倾覆验算，如稳定性不能满足要求时，应采取措施。梯形屋架支座处必须设置垂直支撑。当屋架跨度超过30m，间距为6m，采用大型屋面板时，应在屋架跨度l/3左右附近的节点处设置两道垂直支撑及系杆。

在一般情况下，当屋面采用大型屋面板时，应在未设置支撑的屋架间相应于垂直支撑平面的屋架上弦和下弦节点处，设置通长的水平系杆。对于有檩体系，屋架上弦的水平系杆可以用檩条代替（但应对檩条进行稳定和承载力验算），仅在下弦设置通长的水平系杆。

垂直支撑一般在伸缩缝区段的两端各设置一道。当屋架跨度不大于18m，屋面为大型屋面板的一般排架中，无天窗时，可不设置垂直支撑和水平系杆；有天窗时，可在屋脊节点处设置一道水平系杆。

当厂房需要天窗时，屋面设置天窗架；当特殊的原因使柱距加大时，由于纵向屋面板不能加长，因此屋架也不能移位，就必须设置托架（如图5-30所示），以保证屋架的支撑。

3.排架结构的柱

排架结构的柱截面可以采用多种形式，但不论哪种形式，在建筑跨度方向上的尺度均应大于长度方面的尺度。目前常用的有实腹矩形柱、工字形柱、双肢柱等。

实腹矩形柱的外形简单，施工方便，但混凝土用量多，经济指标较差。

图5-30 托架

工字形柱的材料利用比较合理，目前在单层厂房中应用广泛，但其混凝土用量比双肢柱多，特别是当截面尺寸较大（如截面高度h≥1 600mm）时更甚，同时自重大，施工吊装也较困难，因此使用范围也受到一定限制。

双肢柱有平腹杆和斜腹杆两种，前者构造较简单，制作也较方便，在一般情况下受力合理，而且腹部整齐的矩形孔洞便于布置工艺管道。当承受较大水平荷载时，宜采用具有桁架受力特点的斜腹杆双肢柱，但其施工制作较复杂，若采用预制腹杆则制作条件将得到改善。双肢柱与工形柱相比较，混凝土用量少，自重较轻，柱高大时尤为显著，但其整体刚度差些，钢筋构造也较复杂，用钢量稍多。

根据工程经验，目前对预制柱可按截面高度h确定截面形式：当h≤600mm时，宜采用矩形截面；当h=（600~800）mm时，采用工字形或矩形；当h=（900~1 400）mm时，宜采用工字形；当h>1 400mm时，宜采用双肢柱。

对设有悬臂吊车的柱宜采用矩形柱；对易受撞击及设有壁行吊车的柱宜采用矩形柱或腹板厚度≥120mm、翼缘高度≥150mm的工字形柱；当采用双肢柱时，则在安装吊车的局部区段宜做成实腹柱。

实践表明，矩形、工字形和斜腹杆双肢柱的侧移刚度和受剪承载力都较大，因此《建筑结构抗震设计规范》规定，当抗震设防烈度为8度和9度时，厂房宜采用矩形、工字形截面和斜腹杆双肢柱，不宜采用薄壁工字形柱、腹板开孔柱、预制腹板的工字形柱和管柱；柱底至室内地坪以上500mm范围内和阶形柱的上柱宜采用矩形截面。

柱上有牛腿，可以承担吊车梁、连系梁，这些梁均与柱呈铰接状态。一般排架柱以吊车梁牛腿为界，分上下两段，分别称为上柱与下柱。在排架结构的纵向上，采用柱间支撑（如图5-31所示）来保证结构纵向的稳定性与刚度，同时传递纵向荷载。为了避免温度应力的作用，有利于在温度变化或混凝土收缩时，结构可以较自由变形而不致产生较大的温度或收缩应力，柱间支撑一般设置在结构纵向的中间区域，并在柱顶设置通长刚性连系杆来传递荷载。

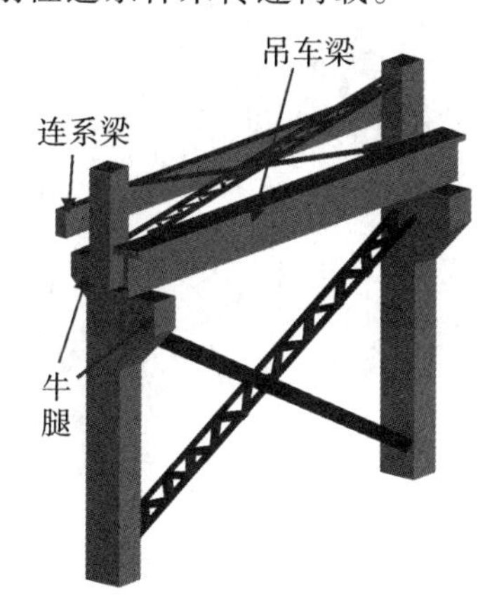

图5-31　柱间支撑

柱间支撑一般包括上部柱间支撑、中部及下部柱间支撑。柱间支撑通常宜采用十字交叉形支撑；它具有构造简单、传力直接和刚度较大等特点。交叉杆件的倾角一般在35°~50°。在特殊情况下，因生产工艺的要求及结构空间的限制，可以采用其他形式的支撑，如采用人字形支撑、八字形支撑等。

柱间支撑的作用是保证厂房结构的纵向刚度和稳定，并将水平荷载（包括天窗端壁部和厂房山墙上的风荷载、吊车纵向水平制动力以及作用于厂房纵向的其他荷载）传至基础。

凡属下列情况之一者，应设置柱间支撑：

（1）厂房内设有悬臂吊车或3t及以上悬挂吊车；

（2）厂房内设有重级工作制吊车，或设有中级、轻级工作制吊车，起重量在10t及以上；

（3）厂房跨度在18m以上或柱高在8m以上；

（4）纵向柱列的总数在7根以下；

（5）露天吊车栈桥的柱列。

4.排架结构的其他构件

（1）抗风柱（山墙壁柱）

单层厂房的山墙受风面积较大，一般需设置抗风柱（如图5-32所示）将山墙分成区格，使墙面受到的风荷载，一部分（靠近纵向柱列的区域）直接传至纵向柱列；另一部分则传给抗风柱，再由抗风柱下端直接传至基础，而上端则通过屋盖系统传至纵向柱列。

当厂房跨度和高度均不大（如跨度不大于12m，柱顶标高8m以下）时，可在山墙设置砌体壁柱作为抗风柱；当跨度和高度均较大时，一般都设置钢筋混凝土抗风柱，柱外侧再贴砌山墙。在很高的厂房中，为不使抗风柱的截面尺寸过大，可加设水平抗风梁或钢抗风桁架作为抗风柱的中间铰支点。

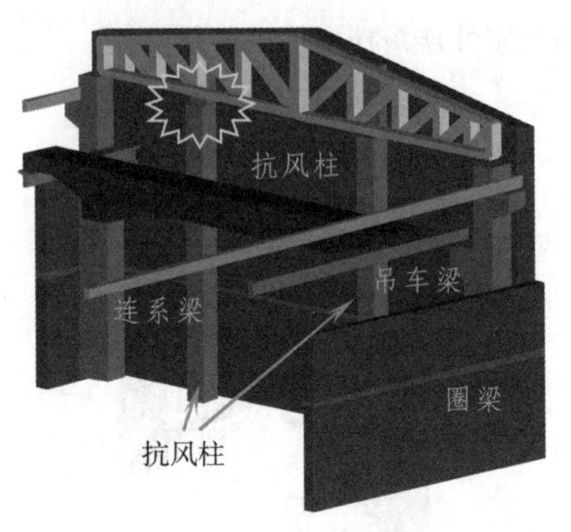

图5-32 抗风柱

抗风柱的柱脚，一般采用插入基础杯口的固接方式。如厂房端部需扩建时，则柱脚与基础的连接构造宜考虑抗风柱拆迁的可能。必须满足两个要求：一是在水平方向必须与屋架有可靠的连接以保证有效地传递风荷载；二是在竖向脱开，且二者之间能允许一定的竖向相对位移，以防厂房与抗风柱沉降不均匀时产生不利影响。所以，抗风柱与屋架一般采用竖向可以移动、水平向又有较大刚度的弹簧片连接（如图5-33所示），若不均匀沉降的可能性较大时，则宜采用螺栓连接方案。

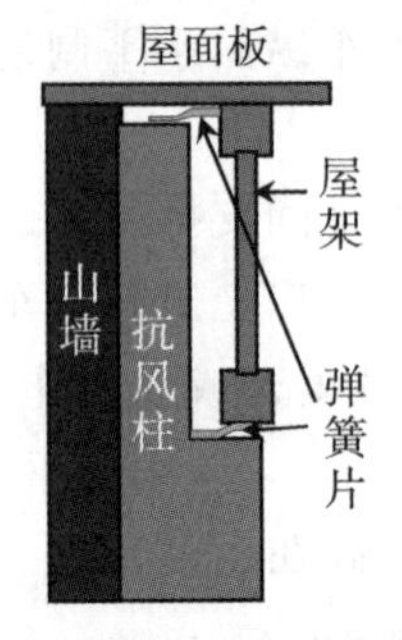

图5-33 抗风柱上端与屋架的连接

抗风柱的上柱宜采用矩形截面，其截面尺寸不宜小于300mm~350mm，下柱宜采用工字形或矩形截面，当柱较高时也可采用双肢柱。

（2）圈梁、连系梁、过梁和基础梁

当用砌体作为厂房的围护结构时，一般要设置圈梁或连系梁、过梁及基础梁。

圈梁将墙体与厂房柱箍在一起，其作用是增强房屋的整体刚度，防止由于地基的不均匀沉降或较大振动荷载等对厂房的不利影响。圈梁置于墙体内，和柱连接，柱对它仅起拉结作用。通常圈梁设置在墙体内，柱上不需设置支承圈梁的牛腿。圈梁的布置与墙体高度、对厂房刚度的要求以及地基情况有关。一般单层厂房圈梁布置的原则是：对无桥式吊车的厂房，当墙厚≤240mm、檐口标高为5m~8m时，应在檐口附近布置一道，当檐高大于8m时，宜增设一道；对有桥式吊车或较大振动设备的厂房，除在檐口或窗顶布置圈梁外，尚宜在吊车梁标高处或其他适当位置增设一道；外墙高度大于15m时还应适当增设。圈梁宜连续地设在同一水平面上，并形成封闭圈。当圈梁被门窗洞口截断时，应在洞口上部增设相同截面的附加圈梁，附加圈梁与圈梁的搭接长度参考砖混结构。

连系梁的作用除连系纵向柱列、增强厂房的纵向刚度并把风荷载传递到纵向柱列外，还承受其上部墙体的重力。连系梁通常是预制的，两端搁置在柱牛腿上，其连接可采用螺栓连接或焊接连接。

过梁的作用是承托门窗洞口上的墙体重力。

在进行厂房结构布置时，应尽可能将圈梁、连系梁和过梁结合起来，使一个构件能起到两个或三个构件的作用，以节约材料，简化施工。

在一般厂房中，通常用基础梁来承托围护墙的重力，而不另做基础。基础梁底部离地基土表面应预留100mm的孔隙，使梁可随柱基础一起沉降而不受地基土的约束，同时还可防止地基土冻结膨胀时将梁顶裂。基础梁与柱一般可不连接（一级抗震等级的基础梁顶面应增设预埋件与柱焊接），将基础梁直接搁置在柱基础杯口上，或当基础埋置较深时，放置在基础上面的混凝土垫块上。当厂房高度不大，且地基比较好，柱基础又埋得较浅时，也可不设基础梁而做砖石或混凝土的墙基础。

（3）吊车梁与牛腿

吊车梁是承担吊车荷载的构件，一般都是简支梁结构，搭放在柱的牛腿上。有时为了保证吊车梁的承载力，将梁的截面做成变化的，称为鱼腹式吊车梁（如图5-34所示）。吊车梁多采用“T”形截面。

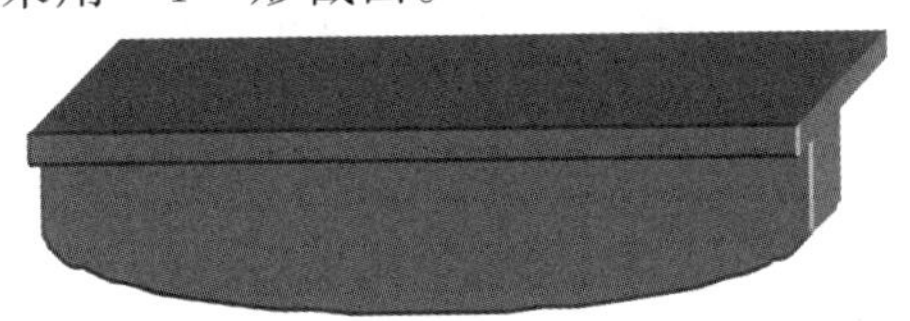

图5-34　鱼腹式吊车梁

柱上的牛腿主要承担各种附加在柱侧面上的垂直作用，如吊车梁、连系梁、低跨厂房的屋面结构等。根据牛腿伸出柱体的距离a与牛腿高度h_0的不同，牛腿可分为短牛腿（$a \leq h_0$）、长牛腿（$a > h_0$）。

牛腿是排架柱上的最为重要的构件，承担着吊车梁、连系梁等重要构件的荷载。其破坏形态主要取决于a/h_0值，有以下三种主要破坏形态（如图5-35所示）。

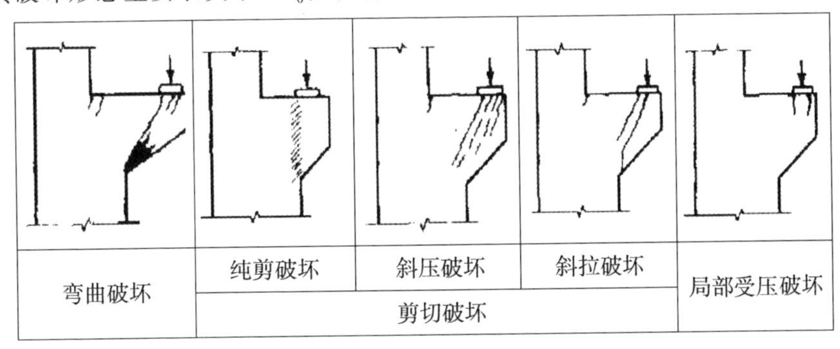

图5-35　牛腿破坏形式

①弯曲破坏，当a/h_0>0.75，纵向受力钢筋配筋率较低时，一般发生弯曲破坏。

②剪切破坏，又可以分为纯剪破坏、斜压破坏和斜拉破坏三种。

③局部受压破坏，当加载板过小或混凝土强度过低时，由于很大的局部压应力而导致加载板下混凝土局部压碎破坏。

二、排架结构的受力传力路径分析

1.排架结构的计算单元

在排架结构的计算过程中，选择横向为计算方向，选择相邻柱距的中心线为分界线，建立计算单元（如图5-36所示），包括屋面体系、柱和基础，计算单元原则上只承担该单元内的各种荷载作用。

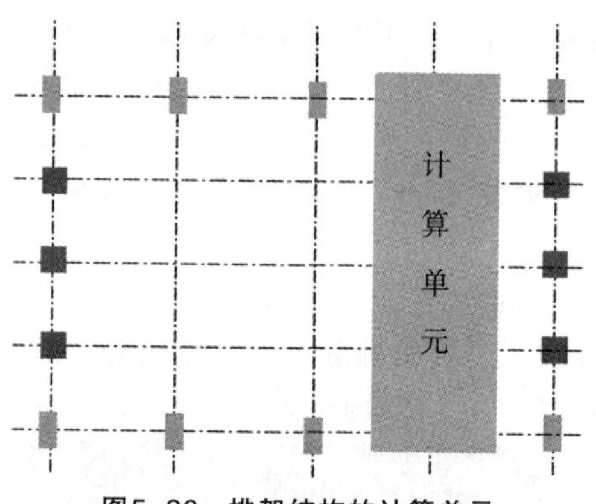

图5-36 排架结构的计算单元

2.排架结构的计算荷载

（1）荷载的种类与作用位置

排架上作用的永久荷载（如图5-37所示），主要由各种构件的自重产生：

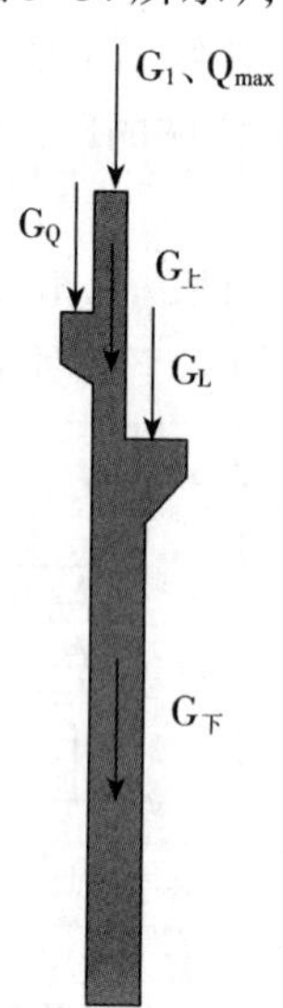

图5-37 排架上作用的永久荷载

屋面体系自重G_1，偏心作用于柱顶；墙体自重G_Q通过牛腿作用在柱上，对柱形成偏心作用；上柱自重$G_{上}$对上柱形成轴向作用，对下柱形成偏心作用；下柱自重$G_{下}$对下柱形成轴心作用；吊车梁（含轨道）G_L通过牛腿作用在柱上，对柱形成偏心作用。

排架上作用的可变荷载包括：屋面均布活荷载，即施工、检修等荷载；屋面积雪荷载（根据实际地区考虑）；屋面积灰荷载（排灰量大的生产车间、厂房）；风荷载，在侧墙与山墙形成推力或吸力，方向与墙体正交，在屋面形成吸力，垂直向上。屋面坡的两侧风荷载不同，但采用重型屋面时，该荷载可以不考虑。

对于可变荷载，需要考虑荷载的组合：根据荷载发生的可能性，均布活荷载、积灰、积雪荷载可以不同时考虑，在计算时取大值，与屋盖自重传力路径相同。

常见厂房吊车为两台桥式吊车，并根据厂房生产功能分为各种级别，从低到高。吊车的工作与运行产生的荷载（如图5-38所示），直接作用于吊车梁上，并进而通过牛腿传递至柱上。吊车运行在厂房的不同位置时，对于排架柱的荷载传递是不同的。

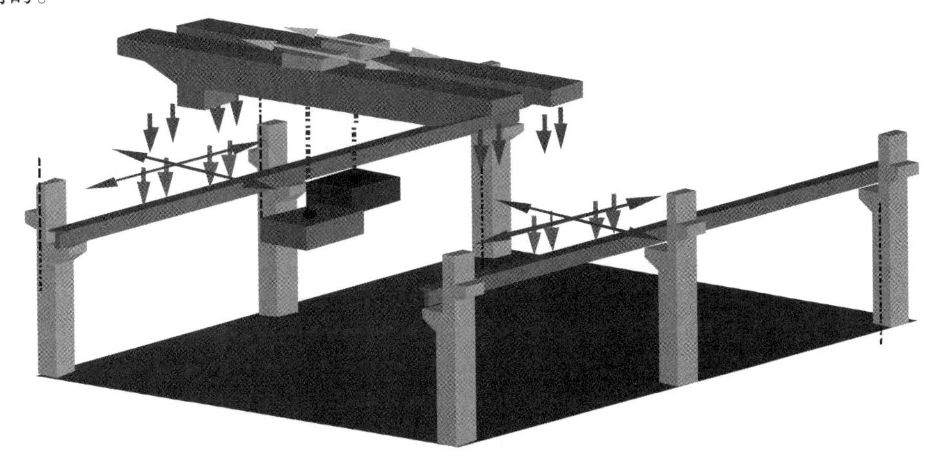

图5-38 吊车荷载

当厂房内设置一台以上的吊车时，应考虑荷载的组合与折减，原因在于，吊车同时工作、同时达到荷载最大值、同时在相同方向行驶的可能性较小。

在吊车荷载的计算中，除了按结构力学中的影响线计算两台吊车并行，在牛腿上形成最大的垂直与侧向轮压外，还要考虑由于排架的空间工作性能所形成的对于侧向作用的折减效应。这种折减效应主要源于屋面体系，当屋面体系的刚度较大或被设计成为刚性屋面体系时，屋面体系会对吊车的侧向作用形成在整个结构范围上的分担。当屋面为理想的完全刚性结构时，吊车的水平作用将被传递至其他的排架上；当屋面为一般刚性的结构时，吊车的水平作用将被按照一定的比例关系传递至其他的排架上（如图5-39所示）。

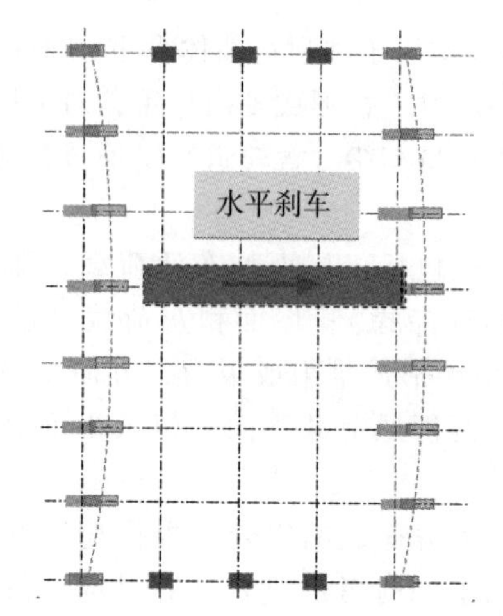

图5-39 排架整体性对水平刹车的影响

可见，屋面刚度的大小是荷载分布程度的决定因素，但要注意的是，由于排架结构跨度较大、高度较高，山墙相对较为柔弱，因此排架结构的山墙一般不作为抵抗侧向作用的构件。

（2）荷载的传递路径

排架结构的竖向荷载与水平荷载最终均由排架柱承担，并传递至基础、地基。

排架结构的竖向荷载、水平荷载传递路径如图5-40、图5-41所示，其中水平荷载传递分为横向（图5-41a）、纵向（图5-41b）两个方向。

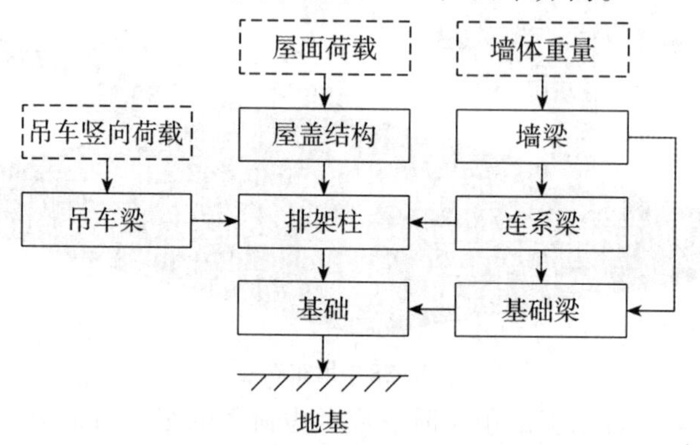

图5-40 排架结构竖向荷载传递图

三、排架结构的计算分析

1.等高排架

单列或并列的排架在侧向力的作用下，当屋面体系的水平位移相同时，该排架体系一般被称为等高排架。从等高排架的定义来看，是不是等高排架与排架的高度是否相等无关，关键在于排架的顶端——屋面体系的支点处，在外力作用下的水平方向上的位移是否相同，即$\Delta_1=\Delta_2=\Delta_3$（如图5-42a所示）。

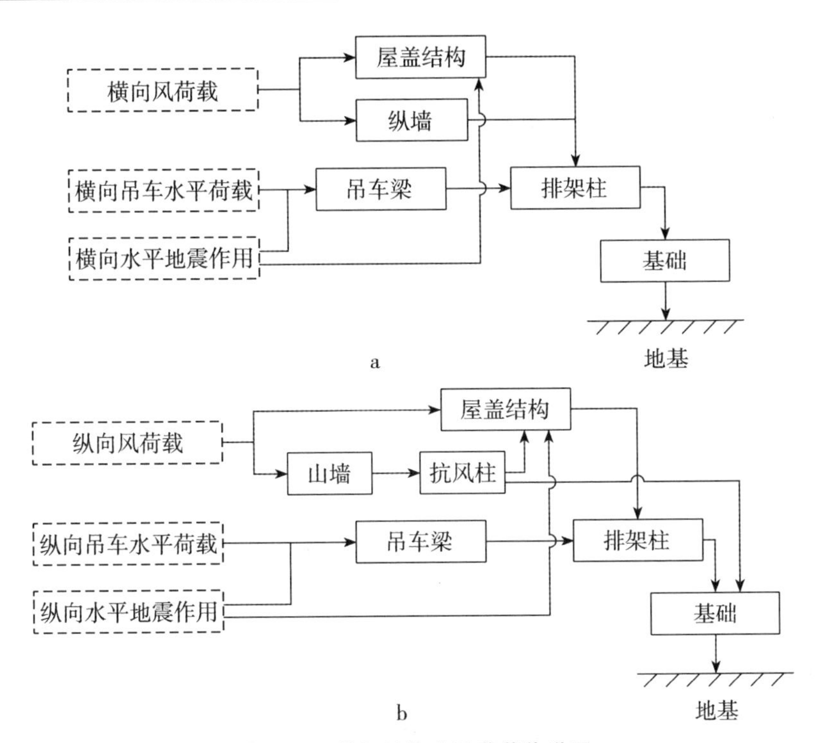

图5-41　排架结构水平荷载传递图

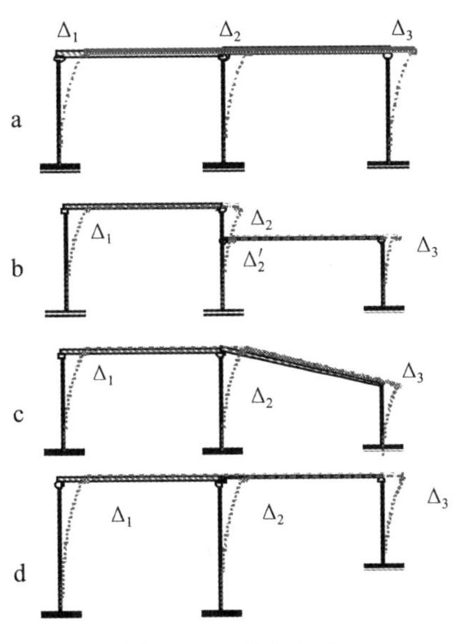

图5-42　等高排架

在图5-42中，排架b不属于等高排架，原因在于两跨排架屋面体系的支点位移不等；对于排架c与排架d，虽然初看上去排架高度不等，但实质上排架屋面体系的支点位移相等，也是等高排架。

屋面结构的轴向刚度，是等高排架计算分析的关键，只有当其轴向刚度为无穷大时，排架柱顶水平位移才能相等。因此，排架结构的屋面体系做成刚性的，而且要使用大量的支撑体系是十分必要的，不仅仅是保证屋架体系的受力问题。

2.剪力分配法

排架结构的计算，通常使用剪力分配法来进行，其基本原理在于：各柱在柱顶侧向集中力的作用下所产生的剪力，与柱的抗剪刚度成正比，其原因在于柱顶位移相同，即：

$$V_i=\frac{K_i \cdot F}{\sum K} \tag{5-2}$$

式中：

K：各柱的抗剪刚度。

$K_i/\sum K$：剪力分配系数。

各柱的抗剪刚度可以根据柱采用的材料、截面状况、高度等参数进行设计确定。

对于作用在柱顶的侧向集中荷载，可以很容易地利用公式求解出来。而对于一般荷载（非柱顶横向集中力），需要采用位移法的思路求解。

（1）设边柱柱顶处存在水平铰支座，如图5-43所示。

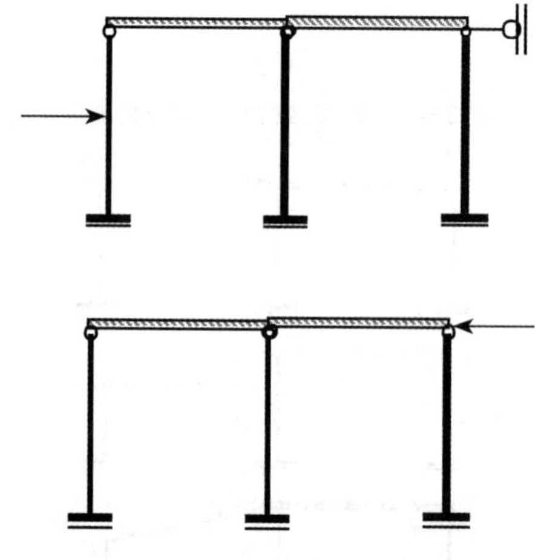

图5-43 排架计算

（2）对于承担荷载的柱，可以通过查位移法表格，求得柱端剪力，即设定支座处的水平支座反力为V。

（3）将设定的支座除去，并施加与V相反方向的力-V，并应用剪力分配法求解-V作用下的各柱的柱顶剪力。

（4）实际结构的受力，就可以视为这两种受力状态的叠加，进而可以求出每一根柱的柱顶剪力，并可以将屋面体系除去，代之以相应的力的作用。

（5）除去屋面体系的各个柱，与静定结构的悬臂梁无异，即可以求解出杆件弯矩与弯矩图。

第七节　小结

选择什么样的结构，要根据建筑的要求来确定。恰当地选择结构型式与构件尺度，是体现结构工程师专业水准的主要标志。一个建筑物的经济性通常包括下列三大方面：静态成本，维护、修缮费用，广义成本。

所谓结构的效率是指结构所固有的合理性——结构对于所承接的荷载进行传递时的简洁性、实用性与可靠性。简洁有效的传力体系是结构设计的目标，为了取得较高的承载效率，应做到提高结构传力的效率、保证结构材料的效率两个方面。结构承载的传力路线常采用三种平衡方式：直接平衡、间接平衡和迂回平衡。为了充分发挥结构材料效率，可以从选材适宜、内力及应力均匀等方面进行考虑。

概念设计是指不必要经过数值计算，依据整体结构体系与分体系之间的力学关系、结构破坏机理、震害、实验现象和工程经验所获得的基本设计原则和设计思想，从整体的角度来确定建筑结构的总体布置和抗震细部措施的宏观控制。

根据结构的概念设计原理，对于不同的建筑物需要选择不同的结构型式。建筑结构的设计方案应选用合理的结构体系、构件形式和布置：结构的平、立面布置尽量规则，各部分的质量和刚度宜均匀、连续；结构传力途径应简洁、明确，竖向构件宜连续贯通、对齐。

钢筋混凝土框架结构是多层房屋建筑经常使用的结构型式之一，该结构以其传力明确且简洁的特点，被结构工程师所青睐。框架结构体系的优点是建筑平面布置灵活，可以提供较大的建筑空间，也可以构成丰富多变的立面造型。框架结构体系是由竖向构件的柱子与水平构件的梁通过节点连接而组成的，既承担竖向荷载，又承担水平荷载（风、地震等），梁与柱连接的节点为刚节点，柱与基础连接的节点为刚性节点，特殊情况也有可能作成半铰节点或铰节点。框架结构属于高次（或多次）超静定结构，在力学计算中，通常称之为刚架。

剪力墙建筑结构中的剪力墙，是指钢筋混凝土墙片。墙体的横向尺度大从而形成较大的平面内刚度，以抵抗建筑结构中较大的侧向作用。剪力墙不仅可以单独形成结构体系，墙体同时承担重力与侧向力，而且可以与框架共同组成结构体系，分担不同的作用。此外，剪力墙还可以与其他结构形成多种结构模式（如悬挂结构等）。然而，不论在何种结构体系中，剪力墙的抗侧向力的功能都是不变的。

框架-剪力墙结构与剪力墙结构是剪力墙最常见的结构构成。其中，框架结构可以保证宽敞、灵活的建筑平面空间布置，剪力墙可以保证结构的侧向稳定性及良好的抗震性能。单纯的剪力墙结构是主要依靠剪力墙形成的结构体系。剪力墙结构侧向刚度大，适宜做较高的高层建筑。由于剪力墙的墙面较多且开孔困难，大大限制了建筑的使用空间，因此一般只在高层住宅或宾馆中使用。

排架结构是单层大跨度厂房中最普遍、最基本的结构型式，通常用于一些机器设备较重且轮廓尺寸较大的厂房。排架结构属于平面超静定结构，但与框架结构相比，超静定次数较少，手工计算较为容易。排架结构由三个主要部分组成：屋面结构、排架柱和基础。基础与柱之间为刚性联结，柱顶端与屋架之间为铰接，屋面结构的刚度为无穷大（即忽略屋面结构的轴向变形）。

■ 关键概念

结构概念设计　结构选型　框架结构　框架-剪力墙结构　剪力墙结构　排架结构

■ 复习思考题

1.建筑结构的经济性体现在哪些方面？
2.建筑结构材料的效率是如何体现的？
3.结构构件的型式有哪几类？
4.结构的延性破坏和脆性破坏的意义是什么？
5.建筑结构选型中的关键问题有哪些？
6.钢筋混凝土框架结构的受力特点是什么？应用范围有哪些？
7.框架-剪力墙结构的受力特点是什么？应用范围有哪些？
8.剪力墙的受力特点是什么？应用范围有哪些？
9.排架结构的受力特点是什么？应用范围有哪些？

第六章

钢筋混凝土跨度结构

——梁板结构体系分析

□ 学习目标

本章着重阐述钢筋混凝土梁板结构设计基本原理，要求学生掌握该结构的构成与设计分析原理、正截面受弯计算原理、斜截面计算原理，了解裂缝分析与受扭问题。

第一节　钢筋混凝土梁板结构体系的构成

梁板结构是土木工程中常见的结构型式，是在建筑结构中形成跨度的最普遍的构件。

梁板结构在房屋建筑的屋盖（或楼盖）中被广泛应用，同时也被广泛应用于桥梁的桥面结构、蓄水池的盖板等水平结构，水池池壁、地下室挡土墙等侧向构件，以及筏板基础等基础构件。梁板结构的广泛应用使其设计原理具有较为普遍的意义。

一、梁板结构的力学模型与设计原则

顾名思义，梁板结构是由梁与板所形成的结构体系。板形成了建筑上的使用平面，即楼板。如果楼板在顶层形成屋面，通常被称为屋盖结构；如果在楼层之间，形成上下层的分解，通常称为楼盖结构。梁在楼板下部托承着楼板，将楼板所承担的荷载汇集并通过两端向其支座传递，因此，梁是板的支座，而梁的支座通常为柱、墙。当然，梁也可以搭在其他梁上，构成梁承接梁的结构。但不论力的传递路径是怎样的，水平跨度构件最终都要将荷载传递至垂直构件，从而形成水平跨度构件下部的空间。

如果梁板结构的梁高不等，梁跨通常也不等，且相对的小梁以大梁为支座，通过大梁向垂直结构体系传递荷载，该类楼盖通常称为肋梁楼盖（如图6-1a所示），大小梁的组合犹如胸骨与肋骨一样。

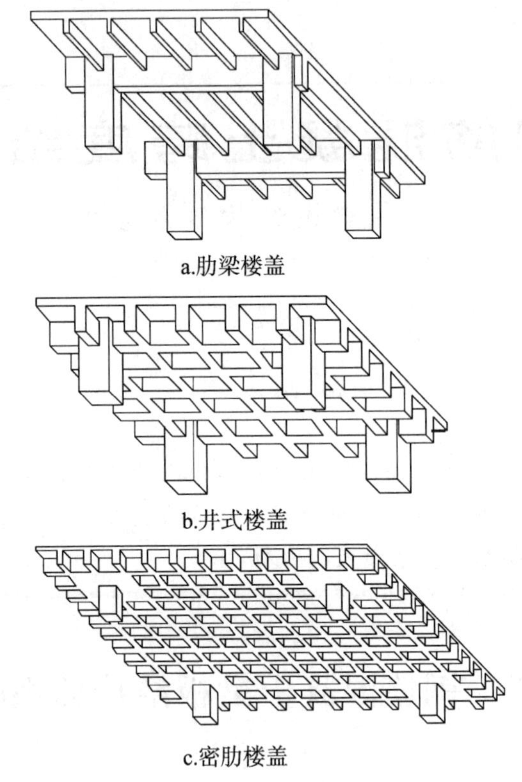

a.肋梁楼盖

b.井式楼盖

c.密肋楼盖

图6-1 楼盖的形式

如果梁板结构的梁均为等跨等高，形成井格式的结构，称为井式楼盖（如图6-1b所示）；如果井式楼盖的梁密而且小，所形成的楼盖通常称为密肋楼盖（如图6-1c所示）。

肋梁楼盖是最为普遍的楼盖形式，其传力路径明确、计算相对简单并可以化简为平面力学结构的特点，深受结构工程师的喜爱，被广泛应用在钢筋混凝土结构、砖石砌体结构中。

1.肋梁楼盖结构力学模型的形成

任何结构的力学计算模型均应包括以下几部分：杆件的简化、支座与连接的简化、荷载的简化。

（1）杆件的简化

在竖向荷载作用下，肋梁楼盖式的梁板结构侧向受力并受弯，梁可以在力学计算上简化为不同的梁式杆件——简支的或连续的（如图6-2所示）。

楼板的简化与梁相比稍微复杂些，如果板可以简化为简支梁或连续梁，应满足以下条件：首先板是矩形平面，板的受力与变形在板的宽度范围内均相同，这样对

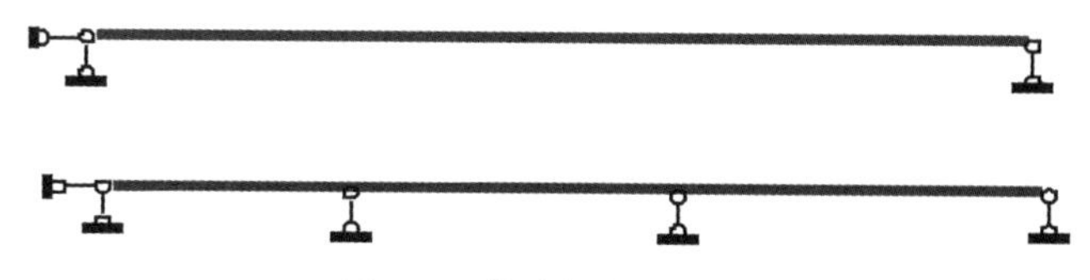

图6-2 简支梁与连续梁

于板的计算就可以选取宽度方向上的单位板宽的板带为代表，在长度方向上简化为梁式杆件。但在实际工程中，板并非完全符合这一前提条件。在假设板上的荷载在板的宽度范围内均匀分布以及板的形状必须是矩形的之外，还要具体考察板的其他条件：

①如果板是对边支承的，或单边支承而形成外伸悬臂的，可以简化为梁式结构(单向板)。也就是说，此时仅考虑板支承方向受力，而非支承方向可以分解为若干个“板带”，板带的受力类似于梁式结构（如图6-3所示）。

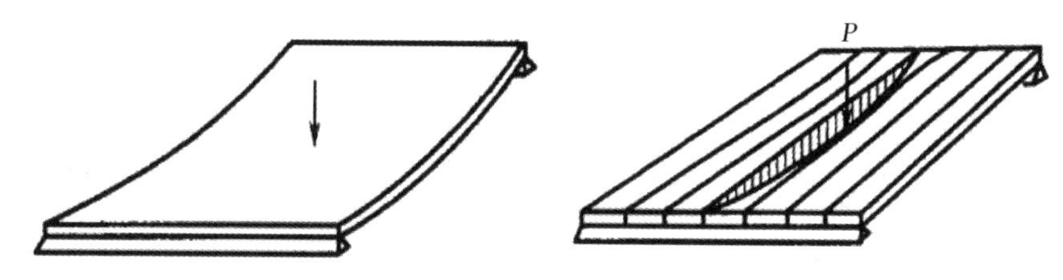

图6-3 单向板简化为梁式结构的示意图

②如果板是临边支承的，则不论荷载如何分布，均难以对其进行平面简化，其属于空间结构。在实际工程中，除非有特殊需要，这种板一般很少采用，可以以其他的板形式加以代替。

③如果板是三边或四边支承，则要看板的长边（L）与短边（B）的比例关系，或者说板的长宽比例关系。若L/B≥3，经过力学的复杂分析，可以得出以下结论：板的短向承担了绝大多数的荷载作用。因此，在工程设计与计算中，可以忽略短边的支承，仅考虑长边支承在短向的受力。三边支承板可以根据支承情况，简化为悬臂梁（B-L-B支承）或简支与连续梁（L-B-L支承）。这种板被称为单向板（如图6-4a所示）。

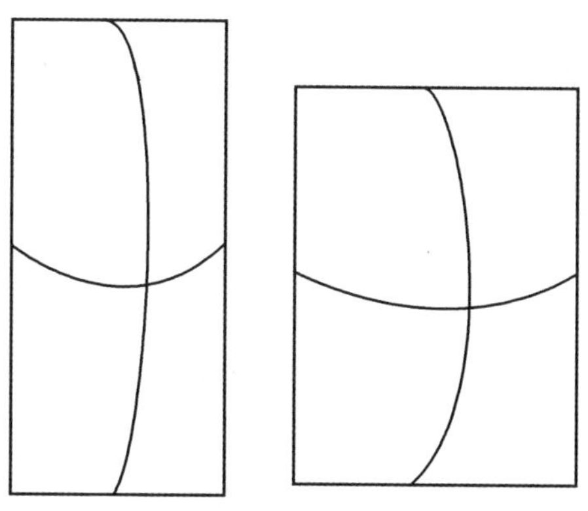

a. 单向板的变形模式　b. 双向板的变形模式

图6-4 单向板与双向板

知识拓展6-1

④如果板是四边支承，且长短边尺度关系为：L/B≤2，即长边与短边长度之比不大于2.0时，则不可以忽略短边的支承，因为长边、短边共同受力，此种板被称为双向板。双向板不能简化为梁式结构，它属于空间受力结构，较为复杂（如图6-4b所示）。而当板的长短边尺度关系为2<L/B<3，即当长边与短边长度之比大于2.0，但小于3.0时，混凝土结构规范规定宜按双向板计算。

混凝土板的设计计算原则，详见表6-1。

表6-1 **混凝土板的设计计算原则表**

支承情况		计算原则
两对边支承的板		应按单向板计算
四边支承的板	长边与短边之比不大于2.0	应按双向板计算
	长边与短边之比大于2.0，但小于3.0	宜按双向板计算
	长边与短边之比不小于3.0	宜按短边方向单向板计算，并沿长边方向布置构造钢筋

（2）支座与连接的简化

除了连续梁与简支梁的梁本身之外，梁的支座简化也是需要考虑的复杂问题。

由于设计者在选取力学计算简图时，将板与梁整体连接的支承假定为理想的自由铰支座——支座仅具有平动位移的约束作用，不具有转动位移的约束，因此这类支座没有弯矩的约束作用。这其实是忽略了实际结构——钢筋混凝土的整浇体系，忽略了次梁对板、主梁对次梁的弹性约束作用。在实际结构体系中，支座不仅能够提供垂直支承，更可以提供抵抗弯矩的作用，作为支座的梁不仅受弯，而且可能受扭。也就是说，事实上实际支座为约束铰支座（如图6-5所示）。由于支座的约束作用，实际工程的连续梁支座的转角位移要小于理想状态的连续梁支座转角。类似的情况也不同程度地发生在次梁与主梁之间。

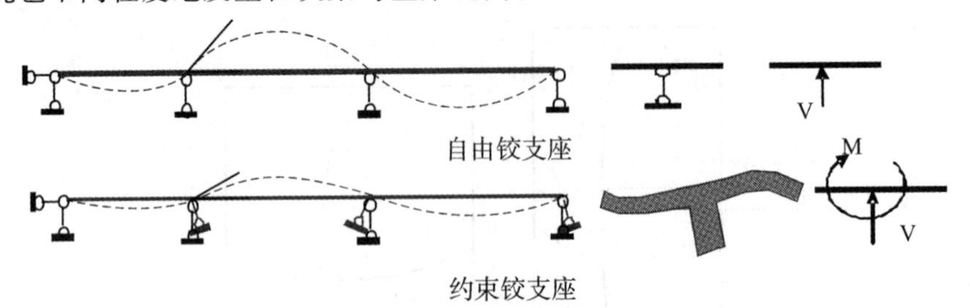

图6-5 支座的简化

约束支座的简化与约束力矩的确定较为复杂，通常采用荷载调整的办法。由于约束作用，使得支座处的转角减小，因此梁跨中的垂直位移也会减小，这与减小梁上荷载是在一定程度上等效的。因此，设计时在荷载总值不变的情况下，可以采用调整荷载分布的方式，还原结构的变形状态，以折算荷载代替实际荷载。

对于板来讲，其刚度较小，梁的约束作用较为明显，荷载调整幅度较大：计算恒荷载分布集度 $g'=g+q/2$；计算活荷载分布集度 $q'=q/2$。

对于次梁来讲，其刚度较大，主梁的约束作用较为弱，荷载调整幅度较小；计算恒荷载分布集度 $g'=g+q/4$；计算活荷载分布集度 $q'=3q/4$。

对于主梁，如果其支撑结构为砖石砌筑墙体，其约束作用极小，可以忽略；但是如果其支座为钢筋混凝土柱或墙，则要加以考虑。通常混凝土柱或墙是与主梁刚接的，柱对主梁弯曲转动的约束能力取决于主梁线刚度与柱（墙）线刚度之比，当比值较大时，支承体系对于梁的约束能力较弱。一般认为，当主梁的线刚度（EI/L）与柱子线刚度之比大于5时，可忽略这种影响，按连续梁模型计算主梁；否则，应按梁、柱刚接的框架模型计算。

作为支座的另一个问题，是梁在侧向力作用下会产生垂直位移，这与支座的绝对支承状况不相符。一般来讲，刚度的差异减小了这种影响，肋梁楼盖结构可以忽略；然而对于井格楼盖与密肋楼盖结构，这种影响是不能忽略的，较为复杂。

梁、板的计算跨度——支座的间距，是在计算弯矩时所应取用的跨间长度，理论上应取为该跨两端支座处转动点之间的距离。在设计中，当按弹性理论计算时，计算跨度一般取两支座反力之间的距离；当按塑性理论计算时，计算跨度则由塑性铰位置确定。梁计算跨度的取值方法见表6-2。

表6-2　**梁计算跨度的取值方法表**

支承情况	计算跨度 l_0	
	梁	板
两端与梁（柱）整体连接	净跨 l_n	净跨 l_n
两端支承在砖墙上	$1.05l_n$（$\leq l_n+b$）	l_n+h（$\leq l_n+a$）
一端与梁（柱）整体连接，另一端支承在砖墙上	$1.025l_n$（$\leq l_n+b/2$）	$l_n+h/2$（$\leq l_n+a/2$）

注：表中 b 为梁的支承宽度；a 为板的搁置长度；h 为板厚。

（3）荷载的简化

单向板肋梁楼盖所承担的荷载以分布荷载为主，不论恒荷载还是活荷载，除非特殊集中荷载，一般荷载均按照均匀分布荷载考虑。

由于沿板长边方向的荷载分布相同，因此在计算板的荷载效应（内力）时，选取1m宽度的单位板宽（即b=1 000mm）及其所承担的分布荷载为计算单元。板支承在次梁或墙上，其支座按不动铰支座考虑。

次梁承受板传来的荷载以及次梁的自重，选取相邻次梁中心线范围内的荷载来计算承担荷载，次梁支承在主梁上，其支座按不动铰支座考虑。

主梁承受次梁传来的荷载以及主梁的自重。次梁传来的荷载即为次梁的支座反力，为集中荷载；主梁的自重为均布荷载。由于主梁自重所占荷载比例较小，可简化为集中荷载计算，因此主梁的荷载均可按集中荷载考虑。

荷载的传递路径为：板直接承担荷载并将其传递给次梁，板与次梁承担的是均布荷载；次梁将荷载传递给主梁，主梁承担的是均布（自重）与集中荷载（次梁传来）（如图6-6所示）。

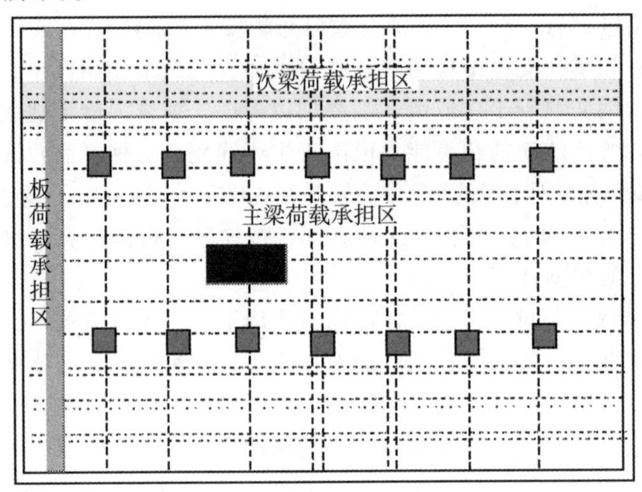

图6-6 肋梁楼盖荷载传递模式

2.梁式结构的弹性与塑性设计原则

在实际工程中，杆件与结构的破坏是一个非常复杂的概念性问题，尽管“屈服”是认定材料强度达到极限的标准，但是不能简单地以一点的屈服作为截面达到极限的判断标准，同样也不能以一个截面发生屈服作为杆件达到承载极限的判断标准，更不能以一个杆件发生屈服作为结构达到承载极限的判断标准。

虽然材料达到屈服时会产生塑性变形，但是其承担荷载的能力却不会因屈服而降低。正是由于这种在承载力不降低的基础之上的变形，促使其他的点、截面与杆件相继进入屈服阶段（如图6-7所示）。只有出现使得截面、杆件或结构不能继续承担外力的屈服时，结构才是真正的极限状态。

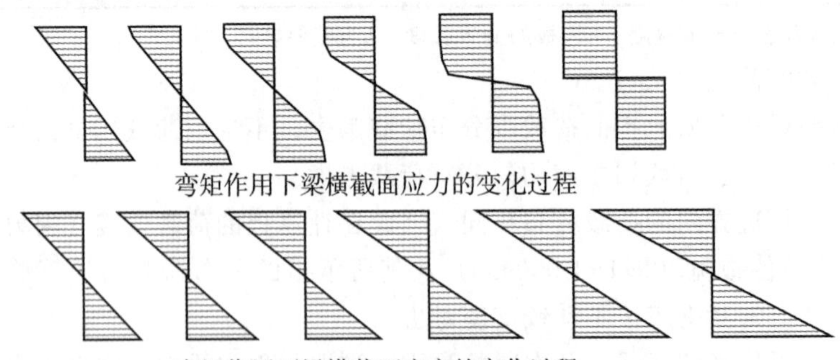

图6-7 弯矩作用下梁横截面应力与应变的变化过程

简单地以一个截面的极限状态作为杆件极限状态，以一个杆件的极限状态作为整个结构极限状态的设计判断标准的设计原则被称为弹性设计原则。对于静定结构，这种弹性设计原则是有效的。但是对于超静定结构，由于多种约束的存在，尽管某一个截面或杆件进入了塑性，但整体结构仍有可能可以继续承担荷载，直到其他杆件也相应出现塑性，并使整体结构成为机构时，才达到承载力的极限。基于此建立的是结构的塑性设计原则。

当截面进入塑性后，材料屈服的出现使截面所在梁段变形加大，截面转动效果十分明显，出现类似于铰一样的区域。这被称为“塑性铰”：结构中某一截面在弯矩作用下进入塑性后，并不失去其承载力，可以视为可以承担一定弯矩作用并可以保证一定变形能力的铰。

塑性铰的变形是由于杆件的某一个区域进入塑性所产生的，故被称为“区域性铰”。因此，塑性铰相对于普通铰节点而言，并非“点铰”，而是区域性铰（如图6-8所示）。当A-A截面在外力作用下开始出现屈服时，其截面弯矩为M_1；弯矩继续增加，A-A截面屈服变形加大，并且在该截面两侧的部分区域也相继进入屈服阶段；当A-A截面完全屈服后，不能再承担荷载时，其截面弯矩为M_2，该梁完全达到极限状态。此时在L长度区域范围内的截面均会有不同程度的屈服发生，即塑性铰区域。

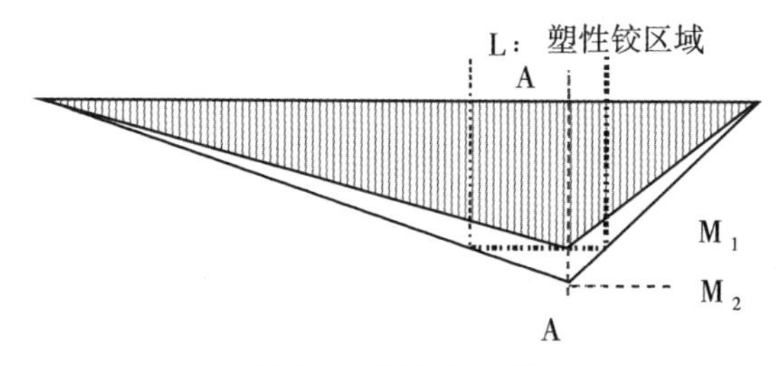

图6-8　塑性铰区域

因为是在较高的特定荷载状态下出现的，因此塑性铰仅仅是单向转动的铰，与自由转动的普通铰不同。

因此，可以这样理解塑性铰：塑性铰可以传递弯矩作用，非自由铰；塑性铰只能在弯矩作用下单向转动，不能反向转动；塑性铰是一个区域性铰。

超静定结构的某个截面或节点成为塑性铰后，仍具有承载力，直至出现的塑性铰将结构转化为机构时，结构才被认为是破坏。此时的结构与没有塑性铰时的结构大有不同，内力分布规律会发生改变，与力学计算的初步假定不同。这种现象，称为塑性内力重分布。

如图6-9所示，两跨连续梁在荷载作用下，根据力学原理，中间支座截面弯矩最大，并最先开始出现屈服，出现塑性铰（如图6-9a所示）。根据塑性铰的原理，并假设该处弯矩不再增加，整个结构仍可以继续增加荷载，对于增加的荷载ΔF，结构就如同两跨简支梁，其弯矩承担值为$\Delta M=M_{max}-M_1$（如图6-9b所示）。此时，三个弯矩极值点均达到强度极限，均形成塑性铰，整个结构形成机构，最终破坏。最终结构的弯矩图如图6-9c所示。该弯矩图与按力学原理直接计算的弯矩图有所不同。

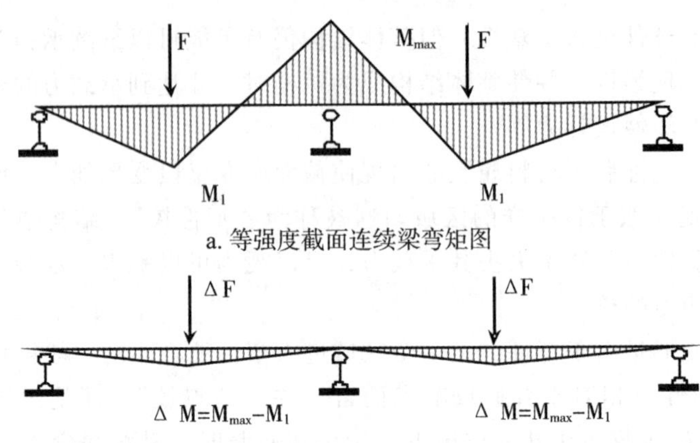

b. M_{max} 处塑性铰形成并再增加荷载时，梁内弯矩增加状况

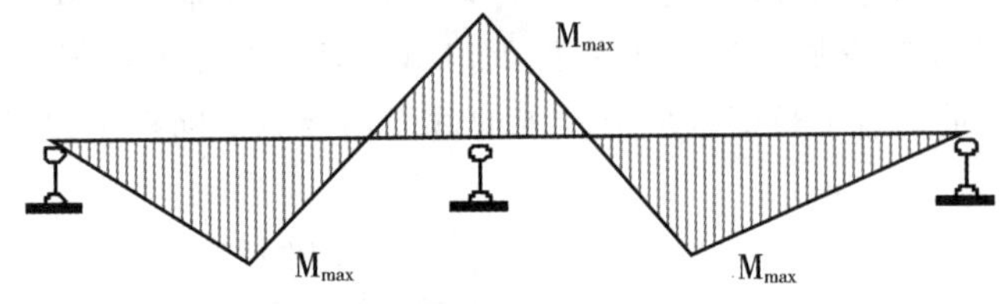

c. 梁内最终的弯矩状况

图6-9　梁的塑性内力重分布

该设计原则就是塑形设计原则——在充分考虑结构塑性内力的重分布所产生的承载能力增加的基础上进行设计的方法。

在具体设计中，还可以人为地调整各个截面的承载能力与出现塑性铰的次序，以使各个内力极值截面同时进入塑性状态，即同时破坏，这称为“等强度设计原则”。利用等强度原则进行设计可以使结构的承载效率大大提高，从而节约材料。

在设计中，应根据结构所处的位置与重要程度进行塑性设计：重要的构件与结构采用弹性设计原则，次要的构件与结构采用塑性设计原则。在梁板结构中，板与次梁多采用塑性设计原则，主梁多为弹性设计原则。

由于塑性设计时会考虑材料的塑性变形，故而实际结构在使用中会产生较大的变形与裂缝，因此，使用时不允许出现裂缝和受侵蚀作用的结构、轻质混凝土与特殊混凝土结构，预应力与叠合构件一般不允许采用塑性设计原则。

按塑性理论计算的构件承载力要稍大于按弹性理论计算的结果，因此直接承担动荷载的构件也不采用塑性设计原则。

二、板的基本构造

1.几何尺度

为了保证板的刚度、避免其挠度过大，板应该具有一定的厚度。板的厚度通常与板的跨度及所受的荷载有关。常规的单向板板厚不小于其跨度的1/30（简支梁式结构）、双向板板厚不小于1/40。无梁支承的有柱帽板的跨厚比通常不大于35，无梁支承的无柱帽板不大于30。预应力板可适当增加；当板的荷载、跨度较大时宜适当减小。由于楼板的重量较大，为减轻因自重产生的荷载，在满足基本刚度要求的前提下，板应尽量薄一些。

一般来讲，常规结构的板厚度一般不小于80mm；如果板搁置于墙上，则搁置长度不小于120mm。板的钢筋现在多使用冷轧带肋的钢筋作为受力钢筋，钢筋间距为70mm~200mm（板厚h<150）；h>150时，间距不大于1.5h。

现浇钢筋混凝土板的最小厚度，详见表6-3。

表6-3 **现浇钢筋混凝土板的最小厚度**

板的类别			最小厚度（mm）
单向板	屋面板		60
	民用建筑楼板		60
	工业建筑楼板		70
	行车道下的楼板		80
双向板	密肋楼盖	面板	50
		肋高	250
	悬臂板	悬臂长度不大于500mm	60
		悬臂长度1 200mm	100
无梁楼板			150
现浇空心楼盖			200

2.受力钢筋配置

如果板中受力钢筋的直径为8mm，间距100mm，则板的配筋在图纸中可以表示为Φ8@100。如果板内钢筋有弯折，则弯起角度一般为30°，当板厚大于120mm时，弯起角度为45°（如图6-10所示）。

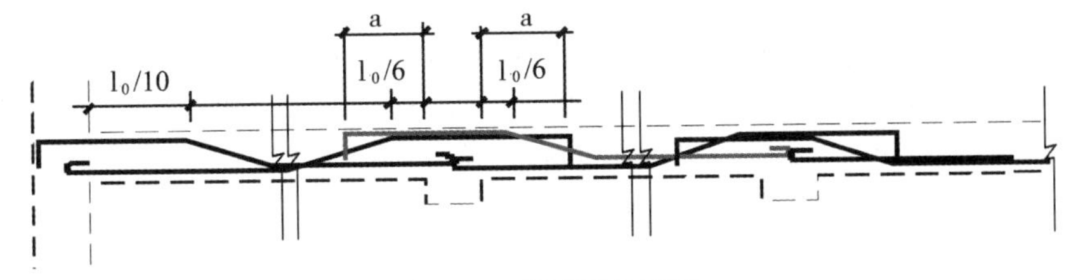

图6-10 板配筋示意图

当板所承担的活荷载与永久荷载的比值小于等于3时，$a=l_0/4$；大于3时，$a=l_0/3$。

在实际工程中，板的纵向受拉钢筋常采用HRB335级、HRB400级的带肋钢筋，常用直径是8mm、10mm和12mm等，其中现浇板的板面钢筋直径不宜小于8mm。为了便于浇筑混凝土，保证钢筋周围混凝土的密实性，板内钢筋间距不宜太密；为了正常地分担内力，也不宜过稀。钢筋的间距一般为70mm~200mm，当板厚h≤150mm，钢筋间距不宜大于200mm；当板厚h>150mm，钢筋间距不宜大于1.5h，且不应大于250mm。

3.构造钢筋配置

除了需要通过设计计算确定的受力钢筋外，板中还需要布置一些构造钢筋，这类构造钢筋是不需要进行设计计算的。构造钢筋必须放置，以承担那些在计算中忽略的应力，同时使计算与实际受力状态更加一致（如图6-11所示）。

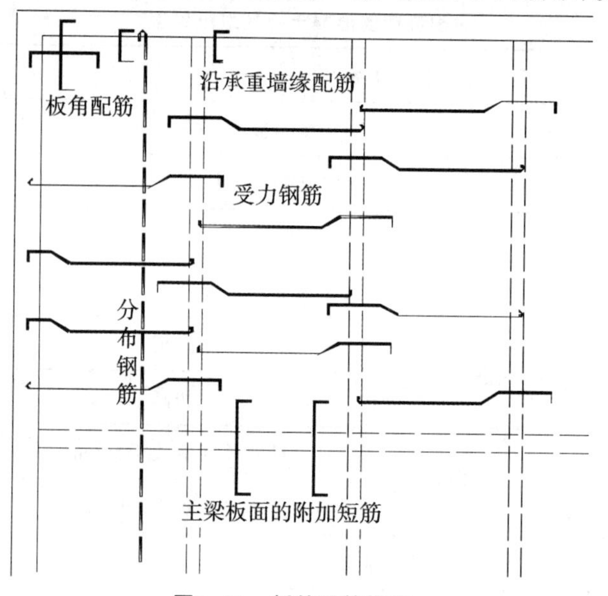

图6-11 板的配筋构造

（1）分布钢筋

分布钢筋是板中的构造钢筋之一，其作用为：浇筑混凝土时固定受力钢筋的位置；抵抗收缩和温度变化所产生的内力；承担并分布板上局部荷载产生的内力；承担板沿着长跨方向实际存在的某些弯矩等。

板内纵向受力钢筋应与分布钢筋相垂直，并放在外侧，分布钢筋宜采用HPB300级光圆钢筋和HRB335级带肋钢筋，常用直径是6mm和8mm等。单位长度上分布钢筋的截面面积不应小于单位宽度上受力钢筋截面面积的15%，分布钢筋的间距不宜大于250mm，直径不宜小于6mm。温度变化较大或集中荷载较大时，分布钢筋的截面面积应适当增加，其间距不宜大于200mm。

（2）沿承重墙缘配筋

嵌入承重墙内的板，墙体的约束作用会在其局部产生负弯矩，而使板顶出现开裂，因此应沿墙每米配置不少于5Φ6的钢筋，其伸入墙边长度不小于$l_0/7$。

（3）板角配筋

两边嵌入墙内的板角部分，会在弯矩作用下产生翘曲，因此在板面双向配置5Φ6的构造筋，伸出墙边长度不小于$l_0/4$。

（4）主梁板面的附加短筋

板中受力钢筋与主梁的肋平行，在靠近主梁附近，部分荷载将由板直接传递给主梁从而产生一定的负弯矩。为防止板与梁肋相连附近出现裂缝或裂缝开展过宽，应在板面沿梁肋配置构造筋。构造筋的数量为每米不少于5Φ6，其单位长度内的总截面面积应不小于板中单位长度内受力筋截面积的1/3，伸出梁边长度不小于$l_0/4$。

4.板的混凝土保护层

为了保护钢筋，防止钢筋锈蚀、火烧而失去强度，以及加强钢筋与混凝土之间的黏结力，钢筋的外缘到构件表面应留有一定的厚度作为保护。因此，结构构件中钢筋外边缘至构件表面范围用于保护钢筋的混凝土，被称为混凝土保护层（concrete cover），简称保护层。保护层的最小厚度由构件的类别、环境、混凝土的强度等级决定，通常在露天或潮湿的环境内，保护层厚度要求相应的增加。一般情况下，构件中受力钢筋的保护层厚度不应小于钢筋的直径d，板的最外层钢筋的保护层厚度不应小于15mm，混凝土强度等级不大于C25时，保护层厚度不应小于20mm。

三、梁的基本构造

1.几何尺度

梁的截面宜采用对称形式，常用的截面形式为矩形、“T”形及“工”形等。梁的截面高度（h）与跨度（l）及所受的荷载有关，对于矩形截面，为了保证梁的刚度，跨高比为1/12~1/8，连续梁可以达到1/15。同时，为了保证受力的效果，截面高宽比（h/b）宜在2~3；同时，普通钢筋混凝土梁的跨度不宜大于9m。

2.受力钢筋配置

普通建筑结构梁中，纵向受力钢筋宜采用HRB400级、HRBF400级的钢筋，特殊大型结构采用HRB500级、HRBF500级的钢筋，常用直径为14mm、16mm、18mm、20mm、22mm和25mm，根数通常不少于3根或4根。设计中若采用两种不同直径的钢筋，钢筋直径应相差至少2mm，以便于在施工中能用肉眼识别。

对于绑扎的钢筋骨架，其纵向受力钢筋的直径：当梁高为300mm及以上时，不应小于10mm；当梁高小于300mm时，不应小于8mm。

为了便于浇筑混凝土以保证钢筋周围混凝土的密实性，梁底纵筋的净间距不宜小于钢筋直径，也不宜小于25mm；梁顶纵筋的净间距不宜小于钢筋直径的1.5倍，且不宜小于30mm。

为了满足这些要求，梁的纵向受力钢筋有时须放置成两层，甚至多于两层。上、下钢筋应对齐，不能错列，以方便混凝土的浇捣。当梁的下部钢筋多于两层时，从第三层起，钢筋的中距应比下面两层的中距增大一倍。

梁的箍筋多采用HPB300级和HRB335级的钢筋，特殊情况下采用HRB400级的钢筋，常用直径是6mm、8mm和10mm，一般箍筋间距在150mm~250mm之间。

纵筋表示为nΦm，其中，n表示钢筋数量，m表示钢筋直径。箍筋表示为Φb@x，其中，b表示钢筋直径，x表示箍筋间距。上述这些关于钢筋配置的数据需要计算确定。

3.构造钢筋配置

如图6-12a所示，梁角部纵向要配置相应的架立钢筋，以保证箍筋的位置并传递箍筋的荷载。架立钢筋直径不宜小于8mm；当梁的跨度等于4m~6m时，不宜小于10mm；当梁的跨度大于6m时，不宜小于12mm。

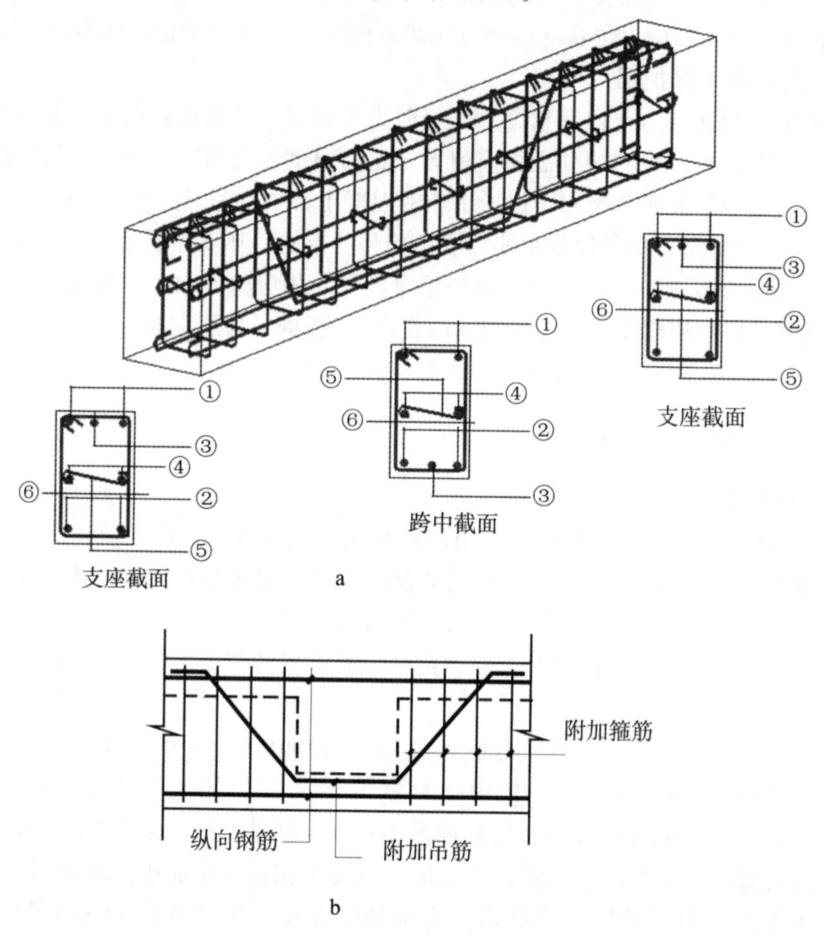

图6-12 梁的钢筋构造

图6-12a中的各个钢筋为：

①梁顶钢筋：跨端部承担梁顶弯矩作用，跨中主要起架立箍筋作用，也可以在需要时充当受力筋（承担负弯矩）。

②梁底钢筋：主要承担弯矩作用的受力钢筋。

③弯起钢筋：将纵向钢筋弯起而成形的钢筋，在梁跨端的负弯矩较大时，在梁顶发挥效用（承担负弯矩）；在跨中正弯矩较大时，在梁底发挥效用（承担跨中弯矩），弯曲段可以承担剪力。

④腰筋（侧面构造钢筋）：用于增加梁内钢筋骨架的刚性，增强梁的抗扭能力，承受侧面发生的温度变形。当梁高大于700mm时，在梁的梁侧沿高度方向每隔300mm~400mm设置一根不小于10mm的构造钢筋，并用S形的拉结钢筋固定。

⑤拉筋：主要用于固定腰筋，并承担横向温度应力。

⑥箍筋：承受梁的剪力，连系梁内的受拉及受压纵向钢筋使其共同工作，固定纵向钢筋的位置，便于浇筑混凝土。宜采用HPB300级、HRB335级的钢筋。

当主次梁相接时，在主梁中次梁的位置上要附加吊筋与箍筋，以便使次梁的荷载更好地分担在主梁上（如图6-12b所示）。

4.梁的混凝土保护层

梁的混凝土保护层的最小厚度由环境、混凝土的强度等级决定，通常在露天或潮湿的环境内，保护层厚度要求相应的增加。一般情况下，构件中受力钢筋的保护层厚度不应小于钢筋的直径d，梁的最外层钢筋的保护层厚度不应小于20mm，混凝土强度等级不大于C25时，保护层厚度不应小于25mm。梁的混凝土保护层厚度具体数据详见附录2-7。钢筋混凝土梁的配筋净距、保护层厚度及有效高度等构造要求，详见图6-13。

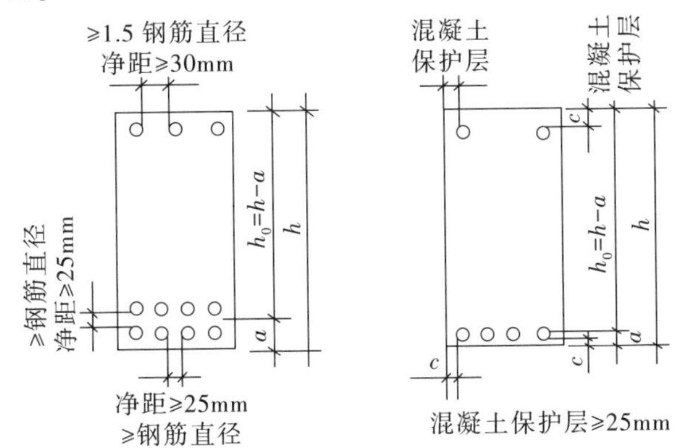

图6-13　钢筋混凝土梁的配筋净距、保护层及有效高度示意图

第二节　钢筋混凝土梁式结构的正截面设计

钢筋混凝土梁式结构的破坏分为正截面、斜截面与扭转三类基本破坏以及三种原因共同产生的复合破坏。三种破坏分别主要产生于弯矩、剪力与扭矩的作用。尽管钢筋混凝土属于复合型材料，但是在受力状态、破坏过程与特征上来看，仍具有部分材料力学的基本特点，因此可以采用材料力学的基本分析方法对其进行分析，并根据工程实验对理论分析进行相应的校核，从而形成理论-实验模式的计算理论。

钢筋混凝土梁式结构的正截面破坏的计算相对偏于理论分析，是钢筋混凝土结构的基础；斜截面与扭转破坏的计算相对偏于实验总结分析。

一、钢筋混凝土梁的正截面受弯的实验分析

1.正截面受弯承载力实验方法

混凝土受弯构件由两种物理力学性能不同的材料组成，有明显屈服特性的钢筋是

弹塑性材料，混凝土是弹塑黏性材料，且抗拉强度较差，极易开裂。因此，混凝土受弯构件和材料力学中所讨论的弹性、匀质、各向同性梁的受力性能有很大的不同。

实验构件为一钢筋混凝土简支梁（如图6-14所示），为消除剪力对正截面受弯的影响，采用两点对称的加载方式。使两个对称的集中力之间的截面，在忽略自重的情况下，只承受纯弯矩而无剪力，称之为纯弯曲段，从而在正截面的弯曲破坏研究中剔除剪力所产生的影响。

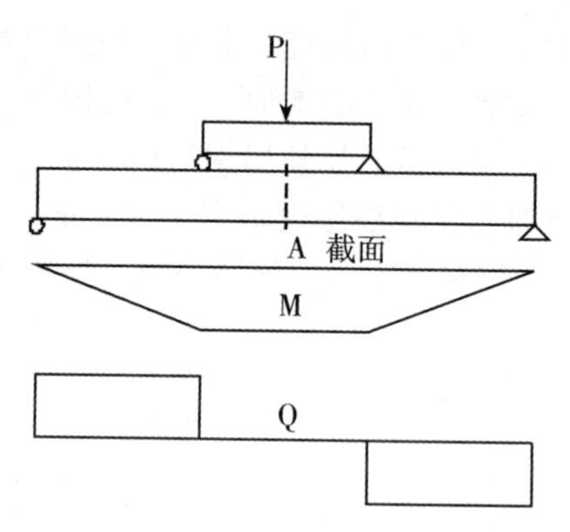

图6-14 受弯构件正截面实验示意图

荷载是逐级施加的，由零开始直至梁正截面受弯破坏。正如材料力学中所了解的，当梁受弯时，其梁底一侧的材料是承受拉力作用的，而相对一侧则承担压力。由于混凝土抗拉能力较弱，因此在受拉区配置相应的抗拉钢筋以抵抗拉力。在实验构件的底部受拉区配有适当的钢筋，并在承受剪力的区域配置相应的钢筋，使其不至于受剪破坏。实验中观测应变和变形，裂缝的出现和开展，记录特征荷载，直至梁发生破坏。

2.适筋梁受弯承载力的实验过程

根据实验过程绘制的弯矩与变形的相关图如图6-15所示。可以看出一个配筋适中的混凝土梁从加载到破坏经历了三个主要受力阶段：弹性阶段（Ⅰ）、带裂缝工作阶段（Ⅱ）、破坏阶段（Ⅲ），详见图6-16。

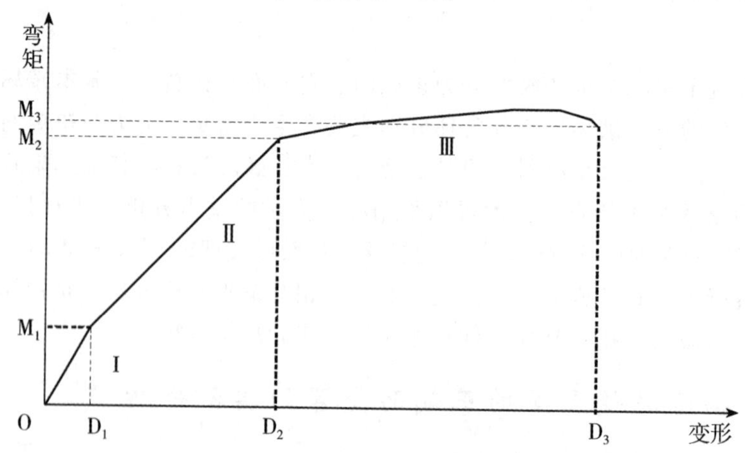

图6-15 弯矩与变形的相关图

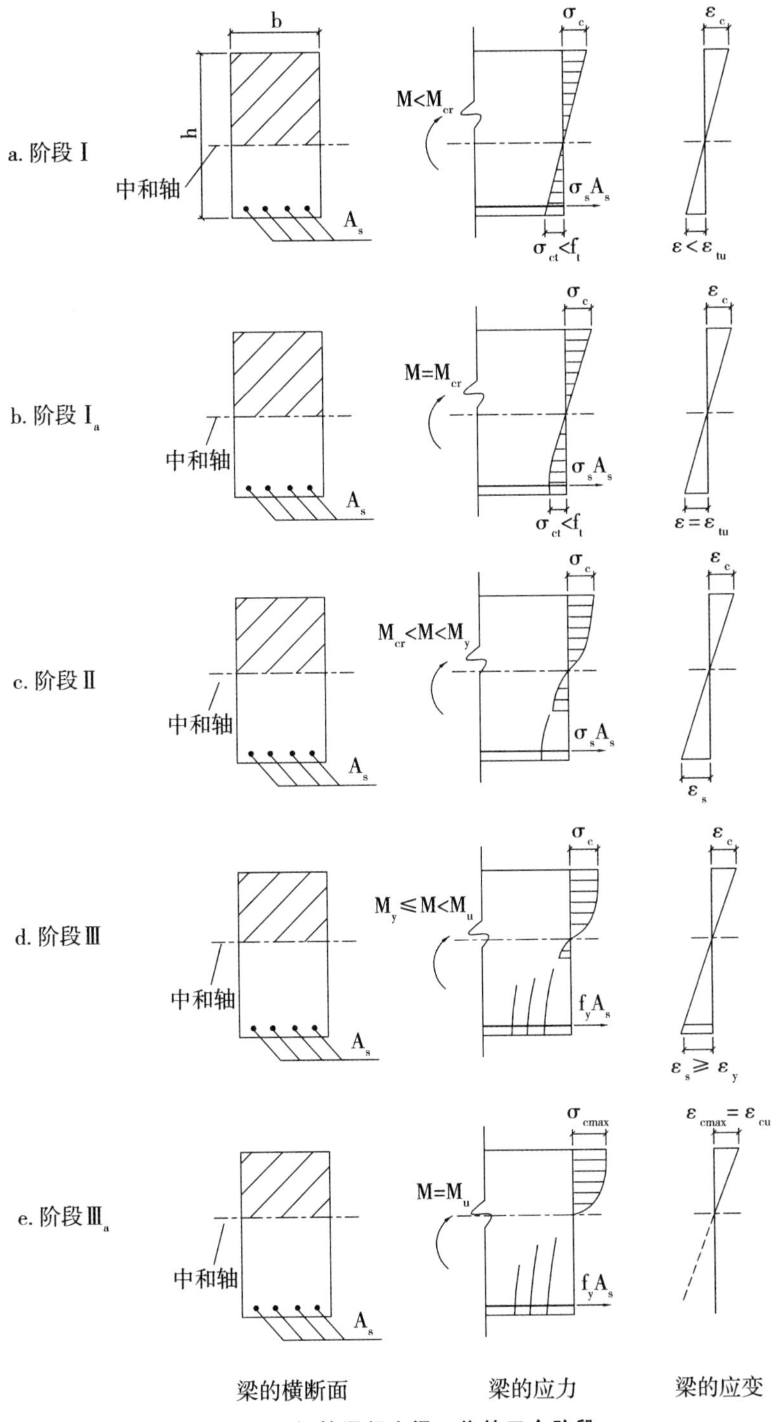

图6-16　钢筋混凝土梁工作的三个阶段

当弯矩较小时，截面曲率或梁的跨中挠度与弯矩的关系接近直线变化，这时的工作特点是梁尚未出现裂缝，此为第Ⅰ阶段。当弯矩达到某一量值后，受拉区部分混凝土的拉应力达到极限，开裂并退出工作，第Ⅰ阶段结束。

继续增加荷载，受压区混凝土受压，受拉区以钢筋受拉为主，梁底部不断出现新的裂缝。随着裂缝的出现与不断开展，挠度的增长速度较开裂前要快。这时的工作特点是梁带有裂缝，称为第Ⅱ阶段。弯矩-变形关系曲线上也明显地呈现出第一个转折点。当弯矩进一步增大，受拉钢筋开始屈服时，第Ⅱ阶段结束。继续增加荷载，钢筋屈服，则钢筋的拉应力不再增加，但屈服后的变形加大，促使裂缝开展，弯矩-变形关系曲线上也随即出现了第二个明显转折点。

在第Ⅲ阶段中，钢筋已经屈服，变形迅速增大，梁的裂缝急剧开展，挠度和截面曲率骤增。混凝土受压区迅速减小，受压区混凝土逐渐被压碎，梁的正截面完全失去受弯承载力而破坏。

可见，弯矩-变形关系曲线上有两个明显的转折点，故适筋梁正截面受弯的全过程可划分为三个阶段——弹性阶段（I）（未裂阶段I）、带裂缝工作阶段（Ⅱ）和破坏阶段（Ⅲ），三个阶段的临界分别为Ⅰ_a、Ⅱ_a、Ⅲ_a阶段。

3.适筋梁正截面的三个受力阶段分析

（1）第Ⅰ阶段（弹性阶段）

第Ⅰ阶段，即为混凝土开裂前的未裂阶段。

刚开始加载时，由于弯矩很小，沿梁高测量到的梁截面上各个点的应变也小，且应变沿梁截面高度为直线变化——符合平截面假定。由于应变很小，这时梁的工作情况与匀质弹性体梁相似，混凝土基本上处于弹性工作阶段，应力与应变成正比，受压区和受拉区混凝土应力分布图形为三角形（如图6-16a所示）。

弯矩继续增大，当增加到M_{cr}时，受拉区边缘混凝土的应变值即将到达混凝土受弯时的极限拉应变实验值ε_{tu}，截面遂处于即将开裂状态，称为第Ⅰ阶段末，用Ⅰ_a表示（如图6-16b所示）。此时受压区边缘应变量测值相对还很小，故受压区混凝土基本上仍处于弹性工作阶段。

第Ⅰ阶段的特点是：混凝土没有开裂；受压区混凝土的应力图形是直线；弯矩与截面曲率基本上是直线关系。

第Ⅰ阶段末（I_a）可作为受弯构件抗裂度的计算依据。

（2）第Ⅱ阶段（带裂缝工作阶段）

第Ⅱ阶段，即为混凝土开裂后至钢筋屈服前的裂缝阶段。

当$M=M_{cr}$时，在纯弯段抗拉能力最薄弱的某一截面处，当受拉区边缘混凝土的拉应变值到达混凝土极限拉应变实验值时，将首先出现第一条裂缝，一旦开裂，梁即由第Ⅰ阶段转入第Ⅱ阶段工作（如图6-16c所示）。

在裂缝截面处，混凝土一开裂，就把原先由它承担的那一部分拉力转给钢筋，使钢筋应力突然增大许多，因此裂缝出现时梁的挠度和截面曲率会突然增大，同时裂缝具有一定的宽度，并将沿梁高延伸到一定的高度。裂缝截面处的中和轴位置也将随之上移，在中和轴以下裂缝尚未延伸到的部位，混凝土虽然仍可以承受小部分的拉力，但受拉区的拉力主要由钢筋承担。

由于受压区混凝土应变不断增大，受压区混凝土应变增长速度比应力增长速度快，塑性性质逐渐表现出来，受压区应力图形逐渐呈曲线变化。当弯矩继续增大到M_y时，促使受拉钢筋应力达到屈服强度f_y，称为第Ⅱ阶段末，用$Ⅱ_a$表示。

第Ⅱ阶段是截面混凝土裂缝发生、开展的阶段，在此阶段中，梁是带裂缝工作的。其受力特点是：在裂缝截面处，受拉区大部分混凝土退出工作，拉力主要由纵向受拉钢筋承担，但钢筋没有屈服；受压区混凝土已有塑性变形，但还不够充分，压应力图形为只有上升段的曲线；弯矩与截面曲率是曲线关系，截面曲率与挠度增长速度加快。

第Ⅱ阶段可以作为结构正常使用极限状态的验算，即裂缝与变形验算。

（3）第Ⅲ阶段（破坏阶段）

第Ⅲ阶段，即为钢筋开始屈服至截面破坏的破坏阶段。

纵向受力钢筋屈服后，正截面就进入第Ⅲ阶段工作。钢筋屈服，截面曲率和梁的挠度也突然增大，裂缝宽度随之扩展并沿梁高向上延伸，中和轴继续上移，受压区高度进一步减小。这时受压区混凝土边缘应变也迅速增长，塑性特征将表现得更为充分，受压区压应力图形更趋丰满（如图6-16d所示）。

当弯矩再增大至极限弯矩实验值M_u时，称为第Ⅲ阶段末，用$Ⅲ_a$表示。此时，边缘压应变达到（或接近）混凝土受弯时的极限压应变实验值ε_{cu}，标志着截面已开始破坏（如图6-16e所示）。

在第Ⅲ阶段整个过程中，钢筋所承受的总拉力大致保持不变，但由于中和轴逐步上移，内力臂（钢筋合力中心线与混凝土合力中心线的距离）z略有增加，故截面极限弯矩略大于屈服弯矩。可见第Ⅲ阶段是截面的破坏阶段，破坏始于纵向受拉钢筋屈服，终结于受压区混凝土压碎。

第Ⅲ阶段的特点是：纵向受拉钢筋屈服，拉力保持为常值；裂缝截面处，受拉区大部分混凝土已退出工作，受压区混凝土压应力曲线图形比较丰满，有上升段曲线，也有下降段曲线；弯矩还略有增加；受压区边缘混凝土压应变达到其极限压应变实验值时，混凝土被压碎，截面破坏；弯矩-变形关系为接近水平的曲线。

第Ⅲ阶段末（$Ⅲ_a$）可作为正截面受弯承载力计算的依据。

综上所述，配置有适当钢筋的实验梁从加载到破坏的整个过程，有以下两个特点：

第一，在第Ⅰ阶段梁的截面曲率或挠度增长速度较慢；第Ⅱ阶段由于梁带裂缝工作，截面曲率或挠度增长速度较前为快；第Ⅲ阶段由于钢筋屈服，故截面曲率和梁的挠度急剧增加。

第二，随着弯矩的增大，中和轴不断上移，受压区高度逐渐缩小，混凝土边缘压应变随之加大，受拉钢筋的拉应变也随弯矩的增长而加大，但平截面状况仍符合平截面假定。

4.梁正截面受弯的三种破坏形态

案例 6-1

根据实验研究，梁正截面的破坏形态与配筋率、钢筋及混凝土的强度有关。在常用的钢筋级别和混凝土强度等级情况下，其破坏形态主要随配筋率的大小而异。

（1）适筋梁

梁在受拉区配置适量钢筋时，构造破坏从受拉钢筋到达屈服点开始，受拉钢筋先发生屈服，直到受压区混凝土达到极限压应变，受压区混凝土被压碎而告终。在此过程中，受拉区混凝土的裂缝逐渐扩展、延伸，梁的挠度明显加大，受拉钢筋和受压区混凝土呈现明显的塑性性质，破坏时有明显的预兆，称为“塑性破坏”。

（2）超筋梁

超筋梁通常是指配筋率超过最大配筋率的钢筋混凝土梁。这种梁，因配筋过多，当外荷载足以使之发生破坏时，往往是钢筋尚未屈服，而受压区混凝土首先被压碎。钢筋在梁破坏前仍处于弹性工作阶段，裂缝开展不宽，梁的挠度不大，受压区混凝土的塑性也来不及充分发展。超筋梁的破坏没有明显的预兆，其破坏属于“脆性破坏”（如图6-17所示）。这种梁，浪费钢材，一旦破坏又会给人们带来突然性的危害，在实际工程中不允许采用。

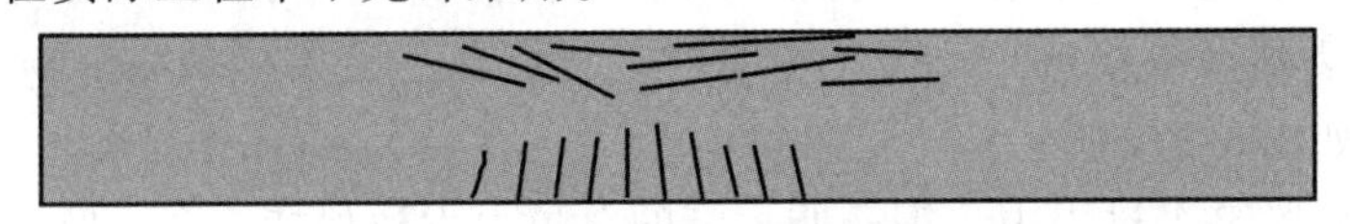

图6-17　超筋梁的“脆性破坏”

（3）少筋梁

少筋梁通常是指配筋率少于最小配筋率梁的钢筋混凝土梁。这种梁，当受拉区混凝土一旦开裂，裂缝截面的全部拉力转由钢筋承担，而钢筋又配置得过少，其拉应力很快超过屈服强度并进入强化阶段，造成整个构件迅速被撕裂，甚至钢筋也被拉断，破坏也没有明显预兆，属于“脆性破坏”（如图6-18所示）。“少筋梁”由于构件截面过大，受压区混凝土的强度得不到充分发挥，浪费混凝土，而且破坏时造成的危害更严重，因此不能作为结构使用。

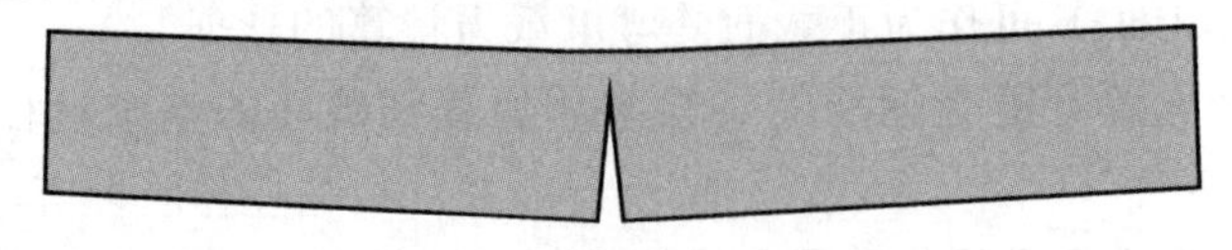

图6-18　少筋梁的“脆性破坏”

这里需要明确的是，少筋梁不能作为结构使用，主要是由于承载力较低的原因；而超筋梁的承载力较高，要远远高于同截面适筋梁的承载力，但也不可以作为结构使用，其主要原因在于超筋梁的破坏几乎没有什么先兆，没有较大的、可以预见与能观察到的裂缝与变形。因此可以说，超筋梁是更加危险的——较高的承载力使其能够担负更大的荷载，破坏的突然性使人们完全不能预料——其结果所造成的损失是巨大的。

从钢筋混凝土梁的破坏形态可以看出，“安全”并非仅仅意味着承担荷载的能力，还同时意味着破坏的形态，只有延性破坏——破坏前有足够的变形，材料体现出塑性，才是真正的、结构所需要的破坏形态，才可以保证结构的安全。

二、适筋梁正截面受弯承载力计算原理

1.梁正截面承载力计算的基本假定

钢筋混凝土受弯构件的正截面承载力计算是以适筋梁在破坏时的应力状态为依据的，为了便于承载力计算，须做如下的假定：

（1）构件正截面弯曲变形后仍然保持平面，即平截面假定。国内外大量实验表明，包括矩形、T形、I字形及环形截面的钢筋混凝土构件受力后，截面各点的混凝土和钢筋纵向应变沿截面的高度方向呈直线变化，这说明在一定的标距内，即跨越若干条裂缝后，钢筋和混凝土的变形是协调的。采用平截面假定，可以由几何关系确定截面上各点的应变，进而确定各点应力。引入平截面假定，提高了计算方法的逻辑性和条理性，使计算公式具有明确的物理概念，该假定是截面分析最重要的假定。

（2）截面受拉区的拉力全部由钢筋承担，不考虑截面受拉区混凝土的抗拉作用。忽略中和轴以下混凝土的抗拉作用，其原因在于混凝土的抗拉强度很小，且其合力作用点距离中和轴较近，抗弯力矩的力臂很小，因此可以忽略其作用。

（3）混凝土受压的应力与压应变关系曲线由抛物线上升段和水平段两部分组成，具体按照下列规定取用：

混凝土受压应力-压应变关系曲线方程：

当$\varepsilon_c \leq \varepsilon_0$时（上升段），$\sigma_c = f_c\left[1-(1-\dfrac{\varepsilon_c}{\varepsilon_0})^n\right]$ （6-1）

当$\varepsilon_0 < \varepsilon_c \leq \varepsilon_{cu}$时（水平段），$\sigma_c = f_c$ （6-2）

式中：

σ_c：混凝土应变为ε_c时的混凝土压应力。

f_c：混凝土轴心抗压强度设计值。

ε_0：混凝土压应力刚达到f_c时的混凝土压应变，当计算的值小于0.002时，取0.002。

ε_{cu}：正截面的混凝土极限压应变，当处于非均匀受压时，按式计算，如计算的值>0.0033，取0.0033，当处于轴心受压时取ε_0。

n：系数，当计算的值>2.0时，取2.0。

（4）纵向钢筋的应力取钢筋与其弹性模量的乘积：

$\sigma_s = E_s \varepsilon_s$　且　$|\sigma_s| \leq f_y$ （6-3）

应力-应变关系为理想的弹塑性，纵向受拉钢筋的极限拉应变取为0.01。

2.梁正截面的基本力学分析

对于结构工程师来说，根据建筑结构的几何尺度就确定了梁截面的尺度关系，

并确定了混凝土的用量。由于混凝土与钢筋的强度等级在结构设计之初就进行了合理的选择并确定，因此在进行钢筋混凝土梁设计计算中最重要的工作是：计算钢筋的截面面积、确定钢筋的用量并选择合理的钢筋直径与根数。基于此，通过受弯构件正截面的基本力学分析、建立正截面承载力的基本方程是设计计算的途径。

根据适筋梁的实验以及破坏过程的分析，可以设定“钢筋进入屈服状态且混凝土被压碎”为该梁的正截面承载力极限状态。在极限状态中，当达到受弯承载力M_u时，承载截面的受压区混凝土压应力的合力C与截面内的钢筋承担拉力T平衡（如图6-19所示）。

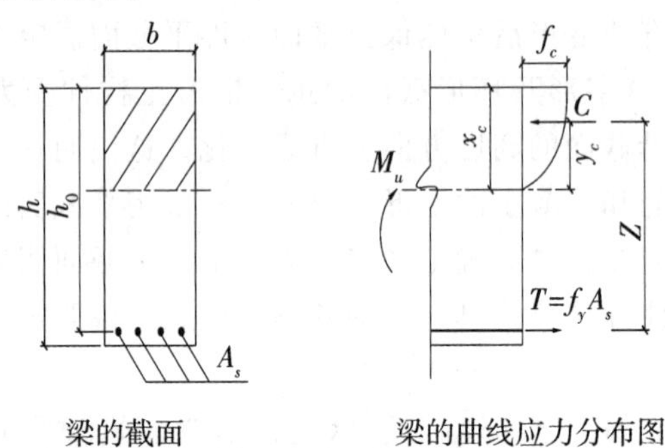

图6-19 适筋梁正截面力学平衡图

因此，根据力学平衡的原则，可以列出截面基本方程如下：

$$\sum x=0 \quad C=T=f_yA_s \tag{6-4}$$

$$\sum y=0 \tag{6-5}$$

$$\sum M=0 \quad M_u=C\cdot Z \tag{6-6}$$

式中：

C：截面受压区混凝土压应力的合力，$C=\int_0^{x_c}\sigma_c(y)\cdot b\cdot dy$。

T：截面钢筋所承担的拉力合力，$T=f_yA_s$。

Z：受压区混凝土合力作用点至钢筋合力作用点的距离。

对于C，可以按以下方式确定：设截面受压区混凝土应力沿梁高度方向的分布方程为$\sigma_c(y)$，因此可以确定$C=\int_0^{x_c}\sigma_c(y)\cdot b\cdot dy$。其中，$b$为截面宽度，$x_c$为混凝土受压区的高度。而对于$T$，设钢筋截面面积为$A_s$，钢筋在屈服时的应力为$f_y$，则$T=f_yA_s$。

3.等效矩形应力图

在受弯构件的极限状态中，当梁所受的弯矩达到受弯承载力M_u时，合力C和作用位置y_c仅与混凝土应力-应变曲线形状及受压区高度x_c有关，而在M_u的计算中仅需知道C的大小和作用位置y_c就可以进行了。因此，为了简化计算，可以取等效矩形应力图形来代换受压区混凝土的理论应力图形（如图6-20所示）。

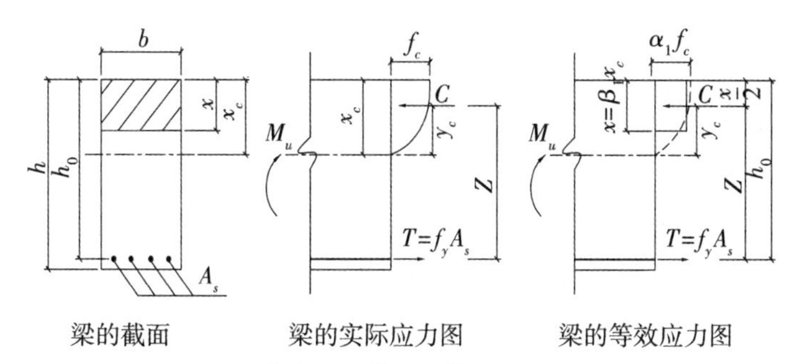

图6-20　受弯构件正截面计算的等效矩形应力图

两个图形的等效条件是：混凝土压应力的合力C大小相等；两图形中受压区合力C的作用点不变。

设等效应力图的应力值为$\alpha_1 f_c$，等效应力的受压区高度为x，则按等效条件，可得：

$$C=\alpha_1 f_c bx=k_1 f_c bx_c \tag{6-7}$$

$$x=2（x_c-y_c）-2（1-k_2）x_c \tag{6-8}$$

令$\beta_1=x/x_c=2（1-k_2）$，则$\alpha_1=k_1/\beta_1=k_1/2（1-k_2）$。可见，系数$\alpha_1$和$\beta_1$也仅与混凝土应力-应变曲线有关，称为等效矩形应力图形系数。

系数α_1是受压区混凝土矩形应力图的应力值与混凝土轴心抗压强度设计值的比值。α_1的取值为：当混凝土强度等级不超过C50时，α_1取为1.0；当混凝土强度等级为C80时，α_1取为0.94；其间按线性内插法确定。系数β_1是混凝土计算受压区高度x与中和轴高度x_c的比值。β_1的取值为：当混凝土强度等级不超过C50时，β_1取为0.8；当混凝土强度等级为C80时，β_1取为0.74；其间按线性内插法确定。

系数α_1和β_1的取值，见表6-4。由表可知，混凝土强度等级≤C50时，$\alpha_1=1.0$和$\beta_1=0.8$。

表6-4　**混凝土受压区等效矩形应力图系数**

	≤C50	C55	C60	C65	C70	C75	C80
α_1	1.0	0.99	0.98	0.97	0.96	0.95	0.94
β_1	0.8	0.79	0.78	0.77	0.76	0.75	0.74

采用等效矩形应力图，受弯承载力设计的基本计算公式可写成：

$$\sum x=0 \quad C=T=f_yA_s \quad \alpha_1 f_c bx=f_y A \tag{6-9}$$

$$\sum M=0 \quad M_u=C\cdot Z \quad M_u=\alpha_1 f_c bx\left(h_0-\frac{x}{2}\right) \tag{6-10}$$

式中：

f_c：混凝土轴心抗压强度设计值。

f_y：纵向钢筋的抗拉强度设计值。

x：等效应力的受压区高度，又称计算受压区高度。

A_s：钢筋截面面积。

b：截面宽度。

h_0：截面有效高度。

α_1、β_1：等效应力图系数，也称等效图形系数。

4.特征配筋率

如何设计才能保证是适筋梁？为了防止超筋梁的出现，需要找出适筋梁与超筋梁的界限；反之，为了防止少筋梁的出现，需要找出适筋梁与少筋梁的界限。在受弯构件正截面设计中，采用受拉钢筋的配筋率（用ρ表示）来界定适筋梁的范围，是通常采用的方法。

配筋率是指混凝土构件中配置的钢筋面积A_s与规定的混凝土截面面积A的比值。这里的“规定的混凝土截面面积”应依据相关设计规范进行确定，如《混凝土结构设计规范》（GB 50010-2010）（2015版）等。

（1）界限配筋率（最大配筋率）

适筋梁与超筋梁的界限为“平衡配筋梁”，相应于平衡配筋梁的配筋率称为界限配筋率（用ρ_b表示），是受弯构件相应于混凝土不首先破坏界限状态时的配筋率。ρ_b规定了超筋梁的界限（配筋率的上限），是保证受拉钢筋屈服的最大配筋率，可以用ρ_{max}表示。

（2）最小配筋率

最小配筋率（用ρ_{min}表示）是区别适筋梁和少筋梁的特征配筋率，该指标规定了少筋梁的界限（配筋率的下限）。

适筋梁的配筋率应该介于最大配筋率与最小配筋率之间，即：

$$\rho_{min} \leqslant \rho \leqslant \rho_{max} \tag{6-11}$$

5.适筋梁与超筋梁的界限与相对界限受压区高度

适筋梁与超筋梁的界限为“平衡配筋梁”，即在受拉纵筋屈服的同时，混凝土受压边缘的混凝土也达到其极限压应变值ε_{cu}，截面破坏（如图6-21所示）。因此，根据平截面假定，受弯构件的正截面混凝土受压区高度x_c被限制在一定范围内，才可以使受拉区钢筋有足够的应变，促使钢筋屈服。

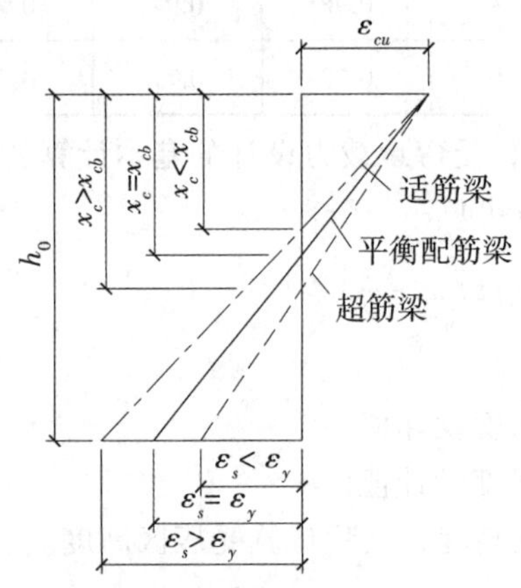

图6-21　平衡配筋梁截面应变分布图

为了更合理地考虑正截面混凝土受压区在梁高范围内所占的比重，引入相对受压区高度ξ的概念，即设等效矩形应力图中（详见图6-20）混凝土受压区高度x与截面有效高度h_0的比值为相对受压区高度。

设“平衡配筋梁”界限破坏时中和轴高度为x_{cb}、界限受压区高度为x_b、相对界限受压区高度为ξ_b，则有：

$$\xi_{cb}=\frac{x_{cb}}{h_0}=\frac{\varepsilon_{cu}}{\varepsilon_{cu}+\varepsilon_y} \tag{6-12}$$

而$x=\beta_1 x_c$，则$x_b=\beta_1 x_{cb}$，故相对界限受压区高度ξ_b为：

$$\xi_b=\frac{x_b}{h_0}=\frac{\beta_1\varepsilon_{cu}}{\varepsilon_{cu}+\varepsilon_y}=\frac{\beta_1}{1+\frac{f_y}{E_s\cdot\varepsilon_{cu}}} \tag{6-13}$$

式中：

f_y：纵向钢筋的抗拉强度设计值。

x_b：界限受压区高度。

ε_{cu}：非均匀受压时混凝土极限压应变值，当混凝土级别不大于C50时，ε_{cu}=0.0033。

E_s：钢筋的弹性模量。

h_0：截面有效高度，即纵向钢筋合力点至截面受压边缘的距离。

β_1：等效应力图系数，也称等效图形系数。

常用的相对界限受压区高度ξ_b取值见表6-5。

表6-5　**相对界限受压区高度ξ_b取值表**

钢筋种类	混凝土强度等级						
	≤C50	C55	C60	C65	C70	C75	C80
HPB300	0.576	0.566	0.556	0.547	0.537	0.528	0.518
HRB335	0.550	0.541	0.531	0.522	0.512	0.503	0.493
HRB400、HRBF400、RRB400	0.518	0.508	0.499	0.490	0.481	0.472	0.463
HRB500、HRBF500	0.482	0.473	0.464	0.455	0.447	0.438	0.429

注：表中是有明显屈服点钢筋的ξ_b值。

从表6-5可知，相应于ξ_b值时的破坏状态是构件的界限状态破坏，是适筋梁与超筋梁的界限，为“平衡配筋梁”，由此可以根据相对受压区高度ξ与ξ_b的比较，来判别受弯构件正截面的破坏类型。当$\xi>\xi_b$时，属于超筋梁；当$\xi=\xi_b$时，属于适筋梁与超筋梁的界限情况，与此对应的纵向受拉钢筋的配筋率，称为界限配筋率。

最大配筋率ρ_{max}与相对界限受压区高度ξ_b之间存在一定的对应关系，可以通过矩形截面梁的平衡方程进行如下的推导：

$\sum x=0 \quad \alpha_1 f_c bx=f_y A_s$　整理后将$x=\frac{f_y A_s}{\alpha_1 f_c b}$代入$\xi$的公式中得到：

$$\xi=\frac{x}{h_0}=\frac{f_y\cdot A_s}{\alpha_1 f_c\cdot bh_0}=\frac{f_y}{\alpha_1 f_c}\cdot\rho \tag{6-14}$$

当$\xi=\xi_b$时，则相应的配筋率为最大配筋率，即：

$$\rho_{\max}=\frac{A_{s\max}}{bh_0}=\alpha_1\frac{f_y}{f_c}\xi_b \tag{6-15}$$

由此可以看出最大配筋率$\rho_{\max}$与相对界限受压区高度ξ_b之间的对应关系，也可以说：与$\xi\leqslant\xi_b$在防止设计为超筋梁的条件上是一致的或是等效的。而由$\xi=\dfrac{x}{h_0}=\rho\dfrac{f_y}{\alpha_2 f_c}$可知，$\xi$与$\rho$相比，不仅考虑了纵向受拉钢筋截面面积$A_s$与混凝土有效截面面积$bh_0$的比值，也考虑了两种材料力学性能指标的比值，可以更全面地反映纵向受力钢筋与混凝土有效面积的匹配关系。

综上所述，ξ值的确定在受弯承载力设计中是十分重要的一个环节。如果在受弯承载力设计方程的求解计算中，求得$\xi=x/h_0>\xi_b$指标，则说明钢筋不能屈服，构件将被设计成超筋梁的破坏模式，在设计中是不允许的。因此，在受弯承载力设计方程的计算中要求$\xi\leqslant\xi_b$，才能满足配筋率的要求，即达到适筋梁配筋率上限的要求。

6.适筋梁与少筋梁的界限与最小配筋率

梁的少筋破坏的特点是如果开裂就会引起梁破坏，因此从理论上来说，纵向受拉钢筋的最小配筋率（$\rho_{\min}$）的确定原则是：按Ⅲa阶段计算正截面受弯承载力与同样条件下素混凝土梁的开裂弯矩相等。而在实用上，最小配筋率（$\rho_{\min}$）往往是根据经验得出的（详见表6-6）。

表6-6 **纵向受力钢筋的最小配筋率$\rho_{\min}$（%）**

受力类型			最小配筋百分率
受压构件	全部纵向钢筋	强度等级500MPa	0.50
		强度等级400MPa	0.55
		强度等级300MPa、335MPa	0.60
	一侧纵向钢筋		0.20
受弯构件、偏心受拉、轴心受拉构件一侧的受拉钢筋			0.20和$45f_t/f_y$中的较大值

注：受弯构件的一侧受拉钢筋的配筋率应按构件全截面面积扣除受压翼缘面积（$b_f'-b$）h_f'后的截面面积计算。

从表6-6中可知，我国《混凝土结构设计规范》规定：钢筋混凝土受弯构件的一侧受拉钢筋的配筋率应取0.20和$45f_t/f_y$中的较大值，而且在进行最小配筋率的验算中，其配筋率（ρ）应按照全截面进行计算。也就是说，此时矩形截面梁的纵向受拉钢筋配筋率为纵向受力钢筋截面面积A_s与梁的全截面面积bh的比值，即：

$$\rho=\frac{A_s}{A}=\frac{A_s}{bh}\leqslant\rho_{\min} \tag{6-16}$$

按照我国建筑工程的实际经验，板的经济配筋率为0.3%~0.8%，单筋矩形梁的经济配筋率为0.6%~1.5%。

三、单筋矩形截面梁的抗弯能力计算

1.基本计算公式及适用条件

单筋矩形截面梁正截面受弯承载力计算简图如图6-22所示。

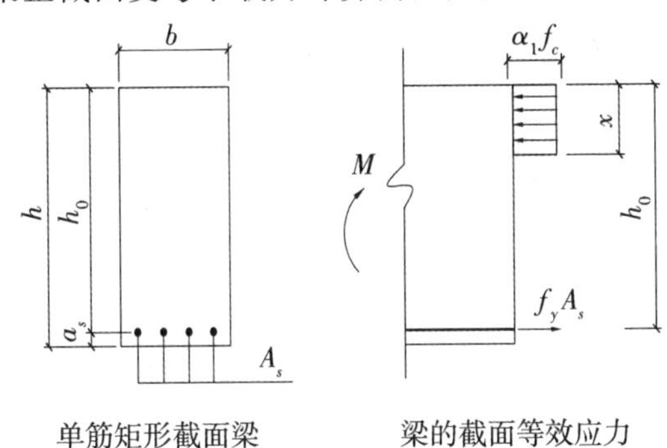

单筋矩形截面梁　　梁的截面等效应力

图6-22　单筋矩形截面梁正截面受弯承载力计算简图

$$\sum x = 0 \quad \alpha_1 f_c bx = f_y A \tag{6-17}$$

$$\sum M = 0 \quad M = \alpha_1 f_c bx\left(h_0 - \frac{x}{2}\right) \tag{6-18}$$

式中：

$h_0=h-a_s$；$a_s=c+\frac{d}{2}$。

c：保护层厚度。

d：受力钢筋的直径。

为了防止出现构件的超筋形式破坏，应满足$\xi \leqslant \xi_b$或$x \leqslant \xi_b h_0$；为防止出现构件的少筋形式破坏，应满足$\rho \geqslant \rho_{\min}$。

2.正截面承载力计算的两类问题

受弯构件正截面承载力计算包括截面设计、承载能力校核两类问题：

（1）截面设计问题。已知受弯构件的截面几何尺度、材料选择与弯矩大小，进行截面配筋设计，包括钢筋的截面面积、直径与根数。

设计方法为：根据环境类别及混凝土强度等级，先假定截面尺寸，确定混凝土保护层最小厚度，再假定a_s，得h_0，并按混凝土强度等级确定a_1，解二次联立方程式，然后分别验算适用条件。

（2）承载能力校核问题。已知受弯构件的截面几何尺度、材料选择与钢筋截面面积（直径与根数），计算并校核该截面可以承担的最大弯矩值。

校核方法为：依据现有的构件已知条件，计算ξ值，判断构件配筋的性质，再根据平衡方程，计算弯矩值，检验是否符合要求。

3.正截面受弯承载力的计算方法

单筋矩形截面梁的抗弯能力计算方法有两种：一种是公式法，另一种是表格法。公式法是依据规范中的计算公式进行设计计算，即依据公式（6-17）、公式（6-18）求解，再验算适用条件。表格法是引入截面抵抗弯矩系数α_s、内力矩的力臂系数γ_s，再依据规范中的计算公式制作成表格，避免求解方程等工作，使计算工作得到简化。

鉴于表格法需要附录大量的计算结果表格，因此本书只介绍正截面抗弯能力计算的公式法，表格法可以参考相关的钢筋混凝土设计手册等书籍。

（1）截面设计

已知设计弯矩值（M）、混凝土强度等级、钢筋级别、构件截面尺寸，求受拉钢筋截面面积A_s。步骤：确定等效矩形应力图形系数α_1，根据基本平衡方程计算x、A_s值，检验是否符合适用条件，根据构造要求确定钢筋的直径及根数。

在截面设计中，钢筋直径、数量和排列是未知的，因此纵向受拉钢筋的合力作用点到截面受拉边缘的距离a_s是需要预先假定的。当环境类别为一类（即室内环境）时，一般取：当梁底部的受拉钢筋布置为一排时，a_s=45mm；当梁底部的受拉钢筋布置为两排时，a_s=70mm；对于一般的板来说，通常取a_s=20mm。

【例题6-1】某矩形截面梁，截面$b\times h$=300mm×500mm（如图6-23所示），混凝土为C30，该截面承担弯矩为200kN·m，配置HRB335级钢筋，请计算该截面所需配置的最小钢筋面积。

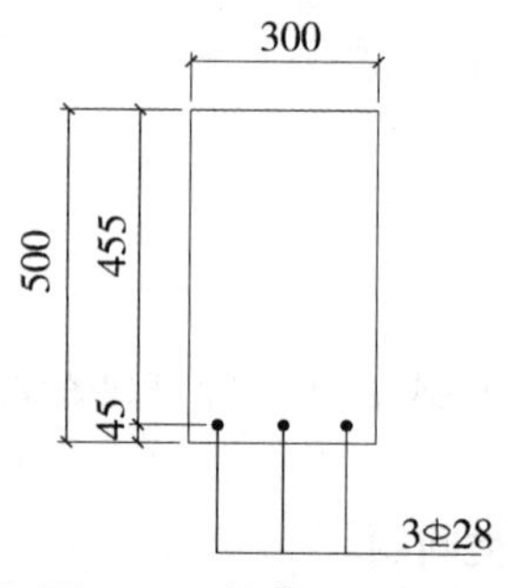

图6-23 梁截面配筋图

【解】

由于混凝土强度等级为C30，不超过C50，所以α_1取1.0。

查相应的材料表格可知，f_c=14.3 N/mm²；对于HRB335级钢筋，f_y=300 N/mm²。

设受拉区钢筋配置为梁底单排，因此有：$h_0=h-45=500-45=455$mm。

根据平衡方程组：

$$\sum x=0 \qquad \alpha_1 f_c bx=f_y A_s \qquad 1.0\times 14.3\times 300x=300\times A_s$$

$$\sum M=0 \qquad M=\alpha_1 f_c bx\left(h_0-\frac{x}{2}\right) \qquad \frac{1}{2}\alpha_1 f_c bx^2-\alpha_1 f_c bh_0 x+M=0$$

$$\frac{1}{2}\times 1.0\times 14.3\times 300x2-1.0\times 14.3\times 300\times 455x+200\times 106=0$$

解得：$x=h_0\pm\sqrt{h_0^2-\dfrac{2M}{\alpha_1 f_c b}}=455\pm\sqrt{455^2-\dfrac{2\times 200\times 10^6}{1.0\times 14.3\times 300}}=117.680\text{mm}$

将计算结果代入方程中，得：$A_s=\dfrac{1.0\times14.3\times300\times117.680}{300}=1\ 683\text{mm}^2$

检验是否符合配筋率的要求：

由混凝土C30和钢筋HRB335，查表6-3、表6-4可知，$\rho_{\min}=0.215\%$，$\xi_b=0.55$，验算配筋率：

$$\rho=\frac{A_s}{bh}=\frac{1\ 683}{300\times500}=1.12\%>\rho_{\min}=0.215\%$$

$$\xi=\frac{x}{h_0}=\frac{117.68}{455}=0.259<\xi_b=0.55$$

验算结果满足适筋梁要求。

根据构造要求，确定钢筋的直径及根数。查钢筋表，对于HRB335级钢筋，选择3Φ28A_s=1 847>1 683mm²，可以满足要求。

通过本例题可以看出，求解方程组必须校核其结果x（$x=\xi h_0$），即$x<x_b$或者$\xi<\xi_b$，才可以满足最大配筋率的要求。同时，在解方程时也要注意，由于$M=\alpha_1 f_c bx\left(h_0-\dfrac{x}{2}\right)$为一个一元二次方程，可能出现两个方程根，根据受弯构件的截面尺度状况，可以自然约减下去一个不在截面范围内的根值。

【例题6-2】某简支板，板厚h=100mm，板计算跨度3.0m，混凝土为C30，综合均布荷载为10kN·m²（包含自重），计算板的配筋（HRB335级）。

【解】

由于混凝土强度等级为C30，不超过C50，所以α_1取1.0。查相应的材料表格可知，f_c=14.3 N/mm²；对于HRB335级钢筋，f_y=300 N/mm²。

对于一般的板来说，取a_s=20mm。

由于板厚为100mm，则$h_0=h-a_s=100-20=80$mm。

第一，进行内力计算。取1米宽板带（如图6-24所示），得：

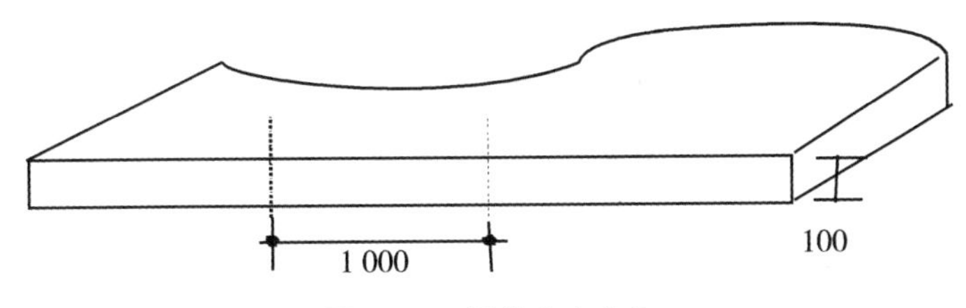

图6-24　板的宽度方向

均布荷载为：10kN/m；

跨中弯矩为：$M=qL^2/8=10\times3.0^2/8=11.25$kN·m。

第二，进行配筋计算。根据基本平衡方程组：

$$\sum x=0\quad \alpha_1 f_c bx=f_y A_s\quad 1.0\times14.3\times1\ 000x=300A_s$$

$$\sum M=0\quad M=\alpha_1 f_c bx\left(h_0-\frac{x}{2}\right)\quad 11.25\times10^6=1.0\times14.3\times1\ 000x\left(80-\frac{x}{2}\right)$$

解得：$x=h_0\pm\sqrt{h_0^2-\dfrac{2M}{\alpha_1 f_c b}}=80\pm\sqrt{80^2-\dfrac{2\times11.25\times10^6}{1.0\times14.3\times1\ 000}}=10.526\text{mm}$

将计算结果代入方程中，得：$A_s=\dfrac{1.0\times14.3\times1\,000\times10.526}{300}=501.729\text{mm}^2$

检验是否符合配筋率的要求：

由混凝土C30和钢筋HRB335，查表6-3、表6-4可知，$\rho_{\min}=0.215\%$，$\xi_b=0.55$，则：

$$\rho=\frac{A_s}{bh}=\frac{501.729}{1\,000\times100}=0.502\%>\rho_{\min}=0.215\%$$

$$\xi=\frac{x}{h_0}=\frac{10.526}{80}=0.13<\xi_b=0.55$$

验算结果满足适筋构件的要求。

选择钢筋：⏀10@150，$A_s=523\text{mm}^2$。

（2）承载能力校核

已知构件截面尺寸、混凝土强度等级、钢筋级别及钢筋截面面积A_s，求截面所能承受的破坏弯矩值M。步骤：根据已知的设计资料，计算相对受压区高度ξ值，判断构件配筋的性质，再根据基本平衡方程计算M值，并检验是否符合适用条件。

【例题6-3】某矩形截面梁，截面$b\times h=400\text{mm}\times600\text{mm}$，混凝土为C30，该截面梁底配有双排HRB400级钢筋8⏀22。求该截面能够承担的最大弯矩。

【解】

由于混凝土强度等级为C30，不超过C50，所以α_1取1.0。查相应的材料表格，$f_c=14.3\ \text{N/mm}^2$；对于HRB400级钢筋，$f_y=360\ \text{N/mm}^2$。

钢筋配置为双排，则$h_0=h-70=530\text{mm}$。

由于配有双排HRB400级钢筋8⏀22，因此，$A_s=3\,041\text{mm}^2$。

首先，计算ξ值：

$$\xi=\frac{x}{h_0}=\frac{f_yA_s}{\alpha_1f_cb}\cdot\frac{1}{h_0}=\frac{360\times3\,041}{1.0\times14.3\times400}\times\frac{1}{530}=0.361<\xi_b=0.518$$，该梁属于适筋梁。

其次，根据平衡方程组：

$$\alpha_1f_cbx=f_yA_s \qquad 1.0\times14.3\times400x=360\times3\,041$$

$$M=\alpha_1f_cbx\left(h_0-\frac{x}{2}\right) \qquad M=1.0\times14.3\times400x\left(530-\frac{x}{2}\right)$$

则：$x=\dfrac{f_yA_s}{\alpha_1f_cb}=\dfrac{360\times3\,041}{1.0\times14.3\times400}=191.4\text{mm}$

$$M=1.0\times14.3\times400\times191.4\times\left(530-\frac{191.4}{2}\right)=475.48\text{kN}\cdot\text{m}$$

因此，该截面能够承担的最大设计弯矩为475.48kN·m。

四、钢筋混凝土梁正截面的扩展设计

1.钢筋混凝土梁正截面的扩展设计问题的提出

【例题6-4】某矩形截面梁，截面$b\times h=300\text{mm}\times500\text{mm}$，混凝土为C30，该截面承担弯矩为400kN·m，配置HRB335级钢筋，请计算该截面所需配置的最小钢筋面积。

【解】

此例题计算方法与【例题6-1】相同，计算过程省略，依据基本平衡方程，得出x=312mm。计算结果应该进行校核x，防止出现大于x_b的情况而超筋。而$x_b=\xi_b h_0=0.55\times455=250.25$mm，则$x>x_b$。

即：

$$\xi=\frac{x}{h_0}=\frac{312}{455}=0.686>\xi_b=0.55$$

其计算结果不满足适筋梁要求，如果继续设计可能导致该梁被设计成超筋梁。然而，实际结构是存在这种情况的，而且可能承担更大的弯矩作用，对于设计者来讲，不能因为可能导致超筋而放弃，必须寻求更好的办法。

对于实际结构可能承受较大的弯矩，但是由于空间要求，不能加大截面，尤其是不能增加梁高，尽管从力学的角度已经明确，增加梁高是提高梁抗弯能力的最好方法。因此，除了按照钢筋混凝土梁正截面受弯设计的基本计算方法以外，还必须在此基础上，寻求钢筋混凝土梁正截面的扩展设计方法，以满足实际工程结构的各种要求。

2.超筋问题的解决思路与评价

由于弯矩过大而截面相对较小导致的钢筋混凝土单筋矩形截面梁超筋的现象，其原因在于：与钢筋较高的抗拉强度以及抗拉能力相比，混凝土受压区的强度与抗压能力偏低。因此，防止出现超筋并解决此问题的思路在于：提高受压区混凝土的抗压能力。

问题的解决思路可能有以下三种：一是提高受压区混凝土的强度等级；二是在受压区放入钢筋加强其承压能力；三是扩大受压区面积。

对于方法一，提高受压区混凝土的强度等级，在实际施工中是难以做到的。这是因为，实际混凝土浇筑是一次完成的，如果仅对于受压区提高其强度，施工成本较高。经过工程实践的检验，尽管提高了混凝土抗压强度，整个截面抗弯能力的提高效果也不是特别显著，而且工程成本较高。

对于方法二，在受压区配置受压钢筋以加强其承压能力，是非常有效的措施，这种类型的梁又称为双筋矩形截面梁。钢筋不仅受拉性能良好，抗压强度也十分高，而且由于有混凝土的侧向约束，受压钢筋不会产生侧向失稳，可以保证其抗压能力的完全发挥。另外，尽管设计时采用单筋矩形截面，但由于构造与架立钢筋的存在，使混凝土受压区已经配有钢筋，这些钢筋的作用应该得到适当的发挥。这是在不提高混凝土强度等级，不大幅提高工程成本的条件下，一种方便而可行的方法。

对于方法三，扩大受压区面积，也是实际工程中经常考虑的。因为在实际工程中，经常会出现“T”形截面梁。首先，在梁板整浇结构，当梁承担板的荷载而受弯时，与梁受压区整浇的板也会承担部分压力，因此在这一结构中，梁实际上是

"T"形截面，板可以参与梁顶的受压。另外，在预制结构中，为了保证梁对于楼板的承接效果，也经常采用"T"形截面梁。同样，还有许多截面可以化简为"T"形截面，如"工"形、"口"形（箱形）、"Γ"形等（如图6-25所示）。

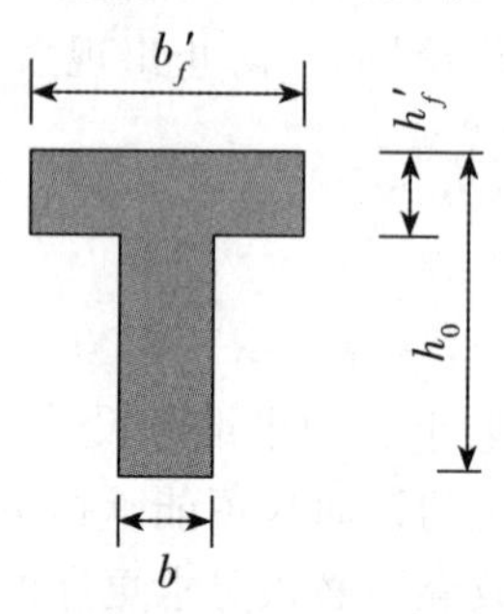

图6-25　"T"形截面

"T"形截面梁的翼缘并非全部均匀受压，而是在梁顶区域承担压力较多，在两侧逐渐远离该区域时，压应力逐渐减小。因此对于"T"形截面梁的翼缘宽度，应该在工程设计上做出相应的调整与简化，使简化后的翼缘承担均匀分布的压力。在梁高度方向，应力分布的简化方式与矩形截面相同；在梁宽度方向，所形成的计算翼缘宽度b_f'宜遵循表6-7的原则。

表6-7　受弯构件受压区有效翼缘计算宽度b_f'

项目	考虑内容		"T"形截面		"Γ"形截面
			梁板结构	独立梁	梁板结构
1	按计算跨度l_0考虑		$l_0/3$	$l_0/3$	$l_0/6$
2	按肋梁净距s_n考虑		$b+s_n$	—	$b+s_n/2$
3	按翼缘高度h_f'考虑	$h_f'/h_0 \geq 0.1$	—	$b+12\ h_f'$	—
		$0.1 \geq h_f'/h_0 \geq 0.05$	$b+12h_f'$	$b+6\ h_f'$	$b+5\ h_f'$
		$h_f'/h_0<0.05$	$b+12\ h_f'$	b	$b+5\ h_f'$

表6-7中，b为梁腹板的宽度。如肋形梁在梁跨内设有间距小于纵肋间距的横肋时，则可不遵守表列情况3的规定；对有加腋的"T"形和"Γ"形截面，当受压区加腋的高度大于翼缘高度且加腋宽度小于3倍的翼缘高度时，则翼缘的计算宽度可以按照情况3的规定，增加2倍的腋宽；独立梁受压区的翼缘板在荷载作用下，经验算沿纵肋方向可能产生裂缝时，其计算宽度取为腹板宽度b。

3.双筋矩形截面梁的抗弯能力计算

单筋矩形截面梁通常是这样配筋的：在正截面的受拉区配置纵向受拉钢筋，在受压区配置纵向架立筋，再用箍筋把它们一起绑扎成钢筋骨架。其中，受压区的纵向架立钢筋虽然受压，但对正截面受弯承载力的贡献很小，所以只在构造上起架立钢筋的作用，在计算中是不考虑的。如果在受压区配置的纵向受压钢筋数量比较多，不仅起架立钢筋的作用，而且在正截面受弯承载力的计算中必须考虑它的作用，则这样配筋的截面称为双筋截面。

在正截面受弯中，采用纵向受压钢筋协助混凝土承受压力是不经济的，因而从承载力计算角度出发，双筋截面只适用于以下情况：一是弯矩很大，按单筋矩形截面计算所得的$\xi>\xi_b$，而梁截面尺寸受到限制，混凝土强度等级又不能提高时；二是在不同荷载组合情况下，梁的同一截面承受异号弯矩时，需要在截面的受拉区和受压区均配置受力钢筋，形成双筋梁。

此外，必须注意在计算中若考虑受压钢筋作用时，应按规范规定，箍筋应做成封闭式，间距≤15d（d为纵向受压钢筋的最小直径），同时不应大于400mm，否则纵向受压钢筋可能发生纵向弯曲（压屈）而向外凸出，引起保护层剥落甚至是受压混凝土过早发生脆性破坏。

双筋梁与单筋矩形截面梁类似，双筋矩形截面梁受压区曲线应力图形可以在保持合理C不变和作用点位置不变的条件下，化成等效矩形应力图形。考虑截面轴向力平衡条件和力矩平衡条件，得到双筋矩形截面受弯构件正截面承载力的基本方程组为：

$$\sum x=0 \qquad \alpha_1 f_c bx+f_y{}'A_s{}'=f_yA_s \tag{6-19}$$

$$\sum M=0 \qquad M\leqslant M_u=\alpha_1 f_c bx\left(h_0-\frac{x}{2}\right)+f_y{}'A_s{}'\left(h_0-a_s{}'\right) \tag{6-20}$$

式中：

$f_y{}'$：受压区钢筋的屈服强度。

$A_s{}'$：受压区钢筋的配筋面积。

$a_s{}'$：受压区钢筋合力中心线至混凝土上边缘的距离。

h_0：混凝土有效截面高度，在梁顶也配有钢筋时，受压区抗压能力提高，受拉区钢筋配置增多，一般为双排，所以$h_0=h-70$。

当然，该公式也有其使用的限制条件。

由于在梁顶混凝土与钢筋是整体浇筑的，因此两种材料应具有相同的变形。当混凝土达到极限应变发生破坏时，钢筋进一步产生变形是不可能的，也就是说，钢筋的实际应力指标只能达到发生与混凝土极限压应变相同的应变时的应力值。因此，当钢筋在此应变能够屈服时，$f_y{}'$就是钢筋的屈服强度；若钢筋强度较高，在此应变下不能够屈服，其强度$f_y{}'$应为：$E_s\varepsilon_s=E_s\varepsilon_{cu}$，相对保守可以取为400N/mm^2。

另外，混凝土受压区的高度也很重要，当受压区高度过小时，会导致受压钢筋变形过小甚至受拉，因此为了保证受压钢筋在构件破坏时达到屈服强度，计算所得的x，应该满足$x\geqslant 2a_s{}'$。该适用条件的含义为受压钢筋位置不应低于矩形受压应力图形的重心位置。

由于计算公式是从单筋矩形截面计算公式推导而来的，因此原公式的使用条件与基本假设也必须得到满足，为防止出现构件的超筋破坏，应该必须保证$\xi\leqslant\xi_b$。此外，由于双筋截面梁的配筋率通常较大，因此可以忽略最小配筋率ρ_{min}的验算。

【例题6-5】某矩形截面梁，截面$b\times h$=200mm×500mm，混凝土为C40，该截面承担的弯矩为330kN·m，所有配置钢筋为HRB400级，请计算该截面所需配置的最小钢筋面积。

【解】

首先应该确定该截面按单筋配筋所能承担的弯矩，如果外弯矩大于该弯矩，则要考虑双筋截面。

由于混凝土强度等级为C40，不超过C50，所以α_1取1.0。

由已知条件，可以查相应的材料表格，f_c=19.1N/mm²；对于HRB400级钢筋，$f_y=f_y'$=360 N/mm²，ξ_b=0.518。

设受拉钢筋排成两排，则$h_0=h-70=500-70=430$mm

当单筋配筋承担弯矩为最大值时，相应的计算受压区高度为：

$x_b=\xi_b h_0=0.518\times430=222.74$mm

因此，最大单筋截面弯矩：

$$M_b=\alpha_1 f_c b x_b\left(h_0-\frac{x_b}{2}\right)=19.1\times200\times222.74\times\left(430-\frac{222.74}{2}\right)$$

$$=271.11\text{kN}\cdot\text{m}<330\text{kN}\cdot\text{m}$$

因此，应采用双筋截面。

根据平衡方程：

$$\sum x=0\quad \alpha_1 f_c bx+f_y'A_s'=f_yA_s\quad 1.0\times19.1\times200x+360A_s'=360A_s$$

$$\sum M=0\quad M\leqslant M_u=\alpha_1 f_c bx\left(h_0-\frac{x}{2}\right)+f_y'A_s'\left(h_0-a_s'\right)$$

$$330\times10^6=1.0\times19.1\times200x\left(430-\frac{x}{2}\right)+360A_s'(430-45)$$

将已知条件代入方程。

在方程组中，未知数为x、A_s'、A_s。利用两个方程求解三个未知数，其解是不定的，故尚需补充一个条件才能求解。显然，在截面尺寸及材料强度已知的情况下，引入（$A_s'+A_s$）之和最小为其最优解。在一般情况下，取$f_y=f_y'$。为保证混凝土的有效利用，同时保证截面的延性，假设$x=\xi_b h_0$，即保证$x\leqslant x_b$，同时要保证$x\geqslant2a_s'$。

假设$x=\xi_b h_0=0.518\times430=222.74$mm，$2a_s'=2\times45=90\text{mm}<x$

代入方程组，解得：

$$A_s'=\frac{330\times10^6-19.1\times200\times222.74\times\left(430-\frac{222.74}{2}\right)}{360\times(430-45)}=424.9\text{mm}^2$$

A_s=2 788.40mm²

根据构造要求确定钢筋的直径及根数：受拉钢筋选用6⌀25（A_s=2 945mm²），双排布置，受压钢筋选用4⌀12（A_s'=452mm²），单排布置。

【例题6-6】某矩形截面梁，截面$b\times h$=300mm×500mm（如图6-26所示），混凝土为C30，该截面配置钢筋为HRB400级，梁顶配置钢筋2⌀22，A_s'=760mm²，梁底配置钢筋6⏀25双排布置，A_s=2 945mm²，求该梁可以承担的最大弯矩。

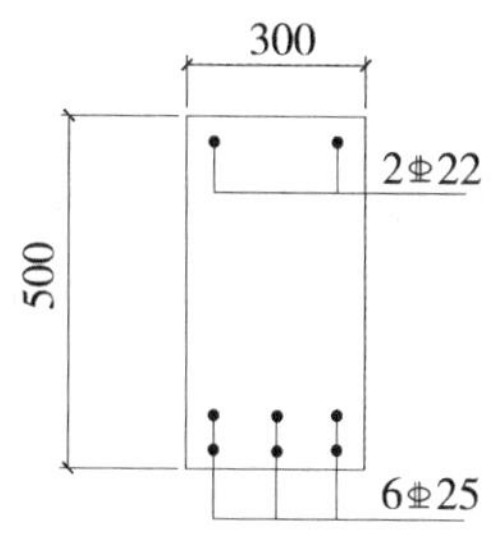

图6-26　梁的截面图

【解】

由于混凝土强度等级为C30，不超过C50，所以α_1取1.0。由已知条件，可以查相应的材料表格，f_c=14.3N/mm²；对于HRB400级钢筋，$f_y=f_y'$=360 N/mm²，ξ_b=0.518。受拉钢筋排成两排，则$h_0=h-70=500-70=430$mm。

将A_s'=760mm²，A_s=2 945mm²代入平衡方程：

$$\sum x=0\quad \alpha_1 f_c bx+f_y'A_s'=f_yA_s\ 1.0\times14.3\times300x+360\times760=360\times2\,945$$

$$\sum M=0\quad M\leqslant M_u=\alpha_1 f_c bx\left(h_0-\frac{x}{2}\right)+f_y'A_s'(h_0-a_s')$$

$$M=1.0\times14.3\times300x\left(430-\frac{x}{2}\right)+360\times760\times(430-45)$$

则：$x=(360\times2\,945-360\times760)/14.3\times300=183.36\text{mm}>2a_s'$

$$M=14.3\times300\times183.36\times(430-183.36/2)+360\times760\times(430-45)$$

$$=(266.13+105.34)\times10^6=371.46\text{kN}\cdot\text{m}$$

因此，该梁可以承担的最大弯矩为371.46kN·m。

4. “T”形截面梁的抗弯能力计算

“T”形截面混凝土受压区形状在弯矩不同时会发生变化，当弯矩较小时，混凝土仅在翼缘中形成受压区（如图6-27a所示）；而当弯矩较大时，混凝土不仅在翼缘中形成受压区，还会进而使部分腹板受压（如图6-27b所示）。显然对于不同的受力区域，抗弯设计会有所不同。

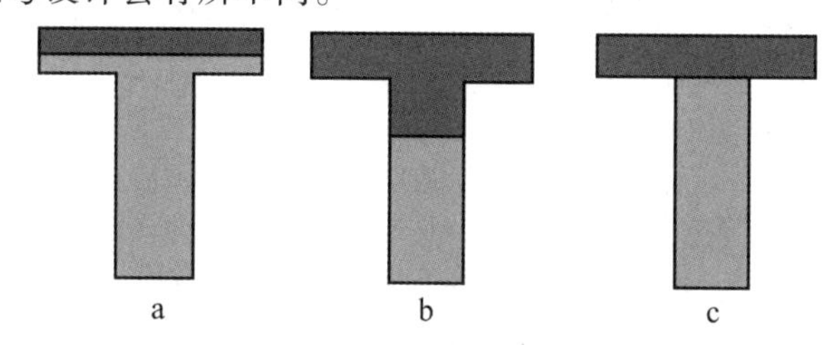

图6-27　T形截面的类型

分析两种不同的受力区域，发现二者之间存在着临界受力图形（如图6-27c所示）。此时T形截面所承担的弯矩为：

$$M_b=\alpha_1 f_c b_f' h_f'\left(h_0-\frac{h_f'}{2}\right)\tag{6-21}$$

如果截面所承担的弯矩$M\leqslant M_b$，混凝土仅在翼缘中形成受压区，该类“T”形截面被称为第一类“T”形截面；如果截面所承担的弯矩$M>M_b$，混凝土不仅在翼缘中形成受压区，还会进而使部分腹板受压，该类“T”形截面被称为第二类“T”形截面。

对于第一类“T”形截面，混凝土仅在翼缘中形成受压区，受压区与受拉区的计算分界线——中和轴在翼缘中，因此可以假设混凝土受压区高度为x，可以列出方程组：

$$\sum x=0 \quad f_y A_s=\alpha_1 f_c b_f' x \tag{6-22}$$

$$\sum M=0 \quad M=\alpha_1 f_c b_f' x\left(h_0-\frac{x}{2}\right) \tag{6-23}$$

即该截面可以被视为以翼缘宽度为宽度，以截面总高为高度的矩形截面（如图6-28所示）——翼缘以下的腹板全部处于受拉区，由于不考虑混凝土的受拉作用，而被忽略。

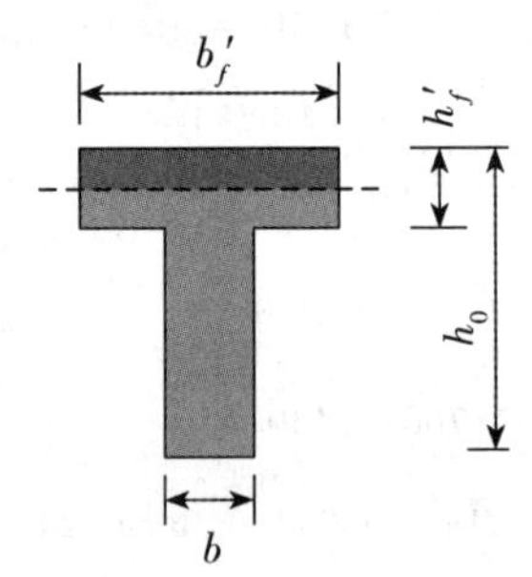

图6-28 第一类“T”形截面

在对该截面的求解中应注意：

（1）由于计算受压区高度小于翼缘高度，所以对于求解的x可以不用校核与$\xi_b h_0$的相关关系；

（2）由于受拉钢筋仅配在狭小的腹板区域内，为保证钢筋间距与保护层，因此钢筋多为两排——$h_0=h-70$。

对于第二类“T”形截面，混凝土不仅在翼缘中形成受压区，腹板的一部分也参与受压，受压区与受拉区的分界线——中和轴在腹板中，假设混凝土受压区高度为x，因此可以列出方程组：

$$\sum x=0 \quad f_y A_s=\alpha_1 f_c bx+\alpha_1 f_c (b_f'-b) h_f' \tag{6-24}$$

$$\sum M=0 \quad M=\alpha_1 f_c bx\left(h_0-\frac{x}{2}\right)+\alpha_1 f_c (b_f'-b) h_f'\left(h_0-\frac{h_f'}{2}\right) \tag{6-25}$$

即该截面可以被视为两个截面的组合：以腹板宽度为宽度，以截面总高为高度的矩形截面；以翼缘与腹板宽度差值为宽度，以翼缘高为高度的双矩形受压区的截面（如图6-29所示）。

在对该截面的求解中应注意：

（1）对于求解的x需要校核与$\xi_b h_0$的相关关系；

（2）由于钢筋仅配在腹板的狭小区域内，为保证钢筋构造，应配置为两排，此

时 $h_0=h-70$。如果还不满足要求，必要时应对翼缘底部作适当加宽。

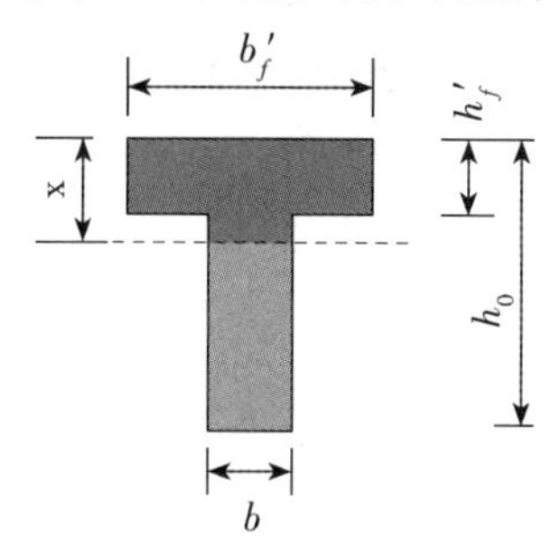

图6-29 第二类“T”形截面

【例题6-7】“T”形截面尺度如图6-30所示，混凝土为C30，该截面承担弯矩为300kN·m，所有配置钢筋为HRB335级，请计算该截面所需配置的最小钢筋面积。

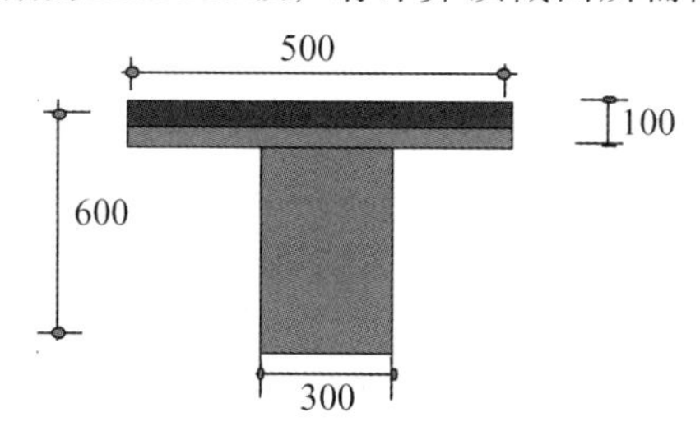

图6-30 “T”形截面尺度

【解】

首先判断混凝土的受压区域，根据方程：

$$M_b=\alpha_1 f_c b_f' h_f'\left(h_0-\frac{h_f'}{2}\right)$$

$=14.3\times500\times100\times(530-100/2)$

$=343.2\mathrm{kN\cdot m}>M$

因此，可以判断，该截面的受压区仅在翼缘中，为第一类“T”形截面。假设混凝土受压区高度为x，因此可以列出方程组：

$\sum x=0\quad f_yA_s=\alpha_1 f_c b_f' x\ \ 14.3\times500\times x=300A_s$

$\sum M=0\quad M=\alpha_1 f_c b_f' x\left(h_0-\dfrac{x}{2}\right)$

$300\times10^6=14.3\times500\times x\,(530-x/2)$

解得：$x=86.17\mathrm{mm}$

因此有：$A_s=\left(\alpha_1 f_c b_f' x\right)/f_y=2\,053.72\mathrm{mm}^2$

钢筋选用：7Φ20，$A_s=2\,199\mathrm{mm}^2$。

【例题6-8】“T”形截面尺度如图6-31所示，混凝土为C30，该截面承担弯矩为400kN·m，所有配置钢筋为HRB335级，请计算该截面所需配置的最小钢筋面积。

【解】

首先判断混凝土的受压区域，根据方程：

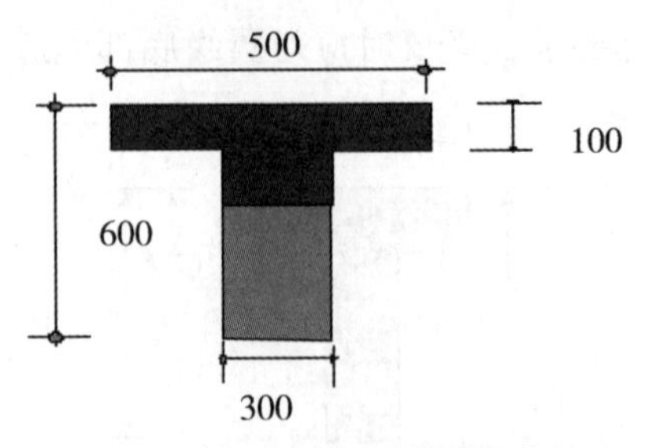

图6-31 “T”形截面尺度

$M_b=\alpha_1 f_c b_f' h_f'\left(h_0-\frac{h_f'}{2}\right)$

$=14.3\times500\times100\times(530-100/2)$

$=343.2\text{kN}\cdot\text{m}<M$

因此，该截面的受压区不仅在翼缘中，而且部分腹板受压，为第二类“T”形截面。假设混凝土受压区高度为x，可以列出方程组：

$\sum x=0\quad f_y A_s=\alpha_1 f_c bx+\alpha_1 f_c(b_f'-b)h_f'$

$\sum M=0\quad M=\alpha_1 f_c bx\left(h_0-\frac{x}{2}\right)+\alpha_1 f_c(b_f'-b)h_f'\left(h_0-\frac{h_f'}{2}\right)$

解得：$x=132.0\text{mm}<\xi_b h_0$

因此有：$A_s=[\alpha_1 f_c bx+\alpha_1 f_c(b_f'-b)h_f']/f_y=2\,841\text{mm}^2$

钢筋选用：5Φ18+5Φ20，$A_s=1\,272+1\,570=2\,842\text{mm}^2$

【例题6-9】“T”形截面尺度如图6-32所示，混凝土为C30，跨中截面承担弯矩为400kN·m，支座截面承担负弯矩300kN·m，所有配置钢筋为HRB335级，请分别计算两截面所需配置的最小钢筋面积。

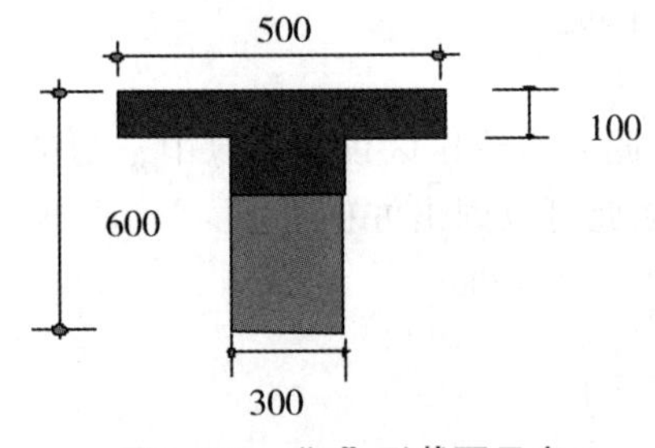

图6-32 “T”形截面尺度

【解】

根据【例题6-8】的计算结果，跨中截面：

$x=132.0\text{mm}\quad A_s=2\,841\text{ mm}^2$

但对于支座截面，尽管该截面为“T”形，但相反的弯矩方向使得翼缘在受拉区域，由于假定混凝土不参与受拉，因此翼缘没有力学作用，仅起到分布钢筋的作用，即该截面为矩形截面。

$x_b=\xi_b h_0=0.55\times(600-45)=305.25\text{mm}$（由于翼缘较宽，钢筋可以放置为一排）

$M_b=\alpha_1 f_c b_f' h_f'\left(h_0-\frac{h_f'}{2}\right)=14.3\times300\times305.25\times(530-305.25/2)$

$=494.18kN·m>300kN·m$

所以有：

$$M=\alpha_1 f_c bx\left(h_0-\frac{x}{2}\right)$$

$300\times10^6=14.3\times300\times x$（$555-x/2$）

解得：$x=144.9mm$

因此有：$A_s=\left(\alpha_1 f_c bx\right)/f_y=2\,072mm^2$

钢筋选用：6⏀22，$A_s=2\,281mm^2$

【例题6-10】箱形截面尺度如图6-33a所示，混凝土为C40，跨中截面承担弯矩为3 000kN·m，所有配置钢筋为HRB400级，请计算截面所需配置的最小钢筋面积。

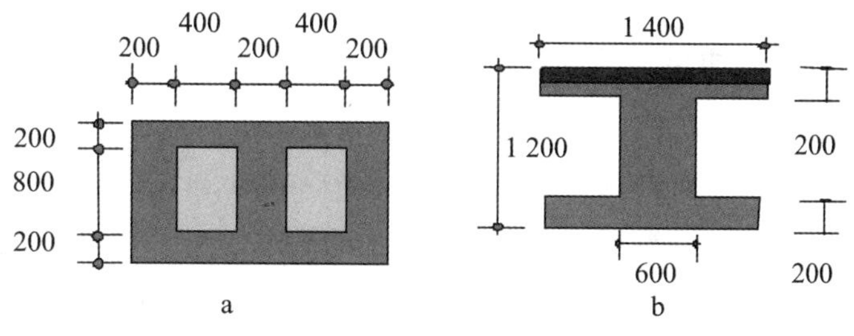

图6-33　箱形截面尺度

【解】

该箱形截面可以化简为图示“工”形截面（如图6-33b所示），受拉区翼缘可以忽略，即为“T”形截面。

判断混凝土的受压区域，根据方程：

$$M_b=\alpha_1 f_c b_f' h_f'\left(h_0-\frac{h_f'}{2}\right)=1.0\times19.1\times1\,400\times200\times（1\,130-200/2）$$

$=5\,508.44kN·m>M_u$

因此，该截面的受压区仅在翼缘中，为第一类“T”形截面，即按照矩形截面$b_f'\times h$（1 400×1 200）计算配筋，可以列出方程组：

$$\sum x=0\quad f_y A_s=\alpha_1 f_c b_f' x$$

$$\sum M=0\quad M=\alpha_1 f_c b_f' x\left(h_0-\frac{x}{2}\right)$$

$$3\,000\times10^6=19.1\times1\,400x（1\,130-\frac{x}{2}）$$

解得：$x=104.08mm$

将x值代入上述方程组得：

$1\times19.1\times1\,400\times104.08=360A_s$

$A_s=\left(\alpha_1 f_c b_f' x\right)/f_y=19.1\times1\,400\times104.08/360=7\,731mm^2$

钢筋选用：⏀16⏀25，$A_s=7\,854mm^2$

5.钢筋混凝土梁式结构的正截面设计总结

对于钢筋混凝土梁式结构的设计，应该遵循以下设计过程与步骤：

（1）首先应该判断截面的形式。一般来说，作为梁式结构的受弯构件多采用矩形或类似矩形的截面，如“工”形、“T”形、箱形等。判断截面形式的标准，在于通过弯矩图来判断截面受压区是否存在翼缘，与受拉区是否存在翼缘无关。如果受压区无翼缘，为矩形截面，有的为“T”形截面。

（2）如果判断结果是矩形截面，则要继续判断是否需要进行双筋设计。单筋与双筋矩形截面的分界是 $x=x_b=\xi_b h_0$，此时截面可以承担的临界弯矩为 $M_b=\alpha_1 f_c b x_b\left(h_0-\frac{x_b}{2}\right)$，如果外弯矩大于该临界弯矩，则采用双筋截面设计；反之，为单筋截面。

（3）如果判断为“T”形截面，要先根据设计原则确定翼缘的宽度，再确定“T”形截面的种类。两类“T”形截面的临界弯矩是：$M_b=\alpha_1 f_c b_f' h_f'\left(h_0-\frac{h_f'}{2}\right)$，如果外弯矩大于该临界弯矩，则采用第二类“T”形截面进行设计；反之，采用第一类双筋“T”形截面进行设计。

（4）但是，对于第二类“T”形截面，如果弯矩很大，有可能出现必须在翼缘中配置一定数量的钢筋才能承担弯矩的情况，即双筋“T”形截面，这在常规建筑工程（民用建筑）中较少见。单筋与双筋第二类“T”形截面的分界弯矩为：

$$M_b'\leqslant\alpha_1 f_c b\xi_b h_0\left(h_0-\frac{\xi_b h_0}{2}\right)+\alpha_1 f_c\,(b_f'-b)\,h_f'\left(h_0-\frac{h_f'}{2}\right)$$

如果外弯矩大于该临界弯矩，则采用双筋“T”形截面设计；反之，为单筋“T”形截面。

设计的思路过程可以具体反映在图6-34中：

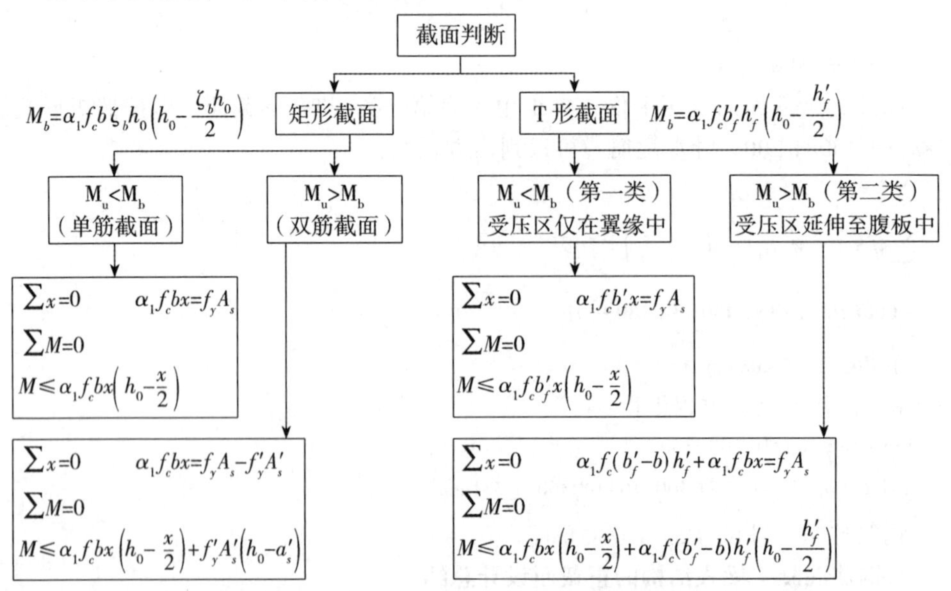

图6-34 钢筋混凝土梁式结构的正截面设计总结

第三节 钢筋混凝土梁的斜截面设计

钢筋混凝土受弯构件在主要承受弯矩的区段内，会产生垂直裂缝，如果正截面受弯承载力不够，将沿垂直裂缝发生正截面受弯破坏。此外，钢筋混凝土受弯构件还有可能在剪力和弯矩共同作用的支座附近区段内，沿着斜向裂缝发生斜截面受剪破坏或斜截面受弯破坏。因此，在保证受弯构件正截面受弯承载力的同时，还要保证斜截面承载力，即斜截面受剪承载力和斜截面受弯承载力。

工程设计中，由于斜截面的破坏主要是由剪力所引起的，因此斜截面受剪承载力是由计算来满足的，而斜截面受弯承载力则是通过对纵向钢筋和箍筋的构造要求来满足的。

通常，板的跨高比（计算跨度与截面高度之比）较大，相对于较为重要的受弯承载力来讲，具有足够的斜截面承载力，故受弯构件斜截面承载力主要是对梁及厚板而言的。

为了防止梁沿斜裂缝破坏，应使梁具有一个合理的截面尺寸，并配置必要的箍筋。一般情况下，应将箍筋、纵筋和架立钢筋绑扎或焊在一起，形成钢筋骨架，使各种钢筋得以在施工时维持正确的位置。当梁承受的剪力较大时，可再补充设置斜钢筋。斜钢筋一般由梁内的纵筋弯起而形成，称为弯起钢筋。有时采用单独添置的斜钢筋。箍筋、弯起钢筋或斜筋统称为腹筋。

一、斜截面与斜截面破坏

1.斜截面与应力分布状态

所谓斜截面是指与杆件轴线成一定夹角的截面。由梁斜截面应力分析图形（如图6-35所示）中可以看出：梁跨中区域的主拉应力迹线为平行于梁轴线方向，因此在主拉应力作用下，产生正截面裂缝；在梁两侧靠近支座的区域，主拉应力迹线呈现出斜向上方的走向，于是产生斜向下方的、弯曲的斜裂缝。

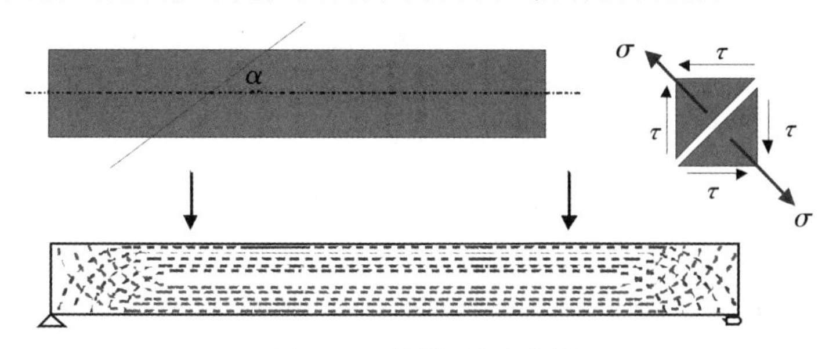

图6-35 斜截面应力分析

分析靠近支座处的受力微元，可以更明确地得到微观应力的分布状态，表明裂缝产生的基本原因。

2.无腹筋梁的破坏形式

案例6-2

与材料力学的理想梁式结构相比，钢筋混凝土结构也在一定程度上符合应力分布的规律。以不配置任何腹筋的梁作为实验构件，当构件配置相应的正截面钢筋，保证不发生正截面破坏后，无腹筋混凝土梁斜截面的破坏状态如图6-36所示。

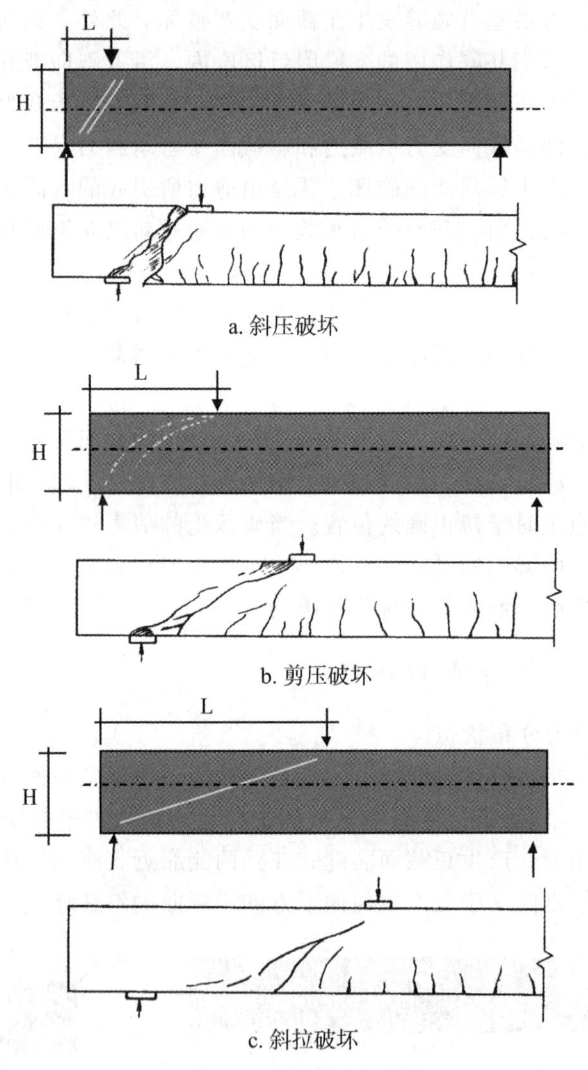

图6-36 斜截面破坏状态

（1）斜压破坏

外力作用距离支座较近，L/H<1。破坏为斜向密集裂缝，由施加荷载点直接指向支座。这种破坏多数发生在剪力大而弯矩小的区段，以及梁腹板很薄的“T”形截面或工字形截面梁内。破坏时，混凝土被腹剪斜裂缝分割成若干个斜向短柱而压坏，破坏是突然发生的。测量结果表明，该构件承载力较高，破坏主要取决于混凝

土受压强度，破坏属于脆性破坏（如图6-36a所示）。

（2）剪压破坏

外力作用距离支座稍远，1≤L/H≤3。在剪弯区段的受拉区边缘先出现一些垂直裂缝。它们沿竖向延伸一小段长度后，就斜向延伸形成一些斜裂缝，而后又产生一条贯穿的破坏为斜向裂缝，较宽的主要斜裂缝，称为临界斜裂缝。临界斜裂缝出现后迅速延伸，使斜截面剪压区的高度缩小，最后导致剪压区的混凝土破坏，使斜截面丧失承载力。相对斜压破坏来讲，剪压破坏裂缝较宽，裂缝数量少，但同样有受拉区直向受压荷载作用的区域，并在受力点出现受压破坏的迹象；承载力较斜压破坏有降低，破坏取决于剪切与受压的共同作用，也属于脆性破坏（如图6-36b所示）。

（3）斜拉破坏

外力作用距离支座较远，3<L/H。其特点是当垂直裂缝一出现，就迅速向受压区斜向伸展，斜截面承载力随之丧失。破坏荷载与出现斜裂缝时的荷载很接近，破坏过程急骤，破坏前梁变形亦小。该破坏取决于混凝土受拉强度，承载力很低，具有很明显的脆性，属于脆性破坏（如图6-36c所示）。

无腹筋梁这三种破坏均属于脆性破坏，而且可以观察到，破坏的性质与荷载的位置（荷载到支座的距离）有关。对于其他荷载形式，观测表明，破坏特征与弯矩（剪力的相关关系）有关。

3.剪跨比λ

集中力到支座的距离称为剪跨，剪跨与截面有效高度的比值，称为剪跨比，以λ表示。

对于集中荷载，其剪跨比可以表示为：

$$\lambda = \frac{a}{h_0} \tag{6-26}$$

式中：

a：靠近支座最近的集中力到支座的距离。

h_0：截面的有效高度。

对于承担其他荷载种类的梁，如均布荷载、混合荷载等，其剪跨比可以表示为：

$$\lambda = \frac{M}{Vh_0} \tag{6-27}$$

该式为受弯剪作用构件的广义剪跨比的定义。λ表达了截面弯矩与剪力的关系，任何荷载作用的梁均存在剪跨比。

4.配置腹筋梁的斜截面受剪破坏形态

配置箍筋可以有效改善截面的破坏状态，这时除了剪跨比对斜截面破坏形态有重要影响以外，腹筋尤其是箍筋的配置数量对破坏形态也有很大的影响。

当$\lambda > 3$，且箍筋配置数量过少时，斜裂缝一旦出现，与斜裂缝相交的箍筋承受不了原来由混凝土所负担的拉力，遂立即屈服而不能限制斜裂缝的开展，与无腹筋梁相似，发生斜拉破坏。但如果$\lambda>3$，且箍筋配置数量适当，则可避免斜拉破坏，而转为剪压破坏。这是因为斜裂缝产生后，与斜裂缝相交的箍筋不会立即屈服，箍筋的受力限制了斜裂缝的开展，使荷载仍能有较大的增长。随着荷载增大，箍筋拉力增大。当箍筋屈服后，不能再限制斜裂缝的开展，使斜裂缝上端剩余截面缩小，剪压区混凝土在正应力和剪应力的共同作用下达到极限强度，发生剪压破坏。

当$\lambda>3$，且箍筋配置数量过多，箍筋应力增长缓慢，在箍筋尚未屈服时，梁腹混凝土就会因抗压能力不足而发生斜压破坏。在薄腹梁中，即使剪跨比较大，也会发生斜压破坏。

对于有腹筋梁来说，只要截面尺寸合适，箍筋配置数量适当，剪压破坏是斜截面破坏中最为常见的破坏形式。

二、斜截面承载力的影响因素

通过实验分析，可以确定斜截面的承载力与以下因素密切相关：

1.剪跨比

实验表明，剪跨比较小的构件斜截面承载力较高，随着剪跨比的增加，构件的承载力逐步降低，剪跨比越大，斜截面的承载力越低，但当剪跨比大于3时，承载力趋于稳定，不再降低。

2.混凝土强度

混凝土强度是影响斜截面承载力的重要因素，强度越高，承载力也就越高，对于各种破坏形态均如此。

3.纵向钢筋的配筋状况

纵向钢筋会对裂缝的开展、变形起到犹如销栓的作用，限制裂缝的开展；同时，纵向钢筋还可以在侧向上将这种销栓力传给箍筋。

4.腹筋——箍筋与弯筋

腹筋是最为有效的抵抗斜截面破坏的因素，可以有效约束变形与裂缝的产生与发展，承担裂缝处的应力。

三、斜截面承载力的设计计算

1.基本假设

钢筋混凝土在复合受力状态下，破坏较为复杂，直接采用混凝土强度理论还较难反映其受剪承载力，因此，人们一般先依靠实验研究来分析梁受剪的一些主要影响因素，从而建立起半理论半经验的实用计算公式。

对于梁的三种斜截面受剪破坏形态，在工程设计时都应设法避免，但采用的方式有所不同。对于斜压破坏，通常用限制截面尺寸的条件来防止；对于斜拉破坏，则用满足最小配箍率条件及构造要求来防止；对于剪压破坏，因其承载力变化幅度较大，必须通过计算，使构件满足一定的斜截面受剪承载力，从而防止剪压破坏。我国《混凝土结构设计规范》中所规定的计算公式，就是根据剪压破坏形态而建立的，其所采用的，是理论与实验相结合的方法，主要考虑了力的平衡条件，同时引入一些实验参数。其基本假设如下：

第一，梁发生剪压破坏时，斜截面承载力由三部分组成：混凝土剪压区所承受的荷载、与斜裂缝相交的箍筋所承受的荷载、与斜裂缝相交的弯起钢筋所承受的荷载。

对于有腹筋梁，由于箍筋的存在，抑制了斜裂缝的开展，使梁剪压区面积增大，导致了混凝土承载力值的提高，其提高程度则又与箍筋的强度及配箍率有关。

第二，梁剪压破坏时，与斜裂缝相交的箍筋和弯起钢筋的拉应力都达到屈服强度，但要考虑拉应力可能不均匀，特别是靠近剪压区的箍筋有可能达不到屈服强度。

第三，斜裂缝处的骨料咬合力和纵筋的销栓力。由于箍筋的存在，虽然使骨料咬合力和销栓力都有一定程度的提高，但它们的抗剪作用已大都被箍筋所代替，为了计算简便，此项内容被忽略。

第四，截面尺寸的影响主要是针对无腹筋的受弯构件，故仅在不配箍筋和弯起钢筋的厚板计算时才予以考虑。

第五，剪跨比是影响斜截面承载力的重要因素之一，但为了计算公式的应用简便，仅在计算受集中荷载为主的梁时才考虑剪跨比的影响。

2.计算公式

（1）均布荷载为主

在以均布荷载为主（也包括作用有多种荷载，但其中集中荷载对支座边缘截面或节点边缘所产生的剪力值应小于总剪力值75%）作用下的“T”形和“工”形截面的简支梁中，当仅配箍筋时，斜截面受剪承载力的计算公式为：

$$V_u=V_{cs}=0.7f_tbh_0+f_{yv}\cdot\frac{A_{sv}}{s}\cdot h_0 \tag{6-28}$$

式中：

V：构件斜截面上的最大剪力设计值。

V_{cs}：构件斜截面上混凝土和箍筋的受剪承载力设计值。

A_{sv}：配置在同一截面内箍筋各肢的全部截面面积，$A_{sv}=nA_{sv1}$，此处，n为在同一截面内箍筋的肢数，A_{sv1}为单肢箍筋的截面面积。

s：沿构件长度方向的箍筋间距。

f_{yv}：箍筋抗拉强度设计值。

f_t：混凝土轴心抗拉强度设计值。

b：“T”形和“工”形截面腹板厚度或矩形截面宽度。

（2）集中荷载为主

对于以集中荷载为主（包括作用有多种荷载，且其中集中荷载对支座截面或节点边缘所产生的剪力值占总剪力值的75%以上的情况）作用下的矩形、“T”形和“工”形截面的独立简支梁，当仅配箍筋时，斜截面受剪承载力的计算公式为：

$$V_u=V_{cs}=\frac{1.75}{\lambda+1.0}f_tbh_0+f_{yv}\cdot\frac{A_{sv}}{s}\cdot h_0 \tag{6-29}$$

式中：

λ：计算截面的剪跨比，可取$\lambda=a/h_0$。此处，a为集中荷载作用点至支座之间的距离。当$\lambda<1.5$时，取$\lambda=1.5$；当$\lambda>3$时，取$\lambda=3$。

实验表明，剪跨比对集中荷载作用下梁的受剪承载力的影响是相当明显的，故公式中引入了剪跨比λ。

两公式（6-28、6-29）都适用于矩形、“T”形和“工”形截面，但并不说明截面形状对受剪承载力无影响，只是影响不大而已。对于厚腹的“T”形梁，其抗剪性能与矩形梁相似，但受剪承载力略高。这是因为受压翼缘使剪压区混凝土的压应力和剪应力减小，但翼缘的这一有效作用是有限的，且翼缘超过肋宽两倍时，受剪承载力基本上不再提高。

对于薄腹的“T”形梁，腹板中有较大的剪应力，在剪跨区段内常有均匀的腹剪裂缝出现。当裂缝间斜向受压混凝土被压碎时，梁属于斜压破坏，受剪承载力要比厚腹梁低，此时翼缘不能提高梁的受剪承载力。

综上所述，可见对于矩形、“T”形和“工”形截面，采用同一计算公式是可行的。

设有弯起钢筋时，梁的受剪承载力计算公式中增加弯筋抵抗剪力的部分为：

$$V_{sb}=0.8f_yA_{sb}\sin\alpha_s \tag{6-30}$$

式中：

V_{sb}：弯起钢筋所承担的剪力。

f_y：弯起钢筋的强度设计值 。

A_{sb}：弯起钢筋的截面面积 。

α_s：弯起钢筋与梁纵轴线的夹角，多为45°，当梁高>800mm时，为60°。

虽然弯起钢筋可以较好地起到提高斜截面承载力的作用，但因其传力较为集中，有可能引起弯起处混凝土的劈裂裂缝。所以，在工程设计中，往往首先选用竖直箍筋，然后再考虑采用弯起钢筋。选用的弯筋位置不宜在梁侧边缘，且直径不宜过粗。

3.计算公式的适用条件

（1）防止超筋

为保证箍筋能够屈服，不出现由于箍筋配筋超量导致的混凝土受压区先于钢筋屈服而压碎的破坏，设计构件所承担的剪力必须在限制值范围内，对于常规构件，即：

当$\frac{h_w}{b}\leqslant4$（一般梁）时，

$$V\leqslant0.25\beta_cf_cbh_0 \tag{6-31}$$

式中：

β_c：混凝土强度影响系数，当混凝土强度等级不超过C50时，取β_c=1.0，当混凝土强度等级为C80时，取β_c=0.8，其间按线性内插法确定。

f_c：混凝土轴心抗压强度设计值。

b：矩形截面的宽度，“T”形截面或“工”形截面的腹板宽度。

h_0：截面的有效高度。

h_w：截面的腹板高度，对于矩形截面，取有效高度，对于“T”形截面，取有效高度减去翼缘高度，对于“工”形截面，取腹板净高。

对于薄腹梁，即：

当$\frac{h_w}{b} \geq 6$（薄腹梁）时，

$$V \leq 0.20\beta_c f_c b h_0 \tag{6-32}$$

当$4<\frac{h_w}{b}<6$时，采用线性内插法确定。

（2）防止少筋

为保证设计不出现少筋现象，对所承担剪力较低的构件，应配置构造箍筋。

对于梁，最小配筋率规定为：

$$\rho_{sv}=\frac{n \cdot A_{sv1}}{b \cdot s} \geq \rho_{sv,\ \min} \tag{6-33}$$

$$\rho_{sv,\ \min}=0.24\frac{f_t}{f_{yv}} \tag{6-34}$$

对于不采取特殊抗剪措施的厚板，其抗剪能力为：

$$V \leq 0.7\beta_h f_t b h_0 \tag{6-35}$$

式中：

β_h：截面高度影响系数，β_h=（$800/h_0$）$^{1/4}$，当h_0<800mm时，取h_0=800mm，当h_0>2 000mm时，取h_0=2 000mm。

f_t：混凝土轴心抗拉强度设计值。

4.箍筋配置构造要求

一般情况下，按照承载力计算不需要箍筋的钢筋混凝土梁，当截面高度大于300mm时，应沿梁全长设置构造箍筋。当钢筋混凝土梁的截面高度小于150mm时，可以不设置箍筋。

当钢筋混凝土梁的截面高度大于800mm时，箍筋直径不宜小于8mm；对于截面高度不大于800mm的梁，不宜小于6mm。梁中配有计算需要的纵向受压钢筋时，箍筋直径尚不应小于$d/4$，d为受压钢筋最大直径。

梁中箍筋的最大间距宜符合表6-8的规定。当V大于$0.7f_t b h_0$时，箍筋的配筋率尚不应小于$0.24f_t/f_{yv}$。

当梁中配有按计算需要的纵向受压钢筋时，箍筋应做成封闭式，且弯钩直线段长度不应小于5d，d为箍筋直径。箍筋的间距不应大于15d，并不应大于400mm。

当一层内的纵向受压钢筋多于5根且直径大于18mm时，箍筋间距不应大于10d，d为纵向受压钢筋的最小直径。当梁的宽度大于400mm且一层内的纵向受压钢筋多于3根时，或当梁的宽度不大于400mm但一层内的纵向受压钢筋多于4根时，应设置复合箍筋。

表6-8 梁中箍筋的最大间距（mm）

梁高h	$V>0.7f_tbh_0$	$V\leq 0.7f_tbh_0$
$150<h\leq 300$	150	200
$300<h\leq 500$	200	300
$500<h\leq 800$	250	350
$h>800$	300	400

【例题6-11】某矩形梁段，$b\times h$=300mm×500mm，均布荷载作用产生的最大剪力值为250kN，混凝土强度等级C30，箍筋采用HPB300级，请配置箍筋。

【解】

设钢筋配置为梁底单排，则：$h_0=h-45=500-45=455$mm

验算截面尺寸：

$\frac{h_w}{b}=\frac{455}{300}\leq 4$，属于一般梁；

由已知C30混凝土，混凝土强度等级不超过C50时，取$\beta_c=1.0$；

对于C30混凝土：$f_c=14.3\text{ N/mm}^2$，$f_t=1.43\text{N/mm}^2$

$V=0.25\beta_cf_cbh_0=0.25\times1.0\times14.3\times300\times455=488.0\text{kN}>V$

可以进行配筋计算，因此有：

$$V=0.7f_tbh_0+f_{yv}\cdot\frac{A_{sv}}{s}\cdot h_0$$

$$250\times10^3=0.7\times1.43\times300\times455+270\times\frac{A_{sv}}{s}\times455$$

设采用双肢箍筋，则：

$$250\times10^3-0.7\times1.43\times300\times455=270\times\frac{2A_{sv1}}{s}\times455$$

$$\frac{2A_{sv1}}{s}=\frac{250\times10^3-0.7\times1.43\times300\times455}{270\times455}=0.923\text{mm}^2/\text{mm}$$

箍筋选用ϕ8，则$A_{sv}=2\times A_{sv1}=2\times50.3=100.6\text{mm}^2$

解得：$s=109.0$mm

则取110mm，即配筋为ϕ8@110。

需要注意的是，在计算中出现一个方程求解两个未知数的情况，多数情况下所采用的方法为确定钢筋的直径与等级，通过计算来求解箍筋间距。箍筋间距一般为10mm的整数倍。

【例题6-12】某矩形梁段，$b\times h$=300mm×500mm，均布荷载作用产生的最大剪力值为50kN，集中荷载产生的剪力为250kN，$\lambda=2.2$，混凝土强度等级为C30，箍筋采用HPB300级，请配置箍筋。

【解】

设钢筋配置为梁底单排，则：$h_0=h-45=500-45=455\text{mm}$

确定截面剪力设计值：

总剪力：$V_{总}=50+250=300\text{kN}$

集中荷载的剪力：$V_{集中}=250\text{kN}$

$\frac{V_{集中}}{V_{总}}=\frac{250}{300}=83.33\%>75\%$，则应该按照集中荷载进行计算。

验算截面尺寸：

$\frac{h_w}{b}=\frac{455}{300}\leqslant4$，属于一般梁；

由已知C30混凝土，混凝土强度等级不超过C50时，取$\beta_c=1.0$；

对于C30混凝土：$f_c=14.3\ \text{N/mm}^2$，$f_t=1.43\text{N/mm}^2$

$V=0.25\beta_c f_c bh_0=0.25\times1.0\times14.3\times300\times455=488.0\text{kN}>V$

箍筋配置计算：

$V=\frac{1.75}{\lambda+1.0}f_t bh_0+f_{yv}\cdot\frac{A_{sv}}{s}\cdot h_0$

$300\times10^3=\frac{1.75}{2.2+1.0}\times1.43\times300\times455+270\times\frac{nA_{sv1}}{s}\times455$

设采用双肢箍筋，则：

$\frac{2A_{sv1}}{s}=\frac{300\times10^3-0.547\times1.43\times300\times455}{1.0\times270\times455}=1.573\text{mm}^2/\text{mm}$

箍筋选用ϕ10，则：$A_{sv}=2\times A_{sv1}=2\times78.5=157\text{mm}^2$

解得：$s=99.8\text{mm}$

则取100mm，即配筋为ϕ10@100。

【例题6-13】某矩形梁段，$b\times h=300\text{mm}\times500\text{mm}$，剪力图如图6-37所示，混凝土强度等级C30，箍筋采用HPB300级，请配置箍筋。

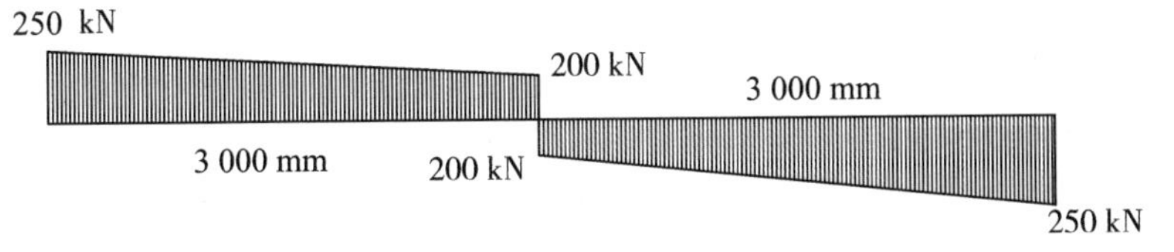

图6-37　矩形梁段剪力图

【解】

设钢筋配置为梁底单排，则：$h_0=h-45=500-45=455\text{mm}$

确定截面剪力设计值：

总剪力：$V_{总}=250\text{kN}$

集中荷载的剪力：$V_{集中}=200\text{kN}$

$\frac{V_{集中}}{V_{总}}=\frac{200}{250}=80\%>75\%$，则应该按照集中荷载进行计算。

验算截面尺寸：

$\frac{h_w}{b}=\frac{455}{300}\leqslant 4$，属于一般梁；

由已知C30混凝土，混凝土强度等级不超过C50时，取$\beta_c=1.0$；

对于C30混凝土：$f_c=14.3\ \text{N/mm}^2$，$f_t=1.43\text{N/mm}^2$

$V=0.25\beta_c f_c bh_0=0.25\times1.0\times14.3\times300\times455=488.0\text{kN}>V$

箍筋配置计算：

$V=\frac{1.75}{\lambda+1.0}f_t bh_0+f_{yv}\cdot\frac{A_{sv}}{s}\cdot h_0$

$\lambda=\frac{3\,000}{455}>3$，取$\lambda=3.0$

$250\times10^3=\frac{1.75}{3+1.0}\times1.43\times300\times455+270\times\frac{nA_{sv1}}{s}\times455$

设采用双肢箍筋，则：

$\frac{2A_{sv1}}{s}=\frac{250\times10^3-0.4375\times1.43\times300\times455}{1.0\times270\times455}=1.340\text{mm}^2/\text{mm}$

箍筋选用ϕ10，则：$A_{sv}=2\times A_{sv1}=2\times78.5=157\text{mm}^2$

解得：$s=117.2\text{mm}$

则取120mm，即配筋为ϕ10@120。

5.基本设计过程与注意事项

对于受弯构件斜截面受剪承载力设计的方法应按以下过程进行（详见图6-38），并应注意相关事项：

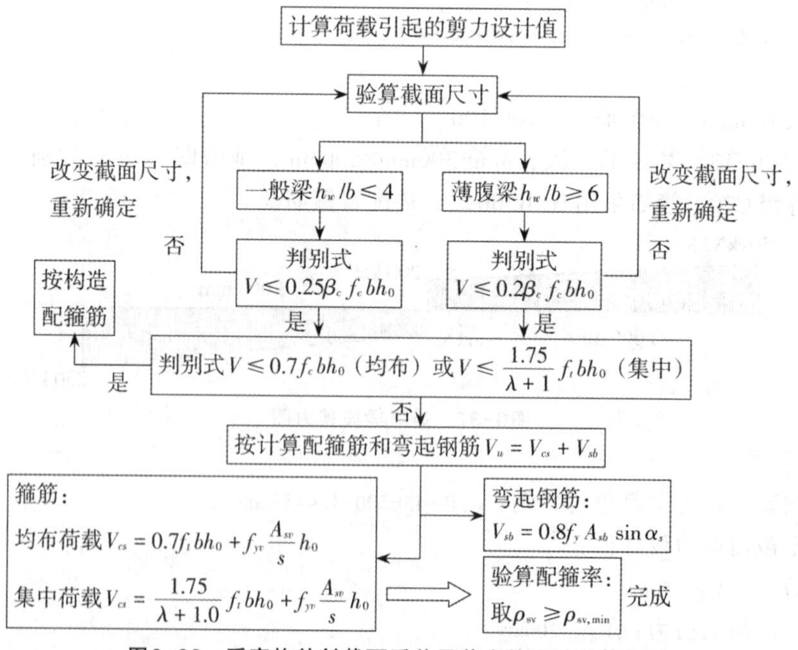

图6-38 受弯构件斜截面受剪承载力的设计计算框图

首先要判断截面剪力的大小是否超出截面的承载能力，与正截面不同的是，正截面可以采用配双筋的方式来弥补单筋承载力的不足，但斜截面必须增大截面，不能采用配筋来弥补。

其次要确定剪力图的特征，从剪力图中确定剪力的形成状况——以集中力为主还是以均布力为主。对于以集中力为主的截面，计算其剪跨比，需要注意可以采用的剪跨比的范围。

选择公式进行计算，要注意计算公式中仅有一个方程，但未知数有两个，必须采用假设一个来求另一个的方法。在假设过程中，一般假设采用钢筋的截面，再计算箍筋间距。

另外，由于弯筋在受力上并不理想，因此一般以箍筋为主；但有时由于纵筋的配置协调，已经存在弯筋，则应考虑弯筋对截面抗剪的影响。

四、斜截面受弯问题

斜截面问题除了主要的斜截面受剪问题外，还有斜截面受弯问题。与斜截面受剪问题不同的是，斜截面受弯问题一般不需要特殊的设计计算，多通过构造解决。

1.斜截面受弯问题的提出

首先来看简支梁在集中荷载作用下的部分弯矩图（如图6-39所示）。

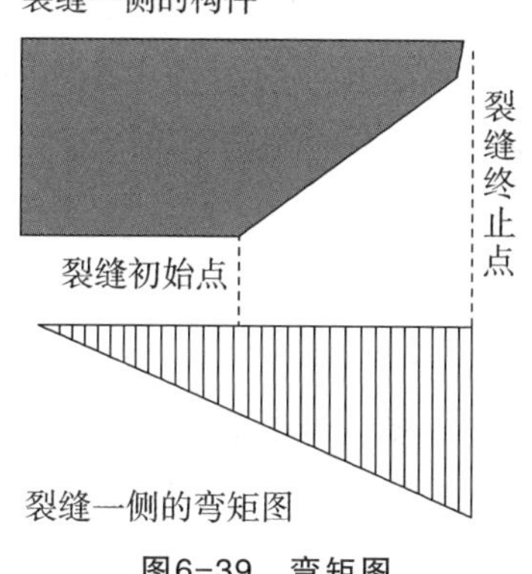

图6-39　弯矩图

从图6-39中可以看出，梁的弯矩是变化的，不同正截面所承担的弯矩会有所不同，因此在进行正截面计算配筋时，可能出现配筋差异。正截面裂缝对于这种差异不会产生任何影响，但对于斜截面裂缝则完全不同。

弯剪联合作用促使斜裂缝由受拉区指向受压区。从弯矩图中可以看出，在斜裂缝的初始点处的弯矩值较低，而其终点处的弯矩值较高，裂缝的作用促使裂缝初始点的正截面钢筋要承担裂缝终点的正截面弯矩。

如果设计者在进行正截面设计时，根据不同的弯矩量值选用不同的钢筋截面面积，必然会导致相应的问题——裂缝初始点的钢筋难以承担裂缝终止点的弯矩作用，出现斜截面受弯破坏。

2.斜截面受弯问题的解决办法

为了防止这种破坏的发生，不仅必须保证能够充分利用钢筋的正截面的配筋面积——承担正截面弯矩，还要保证与该充分利用截面一定距离的正截面的配筋面积——承担该截面正截面与斜截面弯矩。只有如此，才能有效保证斜截面受弯的安全，即钢筋应该在得到充分利用的正截面中，向弯矩减小的方向同样配置，直到可以保证不发生斜截面破坏为止。

另外，钢筋受力必须要有可靠的锚固，因此，钢筋的锚固长度也需要能使钢筋向弯矩减小的方向同样配置。

3.以抵抗弯矩图确定钢筋的位置

所谓抵抗弯矩是指截面抵抗外弯矩的能力，即由于配筋所形成的截面可以承担的最大弯矩值。

对于单筋矩形截面梁，可以由其配筋计算公式，推导出其抵抗弯矩的函数表达式：

$$\sum x=0 \quad \alpha_1 f_c bx=f_y A_s \quad x=\frac{f_y A_s}{\alpha_1 f_c b}$$

$$\sum M=0 \quad M=\alpha_1 f_c bx\left(h_0-\frac{x}{2}\right) \quad M=f_y A_s\left(h_0-\frac{f_y A_s}{2\alpha_1 f_c b}\right)$$

即：$M(x)=f_y A_s(x)\left(h_0-\dfrac{f_y A_s(x)}{2\alpha_1 f_c b}\right)$

对于不同的配筋，截面抵抗弯矩也不同，因此受弯构件的各个正截面所能承担的设计弯矩（抵抗弯矩）的函数变化曲线——正截面弯矩设计值沿轴线分布的图形，就称为抵抗弯矩图（M_R）。

$$M_R=A_s f_y\left(h_0-\frac{f_y A_s}{2\alpha_1 f_c b}\right) \tag{6-36}$$

抵抗弯矩与截面配筋状况、截面尺度相关，对于非变截面、混凝土强度等级相同的梁，仅与配筋状况相关。

【例题 6-14】对于矩形截面梁：C30 混凝土，截面尺度 $b\times h$=300mm×500mm，①A_s=2⏀25；②A_s=2⏀20；③$A_s{'}$=2⏀14（架立钢筋）。配筋纵剖面如图 6-40 所示，做其抵抗弯矩图。

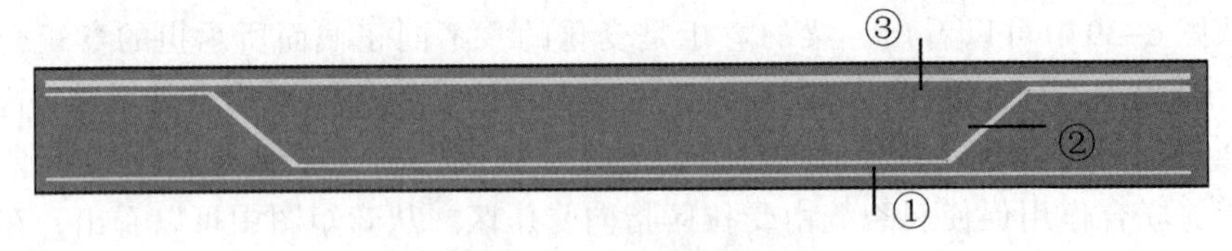

图6-40 配筋纵剖面图

【解】

$$M=(f_y A_s-f_y{'}A_s{'})\left(\frac{h_0-(f_y A_s-f_y{'}A_s{'})}{2\alpha_1 f_c b}\right)+f_y{'}A_s{'}(h_0-a_s{'})$$

f_y=300 N/mm^2，f_c=14.3N/mm^2

对于跨中：

A_s=982+628=1 610mm^2

M_1=300×1 610［455-（300×1 610）/（2×14.3×300）］=193kN·m

对于支座处：

梁底：A_s=982mm²

M_2=300×982×［455-（300×982）/（2×14.3×300）］=124kN·m

梁顶：A_s=628mm²

M_3=300×628×［455-（300×628）/（2×14.3×300）］=82kN·m

做其材料抵抗弯矩图（如图6-41所示）：

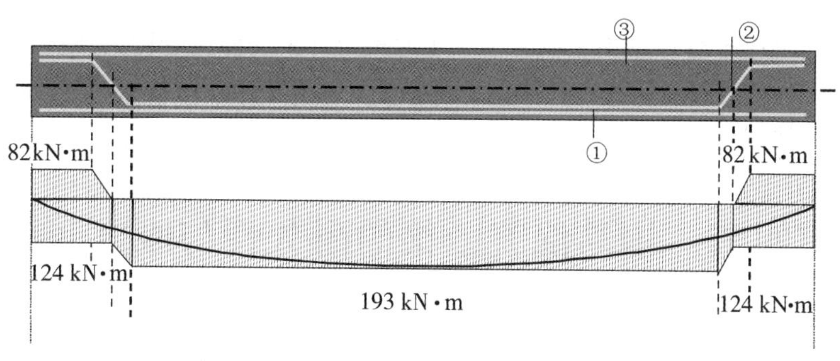

图6-41　抵抗弯矩图

必须根据弯矩图来进行整根梁的钢筋分布设计，从而保证抵抗弯矩图能够包围弯矩图，这样才可以保证安全。

我国规范规定，钢筋弯折点距离其充分利用点的最小距离为$h_0/2$，其充分利用点是在跨中，而其实际弯折点则在支座附近。

对于梁顶部钢筋，当接近梁跨中时，负弯矩渐渐减小。不需要较多的负弯矩钢筋时，可以做切断处理，同样应依据抵抗弯矩图来进行。

纵向受拉钢筋如在跨间截断，钢筋面积将骤然减少，将引起截断处混凝土中应力的集中，可引起局部黏结破坏而提前出现斜裂缝，降低承载力，所以梁下部纵向受拉钢筋不宜在跨内截断。而支座处承受负弯矩的部分，其上部受拉钢筋（例如在伸臂梁、连续梁、框架梁中）可以分批截断，这时要求钢筋的实际截断点离按计算不需要的截面、充分利用截面有一定的距离，这一距离也是一种使钢筋强度充分发挥所需要的锚固要求（如图6-42所示）。

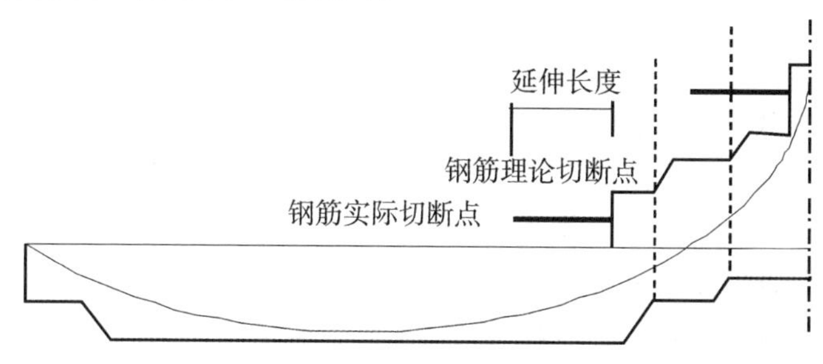

图6-42　钢筋弯曲与切断

当剪力$V \leqslant 0.7f_t bh_o$时，应延伸至按正截面受弯承载力计算不需要该钢筋的截

面以外不小于 $20d$ 处截断，且从该钢筋强度充分利用截面伸出的长度不应小于 $1.2l_a$；当 $V>0.7f_t bh_o$ 时，应延伸至按正截面受弯承载力计算不需要该钢筋的截面以外不小于 h_o 且不小于 $20d$ 处截断，且从该钢筋强度充分利用截面伸出的长度不应小于 $1.2l_a+h_o$。若按上述规定确定的截断点仍位于负弯矩对应的受拉区内，则应延伸至按正截面受弯承载力计算不需要该钢筋的截面以外不小于 $1.3h_o$，且不小于 $20d$ 处截断，且从该钢筋强度充分利用截面伸出的延伸长度不应小于 $1.2l_a+1.7h_o$。

在钢筋混凝土悬臂梁中，应有不少于两根上部钢筋伸至悬臂梁外端，并向下弯折不小于 $12d$，其余钢筋不应在梁的上部截断，而应按规定的弯起点位置向下弯折并在梁的下边锚固。

第四节　钢筋混凝土梁的耐久性与刚度问题——裂缝与变形

结构或构件除了要核算其承载能力极限状态外，正常使用极限状态也不容忽视，需要进行验算。

正如我们所知道的，由于受拉强度较低的影响，混凝土材料的抗裂性能很差，虽然配置钢筋后可以在一定程度上改善其工作性能，但依然会开裂。因此，对钢筋混凝土受弯构件来讲，裂缝问题也是十分重要的。对于钢筋混凝土构件，其裂缝控制等级分为三级：等级一，混凝土中不能出现拉应力，混凝土不开裂；等级二，混凝土中可以出现拉应力，但拉应力小于混凝土抗拉强度，混凝土不开裂；等级三，混凝土中可以出现拉应力，也可以大于混凝土抗拉强度，但混凝土中的裂缝宽度要在控制范围之内。对于等级一，要采用预应力结构才能实现；等级二，要根据不同情况选择相应的结构；等级三，是常规的建筑结构。

另外，从结构力学的基本原则可以知道，由于受弯作用是产生变形的主要原因，因此，在掌握了对受弯构件正截面的分析计算后，需要进一步了解受弯构件的变形问题——挠度。

结构构件不满足正常使用极限状态而导致的对生命财产的危害性，比不满足承载能力极限状态的要小，后果也不是十分严重，不会威胁到生命与财产安全，因此，其相应的目标可靠指标值也要小些。所以，对变形及裂缝宽度仅仅为验算，并在验算时采用荷载标准值、荷载准永久值和材料强度的标准值。

由于混凝土的徐变现象、钢筋应力松弛现象的影响，构件的变形及裂缝宽度都随时间而增大，因而在验算变形及裂缝宽度时，应采用荷载效应的标准组合并考虑长期作用的影响。

一、钢筋混凝土梁裂缝的基本规律

普通钢筋混凝土结构与构件开裂是十分普遍的，原因在于混凝土自身的抗拉强度较低。由于抗拉强度低，当混凝土内部拉应力达到一定的数值时，混凝土就会开裂。钢筋配置在混凝土构件内的受拉区域，可以有效地限制裂缝开展，更可以承担相应的拉应力。钢筋的存在，使得开裂的混凝土仍能承担较高的作用力。

因此，可以总结为：普通钢筋混凝土是带裂缝工作的，受拉区出现裂缝是正常的，裂缝宽度在限定的范围内，并非属于混凝土构件破坏。

钢筋混凝土构件受力裂缝的宽度与裂缝间距存在着特定的规律。

1.裂缝的发生过程

钢筋混凝土构件裂缝的出现在微观上带有相对的突发性，一经出现即有一定的宽度，裂缝处的钢筋应力发生突变。

这是由于钢筋混凝土中的锚固作用，钢筋与混凝土在受力开始时，存在着相同的应变量，当该应变逐步达到混凝土的极限应变时，混凝土受拉区域发生断裂，材料断裂后出现回缩，原有混凝土所承担的应力转由钢筋承担，促使钢筋应力突然增加，进而应变加大。混凝土的回缩效应与钢筋应变的突然增加，会促使混凝土的裂缝再出现时就有一定的宽度。

钢筋混凝土受拉区域的应力变化过程如图6-43所示：

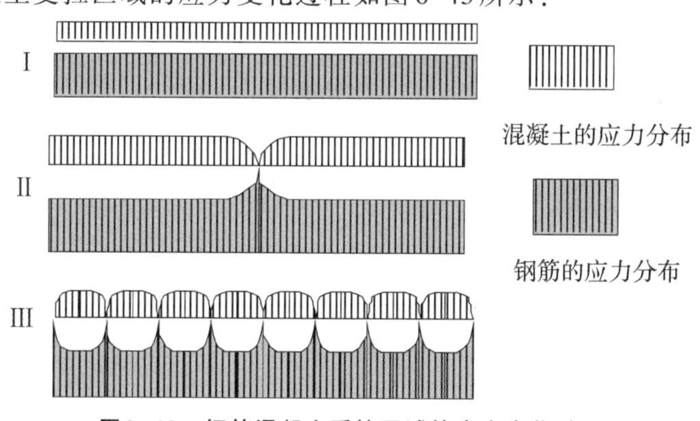

图6-43　钢筋混凝土受拉区域的应力变化过程

Ⅰ阶段——相对稳定的受力阶段。混凝土与钢筋中的应力均呈现出较为均匀分布的状态，由于弹性模量的差异，钢筋中的应力较大。

Ⅱ阶段——裂缝开始出现阶段。随着应力的增加，当区域内某一薄弱环节的混凝土不能承担该应力时，该点出现裂缝，混凝土与钢筋在该区域内出现应力重分布，钢筋与混凝土之间的锚固效应使裂缝处的钢筋应力达到最大值，并随着锚固进混凝土中的距离的增加，钢筋应力逐渐降低至正常。裂缝两侧混凝土中的应力也出现逐步增加的变化趋势，并逐步稳定。

Ⅲ阶段——形成多条分布裂缝阶段。当第一条裂缝出现后，随着拉力的继续增加，裂缝处钢筋的应力逐步增大，会继续促使混凝土内的应力随之增大，当混凝土内的应力再一次达到其抗拉极限时，新的裂缝会出现。

裂缝的出现，会使混凝土在裂缝两侧一定区域内的应力减小，因而当拉力达到一定数值后，会出现一系列的裂缝，对于相同的混凝土与相同的钢筋来讲，混凝土与钢筋之间的传力模式基本相同，即裂缝一侧混凝土中的应力变化函数基本相同，因此各个混凝土裂缝之间的混凝土应力分布规律也基本相同——混凝土受拉区域的裂缝间距大致相等。

因此可以得出以下规律：

（1）钢筋屈服强度是构件设计的基本指标，屈服强度越高，钢筋屈服时应变越大，裂缝越大；

（2）裂缝间距与钢筋和混凝土之间的锚固传力效应有密切关系，传力越均匀稳定，裂缝宽度越小，但裂缝间距也会随之减小——裂缝越加细而密集。

2.裂缝的减小与避免

掌握裂缝的出现与分布规律，可以在一定程度上减少与避免裂缝的发生，以提高混凝土的耐久性。

（1）配置一定数量的钢筋，可以约束混凝土的裂缝并承担相应的应力；实验证明，配置钢筋可以有效地推迟裂缝的出现。

（2）尽量使用较低强度等级的钢筋，其屈服强度较低，屈服时变形也较小，最大裂缝宽度也较小；在正常情况下，钢筋混凝土主要受力钢筋都采用HRB335级，已可以满足要求。

（3）在总配筋截面积不变的情况下尽可能使用小直径的钢筋，使钢筋与混凝土的接触面积增加，有效地分散应力的作用，促使混凝土裂缝分布均匀，裂缝宽度减小；梁的钢筋尽量采用25mm以下的，以16mm、18mm、20mm为主，可以更好地限制裂缝的开展。

（4）钢筋表面的粗糙程度可以有效地减少裂缝的发生以及控制裂缝的宽度，尽可能采用带肋钢筋，以加强锚固。现在很多城市推广使用冷轧带肋钢筋作为板的配筋，对于限制板的裂缝很有效。

3.最大裂缝宽度的计算

在矩形、“T”形受弯构件中，按荷载效应的标准组合并考虑长期作用影响的最大裂缝宽度ω_{max}（mm）可按下列方法计算：

$$\omega_{max}=\alpha_{cr}\psi\frac{\sigma_{sk}}{E_s}\left(1.9c+0.08\frac{d_{eq}}{\rho_{te}}\right) \tag{6-37}$$

式中：

$\psi=1.1-0.65f_{tk}/\rho_{te}\sigma_{sk}$；$d_{eq}=\sum n_i d_i^2/\sum n_i \nu_i d_i$；$\rho_{te}=(A_s+A_p)/A_{te}$。

α_{cr}：构件受力特征系数。受弯钢筋混凝土构件$\alpha_{cr}=1.9$。

ψ：裂缝间纵向受拉钢筋应变不均匀系数。当$\psi<0.2$时，取$\psi=0.2$；当$\psi>1$时，取$\psi=1$；对直接承受重复荷载的构件，取$\psi=1$。

σ_{sk}：按荷载效应的标准组合计算的钢筋混凝土构件纵向受拉钢筋的应力。对于受弯构件，$\sigma_{sk}=M_k/0.87h_0A_s$。此处，$M_k$为截面弯矩组合标准值。

E_s：钢筋弹性模量。

c_s：最外层纵向受拉钢筋外边缘至受拉区底边的距离（mm）。当$c_s<20$时，取$c_s=20$；当$c_s>65$时，取$c_s=65$。

ρ_{te}：按有效受拉混凝土截面面积计算的纵向受拉钢筋配筋率。对无粘结后张构件，仅取纵向受拉普通钢筋计算配筋率。在最大裂缝宽度计算中，当$\rho_{te}<0.01$时，取$\rho_{te}=0.01$。

A_{te}：有效受拉混凝土截面面积对轴心受拉构件，取构件截面面积；对受弯、偏心受压和偏心受拉构件，取$A_{te}=0.5bh+(b_f-b)h_f$。此处，b_f、h_f分别为受拉翼缘的宽度和高度。

A_s：受拉区纵向普通钢筋截面面积。

A_p：受拉区纵向预应力筋截面面积。

d_{eq}：受拉区纵向钢筋的等效直径（mm）；对无粘结后张构件，仅为受拉区纵向受拉普通钢筋的等效直径（mm）。

d_i：受拉区第i种纵向钢筋的公称直径。对于有粘结预应力钢绞线束的直径取为$\sqrt{n_1}\,d_{pl}$，其中d_{pl}为单根钢绞线的公称直径，n_1为单束钢绞线根数。

n_i：受拉区第i种纵向钢筋的根数；对于有粘结预应力钢绞线，取为钢绞线束数。

ν_i：受拉区第i种纵向钢筋的相对粘结特性系数。

光圆钢筋$\nu_i=0.7$，带肋钢筋$\nu_i=1.0$。

应该指出，由公式（6-37）计算出的最大裂缝宽度，并不就是绝对最大值，而是具有95%保证率的相对最大裂缝宽度。

4.最大裂缝宽度的验算

验算裂缝宽度时，应满足：

$$\omega_{\max}\leqslant\omega_{\lim} \tag{6-38}$$

式中：$\omega_{\lim}$是《混凝土结构设计规范》规定的允许最大裂缝宽度，详见本书表附录2-13中的具体参数。确定最大裂缝宽度的限值，主要考虑两个方面的理由，一是外观要求，二是耐久性要求，并以后者为主。

裂缝宽度的验算是在满足构件承载力的前提下进行的，因而诸如截面尺寸、配筋率等均已确定。在验算中，可能出现满足挠度要求，不满足裂缝宽度的要求，这通常是在配筋率较低而钢筋选用的直径较大的情况下出现的。因此，当计算裂缝宽度超过允许值不大时，常可用减小钢筋直径的方法解决，必要时可适当增加配筋率。

二、钢筋混凝土梁挠曲变形的基本规律与计算

与力学计算的结论相一致，钢筋混凝土梁在弯矩的作用下也会产生挠曲变形。

钢筋混凝土和预应力混凝土受弯构件在正常使用极限状态下的挠度，可根据构件的刚度用结构力学方法计算。

在等截面构件中，可假定各同号弯矩区段内的刚度相等，并取用该区段内最大弯矩处的刚度。这样做是偏于安全的。当支座截面刚度与跨中截面刚度之比在规定的范围内时，采用等刚度计算构件挠度，其误差一般不超过5%。

构件的刚度与材料力学中均质材料的刚度大为不同，这是因为作为复合材料的钢筋混凝土与材料力学的计算假定不完全吻合，钢筋的存在使得钢筋混凝土界面强度分布不均匀，而受压区混凝土在压力作用下，应力也不呈线性分布。这种弹塑性材料与理想的弹性材料有区别。

同时，由于裂缝的存在，钢筋混凝土梁的挠曲变形与力学模型也存在着较大的差异，裂缝处的截面刚度会明显降低，因此，钢筋混凝土梁的变形是裂缝截面控制的。

另外，钢筋混凝土梁的短时间变形与长期变形也会有一定的差异，究其原因，主要是由于混凝土的徐变所造成的。因此，在研究钢筋混凝土受弯构件的挠曲变形时，应从短期与长期不同的角度探讨其刚度问题。

在力学计算中减小受弯构件的挠度措施，在钢筋混凝土结构中也是有效的，增加梁的截面有效高度，可以有效地降低变形值。此外，由于裂缝是截面刚度减小的重要原因，因此对于裂缝的减小措施，也可以有效地减小变形。

矩形、T形、倒T形和工形截面受弯构件考虑荷载长期作用影响的刚度B可按下列方法计算：

$$B=\frac{M_k}{M_q(\theta-1)}+M_kB_s \tag{6-39}$$

式中：

M_k：按荷载的标准组合计算的弯矩，取计算区段内的最大弯矩值。

M_q：按荷载的准永久组合计算的弯矩，取计算区段内的最大弯矩值。

θ：荷载长期作用对挠度增大的影响系数。对于钢筋混凝土受弯构件受压区配筋率$\rho'=0$时，取$\theta=2.0$；当$\rho'=\rho$时，取$\theta=1.6$；当ρ'为中间数值时，θ按线性内插法取用。此处，$\rho'=A_s'/(bh_0)$，$\rho=A_s/(bh_0)$。对翼缘位于受拉区的倒“T”形截面，θ应增加20%。

B_s：荷载效应的标准组合作用下受弯构件的短期刚度。

对于钢筋混凝土受弯构件，其短期刚度：

$$B_s=\frac{E_sA_sh_0^2}{1.15\psi+0.2+\dfrac{6\alpha_E\rho}{1+3.5\gamma_f}} \tag{6-40}$$

式中：

ψ：裂缝间纵向受拉钢筋应变不均匀系数，取值与裂缝计算相同。

α_E：钢筋弹性模量与混凝土弹性模量的比值：$\alpha_E=E_s/E_c$。

ρ：纵向受拉钢筋配筋率。对于钢筋混凝土受弯构件，取$\rho=A_s/(bh_0)$。

γ_f：受拉翼缘截面面积与腹板有效截面面积的比值。

第五节　钢筋混凝土梁板结构的特殊问题——受扭作用

实际工程结构中，处于纯扭矩作用的构件是比较少的，绝大多数都是处于弯矩、剪力、扭矩共同作用下的复合受扭情况。例如，雨篷梁、次梁边跨的主梁、弯梁与折梁等，都属于弯、剪、扭复合受扭构件（如图6-44所示）。

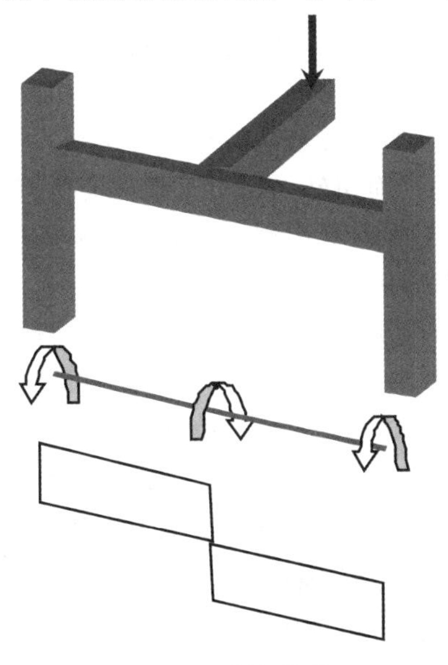

图6-44　受扭构件

静定的受扭构件，由荷载产生的扭矩是由构件的静力平衡条件确定的，与受扭构件的扭转刚度无关，称为平衡扭转；对于超静定受扭构件，作用在构件上的扭矩除了静力平衡条件以外，还必须由相邻构件的变形协调条件才能确定，称为协调扭转。

与弯、剪作用相比，扭转作用十分复杂。应对扭转作用的最佳构件截面是圆形，如传动轴，但工程中除了特殊的柱以外，基本没有圆形构件。从力学原理中可以知道，矩形截面构件的扭转作用是十分复杂的，对于钢筋混凝土这种复合材料来讲更是如此。

一、钢筋混凝土梁受扭作用的破坏过程及其特殊性

1.素混凝土梁纯扭作用的破坏

不配置任何抵抗扭矩作用的钢筋的混凝土梁，称为素混凝土梁。素混凝土梁在纯扭作用下，会产生以下破坏状态：

首先，素混凝土梁在纯扭作用下，破坏后的开裂面是复杂的空间曲面，不能以平面图形进行描述。正截面破坏的截面本身就是一个平面，斜截面破坏的截面虽不

是平面，但可以用平面方式来进行表述。但扭转破坏的截面（如图6-45所示）是难以用平面方式进行表述的，其是一个较为复杂的空间曲面，这也说明了扭转作用本身的复杂性。

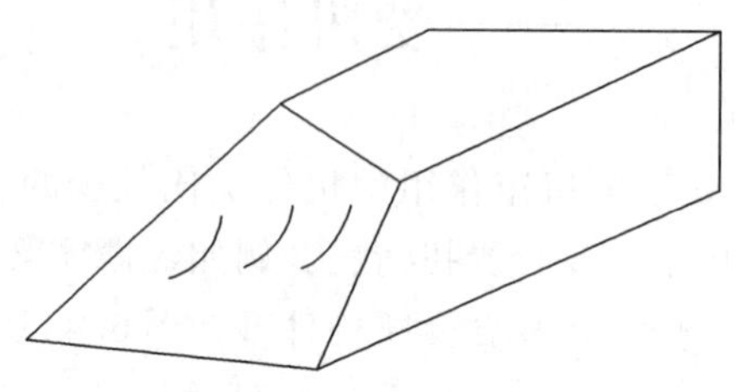

图6-45 扭转破坏截面

其次，素混凝土梁的破坏具有非确定性，在扭矩的作用下，在各个方向发生破坏的概率是均等的。受剪构件与受弯构件破坏，在一定程度上是可以预见的，因为其受力与变形均比较明确。而扭转作用对于杆件的所有周边来说，都是均匀的作用，难以预料什么地方会发生破坏，因此其破坏结果具有不可预见性。

2.防止混凝土梁受扭破坏的措施

素混凝土梁被破坏的裂缝，主要是一些沿着各个侧面周边所产生的螺旋状分布的斜裂缝（如图6-46所示）。对于斜裂缝，箍筋是十分有效的，但由于斜裂缝在各个侧面均有发生，因此与抵抗剪切破坏的箍筋不同，抗扭箍筋必须是全封闭的。

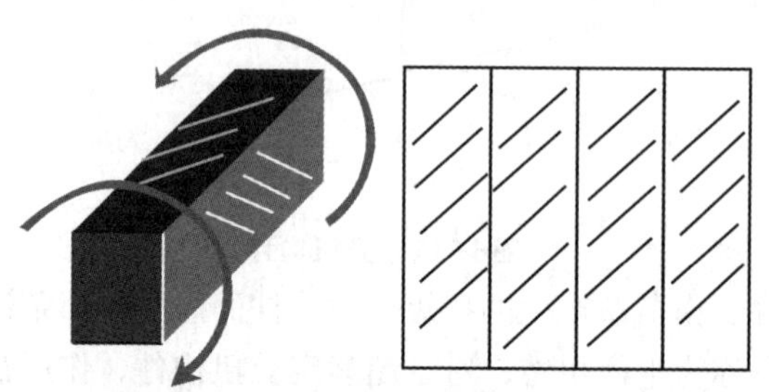

图6-46 斜裂缝

另外，纵筋的销栓作用也不能忽视由于扭转作用产生的剪应力，因此纵筋的销栓作用也会体现出来，但这种作用要比在受剪构件中体现得更加明显。纵筋的销栓作用也不仅仅体现在梁的侧面，在梁的顶面与底面也都有相同的体现。因此，对于扭矩作用较强的构件，所配置的抗扭纵筋应在梁的周边均匀布置。

3.钢筋混凝土梁纯扭作用的破坏

如果梁中配置适当抵抗扭矩作用的钢筋，构件在扭矩的作用下，一般按以下过程逐步破坏：

（1）裂缝出现前

钢筋混凝土纯扭构件的受力性能，大体上符合弹性扭转理论。在扭矩较小时，其扭矩-扭转角曲线为直线，扭转刚度与按弹性理论的计算值十分接近，纵筋和箍筋的应力都很小。

（2）裂缝出现早期

由于混凝土承担拉力作用较弱，因此在拉应力作用下混凝土逐渐出现裂缝，这种裂缝在构件的每一个侧面上均会出现，不能判断在哪个侧面会发生破坏。

（3）裂缝出现后期

随着混凝土退出工作，钢筋应力明显增大，特别是扭转角开始显著增大。此时，带有裂缝的混凝土和钢筋共同组成一个新的受力体系——受压区与受拉区，混凝土受压，受扭纵筋和箍筋均受拉，以抵抗扭矩，并获得新的平衡。但这种新的平衡的出现是随机的，并不能确定在哪个侧面形成受压区、哪个侧面形成受拉区。

（4）破坏期

当受拉区域的钢筋逐渐屈服后，裂缝的开展会使混凝土受压区减小、混凝土压应力增大而逐步被压碎。

受扭构件的破坏形态与受扭纵筋和受扭箍筋配筋率的大小有关，大致可分为适筋破坏、部分超筋破坏、超筋破坏和少筋破坏四类。

对于正常配筋条件下的钢筋混凝土构件，在扭矩作用下，纵筋和箍筋先到达屈服强度，然后混凝土被压碎而破坏。这种破坏与受弯构件适筋梁类似，属于延性破坏。此类受扭构件称为适筋受扭构件。

若纵筋和箍筋不匹配，二者配筋比率相差较大，如纵筋的配筋率比箍筋的配筋率小得多，则破坏时仅纵筋屈服，而箍筋不屈服；反之，则箍筋屈服，纵筋不屈服。此类构件称为部分超筋受扭构件。部分超筋受扭构件在破坏时仍具有一定的延性，但要小许多。

如果纵筋与箍筋配置量均较多，会形成完全超筋构件，属于脆性破坏。与受弯构件相比，受扭构件的超筋问题不能通过改善配筋来解决，如果扭矩过大，必须增大截面。

若纵筋和箍筋配置均过少，一旦裂缝出现，构件会立即发生破坏。此时，纵筋和箍筋不仅达到屈服强度而且可能进入强化阶段，其破坏特性类似于受弯构件中的少筋梁。此类构件称为少筋受扭构件。这种破坏以及上述超筋受扭构件的破坏，均属脆性破坏，应在设计中予以避免。

二、钢筋混凝土适筋梁纯扭作用计算原理

迄今为止，钢筋混凝土受扭构件扭曲截面受扭承载力的计算，主要有以变角度空间桁架模型和斜弯曲破坏理论（扭曲破坏面极限平衡理论）为基础的两种方法，《混凝土结构设计规范》采用的是前者，《公路钢筋混凝土及预应力混凝土桥涵设计规范》采用的是后者。

1.变角度空间桁架模型

变角度空间桁架模型是 P. Lampert 和 B. Thtürlimann 在 1968 年提出来的，它是对 1929 年 E. Raüsch 提出的 45°空间桁架模型的改进和发展。

实验分析和理论研究表明，在裂缝充分发展且钢筋应力接近屈服强度时，截面核心混凝土退出工作，从而可以将实心截面的钢筋混凝土受扭构件假想为一个箱形截面构件（如图6-47a所示）。此时，具有螺旋形裂缝的混凝土外壳、纵筋和箍筋共同组成空间桁架以抵抗扭矩，构成变角度空间桁架计算模型（如图6-47b所示）。

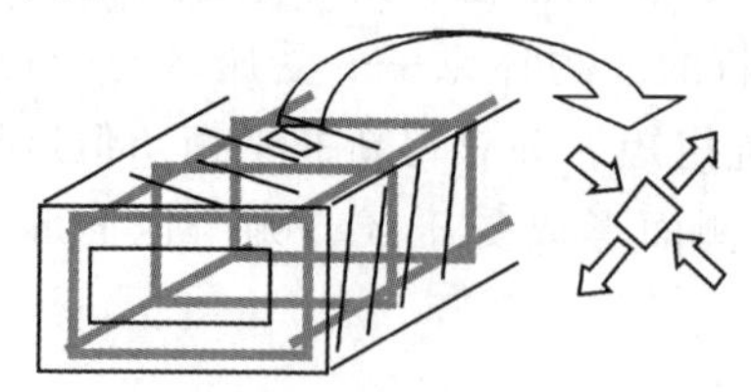

a.受扭构件的应力单元

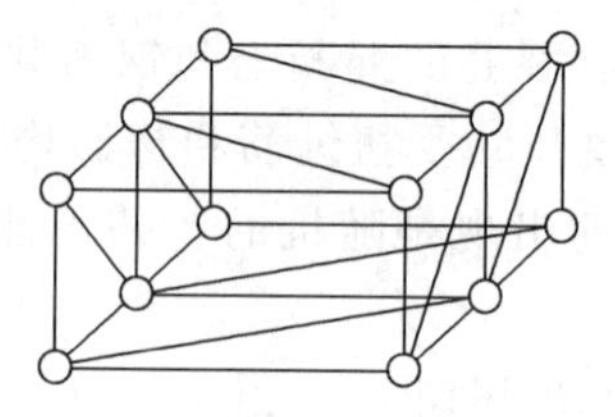

b.变角度空间桁架

图6-47 受扭构件的变角度空间桁架计算原理示意图

变角度空间桁架模型的基本假定有：

（1）混凝土只承受压力，具有螺旋形裂缝的混凝土外壳组成桁架的斜压杆，其倾角为a；

（2）纵筋和箍筋只承受拉力，分别为桁架的弦杆和腹杆；

（3）忽略核心混凝土的受扭作用及钢筋的销栓作用。

裂缝之间的混凝土受压区、纵向钢筋、箍筋，形成了一个抵抗扭矩的空间桁架，由于混凝土斜裂缝的角度存在着不确定性，该空间桁架的斜向腹杆与轴线的夹角a也就存在着变化性，故此，称之为变角度空间桁架。

矩形截面纯扭构件的受扭承载力应符合下列规定：

$$T \leqslant 0.35 f_t W_t + 1.2\sqrt{\zeta}\frac{f_{yv} A_{st1} A_{cor}}{s} \tag{6-41}$$

式中：

ζ：受扭的纵向钢筋与箍筋的配筋强度比值，$\zeta = f_y A_{stl} \cdot s / (f_{yv} A_{st1} \cdot u_{cor})$，对钢筋混凝土纯扭构件，其$\zeta$值应符合$0.6 \leqslant \zeta \leqslant 1.7$的要求，当$\zeta > 1.7$时，取$\zeta = 1.7$。

A_{stl}：受扭计算中取对称布置的全部纵向普通钢筋截面面积。

A_{st1}：受扭计算中沿截面周边配置的箍筋单肢截面面积。

f_{yv}：受扭箍筋的抗拉强度设计值。

f_y：受扭纵向钢筋的抗拉强度设计值。

A_{cor}：截面核心部分的面积，$A_{cor} = b_{cor} h_{cor}$，此处，$b_{cor}$、$h_{cor}$分别为箍筋内表面范围内截面核心部分的短边、长边尺寸。

u_{cor}：截面核心部分的周长，$u_{cor} = 2(b_{cor} + h_{cor})$。

s：受扭箍筋间距。

2.斜弯曲破坏理论

斜弯曲破坏理论是以实验为基础的。对于纯扭的钢筋混凝土构件，在扭矩作用下，构件总是在已经形成螺旋形裂缝的某一最薄弱的空间曲面发生破坏（如图

6-48所示）。

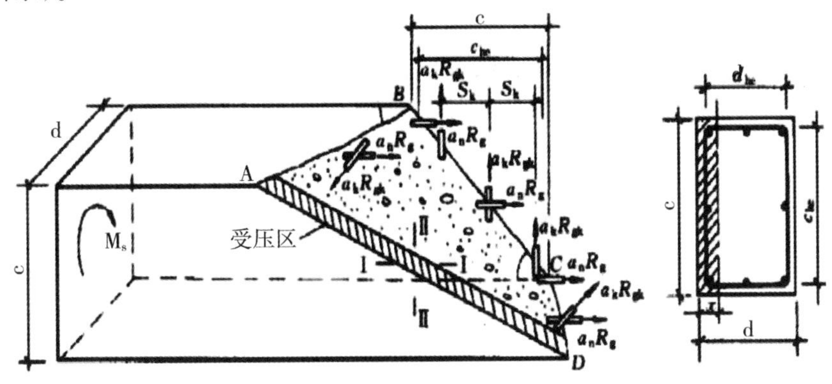

图6-48　斜弯曲破坏理论示意图

AB、BC、CD为三段连续的斜向破坏裂缝，其与构件纵轴线方向的夹角为a。AD段为倾斜的斜压区。

斜弯曲计算理论的基本假定为：

（1）假定通过扭曲裂面的纵向钢筋、箍筋在构件破坏时均已达到其屈服强度；

（2）受压区高度近似地取为两倍的保护层厚度，即受压区重心正位于箍筋处，假定受压区的合力近似地作用于受压区的形心；

（3）混凝土的抗扭能力忽略不计，扭矩全部由抗扭纵筋和箍筋承担；

（4）假定抗扭纵筋沿构件核心周边对称、均匀布置，抗扭箍筋沿构件轴线方向等距离布置，且都锚固可靠。

斜弯曲破坏理论是截取实际的破坏面作为隔离体，从而直接导出与纵筋、箍筋用量有关的抵抗扭矩计算公式（详见《公路钢筋混凝土及预应力混凝土桥涵设计规范》）。

三、多种联合作用的复杂性

处于弯矩、剪力和扭矩共同作用下的钢筋混凝土构件，其受力状态是十分复杂的，构件的破坏特征及承载力，与荷载条件及构件的内在因素有关。对于荷载条件，通常以扭弯比ψ（$=T/M$）和扭剪比χ（$=T/Vb$）表示。构件的内在因素是指构件的截面尺寸、配筋及材料强度。

实验表明，在配筋适当的条件下，若弯矩作用显著即扭弯比较小时，裂缝首先在弯曲受拉底面出现，然后发展到两侧面。三个面上的螺旋形裂缝形成一个扭曲破坏面，而第四面即弯曲受压顶面无裂缝。构件破坏时与螺旋形裂缝相交的纵筋及箍筋均受拉并到达屈服强度，构件顶部受压，形成弯型破坏（如图6-49a所示）。

若扭矩作用显著即扭弯比ψ及扭剪比χ均较大，而构件顶部纵筋少于底部纵筋时，可能形成受压区在构件底部的扭型破坏。这种现象出现的原因是：虽然由于弯矩作用使顶部纵筋受压，但由于弯矩较小，从而其压应力亦较小；又由于顶部纵筋少于底部纵筋，故扭矩产生的拉应力就有可能抵消弯矩产生的压应力并使顶部纵筋先期到达屈服强度，最后促使构件底部受压而破坏（如图6-49b所示）。

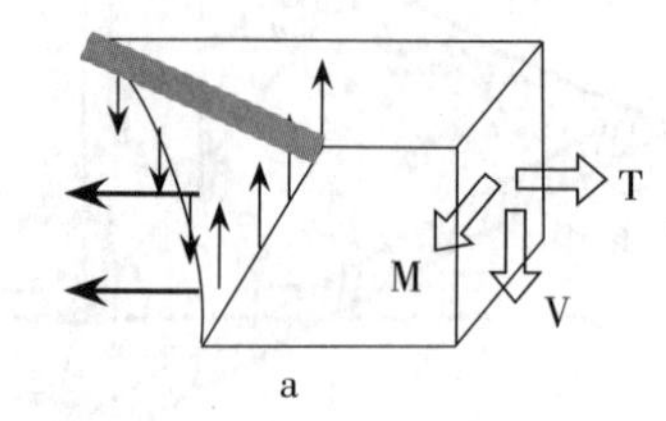

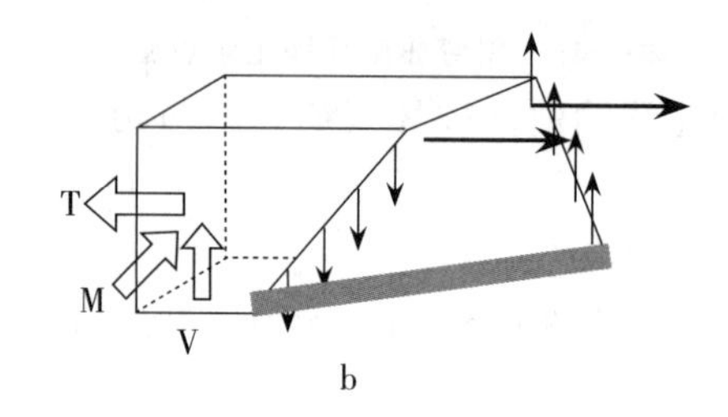

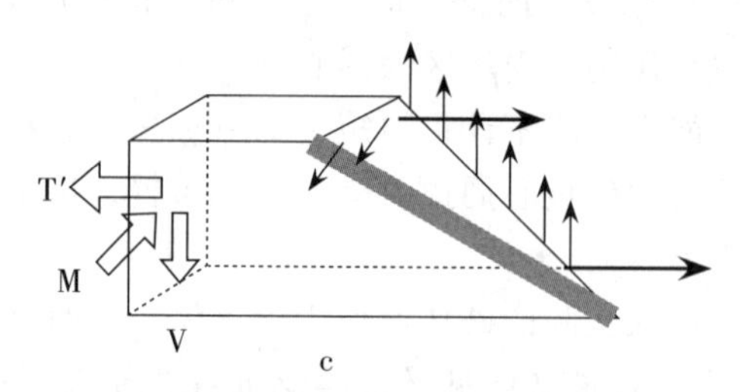

图6-49 复杂作用的破坏形态

若剪力和扭矩起控制作用，则裂缝首先在侧面出现（在这个侧面上，剪力和扭矩产生的主应力方向是相同的），然后向顶面和底面扩展，这三个面上的螺旋形裂缝构成扭曲破坏面，破坏时与螺旋形裂缝相交的纵筋和箍筋受拉并到达屈服强度，而受压区则靠近另一侧面（在这个侧面上，剪力和扭矩产生的主应力方向是相反的），形成剪扭型破坏（如图6-49c所示）。

没有扭矩作用的受弯构件斜截面会发生剪压破坏。对于弯剪扭共同作用下的构件，除了前述三种破坏形态外，实验表明，若剪力作用十分显著而扭矩较小（即扭剪比χ较小）时，还会发生与剪压破坏十分相近的剪切破坏形态。

弯剪扭共同作用下的钢筋混凝土构件扭曲截面承载力计算，与纯扭构件相同，主要有以变角度空间桁架模型和斜弯曲破坏理论（扭曲破坏面极限平衡理论）为基础的两种方法。

第六节　其他钢筋混凝土水平结构
——无梁楼盖、双向板、密肋楼盖、井字梁与楼梯

一、无梁楼盖

无梁楼盖（如图6-50所示）是由瑞士设计师于1910年发明的，无梁楼盖不设梁，是一种双向受力的板柱结构。由于没有梁，钢筋混凝土板直接支承在柱上，故与相同柱网尺寸的肋梁楼盖相比，其板厚要大些。但无梁楼盖的建筑构造高度比肋梁楼盖小，这使得建筑楼层的有效空间加大；同时，平滑的板底可以大大改善采光、通风和卫生条件，故无梁楼盖常用于多层的工业与民用建筑中，如商场、书库、冷藏库、仓库等。水池顶盖和某些整板式基础也采用这种结构型式。

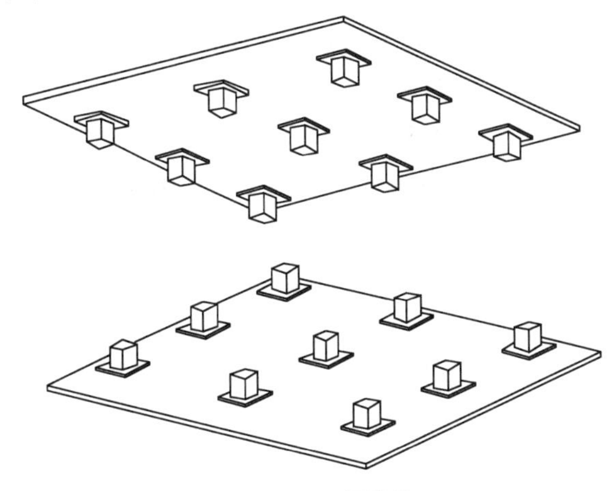

图6-50　无梁楼盖

无梁楼盖根据施工方法的不同可分为现浇式和装配整体式两种。装配整体式无梁楼盖采用升板施工技术，在现场逐层将在地面预制的屋盖和楼盖分阶段提升至设计标高后，通过柱帽与柱整体连接在一起，由于它将大量的空中作业改在地面上完成，故可大大提高进度。其设计原理，除需考虑施工阶段验算外，与一般无梁楼盖相同。此外，为了减轻自重，也可用多次重复使用的塑料模壳，形成双向密肋的无梁楼盖。

目前，我国在公共建筑和住宅建筑中正在推广采用现浇混凝土空心无柱帽无梁楼盖，板中的空腔是双向的，可由预制的薄壁盒作为填充物构成。

无梁楼盖因没有梁，抗侧刚度比较差，所以当层数较多或有抗震要求时，宜设置剪力墙，构成板柱-抗震墙结构。

根据以往经验，当楼面活荷载标准值在5kN/m^{2}以上，且柱距在6m以内时，无梁楼盖比肋梁楼盖经济。

无梁楼盖是在对建筑物净空与层高限制较严格的建筑物中经常使用的楼盖形式。

1.无梁楼盖的结构组成与传力

无梁楼盖结构体系包括楼板、柱帽两大部分，其中多数无梁楼盖的楼板中还会有由钢筋加强板带形成的暗梁，保证受力的整体性。

无梁楼盖的传力路径比较简单，荷载一般按以下路径传递：楼板-柱帽-柱-基础-地基。

由于柱顶处平板直接将荷载传递给柱，因此会在柱顶形成集中受力区域，产生柱头对于楼板的冲切破坏。为了防止这种破坏的发生，往往在柱顶设置柱帽，以增大柱头与楼板的接触面积，有利于荷载的合理分布。当然，当荷载不太大时，也可不用柱帽。

常用的矩形柱帽有无柱帽顶板、折线帽顶板和矩形帽顶板三种形式。通常柱和柱帽的形式为矩形，有时因建筑要求也可做成圆形。

2.无梁楼盖的受力特点

无梁楼板是四点支承的双向板，均布荷载作用下，柱与柱的连接区域板带可以看成跨中板带的弹性支座。柱上板带支承在柱上，其跨中具有挠度f_1；跨中板带弹性支承在柱上板带上，其跨中的相对挠度为f_2；无梁楼板跨中的总挠度为f_1+f_2。此挠度较相同柱网尺寸的肋梁楼盖的挠度为大，因而无梁楼板的板厚应大些（如图6-51所示）。

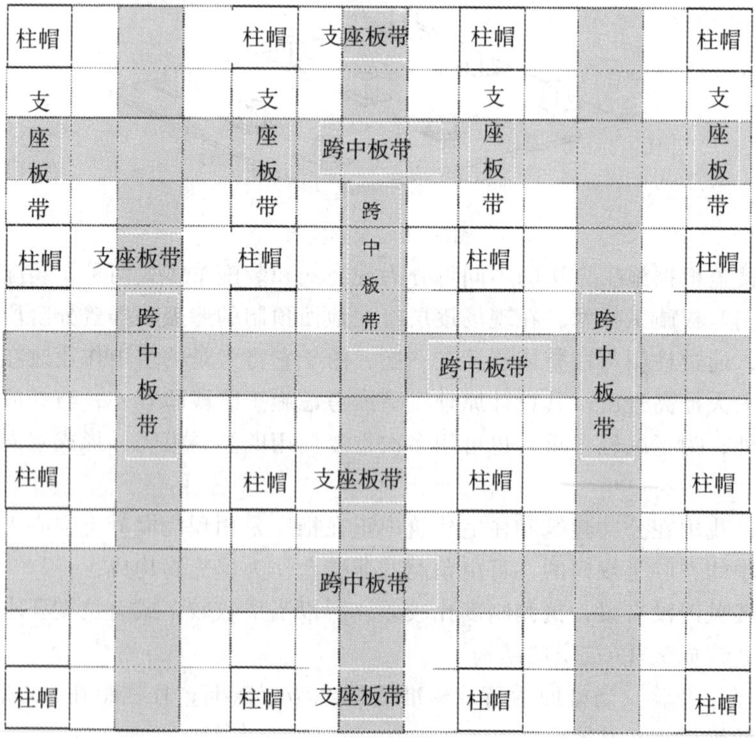

图6-51　无梁楼盖的区域

实验表明，无梁楼在开裂前，处于弹性工作阶段。随着荷载增加，裂缝首先在柱帽顶部出现，随后不断发展，在跨中中部1/3跨度处，相继出现成批的板底裂缝。这些裂缝相互正交，且平行于柱列轴线。即将破坏时，在柱帽顶上和柱列轴线上的板顶裂缝以及跨中的板底裂缝中出现一些特别大的裂缝。在这些裂缝处，受拉钢筋屈服，受压的混凝土压应变达到极限压应变值，最终导致楼板破坏。

冲切破坏是无梁楼盖柱顶最为常见的一种破坏形态（如图6-52所示），这是由于混凝土受拉产生的斜向脆性破坏，因此，避免冲切破坏是无梁楼盖的关键问题。在楼盖不发生冲切破坏的前提下，才可能发生前述延性破坏。

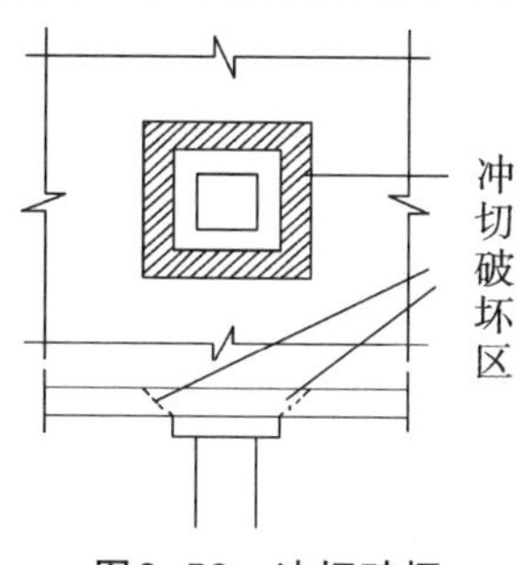

图6-52　冲切破坏

受冲切承载力与混凝土轴向抗拉强度、局部荷载的周边长度（柱或柱帽周长）及板纵横两个方向的配筋率（仅对不太高的配筋率而言），均大体呈线性关系；与板厚大体呈抛物线关系。具有弯起钢筋和箍筋的平板，可以大大提高受冲切承载力。

根据中心冲切承载力实验结果，并参考国外有关资料，我国规范对于冲切问题规定如下：

对于不配置箍筋或弯起钢筋的钢筋混凝土平板，其受冲切承载力按下式计算：

$$F_l \leqslant 0.7 f_t u_m h_0 \tag{6-42}$$

式中：

F_l：冲切荷载设计值，即柱子所承受的轴向力设计值减去柱顶冲切破坏锥体范围内的荷载设计值，$F_l=N-p(c+2h_0)(d+2h_0)$。

u_m：距柱帽周边$h_0/2$处的周长。

f_t：混凝土抗拉强度设计值。

h_0：板的截面有效高度。

当受冲切承载力不能满足上述公式的要求，且板厚不小于150mm时，可在柱顶板带中的柱顶区域内，配置箍筋或弯起钢筋抵抗冲切。此时受冲切截面应符合下列条件：

$$F_l \leqslant 1.05 f_t u_m h_0 \tag{6-43}$$

当配置箍筋时，受冲切承载力按下式计算：

$$F_l \leqslant 0.3 f_t u_m h_0 + 0.8 f_{yv} A_{svu} \tag{6-44}$$

当配置弯起钢筋时，受冲切承载力按下式计算：

$$F_l \leqslant 0.3f_t u_m h_0 + 0.8f_{yv}A_{svu}\sin\alpha \tag{6-45}$$

式中：

A_{svu}：与呈45°冲切破坏锥体斜截面相交的全部箍筋面积。

A_{svu}：与呈45°冲切破坏锥体斜截面相交的全部弯起钢筋截面积。

α：弯起钢筋与板底面的夹角。

f_y、f_{yv}：分别为弯起钢筋和箍筋的抗拉强度设计值。

对于配置受冲切的箍筋或弯起钢筋的冲切破坏锥体以外的截面，仍应按基本公式进行受冲切承载力验算。此时，取冲切破坏锥体以外$0.5h_0$处的最不利周长。

弯起钢筋和箍筋的配置方式如图6-53所示。柱帽的配筋根据板的受冲切承载力确定，计算所需的箍筋应配置在冲切破坏锥体范围内。此外，尚应按相同的箍筋直径和间距向外延伸至不小于$0.5h_0$范围内。箍筋宜为封闭式，并应箍住架立钢筋，箍筋直径不应小于6mm，其间距不应大于$h_0/3$。

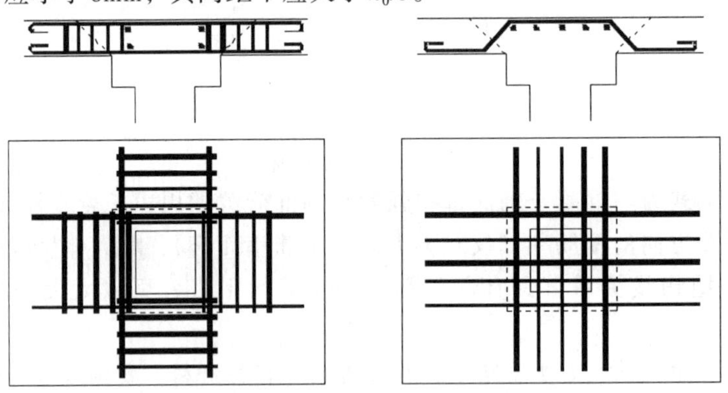

图6-53　弯起钢筋和箍筋的配置方式

计算所需的弯起钢筋，可由一排或两排组成，其弯起角可根据板的厚度在30°~45°范围内选取。弯起钢筋的倾斜段应与冲切破坏斜截面相交，其交点应在离集中反力作用面积周边以外$h/2$~$h/3$的范围内。弯起钢筋直径不应小于12mm，且每一方向不应少于3根。

3.无梁楼盖的其他构造要求

无梁楼板通常是等厚的，对板厚的要求，除满足承载力要求外，还需满足刚度的要求。由于目前对其挠度尚无完善的计算方法，所以，用板厚与长跨的比值来控制其挠度。此控制值为：有帽顶板时，板厚与长跨的比值不大于1/35；无帽顶板时，板厚与长跨的比值不大于1/32；无柱帽时，柱上板带可适当加厚，加厚部分的宽度可取相应跨度的0.3倍。

板的配筋通常采用绑扎钢筋的双向配筋方式。为减少钢筋类型，又便于施工，一般采用一端弯起、另一端为直线段的弯起式配筋。钢筋弯起和切断点的位置，必须满足如图6-54所示的构造要求。对于支座上承受负弯矩的钢筋，为使其在施工阶段具有一定的刚性，其直径不宜小于12mm。

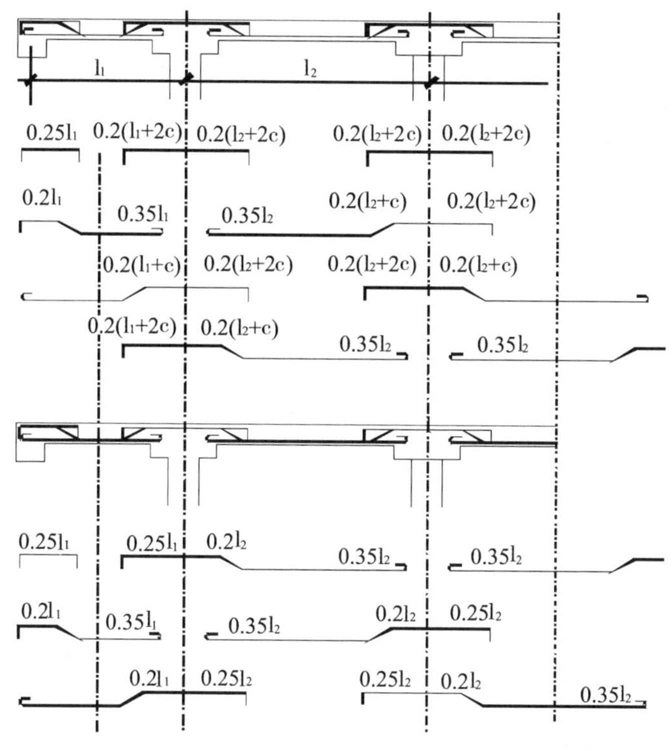

图6-54　无梁楼盖的配筋构造

无梁楼盖的周边，应设置边梁，其截面高度不小于板厚的2.5倍。边梁除与半个柱上板带一起承受弯矩外，还须承受未计及的扭矩，所以应另设置必要的抗扭构造钢筋。

二、双向板

1.双向板及其优势

当四边支承板的两边之比在0.5~2时，其受力性能与单向板有较大差异，双侧四边支座的影响均不能忽略，此时称之为双向板。

与单向板相比，双向板具有独特的优势：

（1）力学特性好。双向板是双向弯扭承担荷载并传力：①双向承荷传力，各向分担的荷载得以减少，弯矩与变形都较小。由于双向承荷传力，其荷载、反力与结构本身已不在同一平面，成非平面结构而进入空间结构范畴。②碟形变形使双向板不仅靠弯曲承荷传力，还靠扭转承荷传力，且后者的传力作用相当大。

正是双向板的这一优异特性，使其各向弯矩大减，节约大量材料，其结果是，同样跨度的双向板比单向板厚度更薄，同样板厚的双向板比单向板跨度更大。一般跨度不大于6m、荷载较大的近正方形双向板，比有次梁的单向板耗料少。

（2）可以取消次梁。由于双向板跨度增大，就可以减少甚至取消次梁，随之可带来施工简便、节约次梁模板等好处。次梁有吊顶者，取消次梁后可同时取消吊顶，使结构净空增大。

尽管双向板有上述优点，但是其计算较为复杂，多数工程师往往不愿采用。

2.双向板的设计思路简介

在可能条件下，应优先选用双向板而少用单向板，且在方案设计阶段就要充分发挥双向板功能的最大效率。对于双向板的设计，应在以下几方面逐步思考并深化：

首先，荷载类型。建筑功能上，需要一个可供活动使用的水平楼屋面，且承担典型的均布荷载。单向板与双向板均为面结构，适合承受面荷载，而不宜抵抗较大集中荷载。对较大集中荷载宜采用梁结构，将集中荷载置于梁上。

其次，跨长比宜在1.5以下，这样可以充分发挥双向板的双向功能。如果超过1.5，已无利可言，因之板平面越近正方形越好。另外，还要考虑钢筋混凝土双向板的经济跨距适用范围为3m~6m，超过时应增设梁。

最后，弯矩的极小化。超静定梁板的挠度通常很小，因此双向板的设计关键在于弯矩。实际上，只要对具有决定性的可变因素采取下列有效措施，就能在方案阶段把M峰值减到最低限度：其一，最好采用周边梁支承的双向板，只有在可设内柱、面荷较大时才采用无梁的柱支承板；其二，尽量发挥支座约束作用，尽量采用多跨连续或固定支座。

3.双向板的破坏过程

四边简支双向板的均布荷载实验表明，板的竖向位移呈碟形，板的四角有明显的翘起趋势，因此板传给四边支座的压力沿边长是不均匀的，中部大、两端小，大致按正弦曲线分布。在裂缝出现前，双向板基本处于弹性阶段，短跨方向的最大正弯矩出现在中点，而长跨方向的最大正弯矩偏离跨中截面。均布荷载下双向板的破坏状态如图6-55所示。两个方向配筋相同的正方形板，由于跨中正弯矩最大，板的第一批裂缝出现在板底中间部分。随后，由于主弯矩M_1的作用，沿对角线方向向四角发展。随着荷载不断增加，板底裂缝继续向四角扩展，直至因板的底部钢筋屈服而破坏。当接近破坏时，由于主弯矩M_1的作用，板顶面靠近四角附近，出现垂直于对角线方向、大体上呈圆形的环状裂缝。这些裂缝的出现，又促进了板底对角线方向裂缝的进一步扩展。

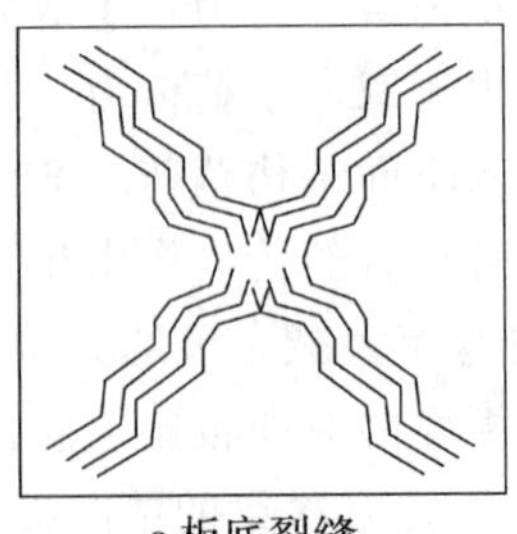

a.板底裂缝

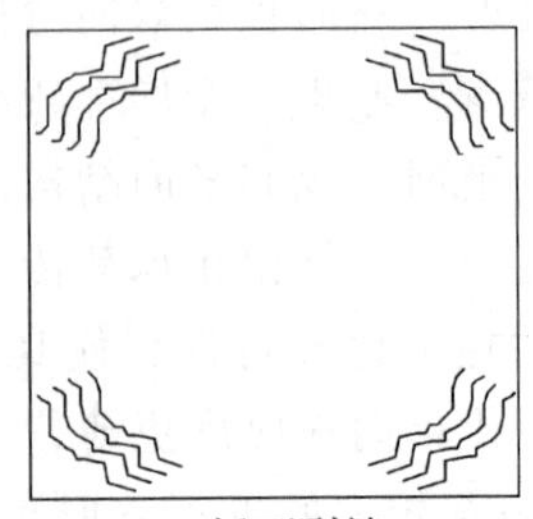

b.板面裂缝

图6-55 均布荷载下双向板的破坏状态

4.双向板的不利荷载分布

双向板的不利荷载分布与单向板相类似，也是相隔跨布置荷载。不过由于双向板是空间结构，因此荷载布置稍有不同。

双向板最不利荷载布置称为棋盘式布置方式（如图6–56所示）。

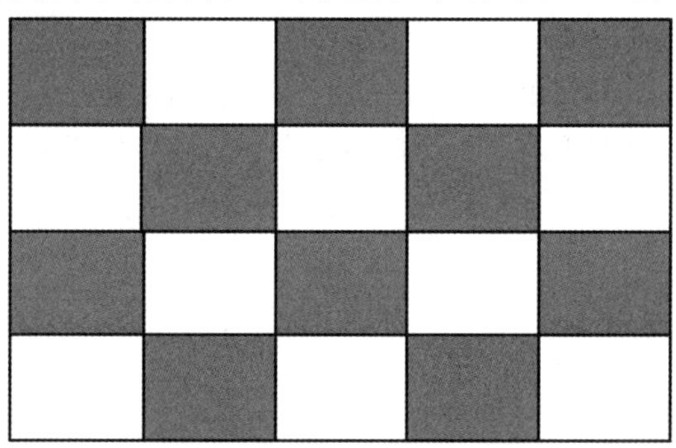

图6–56　棋盘式布置方式

当欲求某一板跨的最大正弯矩时，在该板（白色区域）内布置活荷载，在其周边板（同为白色区域内）布置活荷载；如果欲求某一板跨的最大负弯矩时，在该板（白色区域）内不布置活荷载，而在其周边板（阴影区域内）布置活荷载。

三、密肋楼盖

实心平板抗弯能力低，故仅适用于小跨度结构，其根本原因在于板厚太薄，若要加大板厚，板的自重势必猛增，如此极为不利。为使材料能充分发挥作用，材料应远离中和轴布置，以达到提高截面惯性矩的目的。于是，可在加大板厚的同时，将抗压好的混凝土集中到板顶面，将受拉区不必要的混凝土省掉，仅留下一个个小肋，把抗拉钢筋分别配置在各肋底部，这样就形成了面板与小肋合为一体的肋形板。因其小肋间距不大，故也称为密肋板或密肋楼盖（如图6–57所示）。

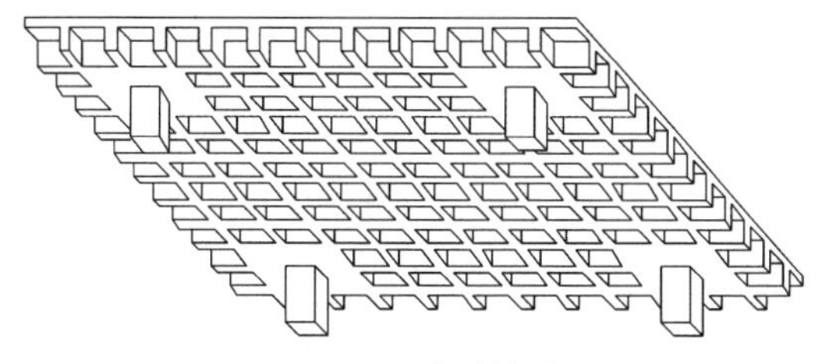

图6–57　密肋楼盖

对于密肋楼盖，可将其视作一系列平行的“T”形梁进行计算。其实，肋与梁仅尺寸大小不同而已，无受弯性能状态之别，截面小（宽4cm~12cm、高12cm~30cm）、间距密（一般不大于70cm）者称肋，否则称梁。

现浇单向密肋板，其面板可视为支承于各肋上的单向连续板，而肋即小梁。国外目前广泛采用压型钢板作为永久性模板，有的甚至兼作受拉配筋，在其上现浇混凝土构成楼板。为吊装方便，通常将密肋板沿肋分割成窄条，成为单向肋形板。无论现浇或预制，其肋间均可有轻质填充物（如各类空心砖、塑料空盒、保温隔音材料等）。肋间有填充物者不仅可用作保温屋面板，也可用于对隔音要求较高的建筑（如医院病房、学校教室、住宅宿舍等）。肋间无填充物者都正放，板肋露于室内。若肋下加设吊顶天棚，则不仅在空腔可通设备管线，使室内整齐美观，无凸出小肋之暗影，而且光线充沛，空气畅通，也有一定的保温、隔音效果。

如果双向板较厚，可采用同样方法进行分割，则密肋是双向的，通常板底形成正方格。双向肋形板也有正向肋与反向肋之别，后者多用于铺设木地板，或填以保温、隔音材料后成为平面。

四、井字梁

1.井字梁概述

双向板与双向密肋板的经济跨度极限在6m左右，当跨度更大时，可采用井字梁（井字楼盖），它类似双向密肋板，但因其梁跨大，故梁高与梁间距都大得多，已非板结构而成为梁结构。

井字梁又称网格梁（如图6-58所示），顾名思义，它是由梁构成的平面交叉网格体系，通常由2~4组、每组各自平行、各组互相交叉、节点（即各梁交叉点）刚性连接、截面尺寸完全相同（个别梁宽不等）的梁构成。一般情况下，因井字梁端的边梁抗扭刚度太小，不足以固定井字梁端，故均视梁端为铰支座。通常要求井字梁各节点刚接，故一般多采用钢筋混凝土，形成板梁整浇的井字梁楼屋盖，个别也有用焊接钢作井字梁，上盖钢筋混凝土平板的。井字梁比较美观，多外露不吊顶，一般用于要求美观的大厅。

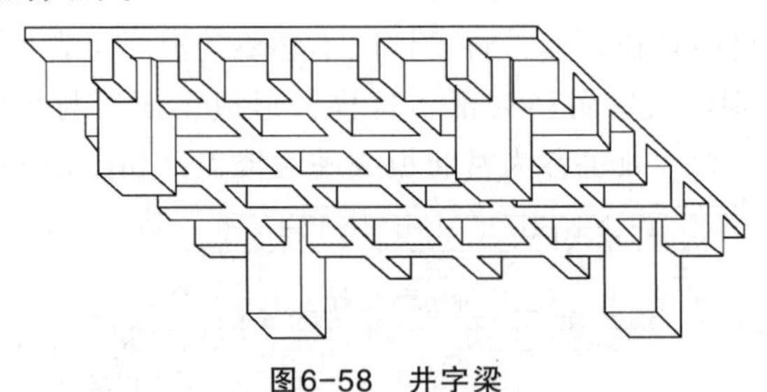

图6-58　井字梁

2.井字梁承荷传力特征

在均布荷载下，井字梁的承荷传力特征如下：

第一，多向承荷传力的空间作用——因井字梁各梁互相刚接，使各梁能相互分担荷载，形成“受荷虽集中，传力却分散”的效率更高的结构。

第二，弯扭承荷传力的双重作用——因各梁刚接，受荷后总体呈碟形变形，不仅靠梁的弯剪作用，而且靠梁的扭转作用，承受并传递荷载，把力传到各梁支座上去。

双向板、双向密肋板与井字梁均为平面结构，三者总体性能类同，承受均布荷载最合适、最有效，它们的相似点是都呈网格结构，分别由各向一系列全同的板条、小肋或大梁组成，因截面高度不同、抗弯能力有强弱，所以三者适用跨度各异。三者的不同之处在于各自间距不同，前二者是无网格或细网格的现浇整体，因此在全板内连续产生碟形变形的弯扭作用；而粗网格的井字梁，弯扭作用仅产生在梁节点处。小网格井字梁接近双向密肋板，节点扭转作用不容忽略；而大网格井字梁，可忽略节点扭转影响，对均布荷载与大集中荷载均极有效。

五、楼梯

楼梯是多层及高层房屋中的重要组成部分。楼梯的平面布置、踏步尺寸、栏杆形式等由建筑设计确定。板式楼梯和梁式楼梯是最常见的楼梯形式，宾馆等一些公共建筑中也采用一些特种楼梯，如螺旋板式楼梯和悬挑板式楼梯。

1.板式楼梯

板式楼梯（如图6-59所示）由梯段板、平台板和平台梁组成。传力路径为：荷载-平台板（梯段板）-平台梁与侧墙。

图6-59　板式楼梯

板式楼梯的梯段板是斜放的齿形板，支承在平台梁上和楼层梁上，底层下段一般支承在地梁上。最常见的双跑楼梯每层有两个梯段，也有采用单跑楼梯和三跑楼梯的。板式楼梯的优点是下表面平整，施工支模较方便，外观比较轻巧。缺点是斜板较厚，约为梯段板水平长度的1/25~1/30，混凝土用量和钢材用量较多；一般适用于梯段板水平长度不超过3m时的楼梯（板式楼梯承载力相对较小，不适宜做较大跨度与梯段高度的楼梯），多在住宅中使用。

板式楼梯的设计内容包括梯段板、平台板和平台梁。

梯段板按斜放的简支梁计算，它的正截面是与梯段板垂直的。楼梯的活荷载是按水平投影面积计算的，计算跨度取平台梁间的斜长净距。截面承载力计算时，斜板的截面高度应垂直于斜面量取，并取齿形的最薄处。

为避免斜板在支座处产生过大的裂缝，应在板面配置一定数量钢筋，一般取ϕ8@200，长度为$l_n/4$。斜板内分布钢筋可采用ϕ8或ϕ6，每级踏步不少于1根，放置在受力钢筋的内侧。

平台板一般设计成单向板，可取1m宽板带进行计算。平台板一端与平台梁整体连接，另一端可能支承在砖墙上，也可能与过梁整浇。

平台梁的设计与一般梁基本相同。

2.梁式楼梯

梁式楼梯（如图6-60所示）由梯段板、斜梁和平台板、平台梁组成。

图6-60 梁式楼梯

其传力路径为：荷载-平台板-平台梁-侧墙；荷载-梯段板-斜梁-平台梁-侧墙。

由于楼梯荷载主要由斜梁传递，因此梁式楼梯承载力相对较大，适宜做较大跨度与梯段高度的楼梯，多在公用建筑中使用。

梯段板两端支承在斜梁上，按两端简支的单向板计算，一般取一个踏步作为计算单元。应注意的是，梯段板为梯形截面，板厚一般不小于30mm~40mm。

斜梁的内力计算与板式楼梯的斜板相同。梯段板可能位于斜梁截面高度的上部，也可能位于下部。计算时截面高度可取为矩形截面。

平台梁主要承受斜边梁传来的集中荷载（由上、下楼梯斜梁传来）和平台板传来的均布荷载，平台梁一般按简支梁计算。

第七节 小结

梁板结构是土木工程中常见的结构型式，包括井式楼盖、密肋楼盖、肋梁楼盖。

肋梁楼盖可以在力学计算上简化为不同的梁式杆件。板肋梁楼盖所承担的荷载以均布荷载为主，板直接承担荷载并将其传递给次梁，板与次梁承担的是均布荷载；次梁将荷载传递给主梁，主梁承担的是均布（自重）与集中荷载（次梁传来）。

对于连续梁超静定结构，应在不同情况下考虑结构的塑性与弹性设计原则。区别在于是否考虑由于塑性铰产生的塑性内力重分布。

钢筋混凝土梁式结构的破坏分为正截面、斜截面与扭转三类基本破坏以及三种原因共同导致的复合破坏。

适筋梁正截面受弯的全过程可划分为三个阶段——弹性阶段（Ⅰ）（未裂阶段（Ⅰ））、裂缝阶段（Ⅱ）和破坏阶段（Ⅲ），三个阶段的临界分别为$Ⅰ_a$、$Ⅱ_a$、$Ⅲ_a$阶段。如果混凝土梁中的钢筋配置不当，过多或过少，会形成超筋梁、少筋梁，二者均属于脆性破坏，不能作为结构使用。

根据力学平衡的原则，在平截面假定的基础上，列出适筋梁截面基本方程：

$$\sum x = 0 \quad \alpha_1 f_c bx = f_y A_s$$

$$\sum M = 0 \quad M = \alpha_1 f_c bx\left(h_0 - \frac{x}{2}\right)$$

为了防止出现构件的超筋形式破坏，应满足$\xi \leqslant \xi_b$或$x \leqslant \xi_b h_0$；为防止出现构件的少筋形式破坏，应满足$\rho \geqslant \rho_{min}$。

根据该计算结果，钢筋仅在梁受拉一侧放置，故该公式称为单筋矩形截面计算公式。

根据前面的公式与限制条件，可以解决两类问题：

①截面设计问题：已知截面几何尺度、材料选择与弯矩大小，进行截面配筋设计。

②承载能力校核问题：已知截面几何尺度、材料选择与钢筋截面面积（直径与根数），校核该截面可以承担的弯矩值。

双筋矩形截面梁是在混凝土受压区设置受压钢筋以提高受压区的抗压能力的梁，双筋矩形截面梁的基本方程组为：

$$\sum x = 0 \quad \alpha_1 f_c bx + f_y' A_s' = f_y A_s$$

$$\sum M = 0 \quad M \leqslant M_u = \alpha_1 f_c bx\left(h_0 - \frac{x}{2}\right) + f_y' A_s' \ (h_0 - a_s')$$

该公式也有其使用的限制条件。为防止出现构件超筋形式破坏，应满足$\xi \leqslant \xi_b$或$x \leqslant \xi_b h_0$；为保证受压钢筋在构件破坏时达到屈服强度，应满足$x \geqslant 2a_s'$。双筋截面梁的配筋率通常较大，可以忽略最小配筋率ρ_{min}的验算。

“T”形截面混凝土受压区形状在弯矩不同时会发生变化，当弯矩较小时，混凝土仅在翼缘中形成受压区；而当弯矩较大时，混凝土不仅在翼缘中形成受压区，还会进而使部分腹板受压。对于不同的受力区域，抗弯设计会有所不同。

对于第一类“T”形截面（中和轴在翼缘内）：

$$\sum x = 0 \quad f_y A_S = \alpha_1 f_c b_f' x$$

$$\sum M = 0 \quad M = \alpha_1 f_c b_f' x\left(h_0 - \frac{x}{2}\right)$$

对于第二类“T”形截面（中和轴在腹板中）：

$$\sum x = 0 \quad f_y A_S = \alpha_1 f_c bx + \alpha_1 f_c \ (b_f' - b) \ h_f'$$

$$\sum M = 0 \quad M = \alpha_1 f_c bx\left(h_0 - \frac{x}{2}\right) + \alpha_1 f_c \ (b_f' - b) \ h_f'\left(h_0 - \frac{h_f'}{2}\right)$$

结构或构件除了要核算其承载能力极限状态外，正常使用极限状态也不容忽视，需要进行验算。对于钢筋混凝土构件，其裂缝控制等级分为三级：一级，混凝土中不能出现拉应力，混凝土不开裂；二级，混凝土中可以出现拉应力，但拉应力小于混凝土抗拉强度，混凝土不开裂；三级，混凝土中可以出现拉应力，也可以大于混凝土抗拉强度，但混凝土中的裂缝宽度要在控制范围之内。

普通钢筋混凝土结构与构件开裂是十分普遍的，钢筋混凝土构件受力裂缝的宽度与裂缝间距存在着特定的规律。

钢筋混凝土梁在弯矩的作用下也会产生挠曲变形。构件的刚度与材料力学中均质材料的刚度远远不同。由于裂缝的存在，钢筋混凝土梁的挠曲变形与力学模型存在着较大的差异，钢筋混凝土梁的短时间变形与长期变形也会有一定的差异。在力学计算中减小受弯构件的挠度措施，在钢筋混凝土结构中也是有效的。

在保证受弯构件正截面受弯承载力的同时，还要保证斜截面承载力，即斜截面受剪承载力和斜截面受弯承载力。

无腹筋混凝土梁斜截面的破坏状态表现为三类：斜压破坏、剪压破坏、斜拉破坏。

通过实验分析，可以确定斜截面的承载力与以下因素密切相关：剪跨比、混凝土强度、纵向钢筋的配筋状况、腹筋。

在以均布荷载为主（也包括作用有多种荷载，但其中集中荷载对支座边缘截面或节点边缘所产生的剪力值应小于总剪力值的75%的情况）的“T”形和“工”形截面的简支梁中，当仅配箍筋时，斜截面受剪承载力的计算公式为：

$$V_u=V_{cs}=0.7f_tbh_0+f_{yv}\cdot\frac{A_{sv}}{s}\cdot h_0$$

对以集中荷载为主（包括作用有多种荷载，且其中集中荷载对支座截面或节点边缘所产生的剪力值占总剪力值的75%以上的情况）作用下的矩形、“T”形和“工”形截面的独立简支梁，当仅配箍筋时，斜截面受剪承载力的计算公式为：

$$V_u=V_{cs}=\frac{1.75}{\lambda+1.0}f_tbh_0+f_{yv}\cdot\frac{A_{sv}}{s}\cdot h_0$$

有弯起钢筋时，梁的受剪承载力计算公式中增加弯筋抵抗剪力的部分为：

$$V_{sb}=0.8f_yA_{sb}\sin\alpha_s$$

斜截面问题除了主要的斜截面受剪问题外，还有斜截面受弯问题，通常是以抵抗弯矩图来协调解决。

与弯、剪作用相比，扭转作用十分复杂。迄今为止，钢筋混凝土受扭构件扭曲截面受扭承载力的计算，主要是以变角度空间桁架模型和斜弯曲破坏理论（扭曲破坏面极限平衡理论）为基础的两种计算方法，《混凝土结构设计规范》采用的是前者，《公路钢筋混凝土及预应力混凝土桥涵设计规范》采用的是后者。

处于弯矩、剪力和扭矩共同作用下的钢筋混凝土构件，其受力状态十分复杂，构件的破坏特征及其承载力，与荷载条件及构件的内在因素有关。对于荷载条件，通常以扭弯比ψ（$=T/M$）和扭剪比χ（$=T/Vb$）表示。构件的内在因素是指构件的截面尺寸、配筋及材料强度。

无梁楼盖不设梁，是一种双向受力的板柱结构，结构体系包括楼板、柱帽两大部分。冲切破坏是无梁楼盖柱顶最为常见的一种破坏形态。

当四边支承板的长短边关系为 $L/B \leq 2$ 时，其受力性能与单向板有较大差异，双侧四边支座的影响均不能忽略，此时称之为双向板。当板的长短边尺度关系为 $2<L/B<3$ 时，《混凝土结构设计规范》（GB 50010-2010）（2015版）规定宜按双向板计算。双向板的最不利荷载布置称为棋盘式布置方式。

楼梯是多层及高层房屋中的重要组成部分，可以分为板式楼梯、梁式楼梯。

关键概念

肋梁楼盖　适筋梁　超筋梁　少筋梁　第一类“T”形截面　第二类“T”形截面　剪跨比　抵抗弯矩图　变角度空间桁架模型　无梁楼盖　冲切破坏　板式楼梯　梁式楼梯

复习思考题

1.说明肋梁楼盖及其简化过程。

2.什么是塑性铰与塑性内力重分布？

3.说明适筋梁正截面受弯的三个阶段。

4.说明什么是超筋梁。

5.说明什么是少筋梁。

6.写出各种矩形适筋梁截面设计的方程与适用范围。

7.正截面设计计算的基本假定是什么？

8.什么是第一类“T”形截面？计算公式是什么？

9.什么是第二类“T”形截面？计算公式是什么？

10.说明钢筋混凝土结构裂缝与变形的规律。

11.无腹筋混凝土梁斜截面的破坏状态表现是什么？

12.影响斜截面的承载力因素是什么？

13.什么是剪跨比？

14.写出斜截面受剪承载力的计算公式与适用范围。

15.什么是斜截面受弯问题与抵抗弯矩图？有什么用途？

16.什么是变角度空间桁架模型？

17.什么是无梁楼盖的冲切破坏？

18.什么是双向板与其最不利荷载布置？

19.什么是板式楼梯？什么是梁式楼梯？

第七章

钢筋混凝土垂直结构体系分析

□ 学习目标

本章着重阐述钢筋混凝土垂直结构——柱的设计原理，要求学生掌握轴心受压构件的设计计算，大小偏心结构的设计计算。

梁板结构形成了跨度，形成了室内人工空间的“天”，但是这个“天”是有着巨大的重量并且同时承接着巨大重量的，是需要传到地面上的。因此，必须寻求人工的支承体系，保证空间的形成——“一柱擎天”。在通常的结构中，除了拱结构——这种可以直接进行跨度构件与支承构件的转化的结构体系外，其他结构基本都需要垂直结构体系，如框架中的柱、排架中的柱——主要是受压构件，悬挂结构中的吊杆——受拉构件等。因此，对于垂直结构的分析与计算也是结构设计中的重要内容。

由于侧向荷载的作用，垂直结构体系不仅仅要承担重力荷载，更要承担水平荷载，因而垂直结构体系不仅仅受压或受拉，还要受弯。弯矩与轴向力的共同作用形成了垂直结构体系受力的基本特征——偏心受力。

由于重力的巨大作用，垂直结构大多为受压为主的构件，因此本章将对钢筋混凝土受压构件进行重点讨论。钢结构受压构件将在第九章的章节中加以介绍。

实际上，受压构件的破坏体现在承担压力截面的破坏上，这个截面不仅存在于受压的柱中，也存在于桁架的受压杆件、桩基础、拱体等其他结构上，受压构件的计算原理因而也可以推广到相应的构件中去。

第一节　受压构件综述

一、受压构件的简单分类

受压构件按其受力情况可分为轴心受压构件（如图7-1a所示）和偏心受压构件，而偏心受压构件又有平面偏心形式——单向偏心受压构件（如图7-1b所示）和空间偏心形式——双向偏心受压构件（如图7-1c所示）两类。

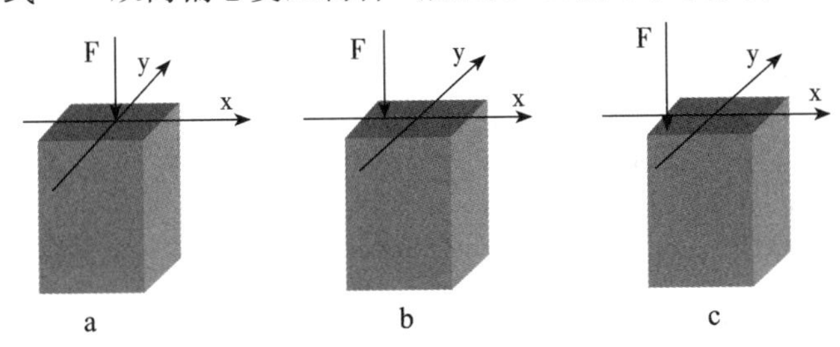

图7-1　受压构件

对于单一匀质材料的构件，当轴向压力的作用线与构件截面形心轴线重合时，成为轴心受压；不重合时为偏心受压。材料的不均匀性会改变这种几何上的均衡。钢筋混凝土构件由两种材料组成，混凝土是非匀质材料，钢筋可能出现不同边缘的不对称布置，但为了方便与简化计算，可以忽略钢筋混凝土的不匀质性，近似地用轴向压力的作用点与构件正截面形心的相对位置来划分受压构件的类型。

知识拓展7-1

当轴向压力的作用点位于构件正截面重心时，为轴心受压构件。当轴向压力的作用点只对构件正截面的一个主轴有偏心距时，为单向偏心受压构件。当轴向压力的作用点对构件正截面的两个主轴都有偏心距时，为双向偏心受压构件。

二、受压构件的基本构造要求

1.截面形式及尺度

为便于制作模板，轴心受压构件截面一般采用方形或矩形，有时也采用圆形或多边形。偏心受压构件一般采用矩形截面，但为了节约混凝土和减轻柱的自重，特别是在装配式柱中，较大尺寸的柱常常采用“工”形截面。

方形柱的截面尺寸不宜小于250mm×250mm。对于矩形截面的轴心受压构件，为了避免长细比过大，可能导致失稳破坏，致使承载力降低过多，常取$l_0/b \le 30$和$l_0/h \le 25$。此处，l_0为柱的计算长度，b为矩形截面短边边长，h为矩形截面长边边长。

此外，为了施工支模方便，柱截面尺寸宜使用整数，边长800mm及以下的，宜取50mm的倍数；边长800mm以上的，可取100mm的倍数。对于“工”形截面柱，翼缘厚度不宜小于120mm，否则会因为翼缘太薄，使构件过早出现裂缝。另外“工”形截面柱靠近柱底处的翼缘混凝土容易在使用过程中碰坏，影响柱的承载力和使用年限，因此底部一般做成矩形截面。“工”形截面柱腹板厚度不宜小于100mm，抗震区使用“工”形截面柱时，其腹板宜再加厚些。

2.混凝土

混凝土强度等级对受压构件的承载能力影响较大。为了减小构件的截面尺寸，节省钢材，宜采用较高强度等级的混凝土。多层建筑一般采用C35以下混凝土，9~20层建筑物底层宜采用C40~C50混凝土，对于20层以上的高层建筑的底层柱，可采用高强度等级的混凝土——C50或C60等。

3.纵向钢筋

受压构件的纵向钢筋（以下简称纵筋）一般采用HRB335级、HRB400级和RRB400级。不宜采用高强度钢筋——这是由于高强度钢筋的屈服应变量大，在与混凝土共同受压时，混凝土的破坏压应变不能使之屈服，不能充分发挥其高强度的作用。

轴心受压构件、偏心受压构件全部纵筋的配筋率不应小于0.6%；同时，一侧钢筋的配筋率不应小于0.2%。轴心受压构件的纵向受力钢筋应沿截面的四周均匀放置，所有凸角均必须由钢筋配置，且钢筋直径不宜小于12mm，通常钢筋直径在16mm~32mm范围内选用。为了减少钢筋在施工时可能产生的纵向弯曲，宜采用较粗的钢筋。从经济、施工以及受力性能等方面来考虑，全部纵筋配筋率不宜超过5%。

偏心受压构件的纵向受力钢筋应放置在偏心方向截面的两边。当截面高度$h \geq$ 600mm时，在侧面应增加设置直径为10mm~16mm的纵向构造钢筋，并相应地设置附加箍筋或拉筋，保证其位置与稳定性。

柱内纵筋的混凝土保护层厚度对一级环境取30mm，纵筋净距不应小于50mm。在水平位置上浇注的预制柱，其纵筋最小净距可减小，但不应小于30mm和1.5d（d为钢筋的最大直径）。纵向受力钢筋彼此间的中距不应大于300mm。纵筋的连接接头宜设置在受力较小处。钢筋的接头可采用机械连接接头，也可采用焊接接头和搭接接头。对于直径大于28mm的受拉钢筋和直径大于32mm的受压钢筋，不宜采用绑扎的搭接接头。

4.箍筋

受压构件的箍筋一般采用HPB300级、HRB335级钢筋，也可采用HRB400级钢筋。为了使箍筋能够箍住纵筋，防止纵筋压曲，柱中箍筋应做成封闭式，其间距在绑扎骨架中不应大于15d（d为纵筋最小直径），在焊接骨架中则不应大于20d，且不应大于400mm，也不应大于构件横截面的短边尺寸。

为了保证在地震情况下，混凝土保护层脱落后，箍筋不会散开而失去对纵筋以及核心混凝土的约束，抗震地区箍筋的端头要做成135°的弯钩，且弯折后的平直段不宜小于10d（d为箍筋的直径）。非抗震地区不作此要求，箍筋弯折仅作90°

即可。

箍筋直径不应小于$d/4$（d为纵筋最大直径），且不应小于6mm。当纵筋配筋率超过3%时，箍筋直径不应小于8mm，其间距不应大于$10d$（d为纵筋最小直径），且不应大于200mm。当构件截面各边纵筋多于3根时，应设置附加箍筋；当截面短边不大于400mm，且纵筋不多于4根时，可不设置附加箍筋（如图7-2所示）。

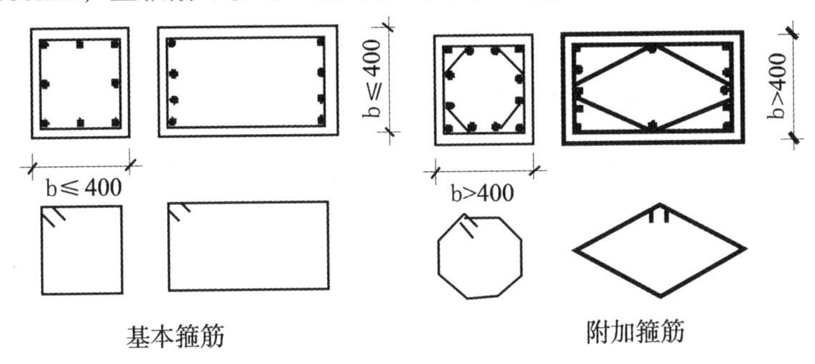

图7-2　箍筋的形式

在纵筋搭接长度范围内，箍筋的直径不宜小于搭接钢筋直径的0.25倍；箍筋间距应加密，当搭接钢筋为受拉时，其箍筋间距不应大于$5d$（d为受力钢筋中的最小直径），且不应大于100mm；当搭接钢筋为受压时，其箍筋间距不应大于$10d$，且不应大于200mm。当搭接受压钢筋直径大于25mm时，应在搭接接头两个端面外100mm范围内各设置2根箍筋。

对于截面形状复杂的构件，不可采用具有内折角的箍筋，避免产生向外的拉力，致使折角处的混凝土破损（如图7-3所示）。

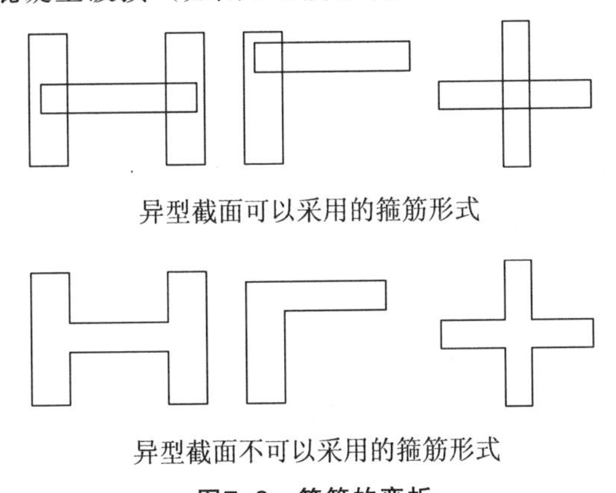

图7-3　箍筋的弯折

第二节　轴心受压构件

在实际工程结构中，混凝土材料的非匀质性、纵向钢筋的不对称布置、荷载作用位置的不准确及施工时不可避免的尺寸误差等原因，使得真正的轴心受压构件几乎不存在，但在设计以承受恒荷载为主的多层房屋的内柱及桁架的受压腹杆等构件时，可近似地按轴心受压构件计算。另外，轴心受压构件正截面承载力计算还可用于偏心受压构件垂直弯矩平面的承载力验算。

知识拓展7-2

一般情况下，钢筋混凝土柱按照箍筋的作用及配置方式的不同分为两种：配有纵向钢筋和普通箍筋的柱，简称普通箍筋柱；配有纵向钢筋和螺旋式（或焊接环式）箍筋的柱，简称螺旋箍筋柱。

一、普通箍筋轴心受压构件的计算分析

最常见的轴心受压构件是配有普通箍筋的柱。纵筋的作用是提高柱的承载力，减小构件的截面尺寸，防止因偶然偏心产生的破坏，改善破坏时构件的延性和减小混凝土的徐变变形。箍筋能与纵筋形成骨架，约束住核心的混凝土，并防止纵筋受力后向外失稳。

1.受力分析和破坏形态

配有纵筋和普通箍筋的短柱（不发生受压失稳破坏），在轴心荷载作用下，整个截面的应变基本上是均匀分布的。当荷载较小时，混凝土和钢筋都处于弹性阶段，柱子压缩变形的增加与荷载的增加成正比，纵筋和混凝土的压应力的增加也与荷载的增加成正比。

当荷载较大时，由于混凝土塑性变形的发展，压缩变形增加的速度快于荷载增长速度；纵筋配筋率越小，这个现象越为明显。同时，在相同荷载增量下，由于钢材的弹性模量大于混凝土的弹性模量，因此钢筋的压应力比混凝土的压应力增加得快。

纵向压力的作用，促使柱的轴向缩短而侧向发生膨胀，从而在柱的表面形成环向拉力。随着荷载的增加，环向拉力逐步增大，致使混凝土表面开始出现微细的平行于纵轴的裂缝。当接近并达到破坏荷载时，柱四周出现明显的纵向裂缝，箍筋间的纵筋也会发生压屈，向外凸出，混凝土被压碎，柱子即告破坏（如图7–4所示）。

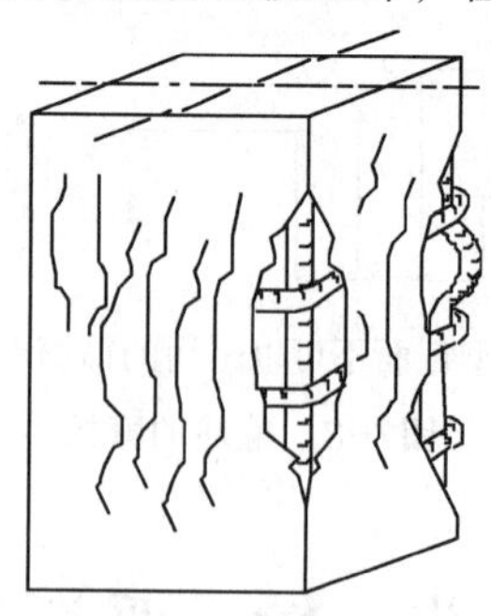

图7–4 受压破坏

试验表明，素混凝土棱柱体构件达到最大压应力值时的压应变为0.0015~0.002，而钢筋混凝土短柱达到应力峰值时的压应变值一般在0.0025~0.0035。其主要原因是纵向钢筋起到了调整混凝土应力的作用，使混凝土的塑性性质得到了较好的发

挥，改善了受压破坏的脆性性质。在破坏时，一般是纵筋先达到屈服强度，此时可继续增加一些荷载；最后，混凝土达到极限压应变值，构件破坏。但是，当纵向钢筋的屈服强度较高时，混凝土的极限压应变不能使纵筋屈服，可能会出现钢筋没有达到屈服强度而混凝土达到极限压应变值的情况。

在计算时，以构件的压应变达到0.002为控制条件，认为此时混凝土达到了棱柱体抗压强度f_c，相应的纵筋应力值$\sigma_s'=E_s\times\varepsilon_s=0.002\times200\times10^3=400N/mm^2$——混凝土的极限压应变可能产生的最大钢筋应力。对于HRB400级、HRB335级、HPB300级和RRB400级热轧钢筋，其屈服强度小于$400N/mm^2$，当混凝土达到极限压应变时，已达到其屈服强度。

上述是短柱的受力分析和破坏形态，可以总结为：

（1）以纵向裂缝为主要裂缝表现，混凝土、钢筋均处于受压状态。

（2）混凝土、箍筋成为纵向钢筋的有效的侧向支承，减小了细长的纵向钢筋的计算长度，增大了其稳定性。

（3）箍筋还可以有效抑制混凝土纵向裂缝的出现与开展，约束核心混凝土的变形，延迟其破坏。

（4）在长期荷载作用下，混凝土的徐变会导致钢筋承担的压力增加，应力也随之增大。

对于长细比较大的柱子，试验表明，由各种偶然因素造成的初始偏心距的影响是不可忽略的。加载后，初始偏心距导致产生附加弯矩和相应的侧向挠度，而侧向挠度又增大了荷载的偏心距；随着荷载的增加，附加弯矩和侧向挠度将不断增大。这样，相互影响的结果是，长柱在轴力和弯矩的共同作用下发生破坏。长柱的破坏荷载低于其他条件相同的短柱破坏荷载，长细比越大，承载能力越低。

2.承载力计算公式

《混凝土结构设计规范》采用稳定系数φ来表示长柱承载力的降低程度。根据以上分析，确定配有纵向钢筋和普通箍筋的轴心受压短柱破坏时，其正截面受压承载力应符合下列规定：

知识拓展7-3

$$N\leq0.9\varphi\left(f_cA+f_y'A_s'\right) \quad (7-1)$$

式中：

N：轴向压力设计值。

φ：钢筋混凝土轴心受压构件的稳定系数（见表7-1）。

f_c：混凝土轴心抗压强度设计值。

A：构件截面面积。

A_s'：全部纵向钢筋的截面面积。

当纵向钢筋配筋率大于3%时，A值应改用（$A-A_s'$）代替。

构件计算长度与构件两端支承情况有关：当两端铰支时，取$l_0=l$（l是构件实际长度）；当两端固定时，取$l_0=0.5l$；当一端固定，一端铰支时，取$l_0=0.7l$；当一端固定，一端自由时取$l_0=2l$。

表7-1 钢筋混凝土轴心受压构件的稳定系数表

l_0/b	≤8	10	12	14	16	18	20	22	24	26	28
l_0/d	≤7	8.5	10.5	12	14	15.5	17	19	21	22.5	24
l_0/i	≤28	35	42	48	55	62	69	76	83	90	97
φ	1.00	0.98	0.95	0.92	0.87	0.81	0.75	0.70	0.65	0.60	0.56
l_0/b	30	32	34	36	38	40	42	44	46	48	50
l_0/d	26	28	29.5	31	33	34.5	36.5	38	40	41.5	43
l_0/i	104	111	118	125	132	139	146	153	160	167	174
φ	0.52	0.48	0.44	0.40	0.36	0.32	0.29	0.26	0.23	0.21	0.19

注：表中l_0为构件的计算长度；b为矩形截面的短边尺寸；d为圆形截面的直径；i为截面的最小回转半径。

在实际结构中，构件端部的连接不像上面几种情况那样理想、明确，会在确定l_0时遇到困难。为此，《混凝土结构设计规范》对单层厂房排架柱、框架柱等的计算长度作了具体规定。

二、螺旋箍筋轴心受压构件的计算分析

螺旋箍筋是圆柱或近似圆柱的多边形柱（六边形或八边形）所配置的特定箍筋形式（如图7-5所示）。该箍筋配置在纵筋的外侧，呈螺旋状连续不断地缠绕，因此可以提供连续不断的对于其核心混凝土的侧向约束作用。正是由于螺旋箍筋连续的、稳固的侧向约束，柱可以在轴向压力作用下，其核心混凝土处于多维受力状态，从而达到提高轴心受压构件的承载力，改善其延性的效果，因此螺旋箍筋也被称为间接钢筋——与纵向钢筋相比，间接地提高了构件的承载力。

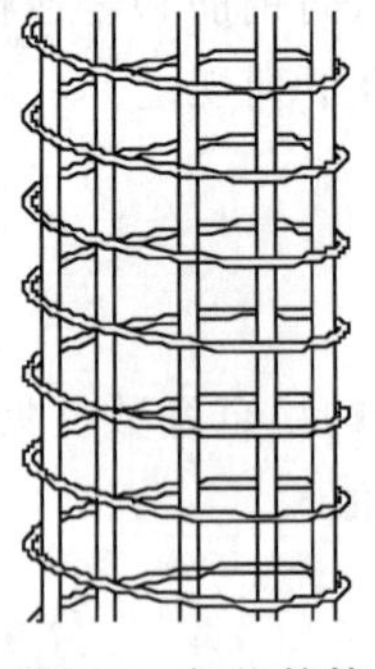

图7-5 螺旋箍筋

根据我国规范，当钢筋混凝土轴心受压构件配置螺旋式或焊接环式间接钢筋时，其正截面受压承载力的计算如下：

$$N \leqslant 0.9\varphi\left(f_c A_{cor} + f_y' A_s' + 2\alpha f_y A_{ss0}\right) \tag{7-2}$$

$$A_{ss0}=\frac{\pi d_{cor}A_{ss1}}{s} \quad (7-3)$$

式中：

f_y：间接钢筋的抗拉强度设计值。

A_{cor}：构件的核心截面面积，取间接钢筋内表面范围内的混凝土面积。

A_{ss0}：螺旋式或焊接环式间接钢筋的换算截面面积。

d_{cor}：构件的核心截面直径，取间接钢筋内表面之间的距离。

A_{ss1}：螺旋式或焊接环式单根间接钢筋的截面面积。

s：间接钢筋沿构件轴线方向的间距。

α：间接钢筋对混凝土的约束的折减系数：当混凝土强度等级不超过C50时，取1.0；当混凝土强度等级为C80时，取0.85。C50~C80之间的折减系数应该按照线性内插法确定。

但对于配置螺旋箍筋的轴心受压构件，要注意：

（1）按此公式算得的构件受压承载力设计值，不应大于按配置普通箍筋的同截面轴心受压构件算得的承载力设计值的1.5倍。

（2）当遇到下列任意一种情况时，不应计入间接钢筋的影响，而应按配置普通箍筋的同截面轴心受压构件进行计算：

①当$l_0/d>12$时；

②当按螺旋箍筋公式算得的受压承载力小于按普通箍筋算得的受压承载力时；

③当间接钢筋的换算截面面积A_{ss0}小于纵向钢筋的全部截面面积的25%时。

对于螺旋箍筋，其螺距在配置时不应大于80mm及$d_{cor}/5$，因为螺距过大时，侧向约束作用不明显；此外，也不宜小于40mm。

【例题7-1】某圆柱轴心受压，N=3 500kN，直径500mm，混凝土C30，请进行截面配筋设计：①仅配有纵筋（HRB335级钢筋）；②配有螺旋箍筋Φ8@50（HPB300级钢筋）后承载力提高多少。（φ=1.0）

【解】

仅配有纵筋时：

$N\leqslant 0.9\varphi\ (f_cA+f_y'A_s')$

f_c=14.3N/mm^2

f_y'=300N/mm^2

A=3.14×500^2/4=196 250mm^2

因此：

3 500 000=0.9×1.0×（14.3×196 250+300×A_s'）

A_s'=3 608mm^2

配筋率ρ=3 608/196 250=1.84%

满足要求（ρ_{max}=5%；ρ_{min}=0.4%），可选择8Φ25，A_s'=3 927mm^2。

配有纵筋与螺旋箍筋时：

Φ8@50，A_{ss1}=50.31mm^2

$N \leqslant 0.9\varphi\ (f_c A_{cor}+f_y' A_s'+2\alpha f_y A_{ss0})$

$A_{ss0}=\dfrac{\pi d_{cor} A_{ss1}}{s}=3.14\times(500-30-16)\times 50.31/50=1\ 434.40\text{mm}^2>3\ 608\times 25\%$

$N=0.9\times(14.3\times 3.14\times(500-30-16)^2/4+3\ 608\times 300+2\times 1\ 434.40\times 270)$

$N=3\ 753.66\ \text{kN}$

承载力提高（3 753.66 −3 500）/3 500=7.25%。

第三节　偏心受压构件

在实际工程中，完全轴心受压构件几乎是不存在的，基本上是简化计算的结果；而偏心受压构件是十分普遍的，结构中多数的柱都是偏心受压构件。形成偏心受压构件的主要原因，除了有一些压力本身就是偏心的外，还在于受压杆件在承担轴线压力的同时，还要承担弯矩的作用，形成压弯作用。对于受力截面，形成偏心。

一、偏心距

1.偏心距的概念

偏心距是计算截面偏心状况的度量值，截面在轴向力与弯矩的共同作用下，形成截面基本偏心距：$e_0=M/N$。其中，M 为截面承担的弯矩，N 为截面承担的轴心压力。

但是由于钢筋混凝土自身的先天缺陷——现浇构件的尺度不能绝对保证，钢筋混凝土材料强度分布不均匀，标志轴向外荷载不一定作用在轴线上——会形成基本偏心距以外的附加偏心距 e_a。虽然当 e_0 较小时，e_a 的相对影响较大；当 e_0 较大时，e_a 的相对影响较小，但考虑这种因素难以完全消除，我国规范规定，附加偏心距应取 20mm 和偏心方向截面最大尺寸的 1/30 两者中的较大值。

2.偏心距增大系数

对于受压杆件，当杆件较为细长时，长细比会导致受压杆件的稳定问题，杆件的曲率因素会导致杆件产生二阶弯矩的作用——偏心会产生弯矩，弯矩会进一步增加侧向变形，侧向变形会进一步促使偏心并使弯矩增加。这种二阶弯矩有时可能导致杆件彻底被破坏（对于长细比较大的构件），但有时也会趋于平衡状态。综合考虑各种因素对偏心距的影响，以偏心距增大系数 η 调整偏心距。在传统的偏心受压构件的二阶效应计算中采用 $\eta-l_0$ 法，而在新修订的方法中主要希望通过计算机进行结构分析时一并考虑，因此除排架结构以外不再采用 $\eta-l_0$ 法，具体分析请参考相关书籍。

二、偏心受压构件的破坏状态

偏心受压构件的破坏状态与偏心距的大小有关，也与截面的配筋状况有关。

案例 7-1

1.小偏心破坏模式

从力学原理可以知道，偏心受压构件的截面正应力分布是不对称的。当偏心距较小时，可能会形成全截面受压，并会在一侧出现较大的压应力状态，此时的破坏表现为混凝土被压碎的破坏形式。

当偏心超出截面核心的范围，但仍然比较小（$e<0.3h_0$）时，虽然截面一侧会出现拉力，但相对另一侧的压力来讲，拉力仍然比较小。尽管有一定的偏心使截面出现拉力，但较小的拉力不会导致混凝土受拉开裂，而受压区的混凝土承担的压力较大，破坏仍然是以受压区的混凝土被压碎为特征。此两种情况可以视为绝对小偏心破坏模式。

随着偏心的逐渐增加，弯矩效应表现得更加明显，混凝土受拉区的拉力会逐渐增大，并会使该区域混凝土开裂，此时拉力由该区域所配置的钢筋来承担。如果在受拉区配有较多的钢筋，在较大的弯矩作用下，就会出现受拉钢筋不能屈服但受压区的混凝土却被压碎的截面破坏特征。这种破坏状况虽然偏心较大，但依然是以受压区混凝土被压碎为破坏特征，可以称之为相对小偏心破坏模式。

2.大偏心破坏模式

对于相对小偏心破坏模式，如果在受拉区配置适当的钢筋，就会使得截面出现受拉区的钢筋受拉屈服，同时受压区的混凝土被压碎而遭破坏的特征，这种以钢筋屈服为特征的破坏模式被称为大偏心破坏模式。

3.偏心受压构件的破坏特征

因此，从这一系列状态可以总结出偏心受压构件的破坏特征：

截面内没有受拉区，或受拉钢筋不出现受拉屈服，仅存在以混凝土受压为破坏特征的构件，被称为小偏心破坏。小偏心受压构件不仅是偏心距较小的构件，当偏心距较大时也会由于配筋不当——受拉区配置的钢筋较多，导致该类破坏。因此，小偏心构件的偏心并不一定小，是破坏特征决定的。在破坏时，截面$\xi=x/h_0>\xi_b$，破坏体现出一定的脆性。

如果受拉区的钢筋受拉屈服，同时受压区的混凝土被压碎，以此为破坏特征的偏压构件，被称为大偏心破坏构件——大偏心破坏构件的偏心距较大，且配筋适当，以钢筋屈服为破坏特征。破坏时，截面$\xi = x/h_0 \leqslant \xi_b$，破坏是延性的。

因此可以说，大小偏心的破坏判断标准，不仅在于偏心距的大小，还在于配筋状况。在实际中，存在着绝对的小偏心构件——偏心距很小，全截面受压，或虽然有受拉区但拉力很小；但仅存在相对的大偏心构件——偏心距大且配筋适当，如果改变配筋形式，大偏心构件也可以转化为小偏心构件。

三、大偏心受压构件的计算与分析

1.普通大偏心受压构件的计算问题

对于大偏心受压构件，其截面同时承担轴向压力与弯矩的作用（如图7-6所示），因此，其截面平衡方程为：

$$\sum x=0 \quad N=\alpha_1 f_c bx+f_y'A_s'-f_y A_s \tag{7-4}$$

$$\sum M=0 \quad Ne=\alpha_1 f_c bx\left(h_0-\frac{x}{2}\right)+f_y'A_s'\left(h_0-a_s'\right) \tag{7-5}$$

其中，$e=e_i+\frac{h}{2}-a$；$e_i=e_0+e_a$

式中：

e：轴向压力作用点至纵向普通受拉钢筋的合力点的距离。

a_s（a_s'）：纵向普通受拉钢筋合力点至截面近边缘的距离。

e_0：轴向压力对截面重心的偏心距，$e_0=M/N$。

e_a：附加偏心距，$e_a=$［20，$h/30$］。

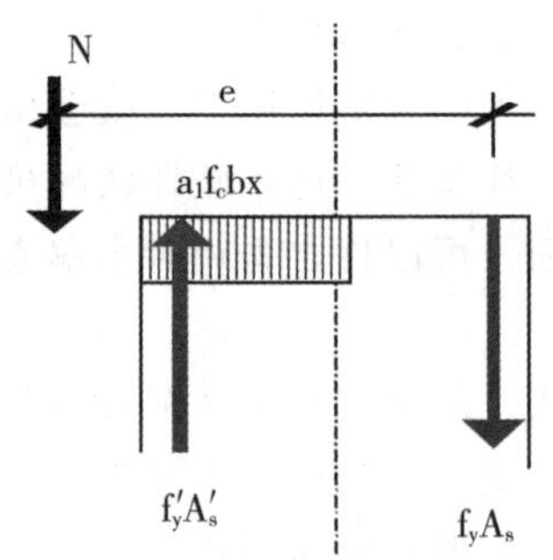

图7-6 大偏心受压构件

该基本计算公式的使用条件是：

首先，如果$e_i=e_0+e_a\geq 0.3h_0$，可以按大偏心进行假定设计，设计计算中必须满足$\xi\leq\xi_b$，以保证其破坏形态假定的正确，即保证该受压构件是大偏心破坏；如果$e_i=e_0+e_a<0.3h_0$，则可以按小偏心进行假定设计。需要注意的是：设计之初，若判断e_i的数值比$0.3h_0$的数值大，并不意味着受压构件一定是大偏心破坏的形态。

其次，计算所得的x必须满足$x\geq 2a_s'$，以保证受压钢筋的受力状态。

对于该方程组，可以设$\xi=\xi_b$求解A_s'、A_s。

若设$\xi=\xi_b$求解$A_s'<0$，则设$A_s'=0$，求解x，再求A_s。

【例题7-2】某矩形截面柱（如图7-7所示）的截面尺寸为300mm×500mm，拟采用C30混凝土，HRB335级钢筋，N=800kN，M=360kN·m（高度方向），$a_s=a_s'=$40mm，请配置相应的钢筋。

【解】

$h_0=h-a_s=500-40=460$mm

$e_0=M/N=360/800=0.45$m$=450$mm

$e_a=$［20，$h/30$］$=20$mm

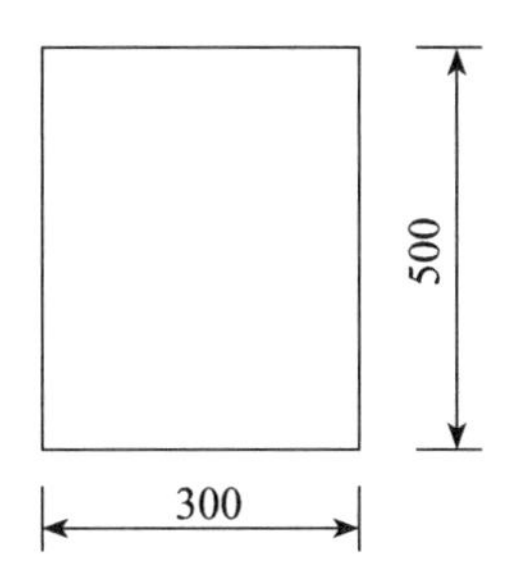

图7-7　矩形截面柱

e_i=1.0（e_0+e_a）=1.0×（450+20）=470mm>0.3h_0，可以按照大偏心计算：

$e=e_i+h/2-a_s$=470+250−40=680mm

$\sum x=0 \quad N=\alpha_1 f_c bx+f_y'A_s'-f_yA_s$

$\sum M=0 \quad Ne=\alpha_1 f_c bx\left(h_0-\dfrac{x}{2}\right)+f_y'A_s'(h_0-a_s')$

800 000=1.0×14.3×300x+300A_s'−300A_s

800 000×680=1.0×14.3×300x（460−x/2）+300A_s'×（460−40）

设$\xi=\xi_b$=0.55，保证破坏形态为大偏心受压，则：

$x=\xi_b h_0$=0.55×460=253mm

且可以保证 $x \geq 2a_s'$

将x值代入方程，解得：A_s'=1 445mm^2

选取受压钢筋为4⌀22，A_s'=1 520mm^2，满足要求。

将受压钢筋的配筋面积A_s'代入方程，解得：

A_s=［（14.3×300x+300A_s'）−800 000］/300=2 396mm^2

取5⌀25，A_s=2 454mm^2，满足要求。

2.对称配筋大偏心受压构件的计算

有些构件可能承受正负双向的弯矩作用，且发生概率、弯矩大小均相同，如计算框架柱承受的地震作用产生的弯矩，因为地震在结构的任何方向上均有可能发生。因此，在结构计算中，必须考虑这种正负双向弯矩的作用。

基本计算公式：

$\sum x=0 \quad N=\alpha_1 f_c bx+f_y'A_s'-f_yA_s$

$\sum M=0 \quad Ne=\alpha_1 f_c bx\left(h_0-\dfrac{x}{2}\right)+f_y'A_s'(h_0-a_s')$

由于是对称配筋的大偏心受压构件，因此有：

$f_y'A_s'=f_yA_s$

即：

$$\sum x=0 \quad N=\alpha_1 f_c bx \tag{7-6}$$

$$\sum M=0 \quad Ne=\alpha_1 f_c bx\left(h_0-\dfrac{x}{2}\right)+f_y'A_s'(h_0-a_s') \tag{7-7}$$

$e=e_i+h/2-a_s$

$e_i=e_0+e_a$

对于该基本计算公式，其使用条件为：

（1）当$e_i=e_0+e_a \geqslant 0.3h_0$时，可以按大偏心设计。

（2）$\xi \leqslant \xi_b$，保证破坏形态是大偏心破坏。然而，当计算结果出现$\xi > \xi_b$时，就需要重新按照小偏心受压进行计算；或可以采取增大受压构件的截面，力求其破坏形态为大偏心破坏，以满足$\xi \leqslant \xi_b$的要求。

（3）$x \geqslant 2a_s'$，保证受压钢筋的受力状态，但计算结果出现$x<2a_s'$时，取$x=2a_s'$，钢筋按构造配置。

【例题7-3】矩形截面柱（如图7-8所示），截面尺寸为300mm×500mm，采用C30混凝土，HRB335级钢筋，N=800kN，双向弯矩作用M=360kNm（高度方向），$a_s= a_s'$=40mm，请配置钢筋。

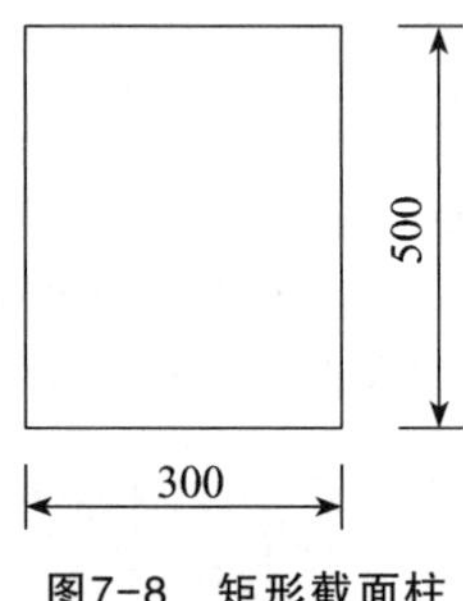

图7-8 矩形截面柱

【解】

$h_0=h-a_s=500-40=460$mm

$e_0=M/N=360/800=0.45$m=450mm

$e_a=$［20，$h/30$］=20mm

$e_i=1.0（e_0+e_a）=1.0×（450+20）=470\text{mm}>0.3h_0$，可以按大偏心计算。

$e=e_i+h/2-a_s=470+250-40=680$mm

将数据代入公式（7-6），即：

$\sum x = 0 \quad N=\alpha_1 f_c bx$，

800 000=1.0×14.3×300x，解得：

$x=186\text{mm}<\xi_b h_0=460×0.55=253$mm，且$x \geqslant 2a_s'$满足构造要求。

将数据代入公式（7-7），即：

$\sum M = 0 \quad Ne=\alpha_1 f_c bx\left(h_0 - \frac{x}{2}\right)+f_y'A_s'（h_0-a_s'）$

800 000×680=1.0×14.3×300×186×（460−186/2）+300A_s'（460−40）

解得：$A_s=A_s'$=1 993mm^2

选用5ϕ25，$A_s=A_s'$=2 454mm^2。

3.“工”形截面大偏心受压构件对称配筋设计

在实际工程中，有的偏心受压构件采用工字形截面，例如单层厂房的立柱，采用工字形截面非常普遍。工字形截面偏压构件的受力特点与前述的矩形截面偏心构件基本相同。

对于受弯构件，翼缘对于受弯效果提高显著，因此常被采用，多被设计成“T”形截面的形式。由于柱在受压的同时也要承担弯矩作用，当弯矩较大时，也可以采用增大翼缘的方式来有效地抵抗弯矩。与梁不同的是，柱多数要同时承担双向弯矩的作用，因此多被设计成“工”形截面。房屋建筑的立柱一般采用对称配筋，因此本节只讨论对称配筋的设计计算方法。

大偏心受压时截面的应力分布有两种情形，即计算中和轴在受压侧翼缘内和腹板内，用前述的简化方法将混凝土的应力图简化为矩形。

（1）计算中和轴在翼缘内

如果$x \leqslant h_f'$，受压区在受压翼缘内，截面受力实际上相当于一个宽度为b_f'的矩形截面，则对称配筋的平衡方程为：

$$\sum x=0 \quad N=\alpha_1 f_c b_f' x \tag{7-8}$$

$$\sum M=0 \quad Ne=\alpha_1 f_c b_f' x\left(h_0-\frac{x}{2}\right)+f_y' A_s'\left(h_0-a_s'\right) \tag{7-9}$$

（2）计算中和轴在腹板内

如果$x>h_f'$，有部分腹板在受压区内，整个截面的受力与T形截面类似。根据基本平衡方程，可以写出对称配筋的平衡方程：

$$\sum x=0 \quad N=\alpha_1 f_c b x+\alpha_1 f_c\left(b_f'-b\right)h_f' \tag{7-10}$$

$$\sum M=0 \quad Ne=\alpha_1 f_c b x\left(h_0-\frac{x}{2}\right)+\alpha_1 f_c\left(b_f'-b\right)h_f'\left(h_0-\frac{h_f'}{2}\right)+f_y' A_s'\left(h_0-a_s'\right) \tag{7-11}$$

式中：

b_f'：“工”形截面受压区翼缘的宽度。

h_f'：“工”形截面受压区翼缘的高度。

对于该基本计算公式，其使用条件为：

$e_i=e_0+e_a \geqslant 0.3h_0$，可以按大偏心设计；$\xi \leqslant \xi_b$，保证破坏形态，保证大偏心；$x \geqslant 2a_s'$，保证受压钢筋的受力状态。

【例题7-4】“工”形截面柱（如图7-9所示），采用C30混凝土，HRB335级钢筋，N=1 000kN，双向弯矩作用M=1 000kN·m（高度方向），$a_s=a_s'$=40mm，请配置钢筋。

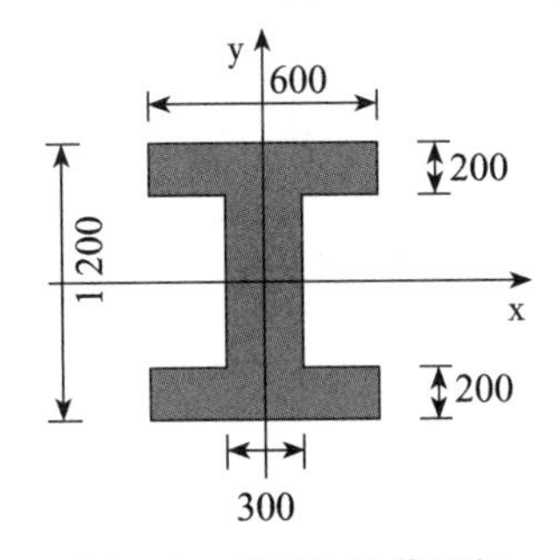

图7-9　“工”形截面柱

【解】

$h_0=h-a_s$=1 200−40=1 160mm

$e_0=M/N=1\,000/1\,000=1\text{m}=1\,000\text{mm}$

$e_a=$［20，$h/30$］=40mm

$e_i=1.0$（e_0+e_a）=1 040mm>$0.3h_0$

可以按大偏心计算：

$e=e_i+h/2-a_s=1\,040+600-40=1\,600\text{mm}$

$A_s'=A_s$

$\sum x=0 \quad N=\alpha_1 f_c b_f' x$

$x=N/\alpha_1 f_c b_f'=1\,000\,000/(14.3\times600)=116\geqslant 2a_s'$，说明计算中和轴在翼缘中。

$\sum M=0 \quad Ne=\alpha_1 f_c b_f' x\left(h_0-\dfrac{x}{2}\right)+f_y' A_s'\ (h_0-a_s')$

$$A_s'=\frac{1\,000\,000\times1\,600-14.3\times600\times116\times(1\,200-40-116/2)}{300\times(1\,200-40-40)}$$

解得：$A_s=A_s'=1\,498\text{mm}^2$

选用4⌀25，$A_s=A_s'=1\,964\text{mm}^2$。

【例题7-5】“工”形截面柱（如图7-10所示），采用C30混凝土，HRB335级钢筋，N=2 000kN，双向弯矩作用M=2 000kN·m（高度方向），$a_s=a_s'$=40mm，请配置钢筋。

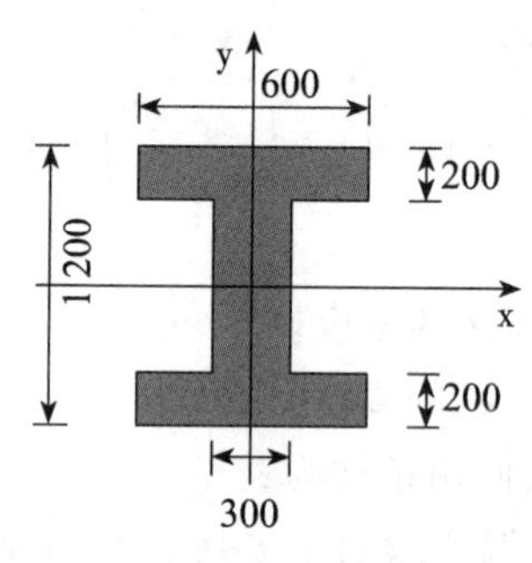

图7-10 “工”形截面柱

【解】

$h_0=h-a_s=1\,200-40=1\,160\text{mm}$

$e_0=M/N=2\,000/2\,000=1\text{m}=1\,000\text{mm}$

$e_a=$［20，$h/30$］=40mm

$e_i=e_0+e_a=1\,040\text{mm}>0.3h_0$，可以按大偏心计算：

$e=e_i+h/2-a_s=1\,040+600-40=1\,600\text{mm}$

$A_s'=A_s$，并设计算中和轴在翼缘中：

$\sum x=0 \quad N=\alpha_1 f_c b_f' x$

$x=N/\alpha_1 f_c b_f'=2\,000\,000/(14.3\times600)=233\text{mm}\geqslant h_f'$

说明计算中和轴在腹板中，需要重新确定x的数值：

$\sum x=0 \quad N=\alpha_1 f_c b x+\alpha_1 f_c\left(b_f'-b\right)h_f'$

$2\,000\,000=1.0\times14.3\times300x+1.0\times14.3\times(600-300)\times200$

$x=$［$2\,000\,000-14.3\times$（600−300）$\times200$］/(14.3×300)=266mm

x=266mm≤ $\xi_b h_0$=0.55×1 160=638mm

$$\sum M = 0 \quad Ne=\alpha_1 f_c bx\left(h_0 - \frac{x}{2}\right)+\alpha_1 f_c (b_f'-b) h_f'\left(h_0 - \frac{h_f'}{2}\right)+f_y'A_s'(h_0-a_s')$$

$$2\,000\,000\times1\,600=1.0\times14.3\times300\times266\times\left(1\,160 - \frac{266}{2}\right)+1.0\times14.3\times(600-300)\times200\times\left(1\,160 - \frac{200}{2}\right)+300A_s'(1\,160 - 40)$$

解得：$A_s=A_s'$=3 329 mm²

选用7⏀25，$A_s=A_s'$=3 436mm²。

四、矩形截面小偏心受压构件简介

在实际工程中，不是所有的偏心受压构件都可以设计成大偏心受压构件，有许多构件，由于偏心较小，属于绝对的小偏心构件，必须按照小偏心设计。由于小偏心构件的破坏以混凝土受压破坏为基本特征，不会出现受拉区钢筋不屈服的现象，而受压区钢筋可以达到屈服。

此时钢筋中的应力十分复杂，图7-11为小偏心受压构件的截面应变图。从图7-11中可以看到，当混凝土受压区达到其极限压应变时，在其受拉区的拉应变却很小（如图7-11a所示），如果N作用在截面核心内时，整个截面均表现为压应变（如图7-11b所示）。

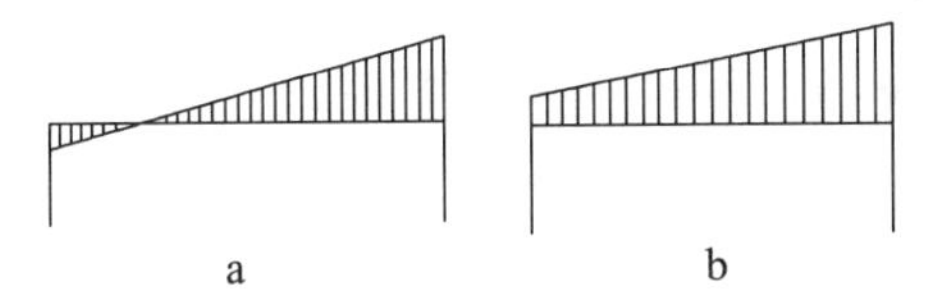

图7-11　小偏心受压构件截面应变图

图7-11a中小偏心受压构件的截面内力分析如图7-12所示。

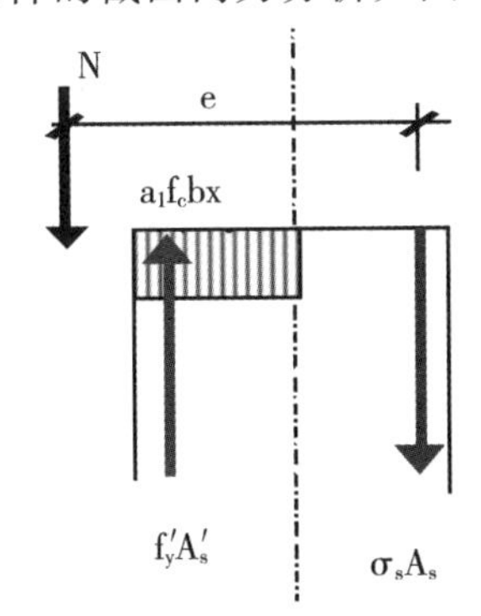

图7-12　小偏心受压构件的截面内力分析图

其截面平衡方程为：

$$\sum x = 0 \quad N=\alpha_1 f_c bx+f_y'A_s'-\sigma_s A_s \tag{7-12}$$

其中，$e=e_i+\dfrac{h}{2}-a_s$；$e_i=e_0+e_a$

式中：

e：轴向压力作用点至纵向普通受拉钢筋的合力点的距离。

a_s（a_s'）：纵向普通受拉钢筋合力点至截面近边缘的距离。

e_0：轴向压力对截面重心的偏心距，$e_0=M/N$。

e_a：附加偏心距，$e_a=$［20，$h/30$］。

σ_s：受拉钢筋应力。

在该计算方程中，受拉钢筋应力σ_s的确定十分重要，$\sigma_s=E_s\varepsilon_s$，而$\varepsilon_s$要依据$x$的量值来确定——根据$x$来确定混凝土受压区的高度，进而依据混凝土的极限压应变、平截面假定，可以求出：$\sigma_s=f_y$（$\xi-\beta$）$x/$（$\xi_b-\beta$），从而可以进一步计算。有关详细计算请参考相关规范与书籍。

对于图7-11b的情况，由于偏心很小，其计算与轴心受压构件相类似。

第四节　受压构件的综合分析

由于弯矩的存在，受压构件随着弯矩与轴向压力的不同关系呈现出不同的破坏状态。也就是说，从纯弯构件到轴心受压构件，这种变化是逐渐过渡的，因此有必要对构件所承担的M-N的关系进行讨论。

一、轴心受压构件到纯弯构件的过程分析

1.M-N曲线的推导

对于矩形截面的压弯构件，弯矩与压力的共同作用，使其受力破坏与单一作用构件有显著的区别。从轴心受压构件到纯弯构件，截面M-N的相关关系在不断地变化，截面的破坏形式也有所不同。

在不考虑附加偏心距、偏心距增大系数等特殊问题的理想状态下，对于确定截面与材料的构件，截面弯矩为M，截面轴心压力为N，为简化计算与推导过程，继续假设：①$h=h_0$，$a_s=a_s'=0$；②$\alpha_1f_cb=F_c$；③$f_yA_s-f_y'A_s'=F_{yl}$；④$f_y'A_s'h=M_y$。在此基础上，对于大偏心受压构件，可以将方程组：

$$\sum x=0 \quad N=f_yA_s-f_s'A_s'-\alpha_1f_cbx$$

$$\sum M=0 \quad Ne=\alpha_1f_cbx\left(h_0-\frac{x}{2}\right)+f_y'A_s'\left(h_0-a_s'\right)$$

进行化简后得出：

$$M=k_1N^2+k_2N+k_3$$

式中：

$k_1=-1/2F_c$

$k_2=$（F_ch-2F_{y1}）$/2F_c$

$k_3=M_y-F_{y1}/2F_c+F_{y1}h$

该公式说明了对于确定的截面与材料，截面所能承担的正压力与弯矩的变化相关关系。虽然该表达式仅仅是由大偏心破坏模式导出的，但也可以拓展到小偏心与轴心受压破坏的模式。

进而可以绘制出M-N曲线，如图7-13所示。

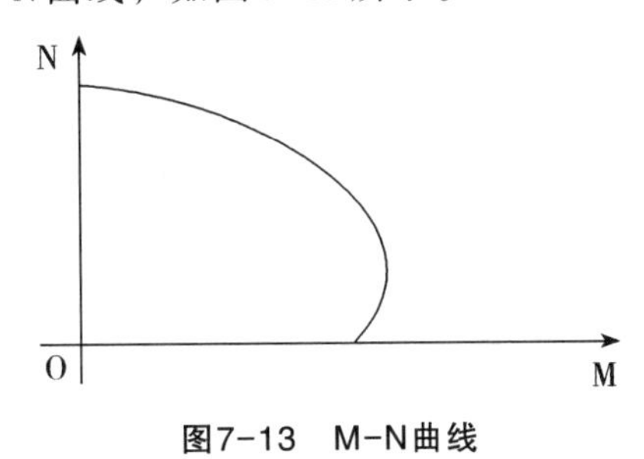

图7-13　M-N曲线

2.M-N曲线的工程应用

同上，可以对确定截面、不同配筋的钢筋混凝土压弯构件，按照配筋的不同，绘制出一系列M-N曲线，如图7-14所示。曲线内侧的点即为截面所能够承担的弯矩与压力的组合值；而曲线外侧的点所代表的轴向压力与弯矩的组合状况，是截面所不能承担的。

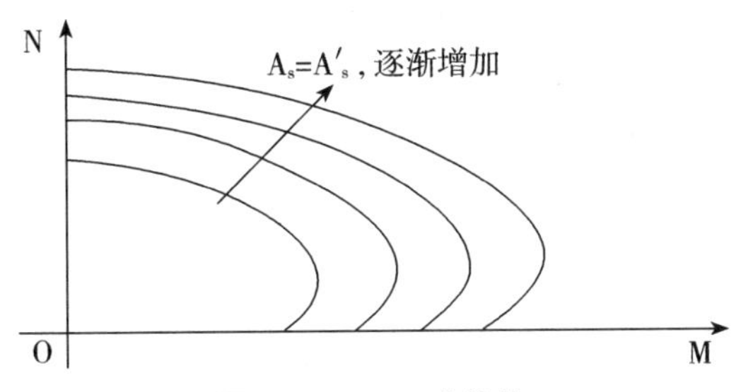

图7-14　M-N曲线族

从图7-14中可以得出以下结论：

（1）偏心受压构件设计的最不利内力组合是由多种内力共同作用形成的，在截面的设计计算中，要多方考虑可能出现的破坏状态，包括：

截面最大正向弯矩与相应的轴向压力的组合（$+M_{max}$，N）；

截面最大负向弯矩与相应的轴向压力的组合（$-M_{max}$，N）；

截面最大轴向压力与相应的正向弯矩的组合（+M，N_{max}）；

截面最大轴向压力与相应的负向弯矩的组合（-M，N_{max}）；

截面最小正向弯矩与相应的轴向压力的组合（$+M_{min}$，N）；

截面最小负向弯矩与相应的轴向压力的组合（$-M_{min}$，N）；

截面最小轴向压力与相应的正向弯矩的组合（+M，N_{min}）；

截面最小轴向压力与相应的负向弯矩的组合（-M，N_{min}）。

（2）对于压弯构件设计，必须明确一个重要的概念——轴压比，即柱组合的轴压力设计值和柱的全截面面积与混凝土轴心抗压强度设计值乘积之比值，其表达式为：$\lambda'=N/Af$。

该比值在设计中具有重要意义，是根据实际组合内力确定截面尺度的重要依据——根据截面限制轴压比（由设计规范根据不同的构件给出）与截面设计轴向力的大小，确定截面尺度。

这种做法的意义在于：

第一，在地震力作用下，柱的破坏主要是侧向弯矩的作用，根据压弯构件的M-N关系图可知，在设计中选择适当的限制轴压比，可以使截面能够承担相应的弯矩值，从而保证构件承担弯矩的能力（如图7-15所示）。

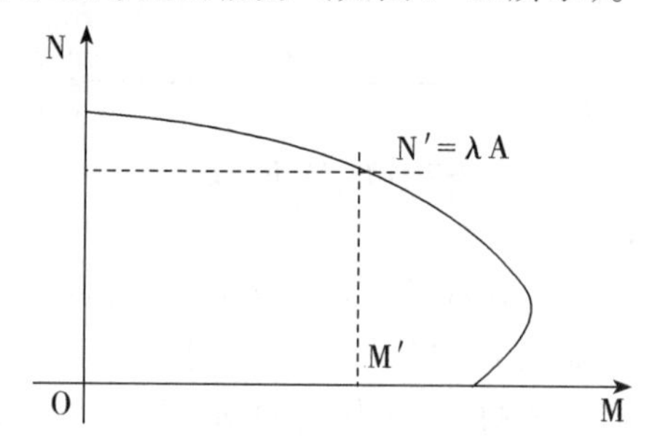

图7-15　轴压比问题

第二，对于承受地震作用的框架柱，其弯矩作用是双向的，采用对称配筋：

$N=\alpha_1 f_c bx=\lambda' A f_c$，因此，$x=\lambda' A/\alpha_1 b$，即限制轴压比的实际意义就是限制混凝土受压区的高度。从受弯变形的平截面假定可知，混凝土受压区高度与受拉钢筋应变量成正比，即限制截面内钢筋应变的最小值，可使钢筋保证相应的应变量，保证截面延性，保证其承载力条件下的变形能力。

对于常规结构的轴压比，是一个小于1的值，且随着抗震等级的提高与构件所处的位置重要程度的提高，越来越低。

对于不做抗震要求的次要构件，轴压比最大值也不宜超过1.05。

第三，从曲线还可以看出，当轴向压力较小时，轴向压力有助于构件抗弯能力的提高，此时构件可以不考虑该轴向压力的存在，按纯弯构件设计。

在工程实践中，当计算所得的x不能满足$x \geq 2a_s'$，或$x<0$时，就可以直接按纯弯构件设计。

二、偏心受压构件的斜截面分析

除了正截面，偏心受压构件的斜截面也可能造成破坏。

1.偏心受压构件的斜截面理论与试验分析

偏心受压构件一般情况下剪力值相对较小，可不进行斜截面受剪承载力的计算，但对于有较大水平力作用下的框架柱，以及有横向力作用下的桁架上弦压杆，剪力影响相对较大，必须予以考虑。

材料力学的理论分析表明，正压力的作用对于截面的抗剪能力有较大的提高作用；试验分析也表明，轴压力的存在，能推迟垂直裂缝的出现，并使裂缝宽度减小，产生受压区高度增大，斜裂缝倾角变小，而水平投影长度基本不变，纵筋拉力降低的现象。

这虽然可以使得构件斜截面受剪承载力要高一些，但有一定的限度，当轴向压力增加使轴压比达到0.3~0.5时，再增加轴向压力，将转变为带有斜裂缝的小偏心受压的破坏情况，斜截面受剪承载力达到最大值。

2.偏心受压构件斜截面受剪承载力的计算公式

通过试验资料分析和可靠度计算，对于承受轴压力和横向力作用的矩形、“T”形和“工”形截面偏心受压构件，其斜截面受剪承载力应按下列公式计算：

$$V_u=\frac{1.75}{(\lambda+1.0)}f_tbh_0+1.0f_{yv}\cdot\frac{A_{sv}}{s}\cdot h_0+0.07N \tag{7-13}$$

式中：

λ：偏心受压构件计算截面的剪跨比。

N：与剪力设计值V相应的轴向压力设计值。当$N>0.3f_cA$时，取$N=0.3f_cA$。此处，A为构件的截面面积。

对于各类结构的框架柱，取$\lambda=M/(Vh_0)$。当框架结构中柱的反弯点（详见框架计算的反弯点法）在层高范围内时，可取$\lambda=H_n/(2h_0)$（H_n为柱的净高）。当$\lambda<1$时，取$\lambda=1$；当$\lambda>3$时，取$\lambda=3$。此处，M为计算截面上与剪力设计值V相应的弯矩设计值，H_n为柱的净高。

对于其他偏心受压构件，当承受均布荷载时，取$\lambda=1.5$。当承受集中荷载时（包括作用有多种荷载、且集中荷载对支座截面或节点边缘所产生的剪力值占总剪力的75%以上的情况），取$\lambda=a/h_0$。当$\lambda<1.5$时，取$\lambda=1.5$；当$\lambda>3$时，取$\lambda=3$。此处，a为集中荷载至支座或节点边缘的距离。

若符合下列公式的要求，则可不进行斜截面受剪承载力计算，而仅需根据构造要求配置箍筋：

$$V_u<\frac{1.75}{(\lambda+1.0)}f_tbh_0+0.07N \tag{7-14}$$

同时，偏心受压构件的受剪截面尺寸还应符合《混凝土结构设计规范》的有关规定。

第五节　钢筋混凝土受拉构件

一、受拉构件分类

钢筋混凝土受拉结构或构件在普通的房屋建筑中并不多见，而多应用于屋架、桥梁等，如屋架的下弦与受拉腹杆。

钢筋混凝土结构中的受拉构件主要有轴心受拉构件、偏心受拉构件两类。

轴心受拉构件是指拉力与轴线相重合的构件，由于混凝土抗拉强度极低，轴心受拉构件实际上就是钢筋受拉，其临界状态计算公式为$N=f_yA_s$。

在偏心受拉构件中，由于偏心的大小不同，破坏状态也不同。大小偏心受拉构件与大小偏心受压构件的区分方法是不同的。

当轴向拉力作用在钢筋A_s合力点和A_s'合力点之间时，属于小偏心受拉构件（如图7-16a所示），此时$e<h/2-a_s$。破坏以钢筋受拉屈服破坏为基本特征，混凝土也同时被拉并全截面开裂；当轴向拉力作用在钢筋A_s合力点和A_s'合力点之外时，属于大偏心受拉构件（如图7-16b所示），此时$e\geqslant h/2-a_s$。钢筋配置适当时，破坏时受拉钢筋受拉屈服，受压区混凝土会被压碎，与适筋梁破坏类似。

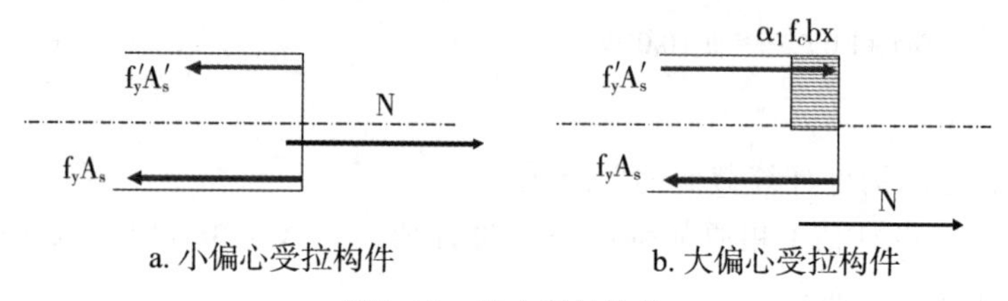

图7-16 偏心受拉构件

小偏心受拉构件在截面上不产生压力，全截面受拉，但拉力在不同区域有所不同；大偏心受拉构件则会在截面的一侧产生压力。

二、偏心受拉构件的计算

对于矩形截面大偏心受拉构件，可以根据其破坏形态，确定其计算公式：

$$\sum x=0 \quad N=f_yA_s-f'_yA_s'-\alpha_1 f_c bx \tag{7-15}$$

$$\sum M=0 \quad Ne=\alpha_1 f_c bx\left(h_0-\frac{x}{2}\right)+f_y'A_s'(h_0-a_s') \tag{7-16}$$

式中：

e：轴向力作用点至纵向普通受拉钢筋的合力点的距离。

该基本计算公式的使用条件为：

（1）$\xi\leqslant\xi_b$——保证破坏形态，保证大偏心。

（2）$x\geqslant 2a_s'$——保证受压钢筋的受力状态。

在计算时可按以下步骤进行：

（1）设$\xi=\xi_b$，计算出x。

（2）根据x计算A_s'，若该值小于0，A_s'按构造要求配筋，并取$A_s'=0$，重新计算x。

（3）根据A_s'或x再求解A_s。

对于矩形截面小偏心受拉构件，其基本计算公式为：

$$\sum x=0 \quad N=f_yA_s+f_y'A_s' \tag{7-17}$$

$$\sum M=0 \quad Ne=f_y'A_s'(h_0-a_s') \tag{7-18}$$

式中：

e：轴向力作用点至纵向普通受拉钢筋的合力点的距离。

【例题7-6】矩形截面尺寸为300mm×500mm（如图7-17所示），采用C30混凝土，a_s=40mm，HRB335级钢筋，拉力N=200kN，沿高度方向弯矩作用M=200kN·m，请配置钢筋。

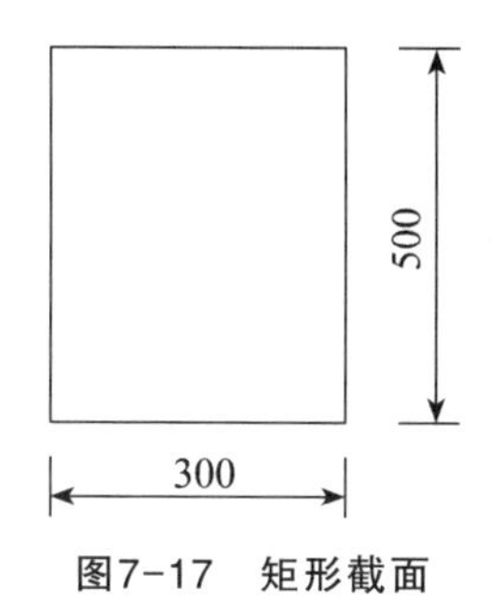

图7-17　矩形截面

【解】

偏心矩$e=M/N$=200/200=1m=1 000mm

由于偏心距$e>h/2-a_s$=500/2-40=210，属于大偏心受拉构件，故根据方程组：

$\sum x=0 \quad N=f_yA_s-f'_yA_s'-\alpha_1 f_c bx$

$\sum M=0 \quad Ne=\alpha_1 f_c bx\left(h_0-\frac{x}{2}\right)+f_y'A_s'\left(h_0-a_s'\right)$

有：

$200\,000=300A_s-300A_s'-14.3\times300x$　①

$200\times10^3\times1\,000=14.3\times300x\left(460-x/2\right)+300A_s'\times\left(460-40\right)$　②

设$\xi=\xi_b=0.55x=460\times0.55=253$mm，代入②；$A_s'<0$，设$A_s'=0$，代入②，再次解得$x$=115.97mm，代入①，解得$A_s$=2 325.04mm^2，选择钢筋配筋即可。

第六节　小结

受压构件的破坏体现在承担压力截面的破坏，这个截面不仅仅存在于受压的柱中，也存在于桁架的受压杆件、桩基础、拱体等其他结构上，受压构件的计算原理因而也可以推广到相应的构件中去。

受压构件按其受力情况可分为轴心受压构件和偏心受压构件。轴心受压构件按照箍筋的作用及配置方式的不同分为两种：配有纵向钢筋和普通箍筋的柱，简称普通箍筋柱；配有纵向钢筋和螺旋式（或焊接环式）箍筋的柱，简称螺旋箍筋柱。

配有纵向钢筋和普通箍筋的轴心受压短柱破坏时，其正截面受压承载力应符合下列规定：$N\leqslant0.9\varphi\left(f_cA+f_y'A_s'\right)$。

在实际工程中，完全轴心受压构件几乎是不存在的，基本上是简化计算的结果；而偏心受压构件是十分普遍的，结构中多数的柱都是偏心受压构件。

偏心距是计算截面偏心状况的度量值$e=M/N$。由于钢筋混凝土自身的先天缺陷，会形成基本偏心距以外的附加偏心距。

偏心受压构件的破坏状态与偏心距的大小有关，也与截面的配筋状况有关。

截面内没有受拉区，或受拉钢筋不出现受拉屈服，仅存在以混凝土受压力破坏特征的构件，被称为小偏心破坏，其破坏体现出一定的脆性。如果受拉区的钢筋受拉屈服，同时受压区的混凝土被压碎，以此为破坏特征的偏压构件，被称为大偏心破坏，其破坏是延性的。

大小偏心的破坏判断标准，不仅与偏心距的大小有关，还与配筋状况有关。在实际中，存在着绝对的小偏心构件——偏心距很小，全截面受压，或虽然有受拉区但拉力很小；但是，仅存在相对的大偏心构件——偏心距大且配筋适当，如果改变配筋形式，大偏心构件也可以转化为小偏心构件。

对于大偏心受压构件，其截面同时承担轴向压力与弯矩的作用，其截面平衡方程为：

$$\sum x=0 \quad N=\alpha_1 f_c bx+f_y{}'A_s{}'-f_y A_s$$

$$\sum M=0 \quad Ne=\alpha_1 f_c bx\left(h_0-\frac{x}{2}\right)+f_y{}'A_s{}'\left(h_0-a_s{}'\right)$$

其中，$e=e_i+\frac{h}{2}-a_s$；$e_i=e_0+e_a$

有些构件可能承受正负双向的弯矩作用，且发生概率、弯矩大小均相同。例如，计算框架柱承受的地震作用产生的弯矩，因为地震在结构的任何方向上均有可能发生。因此，在结构计算中，必须考虑这种正负双向弯矩的作用，设计为对称配筋的大偏心受压构件，其基本计算公式为：

$$\sum x=0 \quad N=\alpha_1 f_c bx$$

$$\sum M=0 \quad Ne=\alpha_1 f_c bx\left(h_0-\frac{x}{2}\right)+f_y{}'A_s{}'\left(h_0-a_s{}'\right)$$

对于受弯构件，翼缘对于受弯效果提高显著，因此常被采用，多被设计成为“T”形截面的形式。由于柱在受压的同时也要承担弯矩作用，当弯矩较大时，也可以采用增大翼缘的方式来有效地抵抗弯矩。与梁不同的是，柱多数要同时承担双向弯矩的作用，因此多被设计成“工”形截面。

“工”形截面设计，应注意以下几方面：该截面在受弯时，由于混凝土受拉强度极低，受拉区翼缘混凝土不承担拉力，除了放置钢筋外，不起任何作用，因此该截面受力为“T”形截面；要注意“T”形截面的受压区域的状况，以及中和轴的位置。

在实际工程中，不是所有的偏心受压构件都可以设计成大偏心受压构件，有许多构件，由于偏心较小，属于绝对的小偏心构件，必须按照小偏心设计。由于小偏心构件的破坏以混凝土受压破坏为基本特征，不会出现受拉区钢筋不屈服，而受压区钢筋可以达到屈服。

由于弯矩的存在，受压构件随着弯矩与轴向压力的不同呈现出不同的破坏状态。也就是说，从纯弯构件到轴心受压构件，这种变化是逐渐过渡的。

对于压弯构件设计，必须明确一个重要的概念——轴压比。该比值在设计中具有重要意义，是根据实际组合内力确定截面尺度的重要依据。

当轴向压力较小时，轴向压力有助于构件抗弯能力的提高，此时构件可以不考虑该轴向压力的存在，可按纯弯构件设计。

除了正截面，偏心受压构件的斜截面也可能造成破坏。正压力的作用对于截面的抗剪能力有较大的提高作用，这虽然可以使得构件斜截面受剪承载力要高一些，但有一定限度。

钢筋混凝土受拉结构或构件也比较多见，钢筋混凝土结构中的受拉构件主要有轴心受拉构件、偏心受拉构件两类。

关键概念

螺旋箍筋柱　偏心距　附加偏心距　偏心受压构件　大偏心受压构件　小偏心受压构件　大小偏心受压构件的破坏判断标准

复习思考题

1. 什么是普通箍筋柱？
2. 什么是螺旋箍筋柱？如何计算螺旋箍筋柱？有什么要求？
3. 什么是偏心距和附加偏心距？为什么会存在附加偏心距？
4. 大小偏心受压构件的破坏判断标准是什么？
5. 写出各种截面形式大偏心受压构件截面平衡方程与限制条件。
6. 如何进行压弯构件的荷载效应组合？
7. 什么是轴压比？轴压比的意义是什么？
8. 偏心受拉构件如何分类？

第八章

预应力混凝土结构原理与应用

□ 学习目标

掌握预应力混凝土结构设计的基本原理、预应力的施加方法、预应力构配件的种类与特征，熟悉预应力损失及其减小的措施，了解预应力构件的一般构造要求。

第一节　预应力混凝土结构概述

预应力混凝土的构思出现于19世纪末，1886年就有人提出用张拉钢筋对混凝土施加预压力防止混凝土开裂的专利。但由于当时建筑材料的强度都很低，混凝土的徐变性能尚未被人们充分认识，通过张拉钢筋对混凝土构件施加预压力后不久，由于混凝土的收缩、徐变，就使已建立的混凝土预压应力几乎消失殆尽。1928年，法国工程师费列西奈（E.Freyssinet）首次将高强钢丝应用于预应力混凝土梁，成功地建造了一座水压机架，这是现代预应力混凝土的雏形。

在以后的20世纪30年代，由于高强钢材能够大量地生产，预应力混凝土才真正为人们所用。1939年，Freyssinet设计出锥形锚具，用于锚固后张预应力混凝土构件端部的钢丝。1940年，比利时的Magnel教授开发了新型后张锚具，使后张预应力混凝土得到进一步发展。20世纪50年代以来，先张法预应力混凝土构件和后张法预应力混凝土结构在工程中得到广泛应用，先张法预应力混凝土构件主要用于中小跨度桥梁、预制桥面板、厂房等。后张法预应力混凝土结构则主要用于箱形桥梁、大型厂房结构、现浇框架结构等。

预应力混凝土技术在我国的发展始于1954年。20世纪60年代，无黏结预应力混凝土开始大规模应用于工业和民用建筑中；70年代，预应力混凝土的应用领域日渐扩大，其应用领域已拓展至高层建筑、地下建筑、海洋工程、压力容器、安全壳、电视塔、地下锚杆、基础工程等。预应力混凝土结构已成为当前最有发展前途的建筑结构之一。

一、预应力混凝土的概念

预应力对于混凝土结构构件具有非常重要的意义。钢筋混凝土受拉与受弯等构件，由于混凝土的抗拉强度和极限拉应变值极低，因此在使用荷载的作用下，通常是带裂缝工作的。因而，对于使用上不允许开裂的构件，受拉钢筋不能充分利用其强度；对于允许开裂的构件，若构件的裂缝开裂过大，会降低构件的耐久性，尤其是在高湿度或侵蚀性的环境中。为了满足变形和裂缝控制的要求，则需要增大构件的截面尺寸和用钢量，这会导致构件的自重过大、经济性差、不能用于大跨度或不能承受动力荷载等等。若采用高强钢筋，在使用荷载作用下其应力很高，而此时构件的裂缝也会很大，无法满足使用要求，因此钢筋混凝土结构中的高强钢筋是不能充分发挥其作用的。另外，提高混凝土强度等级对提高构件的抗裂性能和控制裂缝宽度的作用也是十分有限的。

为了避免钢筋混凝土结构裂缝的过早出现，充分利用高强度钢筋和高强度混凝土，人们想出在混凝土结构构件受荷载作用之前预先施加压应力，使混凝土承重结构在外荷载作用下受拉区先处于受压状态的办法，这样，在混凝土中产生拉应力来抵消压应力，从而使结构构件的拉应力不大，甚至处于受压状态。

下面以一个预应力混凝土简支梁为例（如图 8-1 所示），来说明预应力混凝土的基本概念。

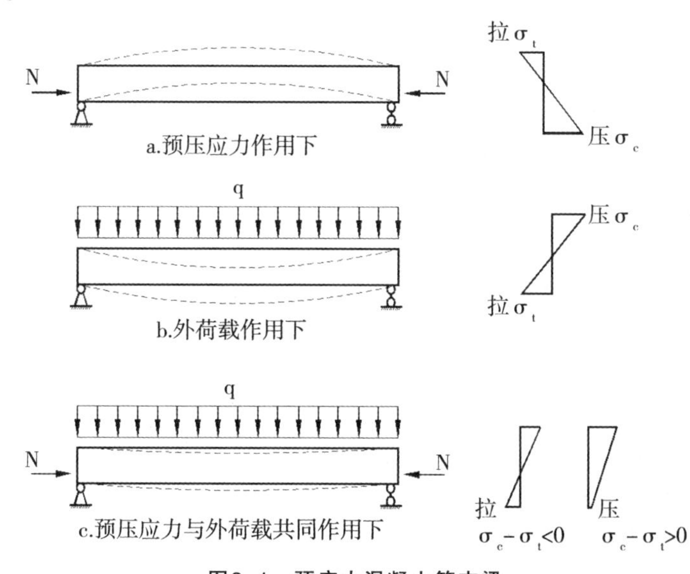

图8-1 预应力混凝土简支梁

在外荷载作用前，预先在梁的受拉区施加偏心压力 N，N 在梁截面的下缘纤维产生压应力 σ_c（如图 8-1a 所示）；在外荷载 q（包括梁自重）的作用下，在梁截面的下缘纤维产生拉应力σ_t（如图8-1b所示）；在预应力和外荷载共同作用下，梁截面下缘纤维的应力应是两者的叠加，可能是压应力（当$\sigma_c-\sigma_t>0$时），也可能是较小的拉应力（当$\sigma_c-\sigma_t<0$时），如图8-1c所示。从图8-1中可见，预应力的作用可部分或全部抵消外荷载产生的拉应力，延缓混凝土构件的开裂，从而提高结构的抗裂性，对于在使用荷载下出现裂缝的构件，预应力也会起到减小裂缝宽度的作用。因此，预应力混凝土构件能够取得节约钢筋，减轻自重的效果，克服了钢筋混凝土的主要缺点。

二、预应力混凝土的优势

与普通钢筋混凝土结构相比，预应力混凝土结构具有很多的优势，主要体现在：

1.改善结构的使用性能

通过对结构受拉区施加预压应力，可使结构在使用荷载下不开裂或减小裂缝宽度，并由于预应力的反拱而降低结构的变形，从而改善结构的使用性能，提高结构的耐久性。

2.减小构件截面高度和减轻自重

对于大跨度、大柱网和承受自重荷载的结构，能有效地提高结构的跨高比限值，可以制成比普通钢筋混凝土跨度大，而自重较小的细长承重结构。

3.充分利用高强度钢材

在普通钢筋混凝土结构中，由于裂缝宽度和挠度的限制，高强度钢材的强度不可能被充分利用；而在预应力混凝土结构中，对高强度钢材预先施加较高的应力，使得高强度钢材在结构破坏前能够达到屈服强度。

4.具有良好的裂缝闭合性能

当结构部分或全部卸载时，预应力混凝土结构的裂缝具有良好的闭合性能，从而提高截面刚度，减小结构变形，进一步改善结构的耐久性。

5.提高抗剪承载力

由于预压应力延缓了斜裂缝的产生，一方面，增加了剪压区面积，从而提高了混凝土构件的抗剪承载力；另一方面，预应力混凝土梁的腹板宽度也可以做得薄些，以达到减轻自重的目的。

6.提高抗疲劳强度

预压应力可以有效降低钢筋中应力循环幅度，增加疲劳寿命。这对于以承受动力荷载为主的桥梁结构是很有利的。

7.具有良好的经济性

对于适合采用预应力混凝土的结构来说，预应力混凝土结构可比普通钢筋混凝土结构节省20%~40%的混凝土、30%~60%的主筋钢材，而与钢结构相比，则可节省一半以上的造价。

预应力混凝土结构的不足之处是，结构所用材料单价较高，相应的设计、施工等比较复杂。

三、预应力混凝土的基本种类

在预应力混凝土的发展初期，设计上要求在全部使用荷载作用下，混凝土应当永远处于受压状态而不允许出现拉应力，即要求为“全预应力混凝土”，但后来的大量工程实践和科学研究表明，要求预应力混凝土中一律不出现拉应力实属过严。在一些情况下，预应力混凝土中不仅可以出现拉应力，而且可以出现宽度不超过一定限值的裂缝，即所谓的“部分预应力混凝土”。

因此，1970年欧洲混凝土委员会（CEB）和国际预应力协会（FIP）①建议将混凝土结构按裂缝控制等级的不同分为4级：（Ⅰ）全预应力混凝土，在最不利荷载组合下也不允许出现拉应力；（Ⅱ）限值预应力混凝土，在最不利荷载组合下，混凝土中允许出现低于抗拉强度的拉应力，但在长期荷载作用下不得出现拉应力；（Ⅲ）限宽预应力混凝土，允许开裂，但应控制裂缝宽度；（Ⅳ）普通钢筋混凝土，其中第Ⅱ级和第Ⅲ级可合称为部分预应力混凝土。所以，预应力混凝土可分为两类：全预应力混凝土和部分预应力混凝土。目前，部分预应力混凝土的设计思想已在世界范围内得到了广泛的认同和应用。

1.全预应力混凝土

全预应力混凝土有以下优势：

（1）抗裂性能好，刚度大

由于全预应力混凝土结构构件所施加的预应力值较大，混凝土不开裂，构件的刚度大。因此，全预应力混凝土常被用于对抗裂或抗腐蚀性能要求较高的结构构件中，如贮液罐、吊车梁、核电站安全壳等。

（2）抗疲劳性能好

全预应力混凝土的预应力钢筋（简称预应力筋）从张拉完毕直至使用的整个过程中，其应力值的变化幅度小，因而在重复荷载作用下抗疲劳性能好。

（3）设计计算简单

由于截面不开裂，因而在荷载作用下，截面应力和构件挠度的计算可应用弹性理论，计算简易。

但全预应力混凝土也有一定的缺陷：

（1）反拱值过大

由于截面预加应力值高，尤其对于永久荷载小、可变荷载大的情况，会使构件的反拱值过大，导致混凝土在垂直于张拉的方向产生裂缝，并且，混凝土的徐变会使反拱值随时间的增长而发展，影响上部结构构件的正常使用。

（2）局部承压应力较高

张拉端的局部承压应力较高，需增设钢筋网片以加强混凝土的局部承压力。

---

① 国际预应力协会（FIP）和欧洲混凝土委员会（CEB）已经合并（1998年）为国际结构混凝土协会（FIB）。

（3）延性较差

由于全预应力混凝土构件的开裂荷载与破坏荷载较为接近，致使构件破坏时的变形能力较差，对结构抗震不利。

2.部分预应力混凝土

与全预应力混凝土相比，部分预应力混凝土有如下优势：

（1）可合理控制裂缝与变形，节约钢材

可根据结构构件的不同使用要求、可变荷载的作用情况及环境条件等对裂缝和变形进行合理的控制，降低了预加应力值，从而减少了锚具的用量，适度降低了费用。

（2）可控制反拱值不致过大

由于预加应力值相对较小，构件的初始反拱值小，减小了徐变变形。

（3）延性较好

在部分预应力混凝土构件中，通常配置非预应力钢筋，因而其正截面受弯的延性较好，有利于结构抗震，并可改善裂缝分布，减小裂缝宽度。

（4）经济性好

与全预应力混凝土相比，可简化张拉、锚固等工艺，获得良好的综合经济效果。

但是，部分预应力混凝土计算较为复杂。例如，其构件需按开裂截面分析，计算烦冗；在多层框架的内力分析中，除需计算由荷载及预应力作用引起的内力外，还需考虑框架在预加应力作用下的轴向压缩变形引起的内力。此外，在超静定结构中还需考虑预应力次弯矩和次剪力的影响，并需计算及配置非预应力筋。

根据上述内容，对于在使用荷载作用下不允许开裂的构件，应设计成全预应力的，对于允许开裂或不变荷载较小、可变荷载较大并且可变荷载的持续作用值较小的构件则应设计成部分预应力的。在工程实际中，可根据不同的荷载组合，对同一构件同时设计成全预应力的和部分预应力的。例如，设计时可使构件在荷载的准永久组合下不开裂，而在荷载的标准组合下允许混凝土出现一定的拉应力或产生不超过规范规定的裂缝宽度。

第二节　施加预应力的方法

常用的对混凝土结构构件施加预应力的方法有两大类：一类是采用张拉钢筋的方法；另一类是不采用张拉钢筋的方法。采用张拉钢筋的方法对混凝土构件施加预应力是建筑结构构件最常用的方法，根据张拉钢筋顺序的不同，又分为先张法和后张法。不用张拉钢筋的方法，通常是指直接利用千斤顶或扁顶对混凝土结构构件施加预应力，如机械法等。例如，在山谷中建造水坝，可利用石山坡为不动点，用千斤顶采用机械法对混凝土大坝施加预应力。

一、先张法

在浇筑混凝土之前张拉预应力钢筋的方法被称为先张法，如图8-2所示。制作先张法预应力构件一般需要台座、拉伸机、传力架和夹具等设备。

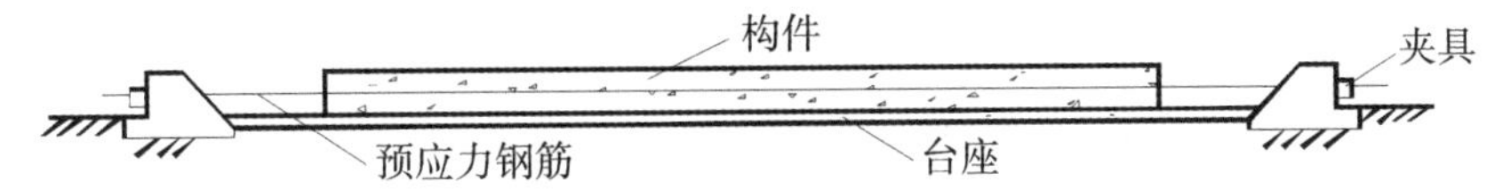

图8-2　先张法

先张法的主要施工工序（如图8-3所示）：在台座上张拉预应力钢筋至预定长度后，将预应力钢筋固定在台座的传力架上；然后在张拉好的预应力钢筋周围浇筑混凝土；待混凝土达到一定的强度后（约为混凝土设计强度的70%）切断预应力钢筋。由于预应力钢筋的弹性回缩，使得与预应力钢筋黏结在一起的混凝土受到预压作用。因此，先张法是靠预应力钢筋与混凝土之间的黏结力来传递预应力的。

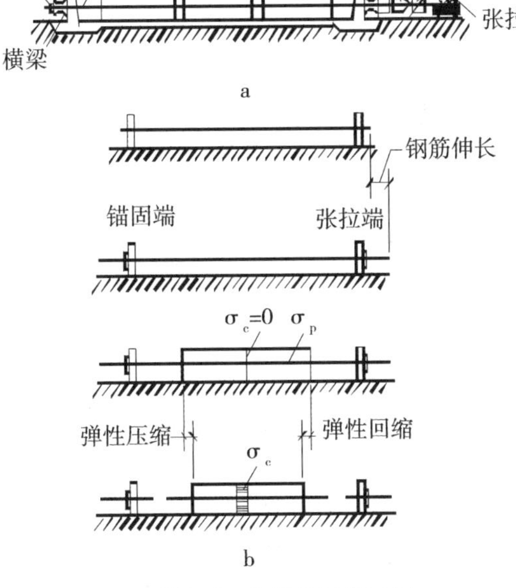

图8-3　先张法工艺过程

先张法通常适用在长线台座（50m~200m）上成批生产配直线预应力钢筋的构件，如屋面板、空心楼板、檩条等。先张法的优点是：生产效率高；施工工艺简单；锚夹具可多次重复使用等。

二、后张法

在结硬后的混凝土构件预留孔道中张拉预应力钢筋的方法被称为后张法，如图8-4所示。

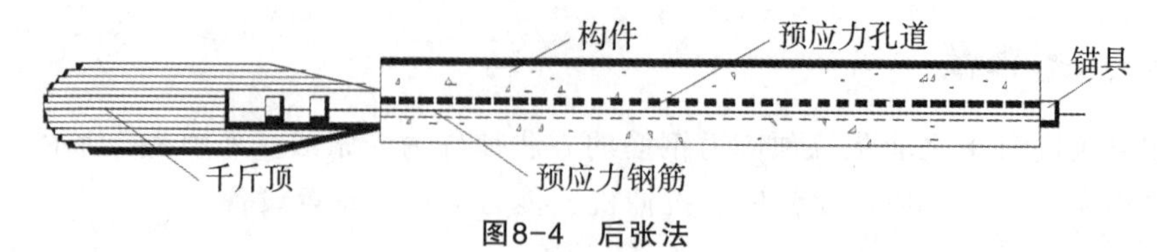

图8-4 后张法

后张法的主要施工工序（如图8-5所示）：先浇筑好混凝土构件，并在构件中预留孔道（直线或曲线形）；待混凝土达到预期强度后（一般不低于混凝土设计强度的70%），将预应力钢筋穿入孔道；利用构件本身作为受力台座进行张拉（一端锚固一端张拉或两端同时张拉），在张拉预应力钢筋的同时，使混凝土受到预压；张拉完成后，在张拉端用锚具将预应力钢筋锚住；最后，在孔道内灌浆使预应力钢筋和混凝土形成一个整体，也可不灌浆，完全通过锚具施加预压力，形成无黏结预应力结构。

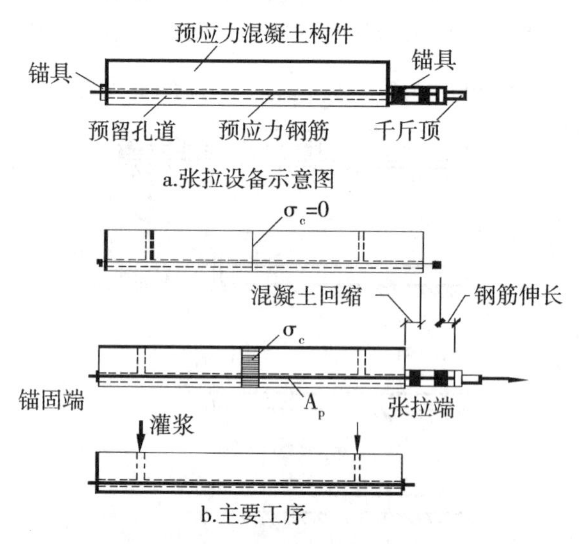

图8-5 后张法工艺过程

后张法不需要专门台座，便于在现场制作大型构件，适用于配直线及曲线预应力钢筋的构件，但这种方法有施工工艺较复杂、锚具消耗量大、成本较高等缺点。

先张法与后张法相比：先张法工艺比较简单，不需要永久性的工作锚具，但需要台座（或钢模）设施；后张法工艺较复杂，需要对构件安装永久性的工作锚具，但不需要台座。先张法适用于在预制构件厂批量制造的、可以用运输车装运的中小型构件；后张法更适用于在现场成型的大型构件、在现场分阶段张拉的大型构件以至整个结构。

此外，后张法与先张法相比，后张法的预应力钢筋可按照设计需要做成曲线或折线形状以适应荷载的分布情况；而先张法由于在台座上张拉钢筋，预应力钢筋一般都是直线布置的。

在有的结构中，先张法和后张法可以同时使用。例如，在结构中要求采用很多同样大小的构件时，则应用先张法对它们在工厂中进行制造是经济的；当将这些构件运到现场安装就位后，还可使用后张法施加预应力将它们连成整体，形成一个结构。

先张法与后张法虽然是以张拉钢筋在浇筑混凝土的前后时间不同来区分的，但其本质差别却在于对混凝土构件施加预压力的途径。先张法通过预应力钢筋与混凝土间的黏结力施加预应力；而后张法则通过锚具施加预应力。

三、无黏结预应力

无黏结预应力的做法是在预应力筋表面刷涂料并包塑料布（管）后，如同普通钢筋一样先铺设在支好的模板内，然后浇筑混凝土，待混凝土达到设计要求的强度后，再进行预应力筋的张拉锚固。

知识拓展 8-1

1.特点

无黏结预应力不需要预留孔道和灌浆，施工简单，张拉时摩阻力较小，预应力钢筋易弯成多跨曲线形状。但无黏结预应力筋（无黏结筋）的强度不能得到充分的发挥，一般降低 10%~20%，且锚具的要求也较高。

知识拓展 8-2

2.施工工艺及要求

无黏结预应力施工中的主要问题是无黏结筋的铺设、张拉和端部锚头处理。

（1）无黏结筋的铺设

无黏结筋应严格按设计要求的曲线形状就位并固定牢靠。铺设无黏结筋时，其曲率可垫铁马凳予以控制。钢丝束就位后，标高及水平位移经调整、检查无误后，用铁丝与非预应力筋绑扎牢固，防止钢丝束在浇筑混凝土的过程中位移。

（2）无黏结筋的张拉

由于无黏结筋一般为曲线配筋，因此应采用两端同时张拉的方法。无黏结筋的张拉顺序应根据其铺设顺序，先铺设的先张拉，后铺设的后张拉。成束无黏结筋正式张拉前，宜先用千斤顶往复抽动 1~2 次以降低张拉的摩擦损失。无黏结筋在张拉过程中，当有个别钢丝发生滑脱或断裂时，可相应降低张拉力，但滑脱或断裂的数量不应超过结构同一截面无黏结预应力筋总量的 2%。

案例 8-1

（3）无黏结筋的端部锚头处理

对无黏结筋端部锚头的防腐处理应特别重视。采用钢丝束镦头锚具时，当锚杯被拉出后塑料套筒内产生空隙，必须用油枪通过锚杯的注油孔向套筒内注满防腐油脂，避免长期与大气接触造成锈蚀。采用钢绞线 XM 型夹片式锚具时，张拉端头构造简单，无须另加设施，张拉后端头钢绞线预留长度不小于 150mm，多余部分割掉并将钢绞线散开打弯，埋在混凝土内以加强锚固。

以上所述只涉及利用机械手段获得预应力的 3 种方法。另外，还有建立预应力的其他方法。

四、其他施加预应力的方法

1.机械法

机械法通常是用液压千斤顶完成的。这种方法是把特殊的千斤顶放置在构件之间或是构件与岩石之间，通过千斤顶的伸长来对构件施加预压应力。这种方法在实际工程中应用较少。

2.电热法

电热法是利用热胀冷缩的原理来实现的。采用此方法张拉预应力筋时，将低压强电流通过预应力筋，预应力筋通电后电能转化为热能使钢筋受热而产生纵向伸长，待预应力筋的伸长值达到规定的长度时，切断电源并立即锚固。由于钢筋冷却收缩，使混凝土构件产生预压应力。

此方法的优点是设备工艺简单、操作方便、便于高空作业、速度快、投资少，缺点是耗电量大、预应力钢筋中预应力难以准确控制。电热法适于制作先张法及后张法构件，也适于制作有黏结及无黏结预应力构件，对曲线和环状配筋尤为适用（张拉时与孔道不存在摩擦损失）。电热法常用于制造楼屋面构件、电线杆、枕轨等。

3.化学方法

化学方法是利用膨胀水泥实现的。根据预应力的大小，膨胀水泥混凝土可分为：收缩补偿型（2MPa~7MPa）、自应力型（7MPa~30MPa）。化学方法可应用于大型箱形结构的预制装配式构件、墙板结构（控制收缩裂缝的发生或发展）等，但由于一些实际问题（如膨胀的控制等）还未解决好，因此在实践中，化学方法还没有得到广泛的应用。

第三节　预应力混凝土的材料和锚具

一、预应力混凝土的材料

1.混凝土

预应力混凝土结构构件所用的混凝土，需满足下列要求：

（1）强度高

与钢筋混凝土不同，预应力混凝土必须采用强度高的混凝土。强度高的混凝土，对于采用先张法的构件，可提高钢筋与混凝土之间的黏结力；对于采用后张法的构件，可提高锚固端的局部承压承载力。

（2）收缩、徐变小

预应力混凝土结构所使用的混凝土，只有收缩小、徐变小，才可以减少因收缩、徐变引起的预应力损失。

（3）快硬、早强

预应力混凝土结构所使用的混凝土，只有具有快硬、早强的特点，才可尽早施加预应力，加快台座、锚具、夹具的周转率，加快施工进度。

因此基于上述特点，《混凝土结构设计规范》规定，预应力混凝土结构的混凝土强度等级不宜低于C40，且不应低于C30。

2.钢材

（1）对预应力钢材的要求

在预应力混凝土构件中，使混凝土建立预压应力是通过张拉钢筋来实现的。钢筋在预应力混凝土构件中，从制造阶段开始，直到破坏，始终处于高应力状态，因此，必然对使用的钢筋提出较高的质量要求。归纳起来，共有4个方面的要求：

首先，高强度的要求。混凝土预压应力的大小，取决于预应力钢筋张拉应力的大小。为了使预应力混凝土构件在混凝土发生弹性回缩、收缩、徐变后仍然能够建立较高的预压应力，即考虑到构件在制作过程中会出现各种应力损失，需要采用较高的张拉应力，这就要求预应力筋要有较高的抗拉强度。

其次，与混凝土间应该具有足够的黏结强度的要求。这一点对先张法预应力混凝土构件尤为重要，因为在传递长度内钢筋与混凝土间的黏结强度是先张法构件建立预压应力的保证。对于采用先张法的构件，当采用高强度钢丝时，其表面应经过“刻痕”或“压波”等措施进行处理，来增加与混凝土间的黏结强度。

再次，良好的加工性能要求。预应力筋需要具备良好的可焊性，经过冷镦或热镦后应不致影响原来的物理力学性能。

最后，具有一定的塑性要求。为了避免预应力混凝土构件发生脆性破坏，要求预应力钢筋在拉断前，具有一定的伸长率。当构件处于低温或受冲击荷载作用时，更应注意对钢筋塑性和抗冲击韧性的要求。一般要求极限伸长率大于4%。

（2）预应力钢材的种类

用于预应力混凝土构件中的预应力钢材主要有钢绞线、钢丝、热处理钢筋三大类。另外，在一些次要或小型构件中，也可以采用冷拉钢筋。目前，国内外已开始探索和研究如何采用纤维塑料筋来代替预应力钢筋。我国常用的预应力钢筋有以下几种：

①钢绞线

预应力混凝土常用的钢绞线是由多根直径5mm~6mm的高强度钢丝在绞线机上按一个方向扭绞制成的。用3根钢丝捻制的钢绞线，其结构为1×3，直径通常为8.6mm、10.8mm、12.9mm。用7根钢丝捻制的钢绞线，是最常见的钢绞线，它是由6根钢丝围绕着一根钢丝顺着一个方向扭结而成的，其结构为1×7，直径通常为9.5mm~21.6mm。钢绞线的极限抗拉强度标准值可分为1 570MPa、1 720MPa、1 860MPa、1 960MPa几个等级。钢绞线与混凝土黏结较好，比钢筋及钢丝束柔软，运输及施工方便，先张法和后张法均可使用，但在后张法预应力混凝土中采用较多。

钢绞线经最终热处理后以盘或卷供应，每盘钢绞线应由一整根组成，如无特殊要求，每盘钢绞线长度不小于200m。成品的钢绞线表面不得带有润滑剂、油渍等，以免降低钢绞线与混凝土之间的黏结力。钢绞线表面允许有轻微的浮锈，但不得锈蚀成目视可见的麻坑。

②钢丝

钢丝是用含碳量0.5%~0.9%的优质高碳钢盘条经回火处理、酸洗、镀铜或磷化后，再经几次冷拔而成的。预应力混凝土所用钢丝可分为冷拉钢丝及消除应力钢丝两种。按外形分，有光面钢丝、螺旋肋钢丝；按应力松弛性能分，则有普通松弛（即Ⅰ级松弛）及低松弛（即Ⅱ级松弛）两种。钢丝的直径通常为5mm~9mm，其极限抗拉强度标准值可分为1 470MPa、1 570MPa、1 860MPa几个等级。钢丝表面不得有裂纹、小刺、机械损伤、氧化铁皮和油污等。

③热处理钢筋

热处理钢筋是用热轧的螺纹钢筋经淬火和回火的调质热处理而成的。热处理钢筋按其螺纹外形可分为有纵肋和无纵肋两种。钢筋经热处理后应卷成盘，每盘钢筋由一整根钢筋组成，直径通常为6mm~10mm，极限抗拉强度标准值可达1 470MPa。

热处理钢筋表面不得有肉眼可见的裂纹、结疤、折叠。钢筋表面允许有凸块，但不得超过横肋的高度；钢筋表面不得沾有油污，端部应切割正直。在制作过程中，除端部外，应使钢筋不受到切割火花或其他方式造成的局部加热影响。

二、锚具

预应力锚具是实现施加预应力和锚固预应力束的工具，是预应力混凝土施工工艺的核心部分。按锚固的预应力束类型的不同，锚具可分为锚固粗钢筋的螺丝端杆锚具、锚固钢丝束的锚具、锚固钢绞线或钢筋束的锚具。按锚具使用的位置不同，锚具可分为固定端锚具和张拉端锚具两种。不同的锚具需配套采用不同形式的张拉千斤顶及液压设备，并有特定的张拉工序和细节要求。

下面介绍几种典型的预应力锚具：

1.螺丝端杆锚具

螺丝端杆锚具是指在单根预应力粗钢筋的两端各焊上一根短的螺丝端杆，并套以螺帽及垫板。预应力螺杆通过螺纹将力传给螺帽，螺帽再通过垫板将力传给混凝土（如图8-6所示）。

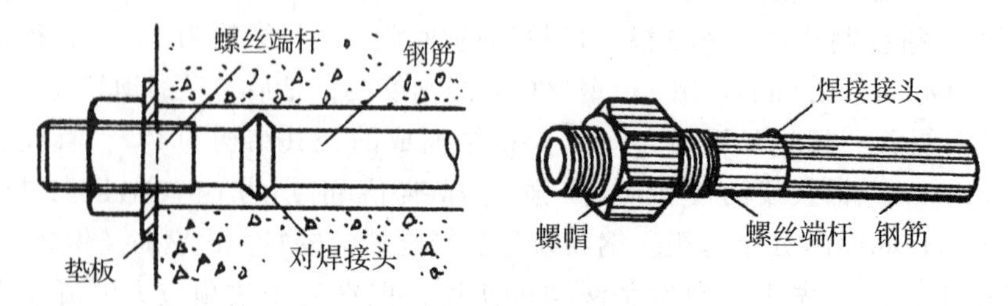

图8-6 螺丝端杆锚具

这种锚具操作简单，受力可靠，滑移量小，适用于较短的预应力构件及直线预应力束；缺点是预应力束下料长度的精度要求高，且不能锚固多根钢筋。

2.镦头锚具

钢丝束镦头锚具是利用钢丝的粗镦头来锚固预应力钢丝（如图8–7所示）。这种锚具加工简单，张拉方便，锚固可靠，成本低廉，但钢丝的下料长度要求严格，张拉端一般要扩孔，较费人工。钢丝束镦头锚具适用于单跨结构及直线型构件。

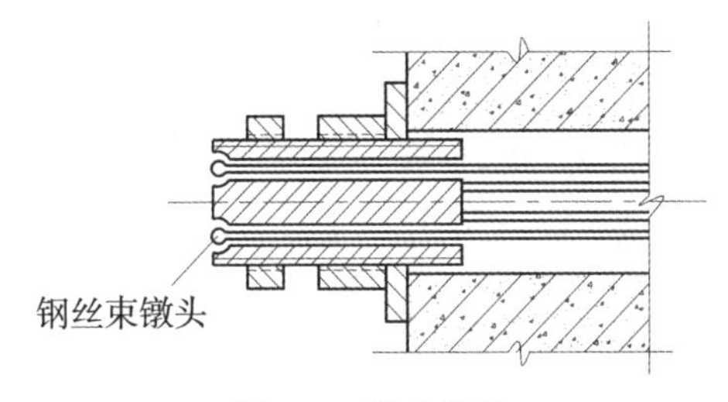

图8–7　镦头锚具

3.锥形锚具

锥形锚具也称弗氏锚具，由锚环及锚塞组成，主要用于锚固平行钢丝束（如图8–8所示）。这种锚具既可用于张拉端，也可用于固定端。锥形锚具的缺点是滑移量大，每根钢丝的应力有差异，预应力锚固损失将达到$0.05\sigma_{con}$以上。

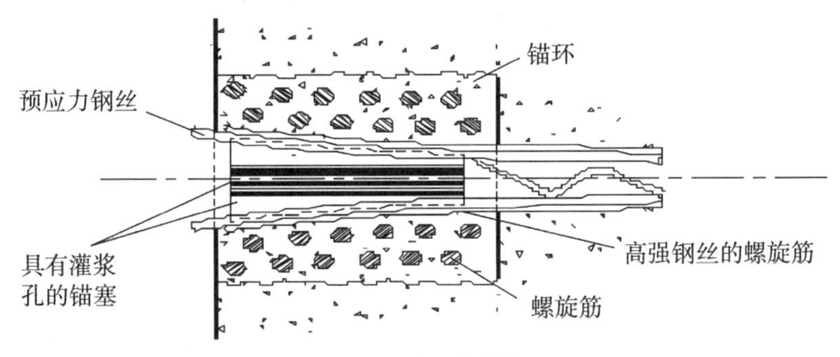

图8–8　锥形锚具

4.JM型锚具

JM型锚具由锚环和夹片组成，夹片的数量与预应力筋的数量相同，可根据预应力束的钢绞线根数选用不同孔数的锚具（如图8–9所示）。JM型锚具可锚固粗钢筋和钢绞线，既可用于张拉端，也可用于固定端。这种锚具的缺点是内缩量较大，一般情况下，钢绞线的内缩量为6mm~7mm。

5.QM（OVM）型锚具

QM型锚具由锚板和夹片组成，分为单孔和多孔两类，可根据预应力束的钢绞线根数选用不同孔数的锚具。该类锚具的特点是任意一根钢绞线的滑移和断裂都不会影响束中其他钢绞线的锚固，因此，锚固较可靠，且互换性好，群锚能力强。

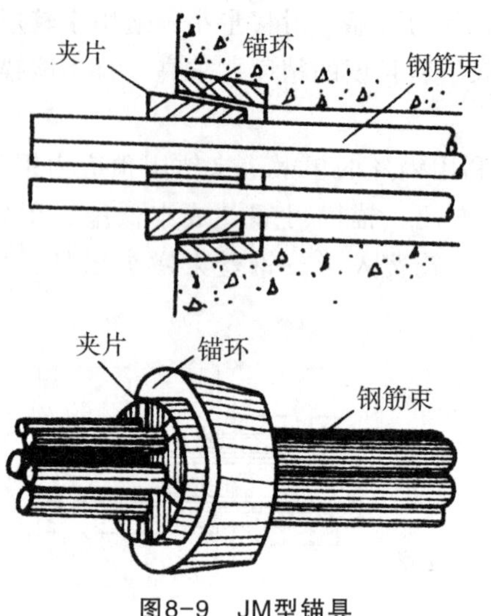

图8-9 JM型锚具

6.XM型锚具

XM型锚具可用于大型预应力混凝土结构，其锚固原理与QM型锚具相似，但XM型锚具可锚固更多根钢绞线的预应力束，最多可达55根钢绞线。

第四节 预应力混凝土构件的张拉控制应力与预应力损失

一、张拉控制应力 σ_{con}

张拉控制应力 σ_{con} 是指预应力钢筋在进行张拉时控制达到的最大应力值，其量值为张拉钢筋时设备（如千斤顶油压表）所控制的总张拉力除以预应力钢筋截面面积所得到的应力值。

张拉控制应力 σ_{con} 的取值直接影响预应力混凝土的使用效果。如果 σ_{con} 取值过低，则预应力钢筋经过各种损失后，对混凝土产生的预压应力过小，就不能有效地提高预应力混凝土构件的抗裂度和刚度；σ_{con} 值定得越高，混凝土获得的预压应力也越大，预应力的作用就越大，可以达到节约材料的效果。

然而，张拉控制应力 σ_{con} 值过高可能引起以下问题：第一，σ_{con} 与预应力钢筋标准强度的比值过大，构件出现裂缝时的荷载和极限荷载接近，使破坏前缺乏足够的预兆，构件的延性较差；第二，为减少预应力损失，有时需进行超张拉操作，可能使个别钢筋的应力超过屈服强度，产生永久变形或脆断；第三，在施工阶段会使构件的某些部位受到拉力（预拉力）甚至开裂，对后张法构件可能造成端部混凝土局部破坏。

适当的张拉控制应力 σ_{con} 取值，应根据构件的具体情况，按照材料和施加预应力方法的不同确定。

对于相同的钢种，先张法的预应力混凝土构件张拉控制应力σ_{con}的取值高于后张法。由于先张法的施工方法为浇灌混凝土前在台座上张拉钢筋，在预应力筋中建立的拉应力即为张拉控制应力σ_{con}。而后张法的施工方法是在混凝土构件上张拉钢筋，在张拉钢筋的同时混凝土被压缩，张拉设备所示的张拉控制应力其实已经扣除了混凝土弹性压缩后的钢筋应力。因此，先张法的σ_{con}取值应适当高于后张法。

根据长期积累的设计和施工经验，《混凝土结构设计规范》允许的张拉控制应力限值见表8-1。

表8-1 **张拉控制应力限值**

钢筋种类	张拉控制应力限值
消除应力预应力钢丝、钢绞线	$0.75f_{ptk}$
中等强度预应力钢丝	$0.70f_{ptk}$
预应力螺纹钢筋	$0.85f_{pyk}$

注：①表中f_{ptk}为预应力钢筋的强度标准值；f_{pyk}为预应力螺纹钢筋屈服强度标准值。

②消除应力钢丝、钢绞线、中等强度预应力钢丝的张拉控制应力值不应小于$0.4f_{ptk}$；预应力螺纹钢筋的张拉应力控制值不宜小于$0.5f_{pyk}$。

当符合下列情况之一时，表8-1中的张拉控制应力限值可提高$0.05f_{ptk}$或$0.05f_{pyk}$：

（1）要求提高构件在施工阶段的抗裂性能，而在使用阶段受压区内设置的预应力钢筋；

（2）要求部分抵消由于应力松弛、摩擦、钢筋分批张拉以及预应力筋与张拉台座之间的温差等因素产生的预应力损失。

二、预应力损失

通过钢筋张拉建立起来的预应力不是全部有效的，实际的有效预应力将受种种因素影响而有所降低。在预应力混凝土构件施工及使用过程中，预应力钢筋的张拉应力值是在不断降低的，被称为预应力损失。设计时要正确计算预应力损失值，施工时要尽量减少预应力损失，这是预应力结构的成败关键。

引起预应力损失的因素有很多，一般认为预应力混凝土构件的总预应力损失值，可采用各种因素产生的预应力损失值进行叠加的办法求得。下面将讲述6种预应力损失，包括产生的原因及减少预应力损失值的措施。

1.造成预应力损失的原因

（1）预应力损失σ_{l1}——预应力直线钢筋由于锚具变形和钢筋内缩引起的预应力损失

知识拓展8-3

预应力直线钢筋当张拉到σ_{l1}后，锚固在台座或构件上时，钢筋两端的锚具在压力作用下，由于垫圈和夹具缝隙的挤紧压缩，以及钢筋在锚头中的相对滑移，使预应力钢筋缩短引起预应力损失。锚具变形越大，预应力损失也越大。

（2）预应力损失 σ_{l2}——预应力钢筋与孔道壁之间的摩擦引起的预应力损失

在后张法中，由于预应力钢筋的表面形状、孔道成型质量情况、预应力钢筋的焊接外形质量情况、预应力钢筋与孔道接触程度等原因，在构件的预留孔道内张拉钢筋时，钢筋与孔道壁接触产生摩擦阻力，妨碍了钢筋伸长，引起钢筋实际预应力值的降低。这种摩擦阻力距离预应力张拉端越远，影响越大，使构件各截面上的实际预应力有所减少。

（3）预应力损失 σ_{l3}——混凝土加热养护时受张拉的预应力钢筋与承受拉力的设备之间温差引起的预应力损失

在先张法中，为了缩短施工工期，常在浇灌混凝土后进行蒸汽养护。构件升温时由于温度变化使钢筋受热膨胀产生线性伸长，但台座之间的距离始终维持不变，钢筋的伸长相对松弛，引起预应力损失。

（4）预应力损失 σ_{l4}——钢筋应力松弛引起的预应力损失

钢筋在持续高应力作用下的塑性变形具有随时间增长的性质，由于钢筋的松弛，在钢筋长度保持不变的条件下，钢筋的应力会随时间的增长而逐渐降低，从而引起预应力减小，这种现象被称为钢筋的应力松弛。这种现象犹如胡琴的弦拉紧后时间长了就会自己松弛一样。这项损失，在软钢中可达张拉应力的5%；在硬钢中，可达张拉应力的7%。

（5）预应力损失 σ_{l5}——混凝土收缩、徐变引起的预应力损失

混凝土在一般温度条件下硬结时会发生体积收缩，而在预应力长期作用下混凝土会产生徐变，二者均使得构件长度缩短，因而预应力钢筋也会随之缩短一些，引起预应力钢筋的应力减少。这是一项数值较大并占很大比重的预应力损失，必须认真对待。

收缩与徐变是两种性质不同的现象，但二者的影响因素、变化规律较为相似，故《混凝土结构设计规范》将这两项预应力损失合并考虑，其中包括混凝土收缩、徐变引起受拉区纵向预应力钢筋的预应力损失 σ_{l5}、受压区纵向预应力钢筋的预应力损失。

（6）预应力损失 σ_{l6}——环形配筋对混凝土局部挤压引起的预应力损失

采用螺旋式预应力钢筋作为配筋的环形构件时，由于预应力钢筋对混凝土的挤压，使环形构件的直径有所减小，预应力钢筋中的拉应力就会降低，从而引起预应力钢筋的预应力损失。例如，直径不大于3m的圆筒形结构（如水管等）采用环形配筋时，钢筋在圆筒上作螺旋式张拉，由于混凝土受到局部挤压而产生压陷，就会引起钢筋的预应力损失。

2.预应力损失的组合

上述6种因素造成的预应力损失，有的只发生在先张法构件中；有的只发生在后张法构件中；有的在两种构件中均有，而且是分批产生的。为便于分析和计算，需要进行组合。

其组合方式为：混凝土预压前发生的损失称为第一批损失——$\sigma_{l\mathrm{I}}$；混凝土预压后发生的损失称为第二批损失——$\sigma_{l\mathrm{II}}$（见表8-2）。

表8-2　**各阶段预应力损失值组合**

预应力损失值的组合	先张法构件	后张法构件
混凝土预压前的损失（第一批）$\sigma_{l\mathrm{I}}$	$\sigma_{l1}+\sigma_{l2}+\sigma_{l3}+\sigma_{l4}$	$\sigma_{l1}+\sigma_{l2}$
混凝土预压后的损失（第二批）$\sigma_{l\mathrm{II}}$	σ_{l5}	$\sigma_{l4}+\sigma_{l5}+\sigma_{l6}$

考虑到各项预应力的离散性，实际的损失值可能高于按表8-2计算的数值，因此《混凝土结构设计规范》规定，当求得的预应力总损失量σ_l小于下列数值时，则按下列数值取用：先张法构件，100N/mm^2；后张法构件，80N/mm^2。

3.减少预应力损失的措施

（1）预应力直线钢筋由于锚具变形和钢筋内缩引起的预应力损失σ_{l1}

第一，选择锚具变形小或使预应力钢筋内缩小的锚具、夹具，并尽量少用垫板。

第二，增加台座长度。由于σ_{l1}值与台座长度成反比，对于先张法构件，当台座长度大于100m时，σ_{l1}可忽略不计。

（2）预应力钢筋与孔道壁之间的摩擦引起的预应力损失σ_{l2}

第一，对于较长的构件可在两端进行张拉，则计算预应力损失σ_{l2}时，孔道长度可按构件长度的一半进行计算；但该措施会引起σ_{l1}的增加，因此应用时需加以注意。

第二，采用超张拉，使得所建立的预拉应力更加均匀，减小预应力损失。

（3）混凝土加热养护时受张拉的预应力钢筋与承受拉力的设备之间温差引起的预应力损失σ_{l3}

第一，采用两次升温养护。先在常温下养护，待混凝土达到一定强度等级，例如达到C7.5~C10时，再逐渐升温至规定的养护温度，这时可认为钢筋与混凝土已结成整体，能够一起胀缩而不致引起应力损失。

第二，钢模上张拉预应力钢筋。由于预应力钢筋是锚固在钢模上的，升温时两者温度相同，可以不考虑此项损失。

（4）钢筋应力松弛引起的预应力损失σ_{l4}

进行超张拉，先控制张拉应力达$1.05\sigma_{con}$~$1.1\sigma_{con}$，持荷2~5min，然后卸荷再施加张拉应力至σ_{con}，这样可以减少松弛引起的预应力损失。由于在高应力下、短时间内所产生的松弛损失，可达到在低应力下需经过较长时间才能完成的松弛数值，因此，经过超张拉，部分松弛损失也已经完成。钢筋松弛与初应力有关，当初应力小于$0.7f_{ptk}$时，松弛与初应力呈线性关系；当初应力高于$0.7f_{ptk}$时，松弛显著增大。

（5）混凝土收缩、徐变引起的预应力损失σ_{l5}、σ_{l5}'①

第一，可以采用高标号水泥，减少水泥用量，降低水灰比，采用干硬性混凝土。

第二，采用级配较好的骨料，加强振捣，提高混凝土的密实性。

第三，加强养护，减少混凝土的收缩。

（6）减少σ_{l6}的措施

该项预应力损失的大小与环形构件的直径d成反比，直径越小，损失越大。当$d \geqslant 3$m时，可忽略该项预应力损失，因此应尽量采用直径大于3m的环形构件。

三、预应力混凝土构件计算要点

1.计算内容

强度的安全是任何构件都必须保证的，对预应力构件也不例外，因此承载能力计算是预应力混凝土构件必不可少的主要计算内容；而提高抗裂度是采用预应力的主要出发点，因此抗裂度和裂缝计算也是预应力构件的重要计算内容。

在预应力混凝土构件中，钢筋和混凝土的应力，在张拉、放张、发生预应力损失、构件运输安装、承受荷载、破坏等各阶段是不同的。一般说来，放松预应力筋（先张）和张拉预应力筋终止（后张）时材料的应力达受荷以前的最大值；随着预应力损失发生应力逐渐减小；开始加荷后随荷载增大，预应力筋的拉应力回升，而混凝土的压应力则逐渐减小，甚至变为拉应力，因此，在设计预应力混凝土构件时，除应进行荷载作用下的强度、抗裂度和裂缝计算外，还要对使用、施工等阶段的强度和抗裂度进行验算。

（1）承载能力计算

以受弯构件来说，预应力梁破坏时钢筋达到抗拉设计强度f_y，混凝土应力达到混凝土极限压应力ε_{cu}，这与普通钢筋混凝土强度极限的应力状态基本相同，这就是说，若预应力梁与非预应力梁的尺寸、形式、材料等均相同，则它们破坏时能承受的荷载是一样（即等强度）的。因此，对梁的受拉区钢筋施加预应力并不能提高构件的承载能力，预应力构件的承载能力计算与普通钢筋混凝土构件的计算原理基本相同。

（2）抗裂度计算

采用预应力是提高构件抗裂度的主要手段。抗裂度计算分为两个部分，其一是在预应力构件的使用阶段，考虑混凝土获得预压应力后，在使用荷载作用下受拉区应力是否超过混凝土的抗裂强度；其二是在施工阶段，验算是否满足预拉区不允许或允许出现裂缝的要求。

2.预应力混凝土受弯构件的应力分析

预应力混凝土受弯构件的受力过程分为两个阶段：施工阶段和使用阶段。

---

① σ_l、σ_l'：受拉区、受压区预应力钢筋在相应阶段的预应力损失值。

预应力混凝土受弯构件中，预应力钢筋A_p一般布置在使用阶段的截面受拉区。对于梁底受拉区配置较多预应力钢筋的大型构件，当梁的自重在梁顶产生的压应力不足以抵消偏心预压应力在梁顶预拉区所产生的预拉应力时，通常也会在梁顶部配置预应力钢筋A_p'。对于在预压应力作用下允许出现裂缝的中小型构件，可不配置A_p'，但需控制其裂缝的宽度。另外，为防止在制作、运输和吊装等施工阶段出现裂缝，在梁的受拉区和受压区通常也配置一些非预应力钢筋A_s和A_s'。

受弯构件中，若截面只配置A_p，则预应力钢筋的总拉力N_p对构件截面形成偏心的压力，因此混凝土构件受到的预应力是不均匀的，上边缘的预应力和下边缘的预压应力分别用σ_{pc}'、σ_{pc}表示。若同时配置A_p和A_p'（一般$A_p>A_p'$），则预应力钢筋A_p和A_p'的张拉力的合力N_p位于A_p和A_p'之间，此时混凝土的预应力图形有两种可能：若A_p'少，应力图形为两个三角形，σ_{pc}'为拉应力；如果A_p'较多，应力图形为梯形，σ_{pc}'为压应力，其值小于σ_{pc}。

由于对混凝土施加了预应力，构件在使用阶段截面不产生拉应力或不开裂，因此，不论哪种应力图形，都可把预应力钢筋的合力视为作用在换算截面上的偏心压力，并把混凝土看作理想弹性体，按材料力学公式计算混凝土的预应力。

3.预应力混凝土受弯构件的设计计算要点

预应力混凝土受弯构件设计计算内容重点介绍：使用阶段受弯及受剪承载力计算、裂缝控制、变形验算、施工阶段截面应力验算和后张法构件端部局部受压承载力验算。

（1）承载力计算

①正截面受弯承载力计算

与钢筋混凝土梁相同，预应力混凝土梁正截面达到破坏时的受压混凝土应力分布可采用等效矩形图形，强度为$\alpha_1 f_c$；受拉预应力钢筋和非预应力钢筋都达到屈服，强度分别为f_{py}和f_y。

以在受拉区配置钢筋的单筋矩形截面为例（如图8-10所示），预应力混凝土梁正截面承载力计算公式如下：

$$\alpha_1 f_c bx=f_y A_s+f_{yp}A_p \tag{8-1}$$

$$M\leqslant M_u=\alpha_1 f_c bx\left(h_0-\frac{x}{2}\right) \tag{8-2}$$

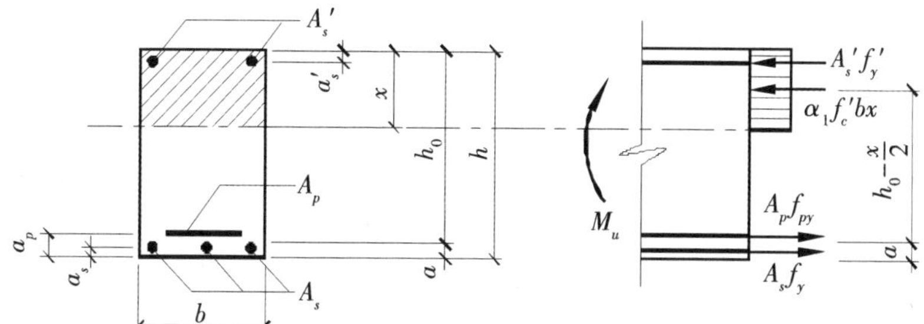

图8-10　单筋矩形截面预应力混凝土梁正截面承载力计算简图

为避免超筋破坏，截面相对界限受压区高度ξ_b应满足下列要求：

$$\xi \leqslant \xi_b \tag{8-3}$$

截面上同时配置预应力钢筋和非预应力钢筋时，《混凝土结构设计规范》规定应分别计算ξ_b并取其中的较小值。非预应力钢筋一般采用热轧钢筋，ξ_b值同非预应力受弯构件。预应力钢筋一般采用钢绞线、钢丝和热处理钢筋等无明显屈服点钢筋，具体ξ_b值计算可参见《混凝土结构设计规范》。

为防止少筋破坏，应满足纵向受拉钢筋最小配筋率的要求。计算时应按下式确定：

$$M_u \geqslant M_{p,cr} \tag{8-4}$$

式中：

M_u：按实际配筋计算的正截面受弯承载力设计值。

$M_{p,cr}$：预应力混凝土梁的正截面开裂弯矩值。

②斜截面受剪承载力计算

试验表明，预应力混凝土梁的斜截面受剪承载力高于钢筋混凝土梁的受剪承载力。这是由于预压应力延缓了斜裂缝的出现和发展，增加了混凝土剪压区的高度。

当预应力混凝土梁中仅配置箍筋时，其斜截面受剪承载力按下式计算：

$$V \leqslant V_{cs} + V_p \tag{8-5}$$

$$V_p = 0.05N_{p0} \tag{8-6}$$

式中：

V_{cs}：构件斜截面上混凝土和箍筋的受剪承载力设计值。

V_p：由预应力所提高的构件受剪承载力设计值。

N_{p0}：计算截面上混凝土法向应力等于零时的预应力钢筋和非预应力钢筋的合力，有关计算详见《混凝土结构设计规范》。

上述斜截面受剪承载力计算公式的适用范围和计算位置与钢筋混凝土受弯构件相同。

后张法构件中预应力钢筋也可弯起兼作受剪钢筋，计算原理同钢筋混凝土梁。先张法构件中，预应力的传递不可能在端部立即完成，而是要通过黏结作用经过预应力传递长度l_{tr}后，混凝土中的预应力才能建立。因此，从端部起到预应力传递长度的范围内，构件由于预应力的作用而提高的受剪承载力是逐步形成的。

（2）裂缝控制和变形验算

①开裂弯矩$M_{p,cr}$

在梁截面中，由预应力钢筋被锚固后对截面的压力（预压力）引起的混凝土压应力σ_{pc}分布如图8-11a所示，由荷载弯矩M引起的截面混凝土应力σ_c分布如图8-11b所示。若弯矩引起的截面受拉边缘应力σ_c值恰好抵消完成预应力损失后的有效预压力σ_{pc}，如图8-11c所示，使混凝土受拉边缘法向应力等于零，此时的状态被称为消压状态，相应的弯矩被称为消压弯矩M_{p0}：

$$M_{p0} = \sigma_{p0} W_0 \tag{8-7}$$

式中：

W_0：验算边缘的换算截面弹性抵抗矩。

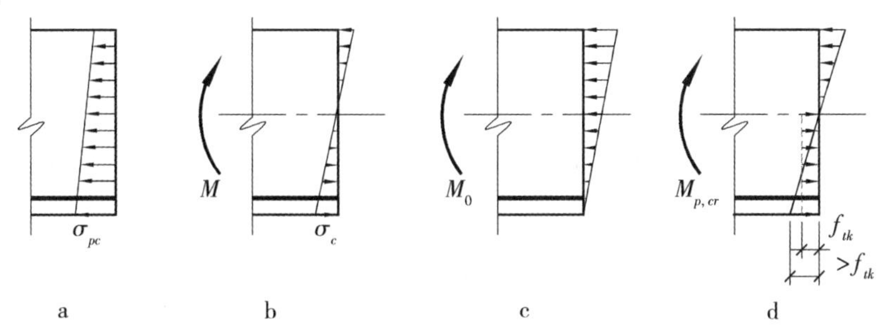

图8-11　预应力混凝土梁的开裂弯矩示意图

从消压状态到正截面开裂，截面弯矩需再增大M_a。M_a的作用使受拉区混凝土边缘应力达到f_{tk}，受拉混凝土塑性变形发展，应力分布呈曲线形后开裂。此时相当于普通钢筋混凝土梁正截面受力的第一阶段末期。

M_a的简化计算方法如下：结合工程经验和结构功能要求、环境条件对钢筋腐蚀的影响、荷载作用时间等不利因素，按弹性截面设受拉区应力为三角形分布，取受拉混凝土边缘的应力为γf_{tk}，如图8-11d所示，则$M_a=\gamma f_{tk}\cdot W_0$。

因此，预应力混凝土梁的开裂弯矩应为：

$$M_{p,cr}=M_{p0}+\gamma f_{tk}\cdot W_0 \tag{8-8}$$

式中：

f_{tk}：混凝土轴心抗拉强度的标准值。

γ：混凝土构件的截面抵抗矩塑性影响系数，其值与截面形状、尺寸等有关。

②正截面裂缝控制验算

《混凝土结构设计规范》根据环境类别和结构类别，对预应力结构构件划分3个裂缝控制等级。预应力混凝土受弯构件的裂缝控制验算要求分别为：

一级：严格要求不出现裂缝的构件。要求在荷载标准组合下的受拉混凝土边缘应力σ_{ck}应满足：

$$\sigma_{ck}-\sigma_{pc}\leqslant 0 \tag{8-9}$$

式中：

σ_{ck}：M_k/W_0。

M_k：按荷载标准组合计算的弯矩值。

W_0：验算边缘的换算截面弹性抵抗矩。

一级裂缝控制等级为严格要求不出现裂缝的构件，与全预应力混凝土构件相当。

二级：一般要求不出现裂缝的构件。例如，在一类环境条件下的预应力混凝土屋面梁、托梁及民用房屋的楼板等构件。在荷载标准组合下的受拉混凝土边缘应力σ_{ck}应满足：

$$\sigma_{ck}-\sigma_{pc}\leqslant f_{tk} \tag{8-10}$$

二级裂缝控制等级为一般要求不出现裂缝的构件，与有限预应力混凝土构件相当。

三级：允许出现裂缝的构件。在荷载标准组合下，并考虑长期作用影响效应的最大裂缝宽度应符合：

$$\omega_{max} \leqslant \omega_{lim} \tag{8-11}$$

三级裂缝控制等级的要求同钢筋混凝土梁一致，最大裂缝宽度的计算方法基本同钢筋混凝土梁。其他有关计算详见《混凝土结构设计规范》。

③斜截面裂缝控制验算

预应力混凝土梁的斜截面裂缝控制验算也根据裂缝控制等级进行。验算方法是控制主拉应力σ_{tp}和主压应力σ_{cp}。主拉应力σ_{tp}和主压应力σ_{cp}的计算可利用材料力学公式进行。规范分别对严格要求不出现裂缝的构件和一般要求不出现裂缝的构件提出了验算要求，有关计算详见《混凝土结构设计规范》。

④变形验算

预应力混凝土梁的挠度f由使用阶段荷载产生的挠度f_1及预压力产生的反拱f_2两部分组成，即$f=f_1+f_2$。

其中，f_1可按荷载标准组合并考虑荷载长期作用影响的刚度B计算，《混凝土结构设计规范》规定了短期刚度B_s及刚度B的计算公式；f_2可用材料力学公式按刚度E_cI_0计算（I_0为换算截面惯性矩），为考虑荷载长期作用下徐变使变形增大的影响，应乘以增大系数2.0。

采用预应力混凝土梁的主要目的是提高梁的抗裂能力和刚度，一般情况下，当预应力混凝土梁的高跨比按前述范围取值时，可不进行裂缝控制与变形验算。

（3）施工阶段截面应力验算

①施工阶段承载力验算

对预应力混凝土梁应按实际受力验算制作、运输、吊装等施工阶段的承载力，原因之一是预应力混凝土梁在施工阶段的受力状态与使用阶段是不同的，例如简支梁构件（如图8-12所示）在制作时截面上受到预应力钢筋的偏心压力，截面下部受压，上部受拉。在运输及吊装构件时，在吊点截面上产生负弯矩，而使用时截面承受的却是正弯矩。原因之二是在预应力钢筋放张（先张法构件）或锚固（后张法构件）时，混凝土受到的压应力最大，而此时又允许混凝土立方体受压强度取75%的设计强度等级。

验算施工阶段承载力时一般要考虑把自重乘以动力系数1.5。

②截面边缘混凝土法向应力验算

如果设计不妥，施工阶段构件预拉区边缘的拉应力可能超过混凝土抗拉强度，使预拉区出现裂缝并随时间不断扩大，对使用阶段的构件刚度将产生不利影响。另外，如果预压区边缘压应力过大，也将导致纵向裂缝。因此，需验算施工阶段截面边缘混凝土的法向应力。

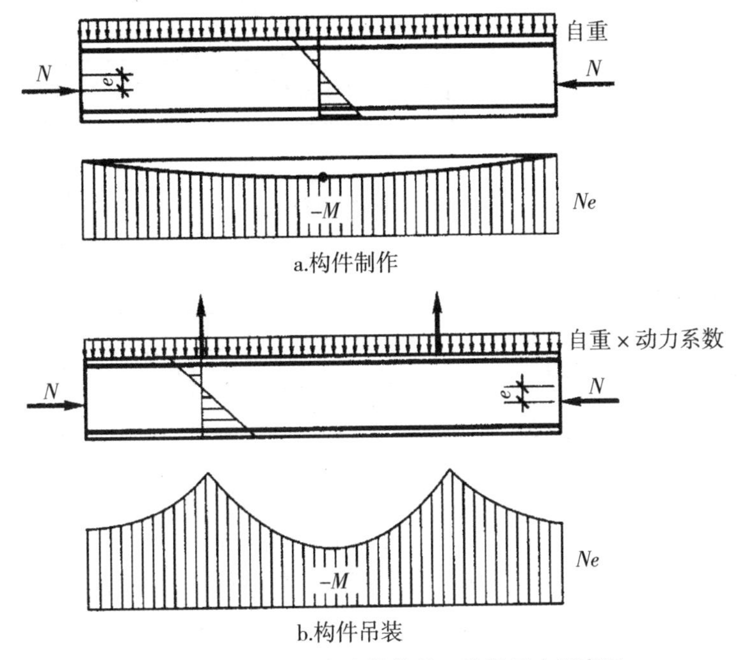

图8-12　预应力混凝土梁的施工阶段受力示意图

对不允许出现裂缝的构件或预压时全截面受压的构件、预拉区允许出现裂缝的构件等情况，《混凝土结构设计规范》规定了验算方法和相应的构造要求。

（4）后张法构件端部局部受压承载力验算

后张法构件锚具垫板尺寸小，在构件端部锚具下的混凝土中将出现很大的局部压应力，张拉预应力钢筋时这一压应力最大。此时构件端部将出现纵向裂缝，导致局部受压破坏。

端部局部受压承载力设计计算包括两项内容：一是验算局部受压面积，以保证不产生过大的局部变形而使垫板下陷；二是为了提高端部局部受压承载力并控制裂缝宽度，按计算和构造要求在局部受压区内配置方格网式或螺旋式间接钢筋。

第五节　预应力混凝土构件的一般构造

预应力混凝土构件的构造要求，除了应满足钢筋混凝土结构的有关规定外，还应根据预应力张拉工艺、锚固措施以及预应力钢筋种类的不同，满足有关的构造要求。

一、截面形式与尺寸

预应力混凝土受弯构件在建筑结构中的应用较为普遍，且类型也较多，其截面形式有矩形、“T”形、“工”形和倒“L”形等，如图8-13所示。

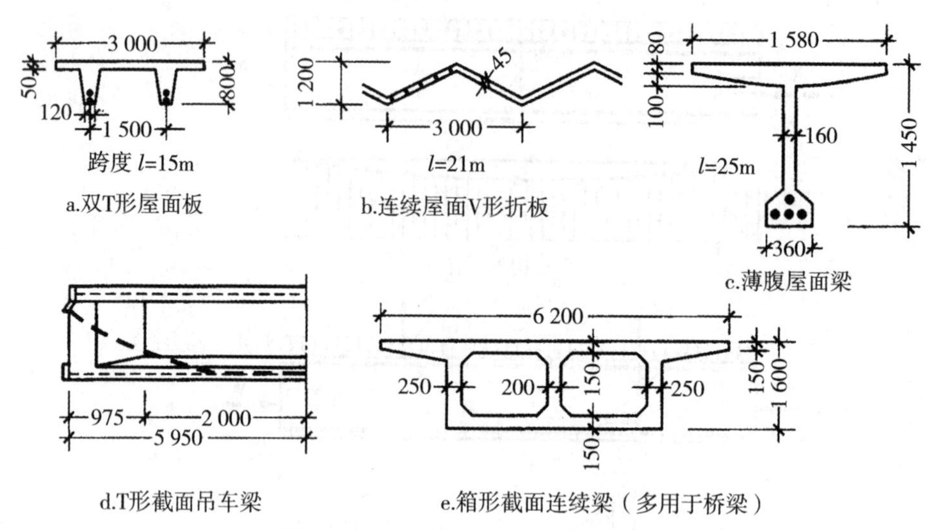

图8-13 预应力混凝土构件截面形式

由于预应力提高了构件的抗裂性能和刚度，截面的宽度和高度可以相对于非预应力构件小一些，其截面高度一般可取1/20~1/14，大致为非预应力钢筋混凝土梁的70%~80%。在确定预应力构件截面尺寸时，还要考虑施工时的可能和方便，全面考虑锚具的布置、张拉设备的尺寸和端部局部受压承载力等方面的要求。

二、钢筋设置

1.预应力钢筋

当受弯构件的跨度与荷载不大时，预应力钢筋一般采用直线布置（如图8-14a所示），可采用先张法或后张法张拉，这是最常用的配筋方式。

当跨度和荷载较大时，如吊车梁及屋面梁，为防止施加预应力时构件端部截面中间产生纵向水平裂缝和减少支座附近主拉应力，宜在靠近支座处将预应力筋或部分预应力筋弯起，形成曲线形预应力筋的布置方式（如图8-14b所示）。此布置方式一般采用后张法张拉。

有倾斜受拉边的梁，预应力钢筋可采用折线布置（如图8-14c所示），一般可用先张法施工。

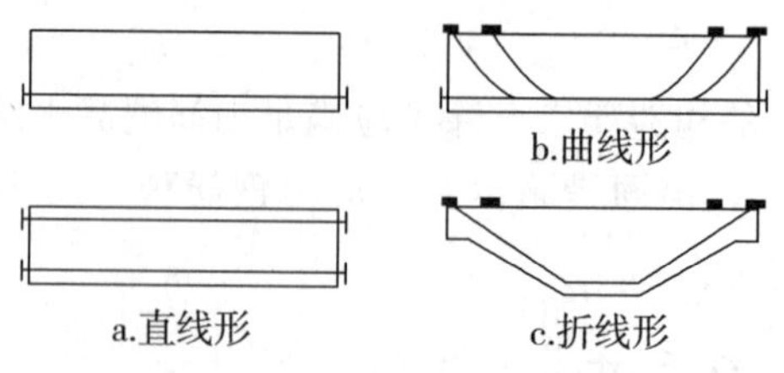

图8-14 预应力钢筋的布置

2.非预应力钢筋

在预应力构件中，除配置预应力钢筋外，为了防止施工阶段因混凝土收缩、温差、施加预应力过程中引起预拉区裂缝，以及防止构件在制作、堆放、运输、吊装等过程中出现裂缝或减小裂缝的宽度，可在构件截面（预拉区）设置足够的非预应力钢筋。

在后张法预应力混凝土构件的预拉区和预压区，应设置纵向非预应力构造钢筋；在预应力钢筋弯折处，应加密箍筋或沿弯折处内侧布置非预应力钢筋网片，加强在钢筋弯折区段的混凝土。

对于预应力钢筋在构件端部全部弯起的受弯构件或直线配筋的先张法构件，当构件端部与下部支承结构焊接时，应考虑混凝土的收缩、徐变及温度变化所产生的不利影响，宜在构件端部可能产生裂缝的部位，设置足够的非预应力纵向构造钢筋。

三、先张法构件的构造要求

先张法预应力钢筋之间的净间距应根据浇筑混凝土、施加预应力及钢筋锚固要求确定。预应力钢筋之间的净距不宜小于其公称直径的2.5倍和混凝土粗骨料最大粒径的1.25倍，且应符合下列规定：

（1）预应力钢丝不应小于15mm。

（2）三股钢绞线不应小于20mm；七股钢绞线不应小于25mm。

（3）当混凝土振捣密实性具有可靠保证时，净间距可以放宽为最大粗骨料粒径的1.0倍。

其他构造措施详见《混凝土结构设计规范》。

四、后张法构件的构造要求

1.预应力钢筋的预留孔道

（1）预制预应力构件预留孔道之间的水平净间距不宜小于50mm，且不宜小于粗骨料粒径的1.25倍；孔道至构件边缘的净间距不宜小于30mm，且不宜小于孔道直径的50%。

（2）现浇钢筋混凝土梁中预留孔道在竖直方向的净间距不应小于孔道外径，水平方向的净间距不宜小于1.5倍孔道外径，且不应小于粗骨料粒径的1.25倍。从孔壁至构件外缘的净间距，梁底不宜小于50mm；梁侧不宜小于40mm。

（3）预留孔道的内径宜比预应力钢筋束外径，及需穿过孔道的连接器外径大6~15mm，且孔道的截面积宜为穿入预应力束截面积的3~4倍。

其他构造措施详见《混凝土结构设计规范》。

2.锚具

后张法预应力钢筋的锚固应选用可靠的锚具，其制作方法和质量要求应符合国家现行有关标准的规定。

五、端部混凝土的局部加强

构件端部尺寸，应考虑锚具的布置、张拉设备的尺寸和局部受压的要求，必要时应适当加大。在预应力钢筋锚具下及张拉设备的支承处，应采取设置预埋钢垫板及构造横向钢筋网片或螺旋式钢筋等局部加强措施。对外露金属锚具应采取可靠的防锈措施。后张法预应力混凝土构件的曲线预应力钢丝束的曲率半径不宜小于4m。对折线配筋的构件，在预应力钢筋弯折处的曲率半径可适当减小。

在局部受压间接配筋配置区以外，构件端部长度l不小于3e（e为截面重心线上部或下部预应力钢筋的合力点至邻近边缘的距离），但不大于1.2h（h为构件端部截面高度），在高度为2e的附加配筋区范围内，应均匀配置附加箍筋或网片，其体积配筋率不小于0.5%。

第六节　小结

知识拓展8-4

预应力混凝土结构是在构件受荷之前预先施加压力，由此产生的预压应力状态，用以减小或抵消外荷载作用引起的拉应力，即借助混凝土较高的抗压强度来弥补其抗拉强度的不足，达到推迟受拉区混凝土开裂的目的。

采用张拉钢筋的方法对混凝土构件施加预应力是建筑结构构件最常用的方法，根据张拉钢筋顺序的不同，又分为先张法和后张法。先张法与后张法虽然是以张拉钢筋在浇筑混凝土的前后时间不同来区分的，但其本质差别却在于对混凝土构件施加预压力的途径。先张法通过预应力筋与混凝土间的黏结力施加预应力；而后张法则通过锚具施加预应力。

张拉控制应力σ_{con}是指预应力钢筋在进行张拉时所控制达到的最大应力值，其量值为张拉钢筋时设备所控制的总张拉力除以预应力钢筋截面面积所得到的应力值。张拉控制应力的取值，直接影响预应力混凝土的使用效果。通过钢筋张拉建立起来的预应力不是全部有效的，实际有效的预应力将受种种因素影响而有所降低。在预应力混凝土构件施工及使用过程中，预应力钢筋的张拉应力值是在不断降低的，被称为预应力损失。

■ 关键概念

预应力　全预应力混凝土　部分预应力混凝土　先张法　后张法　无黏结预应力　张拉控制应力　预应力损失　锚具

复习思考题

1. 什么是预应力结构？其有什么优势？
2. 什么是先张法？其适应于哪些构配件？
3. 什么是后张法？其适应于哪些构配件？
4. 先张法与后张法预应力构件的预应力传递模式有什么差异？
5. 无黏结预应力的特点是什么？
6. 预应力损失有哪些？如何减小这些损失对结构的影响？
7. 什么是锚具与夹具？各起到什么作用？

第九章

钢结构的基本构件与结构体系

□ 学习目标

掌握钢结构的结构体系、钢结构的连接模式、焊接应力与变形、螺栓连接的方法与种类，熟悉一般钢结构构件的原理与构造。

钢结构是由生铁结构逐步发展起来的，中国是最早用铁制造承重结构的国家。远在秦始皇时代，就有了用铁建造的桥墩。后来，还出现了在深山峡谷中建造的铁链悬桥、铁塔等，这表明我国古代在建筑和冶金技术方面达到了相当的高度。

中国古代在金属结构使用方面虽卓有成就，但由于受到内部的束缚和外部的侵略，相当长的一段时间内发展较为缓慢。即使这样，我国工程师和工人仍有不少优秀的设计和创造，如1927年建成的沈阳皇姑屯机车厂钢结构厂房、1928—1931年建成的广州中山纪念堂圆屋顶、1934—1937年建成的杭州钱塘江大桥等。

20世纪50年代后，我国在钢结构的设计、制造、安装方面有了很大的提高，建成了大量钢结构工程，有些在规模和技术上已达到世界先进水平。例如，采用大跨度网架结构的首都体育馆、上海体育馆、深圳体育馆，大跨度三角拱形式的西安秦始皇陵兵马俑陈列馆，悬索结构的北京工人体育馆、浙江体育馆，高耸结构中的200m高广州广播电视塔、210m高上海广播电视塔、194m高南京跨江线路塔、325m高北京气象桅杆等，板壳结构中有效容积达54 000m^3的湿式储气柜等。

近年来，随着钢结构设计理论、制造、安装等方面技术的迅猛发展，各地建成了大量高层钢结构、轻钢结构、高耸结构的普通建筑与市政设施。例如，位于上海浦东，420.5m高，88层，总建筑面积达287 000m^2的金贸大厦；总建筑面积达200 000m^2的上海浦东国际机场；主体建筑东西跨度288.4m，南北跨度274.7m，建筑高度70.6m，可容纳8万名观众的上海体育场等。

钢结构计算较为复杂，所需力学基础较多，因此其具体计算在本书中不过多介绍，请参照相关钢结构教材或手册。

第一节　钢结构的结构体系

一、钢结构的适用范围

对于钢结构，一般在以下建筑中经常使用：

（1）大跨度与承担动荷载的结构。这些结构跨度较大，震动荷载大，采用钢结构可以有效地降低结构的重量，同时还可以发挥钢结构对于动荷载的适应性。

（2）高层与超高层建筑。在这些结构中，由于层数较高，自重作用大，采用钢结构可以有效降低自重，提高建筑物平面的利用率。此外，由于高层建筑的地震反应比较大，采用钢结构还可以有效地抵御地震荷载。

知识拓展 9-1

（3）塔桅、输电线路塔架等高耸结构。这些结构是传统的钢结构。

（4）容器、管道等壳体结构，由于密封性要求较高，采用钢结构是必然的要求。

（5）装配式活动的房屋、移动式结构、轻型结构、简易结构。

二、钢结构的结构体系

1.钢结构构件的形式

钢结构的构件有两种形式，普通截面与格构截面。

普通截面就是采用空腹矩形、“工”形、“+”形、圆形、“T”形等规则形状，以实腹钢板组合而成或由型钢直接形成。普通截面加工简单，施工迅速，是大多中小跨度钢结构、高跨度钢结构的首选截面形式。在很多高层建筑中，由于单一构件尺度并不大，因此多采用普通截面形式。对于普通截面钢结构梁的设计，也经常采用蜂窝式做法，如图9-1所示，在不影响抗剪能力的基础上，既可以保证各种管线的穿越，又可以减轻自重。这种做法不仅在建筑结构中采用，在许多金属结构中——如机翼的肋板——也有采用。

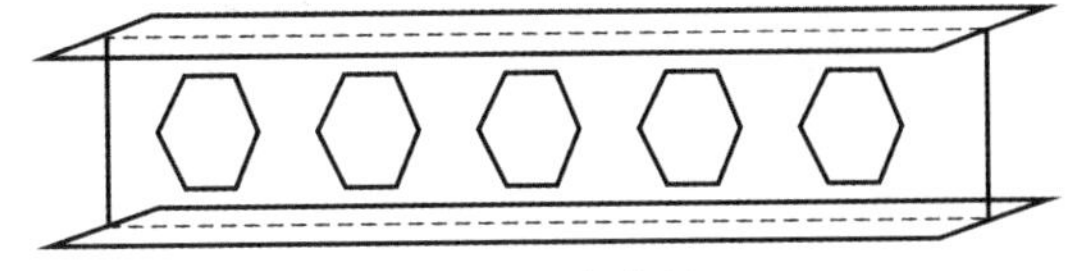

图9-1　蜂窝梁

钢结构中，中大型构件多采用格构式（如采用短小的钢构件以一定规则构成的桁架）来形成可以承担宏观的受压、受弯等作用的构件。大型结构中，格构式构件是主要的形式。这种格构式构件可以形成柱、梁、支架、拱等多种形式，可以有效地降低材料的用量，提高材料的使

知识拓展 9-2

用效率。悉尼港湾大桥就是典型的格构式拱桥。

2.钢结构体系的形式

与混凝土结构相比，钢结构的结构体系更加多样。但由于钢材的特殊性，在钢结构中，没有“墙”这一概念，也没有这种结构。自然也不存在板，尽管钢板可以用作楼板，但楼板的空间刚度的作用，难以靠钢板来实现，毕竟其截面太小了。钢结构的楼板一般是采用钢与混凝土相配合的构件——压型钢板混凝土楼板，如图9-2所示。

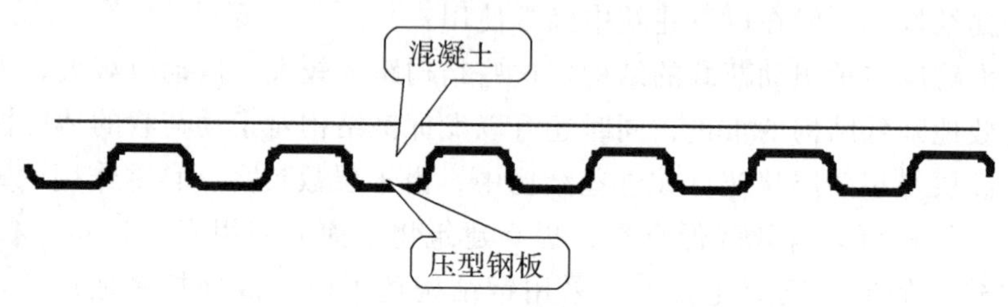

图9-2 压型钢板混凝土楼板

在钢结构建筑中，也不会有“块体”的构件，因此钢材一般不用在基础中，常见的钢基础形式是钢桩，大多是护壁时使用的钢板桩，也有少量建筑物使用钢管桩，主要在软弱性的淤泥质土中使用较多，如上海地区。

从常规来看，钢结构有以下几种形式：

（1）钢框架结构

钢框架结构如图9-3所示，这是多层钢结构建筑的基本形式。钢柱一般采用“工”形截面，梁也是如此，可以采用拼装，也可以直接使用型钢构成。由于钢材的特殊性能，钢框架结构的跨度更大，有效净空更高，可以获得更好的室内空间效果。

图9-3 钢框架

（2）框架支撑结构

这种结构在高层建筑中广泛采用。由于框架结构侧向刚度较小，随着建筑物的增高，侧移较大，一般采用巨型钢桁架作为抗侧移构件，以形成有效的侧向支撑。其作用犹如剪力墙，但较剪力墙的布置更加灵活，由于支撑是格构式的构件所组成的大型桁架，并不影响采光要求，可以布置在建筑的外侧，形成特殊的、力量型的美感——这是许多结构工程师所期待的。

（3）密柱筒与筒簇结构

知识拓展9-3

钢结构不能形成真正意义的墙，但依靠密柱排列与有效的柱间连接，也可以达到筒的效果，位于美国芝加哥的希尔斯大厦就是该结构的经典建筑（如图9-4所示）。

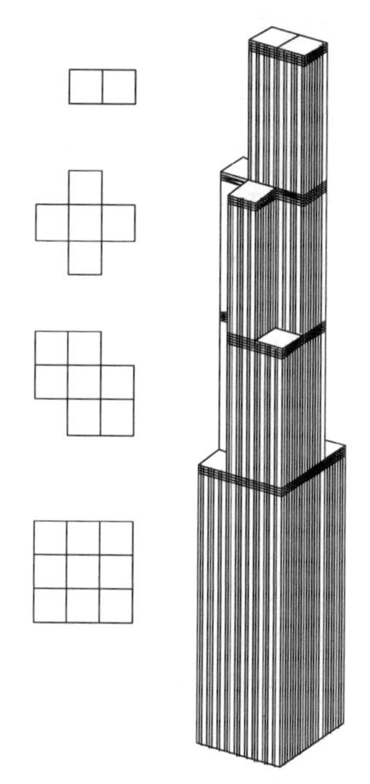

图9-4　希尔斯大厦

（4）桁架结构

知识拓展9-4

桁架几乎是钢结构最为理想的结构型式，近乎完美的力学设计与材料的优化，在用钢量最少的前提下，承担起难以想象的荷载。桁架可以用在各种形式的结构中，也可以独自成为结构体系。空间的桁架体系也被称为网架，可以做成平面、曲面、双曲面等多种形式，既保证受力要求，又不失美感，是体育馆的基本结构之一。桁架最大的问题是受压杆件的失稳，多变的荷载也可以使大多数的杆件成为某一种状态的受压构件。解决受压杆件的失稳问题是桁架设计的重点。

（5）排架结构

钢排架结构在大型工业厂房中多有采用，尤其是动荷载较大的重级工业厂房（如图9-5所示）。

（6）悬索与悬挂结构

只有钢结构才会形成悬索与悬挂结构。

悬挂结构是指采用吊杆将高楼各层楼盖分段悬挂在主构架上所构成的结构体

图9-5 钢排架结构的工业厂房

系。主构架承担全部侧向和竖向荷载，并将它直接传至基础。在该结构中，由于钢拉杆不受杆件稳定要求的影响，强度能够充分发挥。悬挂结构中，主构架虽然承受压弯，但是由于截面尺寸较大，压曲稳定影响甚小，强度能够充分发挥；吊杆是次构件，虽然截面尺寸小，但是由于仅承受拉力，强度也能得到充分发挥。所以，钢结构悬挂体系能够充分利用材料强度，而且能够采用高强度钢，是一种经济有效的钢结构体系。

悬挂结构中，除主构架落地外，其余部分均从上面吊挂，可以不落地，为实现底层的全开敞空间，提供了可能性；同时，对于地震区的高楼结构，采用悬挂体系，还可以减小地震作用，有利于提高结构的抗震可靠度。

中国香港汇丰银行大厦就是这一结构的典型代表（如图9-6所示）。

图9-6 中国香港汇丰银行大厦

（7）钢-混凝土结构体系

知识拓展9-5

钢结构与混凝土结构各具有相对优势，因此，近几年逐渐兴起钢-混凝土组合结构的形式。

钢与混凝土的组合结构，除了前文中提到的劲性混凝土、钢管混凝土之外，一般是钢结构与钢筋混凝土结构的联合结构体系。此种结构体系中，依靠混凝土结构的特殊性结构——墙的作用，形成了钢框架-混凝土剪力墙（筒）结构，上海的金茂大厦就是这种结构。

中国银行大厦（中国香港）（如图9-7所示）则采用了大型劲性混凝土柱与钢支撑所构成的巨型支撑结构体系。在该结构中，形成了竖向劲性混凝土角柱、水平转换钢桁架、斜向钢支撑所构成的空间受力体系。

图9-7　中国银行大厦（中国香港）

第二节　钢结构的构件连接方式

大体来看，钢结构的连接方式有以下几种：

知识拓展9-6

（1）焊接。这是使用最普遍的方式，这种方式对几何形体适应性强，构造简单，省材省工，易于自动化，工效高；但是，焊接属于热加工过程，对材质要求高，对工人的技术水平要求也高，焊接程序严格，质检工作量大。

（2）铆接。这种方式传力可靠，韧性和塑性好，质量易于检查，抗动力荷载好，但是由于铆接时必须进行钢板的搭接，相对来讲费钢、费工。

（3）普通螺栓连接。这种方式装卸便利，设备简单，工人易于操作，但是对于该方法，螺栓精度低时不宜受剪，螺栓精度高时加工和安装难度较大。

（4）高强螺栓连接。这种方式加工方便，对结构削弱少，可拆换，能承受动力荷载，耐疲劳，塑性、韧性好，但是摩擦面处理、安装工艺略为复杂，造价略高。

（5）射钉、自攻螺栓连接。这种方式较为灵活，安装方便，构件无须预先处理，适用于轻钢、薄板结构，但不能承受较大的集中力。

一、焊接连接

焊接是钢结构较为常见的连接方式，也是比较方便的连接方式，在众多的钢结构中，焊接是最为常见的一种。焊接一般可分为平接、搭接及顶接（包括T形连接、角接等）3种形式（如图9-8所示）。

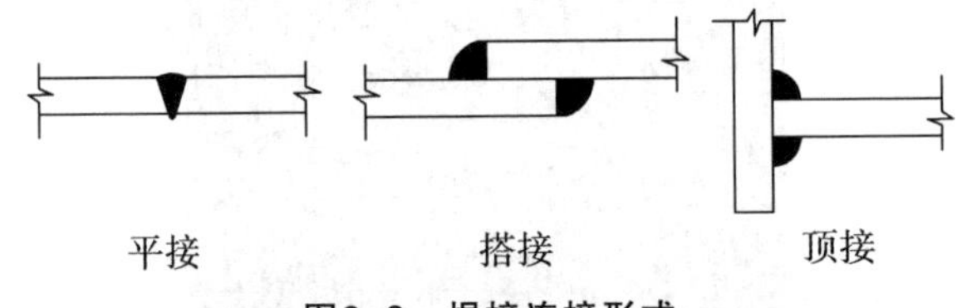

图9-8 焊接连接形式

根据焊接的形式，焊缝可以分为对接焊缝、角焊缝两类。焊缝坡口形式和焊缝尺寸直接影响焊缝连接的抗剪、抗拉和抗压，以及主体金属抗层状撕裂性能。

1.对接焊缝

对接焊缝按受力与焊缝方向分为：直缝——作用力方向与焊缝方向正交；斜缝——作用力方向与焊缝方向斜交（如图9-9所示）。从焊缝的方向直观来看，直缝受拉，而斜缝则有受拉与受剪的共同作用。

图9-9 焊缝的形式

对接焊缝在焊接上的处理形式如图9-10所示。

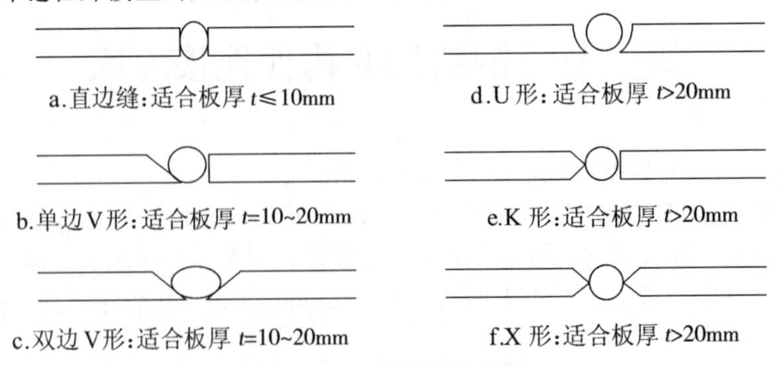

图9-10 对接焊缝的处理

对接焊缝的优点是用料经济，传力均匀，无明显的应力集中，利于承受动力荷载；但也有缺点——需剖口，焊件长度要精确。

对接焊缝需要进行以下构造处理：首先，在施焊过程中，起落弧处易有焊接缺陷，所以要用引弧板，但是，采用引弧板会造成施工复杂，除承受动力荷载外，一般不采用，计算时要将焊缝长度两端各减去5mm。其次，变厚度板对接，在板的一面或两面切成坡度不大于1∶4的斜面，避免应力集中。

知识拓展9-7

另外，变宽度板对接，在板的一侧或两侧切成坡度不大于1∶4的斜边，避免应力集中。对于对接焊缝的强度，有引弧板的对接焊缝在受压时要与母材等强，但焊缝的抗拉强度与焊缝质量等级有关。

通常认为，对接焊缝的应力分布与焊件原来的应力分布基本相同。计算时，焊缝中最大应力（或折算应力）不能超过焊缝的强度设计值。对接焊缝的计算包括：轴心受力的对接焊缝、斜向受力的对接焊缝、钢梁的对接焊缝、牛腿与翼缘的对接焊缝。

2.角焊缝

角焊缝的焊脚尺寸和长度直接影响焊缝的破坏模式、安装质量和可靠性，需要控制最小角焊缝的焊脚尺寸和计算长度，以避免焊缝的缺陷对焊缝承载力影响过大。角焊缝按受力与焊缝方向分端缝与侧缝（如图9-11所示）。端缝作用力方向与焊缝长度方向垂直，其受力后应力状态较复杂，应力集中严重，焊缝根部形成高峰应力，易开裂；端缝破坏强度要高一些，但塑性差。侧缝作用力方向与焊缝长度方向平行，其应力分布简单些，但分布并不均匀，剪应力两端大，中间小；侧缝强度低，但塑性较好。

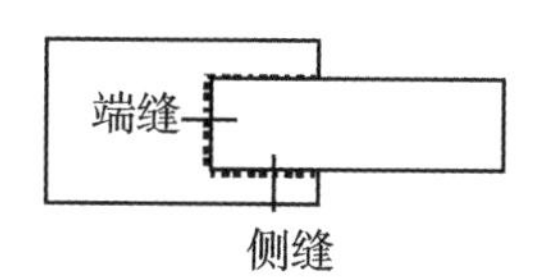

图9-11　角焊缝的形式（一）

角焊缝还可以分为直角焊缝和斜角焊缝（如图9-12所示）。

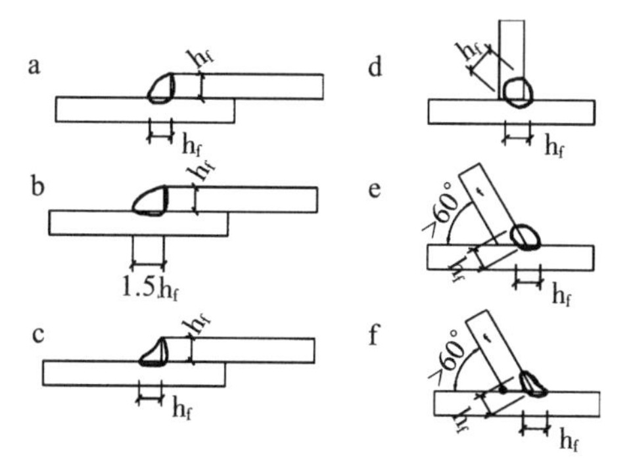

图9-12　角焊缝的形式（二）

拓展阅读9-1

直角焊缝可分为普通焊缝（如图9-12a所示）、平坡焊缝（如图9-12b所示）、深熔焊缝（如图9-12c所示）。一般采用普通焊缝的做法，但应力集中较严重，在承受动力荷载时采用平坡焊缝、深熔焊缝。

斜角焊缝包括斜锐角焊缝（如图9-12d所示）、斜钝角焊缝（如图9-12e所示）、斜凹面角焊缝（如图9-12f所示），主要用于钢管连接中。

角焊缝的构造要求：

（1）承受动力荷载的结构中，垂直于受力方向的焊缝不宜采用不焊透的对接焊缝。

（2）在直接承受动力荷载的结构中，角焊缝表面应做成直线形或凹形。焊脚尺寸的比例：正面角焊缝宜为1∶1.5，长边顺内力方向；侧面角焊缝可为1∶1。

（3）在次要构件或次要焊接连接中，可采用断续角焊缝。断续角焊缝之间的净距，不应大于15t（对受压构件）或30t（对受拉构件），t为较薄焊件的厚度。

另外还要注意表9-1中的构造要求。

表9-1 **焊缝构造要求**

部位	项目	构造要求	备注
焊脚尺寸h_f	上限	$h_f \leqslant 12t_1$； 对板边：$t \leqslant 6$，$h_f=t$ $t>6$，$h_f=t-$（1~2）mm	t_1为较薄焊件厚度
	下限	$h_f \geqslant 1.5\sqrt{t_2}$；当$t \leqslant 4$时，$h_f=t$	t_2为较厚焊件厚度，对自动焊可减1mm； 对单面“T”形焊应加1mm
焊缝长度l_w	上限	40h_f（受动力荷载）；60h_f（其他情况）	内力沿侧缝全长均匀分布者不限
	下限	8h_f或40mm，取两者最大值	
端部仅有两侧面角焊缝连接	长度l_w	$l_w \geqslant l_0$	
	距离l_0	$l_0 \leqslant 16t$（$t \geqslant 12$mm时）；$l_0 \leqslant 200$（$t \leqslant 12$mm时）	t为较薄焊件厚度
端部	转角	转角处加焊一段长度2h_f（两面侧缝时）或用三面围焊	转角处焊缝须连续施焊
搭接连接	搭接最小长度	5t_1或25mm，取两者最大值	t_1为较薄焊件厚度

3.焊接应力与焊接变形

钢结构构件或节点在焊接过程中，局部区域受到很强的高温作用，在此不均匀的加热和冷却过程中产生的变形被称为焊接变形，其主要表现是构件局部鼓起、歪曲、弯曲或扭曲等。

在焊接后冷却时，焊缝与焊缝附近的钢材不能自由收缩，由此约束而产生的应力被称为焊接应力。焊接应力具体可分为：纵向应力，沿着焊缝长度方向的应力；横向应力，垂直于焊缝长度方向且平行于构件表面的应力；厚度方向应力，垂直于焊缝长度方向且垂直于构件表面的应力。

焊接应力对于焊接构件与结构的影响较大，会使结构提前发生屈服：对常温下承受静力荷载结构的强度虽然没有影响，但刚度会显著降低。由于焊接应力使焊缝处于三向应力状态，在钢结构实际受力过程中，阻碍了塑性变形，裂纹易发生和发展；对于承受动荷载的构件，焊接应力会降低疲劳强度；对于受压杆件，焊接变形使杆件曲率增加，降低了压杆的稳定性。

拓展阅读 9-2

焊接变形预应力问题对于焊接工艺影响很大，应尽可能避免。减少焊接应力和焊接变形应从以下几方面着手：

（1）采用适当的焊接程序，如分段焊、分层焊。

（2）尽可能采用对称焊缝，使其变形相反而得以抵消。

（3）施焊前使结构有一个和焊接变形相反的预变形。

（4）对于小构件要进行焊前预热、焊后回火，然后慢慢冷却，以消除焊接应力。

（5）进行合理的焊缝设计，包括：避免焊缝集中和三向交叉焊缝；焊缝尺寸不宜太大；焊缝尽可能对称布置，连接过渡平滑，避免应力集中现象；避免仰焊。

（6）不同厚度、不同宽度钢板焊缝连接时，需要做过渡斜坡，以避免应力集中对焊缝承载力影响过大。

二、铆接与螺栓连接

铆接与螺栓连接在受力效果上是相同的，只是施工方法上有差异。螺栓连接可以根据受力效果分为普通螺栓与高强螺栓两大类。

1.普通螺栓

普通螺栓是以承担剪力与拉力为传力方式的螺栓，可以分为精制（分为A、B两级，A级用于M24以下，B级用于M24以上）和粗制（C级）两类。精制螺栓强度高，加工精度要求与成本较高，栓径与孔径之差为0.5mm~0.8mm，一般使用在构件精度很高的结构、机械结构，以及连接点仅用一个螺栓或有模具套钻的多个螺栓连接的可调节杆件（柔性杆）上。粗制螺栓精度相对较低，栓径与孔径之差为1mm~1.5mm，用于抗拉连接，静力荷载下抗剪连接，加防松措施后受风振作用的抗剪、可拆卸连接，以及与抗剪支托配合抗拉剪联合作用等。

从螺栓的受力分析（如图9-13所示）可以看到，对于承担剪力的普通螺栓与铆钉（以下统称螺栓）连接的构件，其受力存在薄弱环节。需要注意：螺栓受剪并受侧向挤压作用，因此必须配置足够数量的螺栓以承担剪力；避免由于螺栓的削弱作用导致钢材被拉断；螺栓孔到端部的剪切作用，会产生钢材的破孔，也要注意。另外，使用连接板的，连接板也要注意以上作用。当螺栓穿过的钢板过多时，在侧向力的作用下，螺栓也会弯曲破坏。

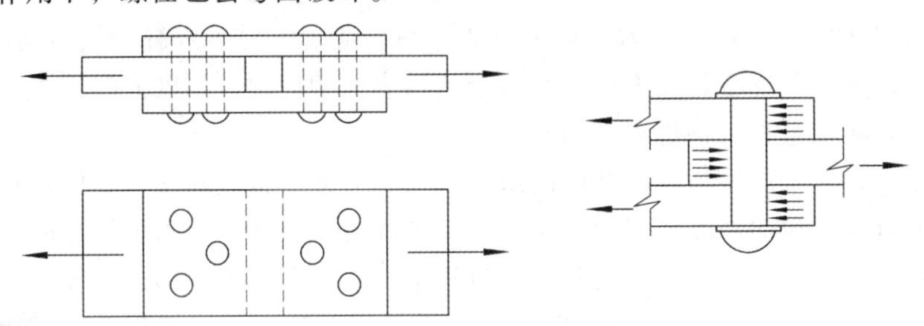

图9-13 普通螺栓的受力

拓展阅读9-3

承担拉力的螺栓主要是防止被拉断。

螺栓可以根据需要，采取不同的排列方式，如并列式、错列式、单排或双排等多种形式（如图9-14所示）。

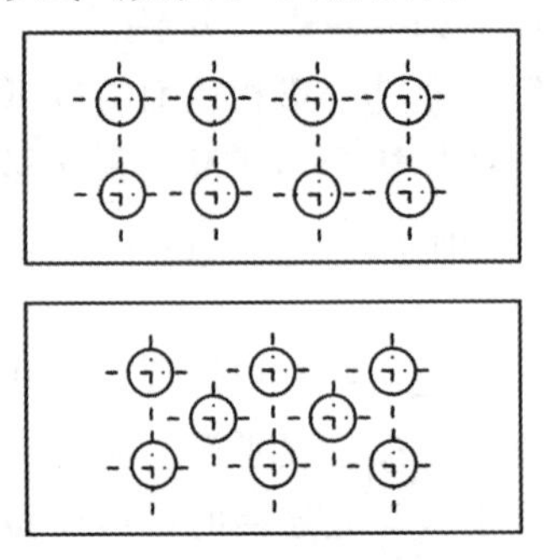

图9-14 螺栓的排列

2.高强螺栓

高强螺栓是在安装时将螺帽拧紧，使螺杆产生预拉力而压紧构件接触面，靠接触面的摩擦来阻止连接板相互滑移，以达到传递外力的目的。

高强螺栓按传力机理分摩擦型高强螺栓和承压型高强螺栓。这两种螺栓的构造、安装基本相同。摩擦型高强螺栓靠摩擦力传递荷载，所以螺杆与螺孔之差可达1.5mm~2.0mm。在正常使用情况下，承压型高强螺栓的传力特性与摩擦型高强螺栓相同；当荷载再增大时，连接板间发生相对滑移，连接将依靠螺杆抗剪和孔壁承压来传力，此时与普通螺栓相同，所以，承压型高强螺栓的螺杆与螺孔之差略小些，为1.0mm~1.5mm。

摩擦型高强螺栓的连接与承压型高强螺栓的连接相比，前者变形小，承载力低，耐疲劳、抗动力荷载性能好；后者承载力高，抗剪变形大，所以一般仅用于承受静力荷载和间接承受动力荷载结构中的连接。

第三节　钢结构构件的计算与构造原理

一、轴心受力构件

轴心受力构件包括轴心受压杆和轴心受拉杆。轴心受力构件广泛应用于各种钢结构之中，如网架与桁架的杆件、钢塔的主体结构构件、双跨轻钢厂房的铰接中柱、带支撑体系的钢平台柱等。

实际上，纯粹的轴心受力构件是很少的，大部分轴心受力构件在不同程度上也受偏心力的作用，如网架弦杆受自重作用、塔架杆件受局部风力作用等。只要构件所受偏心力作用非常小（一般认为偏心力作用产生的应力仅占总体应力的3%以下），就可以将其作为轴心受力构件。

1.轴心受力构件的截面形式及特点

轴心受力构件的截面形式如图9-15所示。

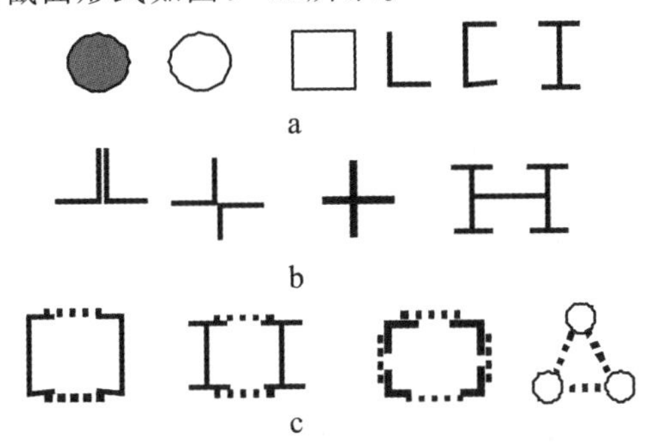

图9-15　轴心受力构件的截面形式

a类为单个型钢实腹型截面，一般用于受力较小的杆件。其中圆钢回转半径最小，多用作拉杆，作压杆时用于格构式压杆的弦杆。钢管的回转半径较大、对称性好、材料利用率高，拉、压均可。大口径钢管一般用作压杆。型钢的回转半径存在各向异性，作压杆时有强轴和弱轴之分，材料利用率不高，但连接较为方便，单价低。

b类为多型钢实腹型截面，改善了单型钢截面的稳定各向异性特征，受力较好，连接也较方便。

c类为格构式截面，其回转半径大且各向均匀，用于较长、受力较大的轴心受力构件，特别是压杆；但其制作复杂，辅助材料用量多。

2.轴心受拉构件

轴心受拉构件的强度计算公式为：

$$\sigma=\frac{N}{A_n}\leqslant f \tag{9-1}$$

式中：

N：轴心拉力。

A_n：拉杆的净截面面积。

f：钢材抗拉强度设计值。

当轴心受拉构件与其他构件采用螺栓或高强螺栓连接时，连接处的净截面强度按连接计算。

该公式适用于截面上应力均匀分布的拉杆。当拉杆的截面有局部削弱时，截面上的应力分布就不均匀，在孔边或削弱处边缘就会出现应力集中，但当应力集中部分进入塑性后，内部的应力重分布会使最终拉应力分布趋于均匀。因而，要保证两点：①选用的钢材要达到规定的塑性（延伸率）。②截面开孔和削弱应有圆滑和缓的过渡，改变截面、厚度时其坡度不得大于1：4。

轴心受拉构件也存在刚度问题，为了避免拉杆在使用条件下出现刚度不足、横向振动以致造成过大的附加应力，拉杆设计时应保证具有一定的刚度。普通拉杆的刚度按下式用长细比λ来控制。

$$\lambda_{max}=\left[\frac{l_0}{i}\right]_{max}\leqslant[\lambda] \tag{9-2}$$

式中：

λ_{max}：拉杆按各方向计算得出的最大长细比。

l_0：计算拉杆长细比时的计算长度。

i：截面的回转半径（与l_0相对应）。

$[\lambda]$：容许长细比。按规范采用，对于施加预拉力的拉杆，其容许长细比可放宽到1 000。

3.轴心受压构件

知识拓展9-8

轴心受压构件的破坏形式有强度破坏、整体失稳破坏和局部失稳破坏3种。

轴心受压构件的截面若无削弱，基本不会发生强度破坏。截面削弱的程度较整体失稳对承载力的影响小，也不会发生强度破坏。如截面削弱的程度较整体失稳对承载力的影响大，则会发生强度破坏。轴心受压构件的强度计算方法同轴心拉杆。

整体失稳破坏是轴心受压构件的主要破坏形式，其稳定极限承载力受到以下多方面因素的影响：构件不同方向的长细比、构件截面的形状和尺寸、构件材料的力学性能、构件残余应力的分布和大小、构件的初弯曲和初扭曲、构件荷载作用点的初偏心、构件支座并非理想状态的弹性约束力、构件失稳的方向等。

实腹式轴心受压构件的整体失稳又可以分为弯曲失稳、扭转失稳和弯扭失稳3类（如图9-16所示）。

双轴对称截面如“工”形截面、“H”形截面在失稳时只出现弯曲变形，为弯曲失稳。单轴对称截面如不对称“工”形截面、“［”形截面、“T”形截面等，在绕非对称轴失稳时也是弯曲失稳；而绕对称轴失稳时，不仅出现弯曲变形还有扭转

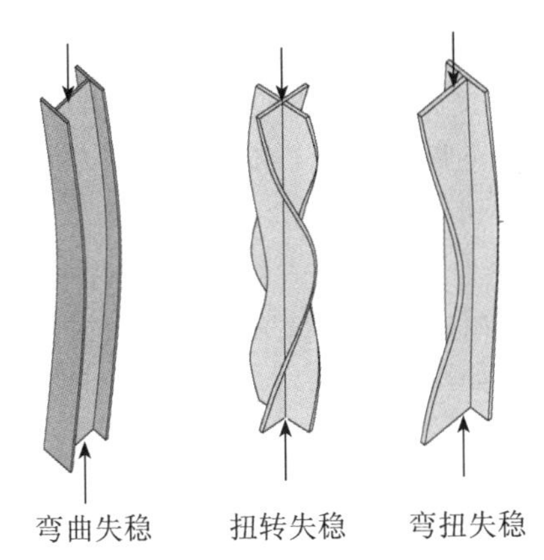

图9-16　实腹式轴心受压构件的整体失稳形式

变形，为弯扭失稳。无对称轴的截面如不等肢“L”形截面，在失稳时均为弯扭失稳。对于十字形截面和“Z”形截面，除会出现弯曲失稳外，还可能出现只有扭转变形的扭转失稳。

轴心受压构件，不论是实腹式还是格构式，均可按式（9-3）计算其整体稳定性。

$$\frac{N}{\varphi \cdot A} \leq f \tag{9-3}$$

式中：

A：压杆的毛截面面积。

φ：轴心受压构件稳定系数，根据压杆的长细比 λ 和截面分类查相应的表格确定。

4.局部失稳问题

实腹式轴心受压构件的受压翼缘和腹板，与受弯构件的一样，都有局部稳定问题。轴心受压构件翼缘和腹板的局部稳定，可以作为理想受压平板，按屈曲问题来研究，也可以作为有初始挠度的受压平板，按稳定极限承载力问题来研究。在设计中的具体方法是限制翼缘和腹板的宽厚比，也可以采用加劲肋的形式。

知识拓展9-9

5.实腹式轴心受压构件的设计

在轴心受压实腹柱的设计中，截面选择最为重要。

在确定轴心受压实腹柱的截面形式时，应考虑以下几个原则：首先，面积的分布应适当远离轴线，以增加截面的惯性矩和回转半径，在保证局部稳定的条件下，可以提高柱的整体稳定性和刚度；其次，在两个主轴方向的长细比应尽可能接近，不会出现薄弱环节，以达到经济效果；最后，便于与其他构件连接且构造简便，制造省工，同时还要选用能够供应的钢材规格，特殊型号的最好不采用。

另外，轴心受压实腹柱宜采用双轴对称截面。不对称截面的轴心压杆会发生弯扭失稳，往往也不经济。轴心受压实腹柱常用的截面形式有工字形、管形、箱形等。

根据所选定的截面，就可以进行以下工作：强度验算、整体稳定验算、局部稳定验算、刚度验算，再进行节点设计以及柱脚设计。

受压构件的构造设计也十分关键。

当实腹柱的腹板计算高度h_0与厚度t_w之比大于80时，应设置成对的横向加劲肋。横向加劲肋的作用是防止腹板在施工和运输过程中发生变形，并可提高柱的抗扭刚度。横向加劲肋的间距不得大于$3h_0$，外伸宽度b_s不小于（$h_0/30+40$）cm，厚度t_w应不小于$b_s/15$。

除工字形截面外，其余截面的实腹柱应在受较大水平力处、运输单元的端部以及有其他需要处设置横隔（如图9-17所示）。横隔的中距不得大于柱截面较大宽度的9倍，也不得大于8m。

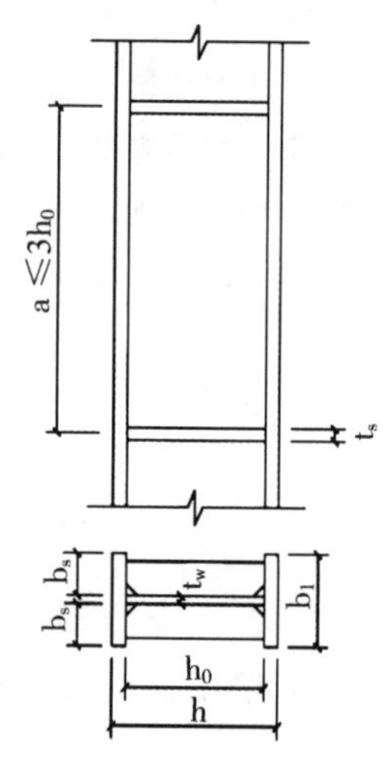

图9-17　工字形截面柱的构造

轴心受压实腹柱的纵向焊缝（如工字形截面柱中翼缘与腹板的连接焊缝）受力很小，不必计算，可按构造要求确定焊脚尺寸。

6.格构式轴心受压构件的设计

格构式受压构件设计中截面选择也是十分重要的。

轴心受压格构柱一般采用双轴对称截面。常用的截面形式是用两根槽钢或工字钢作为肢件（如图9-18a、图9-18b、图9-18c所示），有时也采用4个角钢或3个圆管作为肢件（如图9-18d、图9-18e所示）。格构柱的优点是肢件间的距离可以调整，能使构件对两个主轴的稳定性相等。工字钢作为肢件的截面一般用于受力较大的构件。用4个角钢作肢件的截面形式往往用于受力较小而长细比较大的构件。肢件采用槽钢时，宜采用图9-18a的形式，在轮廓尺寸相同的情况下，可得到较大的惯性矩Ix，比较经济而且外观平整，便于和其他构件连接。

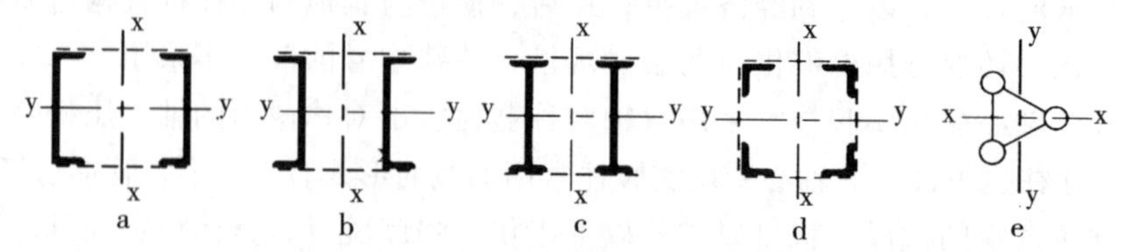

图9-18　格构式轴心受压构件的截面形式

缀条式格构柱常采用角钢作为缀条。缀条可布置成不带横杆的三角形体系或带横杆的三角形体系。缀板式格构柱常采用钢板作为缀板。

拓展阅读 9-4

设计截面时，首先应根据使用要求、受力大小和材料供应情况等选择柱的形式。中、小型柱可用缀条柱或缀板柱，大型柱宜采用缀条柱。

根据所选定的截面，随后进行以下工作：强度验算、整体稳定验算、单肢验算、刚度计算、缀条或缀板设计、连接节点设计、柱脚设计。

二、受弯构件的设计

1.钢结构受弯构件的分类

钢结构受弯构件也比较常见，按弯曲变形状况分为单向弯曲构件——构件在一个主轴平面内受弯，和双向弯曲构件——构件在两个主轴平面内受弯。按支承条件可分为简支梁、连续梁、悬臂梁。

但实际在工程中，大多按截面构成方式分，有以下几类（如图9-19所示）。

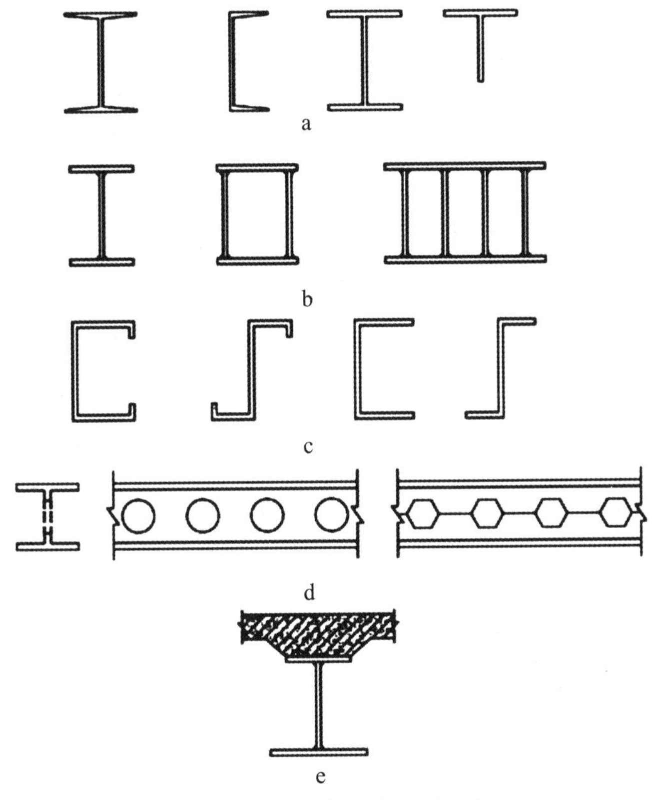

图9-19　钢结构梁的截面形式

（1）实腹式截面梁

实腹式截面梁包括型钢梁（如图9-19a、图9-19b、图9-19c所示）和焊接组合截面梁。型钢梁通常采用工字钢（“工”形钢）、宽翼缘工字钢（“H”形钢）、槽钢和冷弯薄壁型钢等。工字钢和“H”形钢的材料在截面上的分布较符合受弯构件的特点，用钢较省。槽钢截面单轴对称，剪力中心在腹板外侧，绕截面受弯时易发生扭转。冷弯薄壁型钢多用在承受较小荷载的场合，例如房屋建筑中的屋面檩条和墙梁。

焊接组合截面梁由若干钢板或钢板与型钢连接而成。它截面布置灵活，可根据工程的各种需要布置成工字形和箱形截面，多用于荷载较大、跨度较大的场合。

（2）空腹式截面梁

空腹式截面梁（如图9-19d所示）可以减轻构件自重，也便于在建筑物中穿行管道。

（3）组合梁

组合梁（如图9-19e所示）用钢筋混凝土与轧制型钢或焊接型钢构成，一般作为建筑物楼面、桥梁桥面的混凝土板，也作为梁的组合部分参与抵抗弯矩。

2.梁格布置

梁格是由许多梁排列而成的平面体系，例如楼盖和工作平台等。梁格上的荷载一般先由铺板传给次梁，再由次梁传给主梁，然后传到柱或墙，最后传给基础和地基。

根据梁的排列方式，梁格可分成下列三种典型的形式（如图9-20所示）：

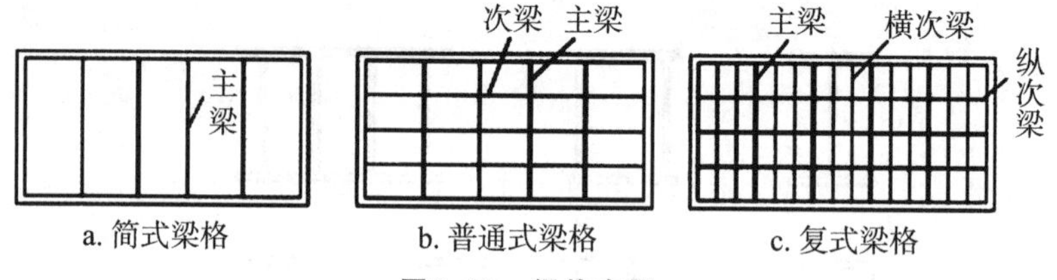

图9-20　梁格布置

a.简式梁格——只有主梁，适用于梁跨度较小的情况。

b.普通式梁格——有次梁和主梁，次梁支承于主梁上。

c.复式梁格——除主梁和纵次梁外，还有支承于纵次梁上的横次梁。

钢结构楼板的铺板可采用钢筋混凝土板、钢板或由压型钢板与混凝土组成的组合板。铺板宜与梁牢固连接以使两者共同工作，从而分担梁的受力而节约钢材，并增强梁的整体稳定性。

在布置梁格时，在满足使用要求的前提下，应考虑材料的供应情况、制造和安装的条件等因素，对几种可能的布置方案进行技术、经济比较，选定最合理而又经济的方案。

3.梁的设计

一般说来，梁的设计步骤通常是先根据强度和刚度要求，同时考虑经济和稳定性等各个方面，初步选择截面尺寸，然后对所选的截面进行强度、刚度、整体稳定和局部稳定的验算。如果验算结果不能满足要求，就需要重新选择截面或采取一些有效的措施予以解决。

对于组合梁，还应从经济角度考虑是否需要采用变截面梁，使其截面沿长度的变化与弯矩的变化相适应。此外，还必须妥善解决翼缘与腹板的连接问题，受钢材规格、运输和安装条件的限制必须设置拼接的问题，梁的支座以及与其他构件连接的问题等。

（1）梁的强度计算

梁的强度计算除了包括常规梁的正应力、剪应力的计算外，还有局压应力与折算应力的计算。局压应力是指梁上荷载在局部产生的应力作用效果，而折算应力是指梁在多种内力共同作用下产生的复杂应力效果。

梁从平面弯曲状态转变为弯扭状态的现象被称为整体失稳，也称弯曲失稳。能保持整体稳定的最大荷载称临界荷载，最大弯矩称临界弯矩。整体失稳是由于梁受压区失稳导致的。

受弯构件截面主要由平板组成，在设计时，从强度方面考虑，腹板宜高一些，薄一些；翼缘宜宽一些，薄一些；翼缘的宽厚比应尽量大。如果设计不当，在荷载作用下，在受压应力和剪应力作用的腹板区及受压翼缘有可能偏离其正常位置而形成波形屈曲，即局部失稳。局部失稳的本质是不同约束条件的平板在不同应力分布下的屈曲。

防止局部失稳最直接的方法是增加腹板的厚度t_w，但此法不大经济；可以设置加劲肋（如图9-21所示）作为腹板的支承，将腹板分成尺寸较小的区段，以提高其临界应力，该方法较为有效。

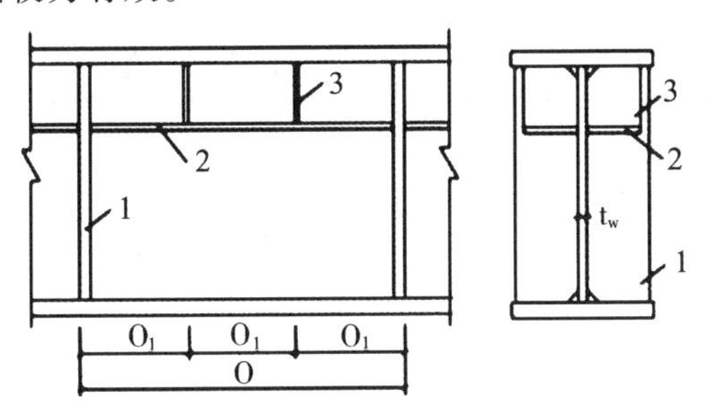

图9-21　梁的加劲肋

加劲肋按其作用可分为两种：一种是，把腹板分隔成几个区格以提高腹板的局部稳定性，这被称为间隔加劲肋；另一种是，除了上述作用外，还有传递固定集中荷载或支座反力的作用，这被称为支承加劲肋。加劲肋宜在腹板两侧成对配置，也允许单侧配置（相对较少使用），但支承加劲肋和重级工作制吊车梁的加劲肋不应单侧配置。加劲肋可以采用钢板或型钢制作。加劲肋应有足够的刚度，使其成为腹板的不动支承。

间隔加劲肋常用的布置方式有以下几种：

①仅用横向加劲肋（有助于防止剪力作用下的失稳）。

②同时使用横向加劲肋和纵向加劲肋（有助于防止不均匀压力和单边压力作用下的失稳）。

③同时使用横向加劲肋和在受压区的纵向加劲肋及短加劲肋（有助于防止不均

匀压力和单边压力作用下的失稳）。

支撑加劲肋作用在支座处（如图9-22所示），可以将梁的荷载传递至支座。这种传递以剪力的方式进行，具体体现在两种模式上。

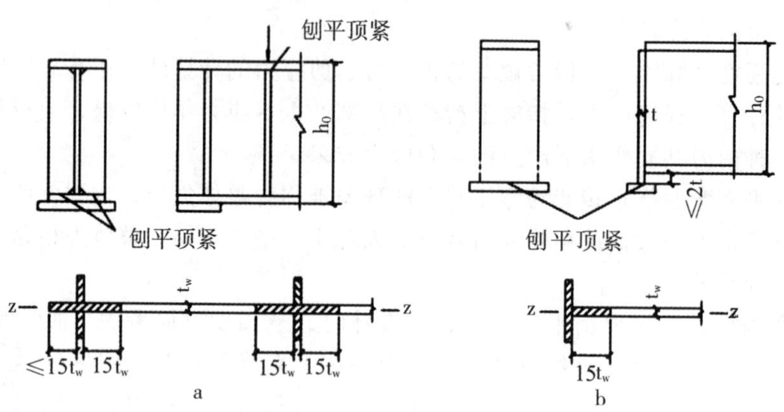

a.依靠梁直接传递荷载，加劲肋只是保证两腹板的稳定。

b.依靠加劲肋传递荷载，加劲肋起着双重作用。

图9-22 梁的支撑加劲肋

（2）梁的刚度计算

梁的刚度是经过验算来保证的，以简支梁为例，其各种荷载作用下的挠度计算按表9-2和表9-3执行。

表9-2 钢结构简支梁各种荷载作用下的挠度计算

荷载	q L	F L/2 L/2	F/2 F/2 L/3 L/3 L/3	F/3 F/3 F/3 L/4 L/4 L/4 L/4
计算公式	$f = 5qL^4(384EI)$	$f = 8qL^3/(384EI)$	$f = 6.81qL^3/(384EI)$	$f = 6.33qL^4/(384EI)$

表9-3 钢结构受弯构件的允许挠度

项次	构件类别	容许挠度
1	吊车梁和吊车桁架 （1）手动吊车和单梁吊车（包括悬挂吊车） （2）轻级工作制和起重量Q<50t的中级工作制桥式吊车 （3）重级工作制和起重量Q≥50t的中级工作制桥式吊车	 l/500 l/600 l/750
2	设有悬挂电动梁式吊车的屋面梁或屋架（仅用可变荷载计算）	l/500
3	手动或电动葫芦的轨道梁	l/400
4	有重轨（重量等于或大于38kg/m）轨道的工作平台梁 有轻轨（重量等于或小于24kg/m）轨道的工作平台梁	l/600 l/400

续表

项次	构件类别	容许挠度
5	楼盖和工作平台梁（第4项除外）、平台板 （1）主梁（包括设有悬挂起重设备的梁） （2）抹灰顶棚的梁（仅用可变荷载计算） （3）除（1）、（2）款外的其他梁（包括楼梯梁） （4）平台板	 l/400 l/350 l/250 l/150
6	屋盖檩条 （1）无积灰的瓦楞铁和石棉瓦屋面 （2）压型钢板、有积灰的瓦楞铁和石棉瓦等屋面 （3）其他屋面	 l/150 l/200 l/200
7	墙架构件 （1）支柱 （2）抗风桁架（作为连续支柱的支承时） （3）砌体墙的横梁（水平方向） （4）压型钢板、瓦楞铁和石棉瓦墙面的横梁（水平方向） （5）带玻璃窗的横梁（竖直和水平方向）	 l/400 l/1000 l/300 l/200 l/200

三、拉弯与压弯构件

构件受到沿杆轴方向的拉力（或压力）和绕截面形心主轴的弯矩作用，被称为拉弯（或压弯）构件。如果只有绕截面一个形心主轴的弯矩，被称为单向拉弯（或压弯）构件；绕两个形心主轴均有弯矩，被称为双向拉弯（或压弯）构件。弯矩由偏心轴力引起的压弯构件也称作偏压构件。

1.截面形式

拉弯与压弯构件的截面形式如图9-23所示。

（1）按截面组成方式分为型钢（如图9-23a、图9-23b所示）、钢板焊接组合截面型钢（如图9-23c、图9-23g所示）、组合截面（如图9-23d、图9-23e、图9-23f、图9-23h、图9-23i所示）；

（2）按截面几何特征分为闭口截面（如图9-23g、图9-23h、图9-23i、图9-23j所示）、开口截面（如其余各图所示）；

（3）按截面对称性分为单轴对称截面（如图9-23d、图9-23e、图9-23f、图9-23n、图9-23o所示）、双轴对称截面（如其余各图所示）；

（4）按截面分布连续性分为实腹式截面（如图9-23a~j所示）、格构式截面（如图9-23k~o所示）。

2.破坏形式

拉弯与压弯构件可以出现以下几种破坏模式：

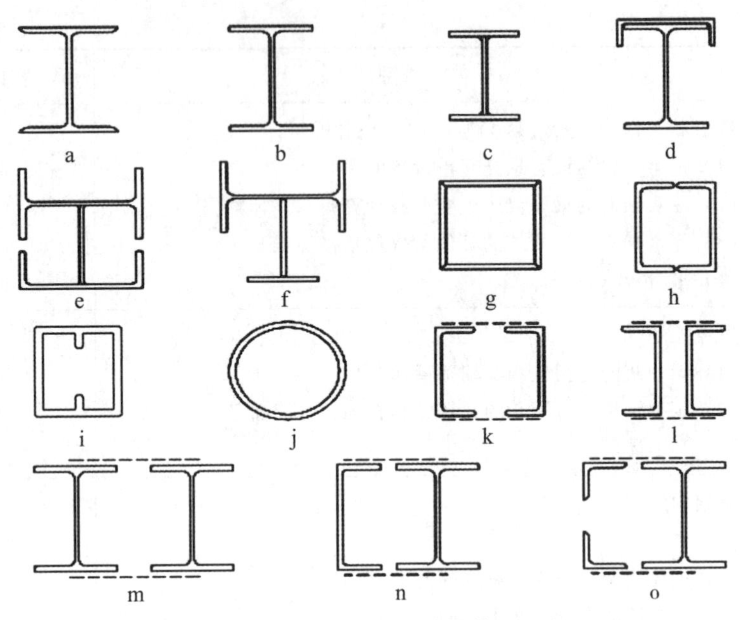

图9-23 拉弯与压弯构件的截面形式

(1) 强度破坏，指截面的一部分或全部应力都达到甚至超过钢材屈服点的状况。

(2) 整体失稳破坏，包括：单向压弯构件弯矩作用平面内失稳——在弯矩作用平面内只产生弯曲变形，不存在分枝现象，其属于极值失稳；单向压弯构件弯矩作用平面外失稳——在弯矩作用平面外发生侧移和扭转，又称弯扭失稳（如构成各截面的几何与物理中心是理想直线，弯矩也只作用在一个平面内），这种失稳具有分枝失稳的特点；双向压弯构件的失稳——同时产生双向弯曲变形并伴随扭转变形。

(3) 局部失稳破坏，发生在压弯构件的腹板和受压翼缘，其产生原因与受弯构件局部失稳相同。

四、柱脚的设计

知识拓展9-11

柱脚的作用是把柱下端固定并将其内力传给基础。由于混凝土的强度远比钢材低，所以，必须把柱的底部放大，以增加其与基础顶部的接触面积。柱脚按其与基础的连接方式不同，又分为铰接和刚接两种。前者主要用于承受轴心压力，后者主要用于承受压力和弯矩。

常用铰接柱脚的几种形式如图9-24所示，主要用于轴心受压柱。当柱轴力较小时，可采用图9-24a的形式，柱通过焊缝将压力传给底板，底板将此压力扩散至混凝土基础。底板是柱脚不可缺少的部分，在轴心受压柱柱脚中，底板接近正方形。当柱轴力较大时，需要在底板上采取加劲措施，以防在基础反力作用下底板抗弯刚度不够。另外，还应使柱端与底板间有足够长的传力焊缝，这时，常用的柱脚形式如图9-24b、图9-24c、图9-24d所示。柱端通过竖焊缝将力传给靴梁，靴梁通过底部焊缝将压力传给底板。靴梁成为放大的柱端，不仅增加了传力焊缝的长度，也将底板分成较小的区格，减小了底板在反力作用下的最大弯矩值。采用靴梁后，如底板区格仍较大因而弯矩值较大时，可采用隔板与肋板，这些加劲板又起到了提高靴梁稳定性的作用。图9-24c是单采用靴梁的形式，图9-24b和图9-24d是分别采用了隔板与肋板的形式。靴梁、隔板、肋板等都应有一定的刚度。此外，在设计柱脚焊缝时，要注意施工的可能性。例如，柱端、靴梁、隔板等围成的封闭框内，有些地方不能布置受力焊缝。

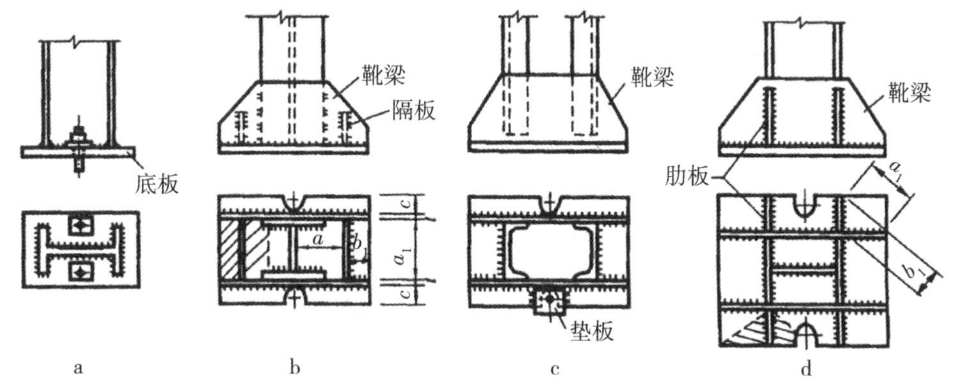

图9-24　常用铰接柱脚的几种形式

第四节　小结

钢结构适用于大跨度与承担动荷载的结构；高层与超高层结构；塔桅、输电线路塔架等高耸结构；容器、管道等壳体结构；装配式活动的房屋、移动式结构、轻型结构、简易结构。

钢结构的结构型式有钢框架结构、框架支撑结构、密柱筒与筒簇结构、桁架结构、排架结构、悬索与悬挂结构、钢-混凝土结构体系。

钢结构的连接方式有焊接，铆接，普通螺栓连接，高强螺栓连接，射钉、自攻螺栓连接。

轴心受力构件包括轴心受压杆和轴心受拉杆。轴心受力构件广泛应用于各种钢结构之中，如网架与桁架的杆件、钢塔的主体结构构件、双跨轻钢厂房的铰接中柱、带支撑体系的钢平台柱等。

钢结构受弯构件也比较常见，按弯曲变形状况分为单向弯曲构件（构件在一个主轴平面内受弯）和双向弯曲构件（构件在两个主轴平面内受弯）。按支承条件可分为：简支梁、连续梁、悬臂梁。

构件受到沿杆轴方向的拉力（或压力）和绕截面形心主轴的弯矩作用，被称为拉弯（或压弯）构件。如果只有绕截面一个形心主轴的弯矩，被称为单向拉弯（或压弯）构件；绕两个形心主轴均有弯矩，被称为双向拉弯（或压弯）构件。弯矩由偏心轴力引起的压弯构件也称作偏压构件。

柱脚的作用是把柱下端固定并将其内力传给基础。

关键概念

钢框架结构　钢-混凝土结构　焊接连接　焊接应力　螺栓连接　普通螺栓　高强螺栓　钢结构的稳定　加劲肋

复习思考题

1. 常见的钢结构体系有哪些？
2. 常见的钢结构连接模式有哪些？各有什么优缺点？
3. 什么是高强螺栓？与普通螺栓有什么不同？
4. 一般轴心受压构件的失稳有哪些种类？
5. 什么是格构式构件？格构式柱的稳定问题有哪些种类？
6. 钢结构梁的失稳有哪些种类？如何解决这些问题？
7. 钢结构梁、柱的设计各有哪些注意事项？

第十章

砌体结构

□ **学习目标**

本章着重阐述砌体结构的主要结构体系、结构构件及常见的构造措施，要求学生掌握砌体结构的主要结构体系及常见的构造措施，熟悉砌体结构的构件特点。

小空间的低层与多层房屋，可以采用砌体结构（如砖石砌体结构）。因砌体结构空间不大，可采用钢、木、钢筋混凝土作楼（屋）盖，而用砖石做承重墙、柱，是常见的传统民用建筑结构型式之一。

砖石砌体结构（又称砖混结构），是低矮建筑采用最多的结构型式，也是人类历史上最为古老的结构体系，不论中国还是西方，都有大量具有悠久历史的砖石建筑，有的至今还发挥着作用。

位于德国的北莱茵-威斯特清伦州，历时600余年才完成，被联合国教科文组织列入《世界遗产名录》的素有“欧洲最高尖塔”之称的科隆大教堂，就是砖石砌体结构的典范（如图10-1所示）。

由于砌体结构特有的耐压且抗弯、抗拉能力弱的特点，使砌体结构大多依靠拱来形成跨度，因此从建筑造型上来看，砌体结构经常体现出高耸而雄伟的感觉，被欧洲宗教建筑广泛采用。哥特式教堂建筑的结构体系由石头的骨架券和飞扶壁组成。它的基本单元是在一个正方形或矩形平面4角的柱子上做双圆心骨架尖券，4条边和2条对角线上各做一道尖拱，屋顶的石板架在这6道券上。采用这种方式，可以在不同跨度上做出矢高相同的券，拱顶重量轻，减少了券脚的推力，也简化了施工。

我国古代的砌体结构多使用砌体作为承重与围护结构，以木屋架构成跨度结构，较少直接使用砌体结构形成跨度。直接形成跨度的结构多见于拱桥。

图10-1 科隆大教堂

现在所说的砌体结构，也大多指由砌筑墙体形成承重结构的房屋结构体系，其屋面与楼盖大多由其他材料来形成跨度体系。

第一节 常见的砖石砌体结构体系

对于砌体结构这种小跨度结构，建筑结构型式或结构体系一般是指房屋的竖向承重结构体系。常见的砌体房屋结构，分为砌体墙承重结构体系、混合承重结构体系两大类。这两类结构体系的受力特点有着显著区别。前者包括纵墙承重结构、横墙承重结构和纵横墙承重结构；后者包括内框架砌体承重结构和底层框架砌体承重结构。

一、砌体墙承重结构体系

拓展阅读10-1

砌体墙承重结构体系的特点是结构在整个高度上都由墙承重。沿房屋短向布置的墙体称横墙，沿长向布置的墙体称纵墙。房屋周边的墙体称外墙（长方向端部外墙又称山墙），其余则称内墙。承重墙的布置方案不仅影响房屋平面、空间的划分，更涉及荷载的传递路线和房屋的空间刚度等结构设计中的基本问题。按其竖向荷载传递路线的不同，可分为纵墙承重结构、横墙承重结构、纵横墙承重结构。

1.纵墙承重结构

纵墙承重结构（如图10-2所示）是指由纵墙直接承受楼、屋面荷载的结构。荷载分两种方式传递到纵墙上，一种是单向楼（屋）面板直接搁置在纵墙上，一种是搁置在进深梁（大梁）上，进深梁又搁置在纵墙上，后一种比较多见。因此，竖向荷载的传递路线为：板—进深梁（或屋架）—纵墙—基础—地基。

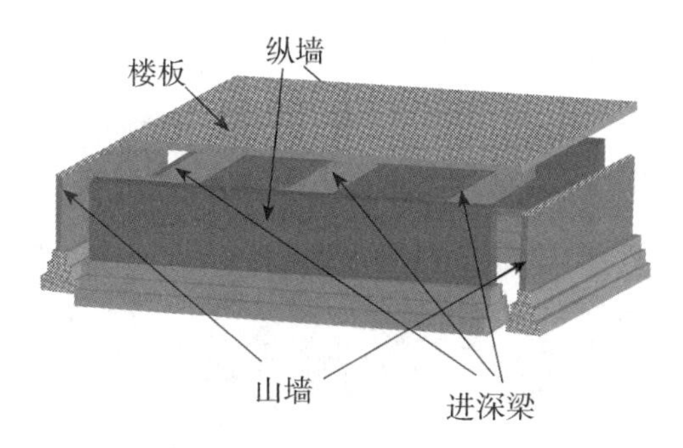

图10-2　纵墙承重结构

这种结构型式通常用于非抗震设防区的教学楼、实验楼、图书馆、医院和食堂等砌体房屋。

纵墙承重结构的优点是：横墙布置不受限制，空间布置灵活，使用功能容易满足。纵墙承重结构的主要缺点是：横墙较少，间距较大，房屋的整体空间刚度较差，对抗震尤其不利，为室内采光需要限制纵墙间距（一般不能超过8m），纵墙上的门窗大小受到限制并不得设于进深梁下方。

2.横墙承重结构

横墙承重结构是单向楼（屋）面板直接搁置于横墙上形成的结构布置方案（如图10-3所示）。竖向荷载的主要传递路线为：板—横墙—基础—地基。

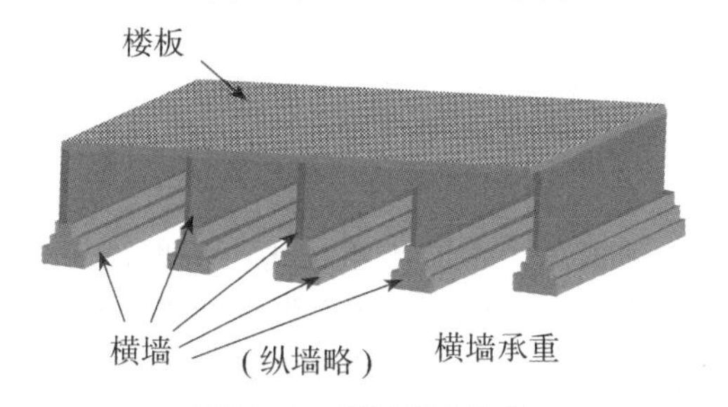

图10-3　横墙承重结构

横墙承重结构的特点是：每一开间设置一道横墙（一般为2.7m~4.2m）且与纵墙拉结，房屋的空间刚度大，整体性强，有利于抵御水平荷载（风荷载、地震作用）。纵墙主要起围护、隔断以及与横墙连接形成箱体的作用，其承载能力较富裕，故对纵墙上门窗设置限制较少，是一种较经济的结构布置。横墙承重结构适用于住宅、招待所等空间要求小的房屋。

3.纵横墙承重结构

纵横墙承重结构是指房屋纵横两种承重墙体兼而有之的承重结构（如图10-4所示）。纵横墙承重结构大致分为两种结构布置方式：一是部分横墙承重，部分设置进深梁，而形成的纵横墙共同承重结构，如教学楼、实验室、办公楼等。二是由于使用上的要求，在横墙承重结构中改变某些楼层的楼板搁置方向，形成部分部位下部横墙承重、上部纵墙承重，或上部横墙承重、下部纵墙承重的纵横墙承重结构。

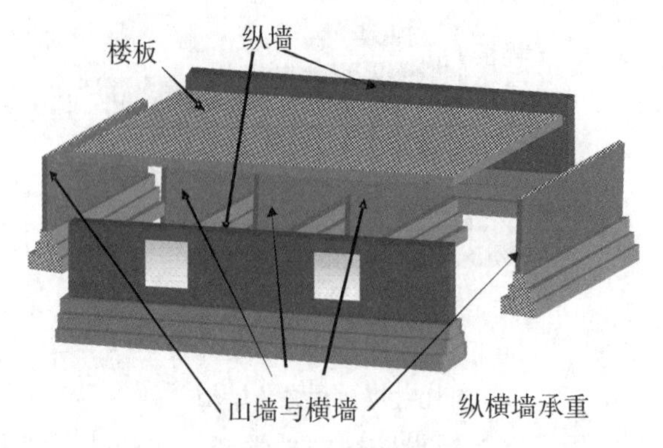

图10-4 纵横墙承重结构

拓展阅读 10-2

纵横墙承重结构具有结构布置较为灵活的优点，空间刚度较纵墙承重结构更好。

事实上，房屋中一般常同时有纵、横向承重墙体，例如纵墙承重结构中的山墙也承重，横墙承重结构中的走廊内纵墙也往往承重。另外，当楼、屋面板为现浇钢筋混凝土双向板结构时，砌体房屋一般是纵横墙承重结构。

二、混合承重结构体系

1.内框架承重体系

知识拓展 10-1

内框架砌体承重结构（如图 10-5 所示）是内部为钢筋混凝土框架，外墙为砌体承重的混合承重结构。按梁、柱设置，其可分为 3 种：单排柱到顶的内框架承重结构，一般用于 2 层至 3 层房屋；多排（2 排或 2 排以上）柱到顶的多层内框架承重结构；底层内框架承重结构，因其抗震性能极差，不宜在抗震设防区采用。目前，内框架砌体结构已较少采用。

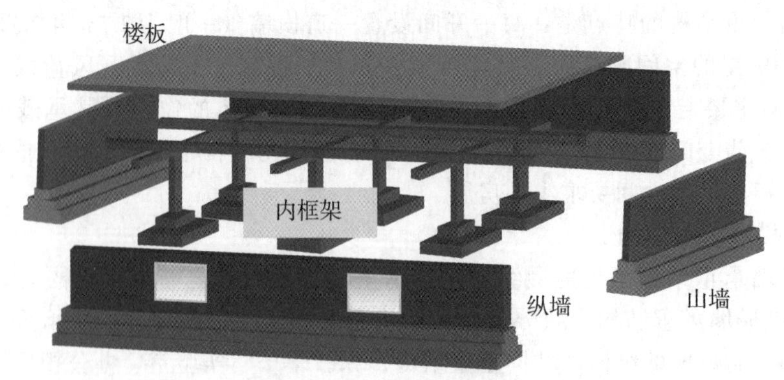

图10-5 内框架砌体承重结构

2.底层框架砌体承重体系

底层框架-剪力墙砌体承重结构（如图 10-6 所示）是上部各层由砌体承重、底层由框架和剪力墙承重的混合承重结构体系，简称底层框架砌体承重结构。底层剪力墙可采用无筋砌体或配筋砌体，有抗震要求的房屋中应采用配筋砌体和钢筋混凝土剪力墙。底层框架砌体承重结构能适应底层大开间的功能要求，如可以开设商店、邮局、餐厅及旅馆等临街建筑。如果底层和二层都为框架和剪力墙承重，则称底部框架砌体承重结构。

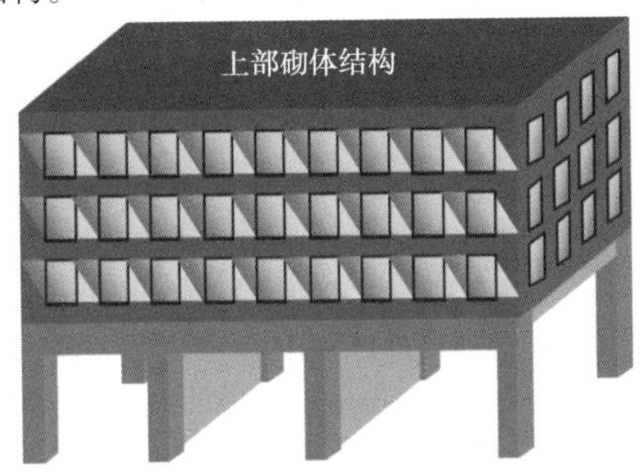

图10-6　底层框架-剪力墙砌体承重结构

底层框架砌体承重结构的特点是上刚下柔，房屋结构的竖向刚度在底层和第二层之间发生突变，因此，框架结构的顶部楼板结构体系必须按照结构转换层来设计。同时，底层的抗震剪力墙应该布置规则、对称，保证底层刚度；房屋的高度要限制，高宽比要适当；抗震设防烈度为6度或7度的地区，房屋总层数不宜超过6层，8度区不宜超过5层，9度区不宜超过3层。

此外，底层框架抗震墙砖房的底层应设置为纵、横向的双框架体系，避免一个方向为框架、另一个方向为连续梁的体系。

第二节　砖石砌体结构的力学简化体系构成

一、砌体结构的力学简化原理

砌体结构房屋是由楼（屋）盖等水平承重结构构件和墙、柱、基础等竖向承重结构构件构成的空间受力体系，结构中荷载的传递路线、墙柱的内力分布等，与其空间刚度有极为密切的关联。

为简化计算，砌体结构房屋常按平面受力结构计算。通常取房屋的一个开间为计算单元（如图10-7所示），该单元范围内的荷载由本单元的构件承受。对于房屋的空间受力体系，进行结构静力计算时，计算方案要反映结构的空间工作性能。

知识拓展10-2

横墙与屋盖体系是砌体结构房屋形成空间体系以及空间刚度的重要因素。

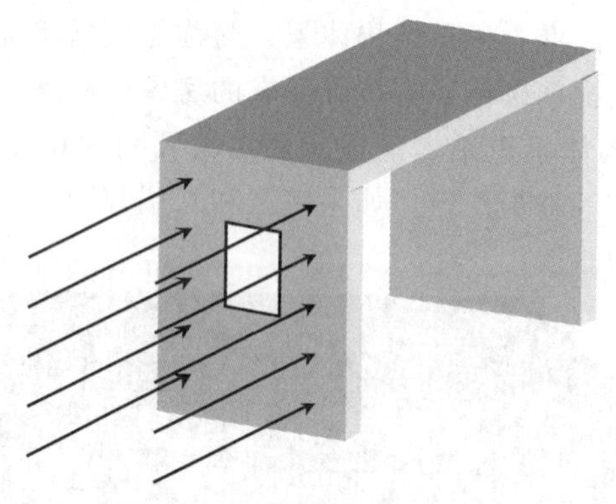

图10-7 砌体结构的计算单元

当横墙的间距不同时，横墙对于整体结构的侧向约束作用也明显不同，因此，采用不同横墙构造的房屋对于侧向力与作用的反应也有明显的差异。这一差异反映了房屋的空间作用。受横墙的约束，房屋纵墙顶部水平位移沿纵墙方向是变化的，横墙位置处的位移小，两列横墙中部位移大，横墙形成了对于纵墙以及楼板水平位移的支座。

屋面体系的刚度的影响也很大，当屋面体系刚度较大时，可以整体协调各个横墙的侧向支撑作用，可以有效地形成空间的刚度，横墙间距就可以适当加宽；反之，如果屋面体系刚度小，要保证刚度，横墙间距就需要减小。

二、砌体结构的三种静力计算方案

根据单层房屋的构造和荷载情况，一般取单元的计算简图为一平面排架，纵墙可以简化为排架柱，屋盖简化为与柱铰接的横梁。按房屋空间刚度的大小，砌体房屋结构的力学简化体系分为刚性方案、弹性方案及刚弹性方案3种（如图10-8所示）。

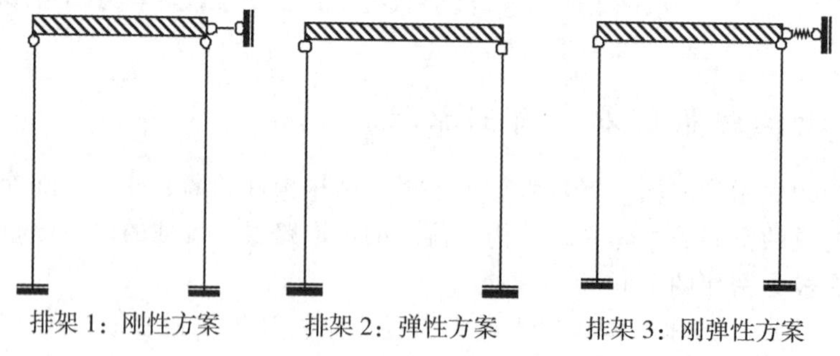

图10-8 砌体结构的计算方案

1.弹性方案

若房屋横向变形较大，说明房屋的空间作用很弱，墙顶的最大水平位移接近于平面结构体系。计算墙体内力时可按平面排架计算，排架横梁（屋盖）的水平刚度值可取为无限大。这类房屋被称为弹性方案房屋。

2.刚弹性方案

若房屋横向变形存在，但介于弹性和刚性两种情况之间，则其工作性能介乎刚性方案与弹性方案之间，被称为刚弹性方案房屋。计算简图可以取平面排架结构，为考虑其空间作用，在排架柱顶加上一弹性支座，引入一个小于1的空间性能影响系数。

3.刚性方案

若房屋横向变形很小，说明房屋的空间作用很强，可把屋面结构看作墙体上端的不动铰支座。在荷载作用下，墙柱内力可按上端有不动铰支座的竖向构件计算，这类房屋被称为刚性方案房屋。

由上述分析可知，影响房屋空间作用的主要结构因素是屋盖的刚度和横墙间距。为便于设计，我国《砌体结构设计规范》规定房屋的力学简化体系按表10-1划分。

表10-1 **砌体结构的计算方案**

楼（屋）盖类别	刚性方案	刚弹性方案	弹性方案
整体式、装配整体和装配式无檩体系钢筋混凝土屋盖或钢筋混凝土楼盖	$S<32$	$32 \leqslant S \leqslant 72$	$S>72$
装配式有檩体系钢筋混凝土屋盖、轻钢屋盖和有密铺望板的木屋盖或木楼盖	$S<20$	$20 \leqslant S \leqslant 48$	$S>48$
瓦材屋面的木屋盖和轻钢屋盖	$S<16$	$16 \leqslant S \leqslant 36$	$S>36$

注：①表中S为房屋横墙间距，长度单位为m；

②多层房屋的顶层可按单层房屋确定计算方案；

③无山墙或伸缩缝处无横墙的房屋应按弹性方案考虑。

上述3种力学简化体系是按纵墙承重结构来划分的。当要计算横墙承重结构的横墙或山墙内力时，应以纵墙间距取代表中的S（横墙间距）作为划分计算方案的依据。

三、刚性方案房屋横墙的构造要求

在实际设计中，设计者应尽可能地将砌体结构房屋设计成刚性方案。这种特定的力学简化体系要通过一定的构造设计才能实现，横墙除了满足间距的要求外，还要满足一定的构造要求：

（1）横墙中开有洞口时，洞口的水平截面面积不应超过横墙截面面积的50%，墙体中的开洞会削弱横墙的刚度。

（2）横墙的厚度不应小于180mm，横墙过薄会使其刚度减小。

（3）单层房屋的横墙长度不宜小于其高度，多层房屋的横墙长度不宜小于$L/2$（L为横墙总高度）。横墙高度过小，会使其刚度在总体上减弱。

第三节 砖石砌体结构的微观构造要求

一、圈梁的设置

拓展阅读 10-3

圈梁就是在墙体中设置的保证墙体侧向稳定性的钢筋混凝土梁（如图10-9所示），圈梁与墙体整浇在一起，是墙体的组成部分，与墙体共同受力，与普通钢筋混凝土梁独立受力有所不同。梁、板下的称圈梁，位于基础以上但埋置在±0.000以下的圈梁称基础圈梁。

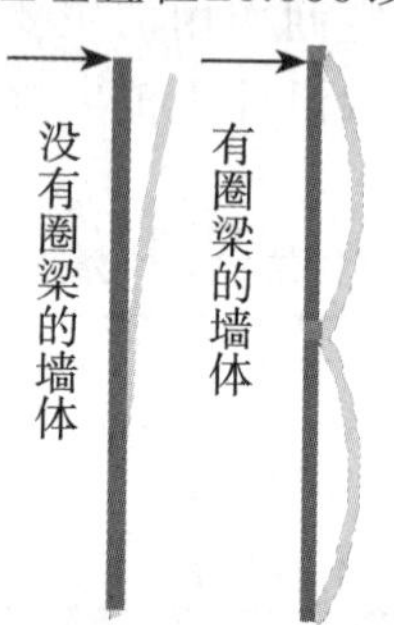

图10-9 圈梁的作用

圈梁的作用是增强房屋的整体性和刚度，有效改善由于地基不均匀沉降或较大振动荷载对砌体的不利影响。

1.圈梁设置

车间、仓库、食堂等空旷单层房屋：砖砌体房屋檐口标高为5m~8m时，应在檐口标高处设圈梁一道，檐口标高大于8m时，应适当增设圈梁；砌块砌体房屋檐口标高为4m~5m时，应在檐口标高处设置圈梁一道，檐口标高大于5m时，宜适当增设圈梁。

在有吊车或较大振动设备的单层工业厂房中，当未采取有效的隔振措施时，除在檐口或窗顶标高处设现浇混凝土圈梁外，还宜在吊车梁标高处或其他适当位置增设圈梁。

住宅、办公楼等多层砌体结构民用房屋的层数为3~4层时，应在底层和檐口标高处各设置一道圈梁；层数超过4层时，除应在底层和檐口标高处各设置一道圈梁外，至少应在所有纵、横墙上隔层设置圈梁。

多层砌体工业房屋，应每层设置现浇混凝土圈梁。

设置墙梁的多层砌体结构房屋应在托梁、墙梁顶面和檐口标高处设置现浇混凝土圈梁。

此外，建筑在软弱地基或不均匀地基上的砌体结构房屋中，除按上述规定设置圈梁外，还应符合的要求有：墙体上开洞过大时，开洞部分圈梁宜予以加强；多层房屋宜设有基础圈梁和檐口圈梁，其他各层可隔层设置，必要时也可每层设置；单层工业厂房、仓库中可结合基础梁、连系梁、过梁等酌情设置。圈梁应设置在外墙、内纵墙和主要内横墙上，并在平面内联成封闭系统。

2.圈梁构造

圈梁宜连续地设在同一水平面上，并形成封闭状。当圈梁被门窗洞口截断时，应在洞口上部增设相同截面的附加圈梁。附加圈梁与圈梁的搭接长度不应小于二者中线到中线垂直间距的2倍——$\Delta L \geqslant 2\Delta h$，且不得小于1m（如图10-10所示）。

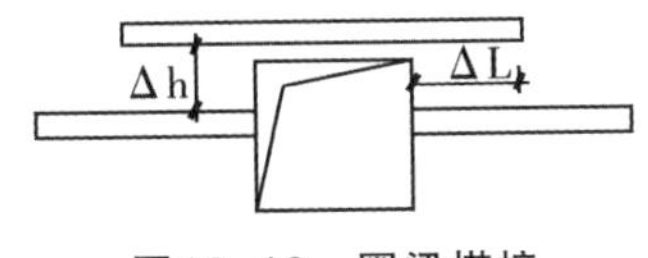

图10-10　圈梁搭接

纵横墙交接处的圈梁应有可靠的连接，圈梁在墙的转角和丁字接头处的连接构造如图10-11所示。刚弹性和弹性方案房屋中圈梁应与屋架、大梁等构件可靠连接。当横墙为墙梁时，墙梁顶面应设置贯通圈梁。

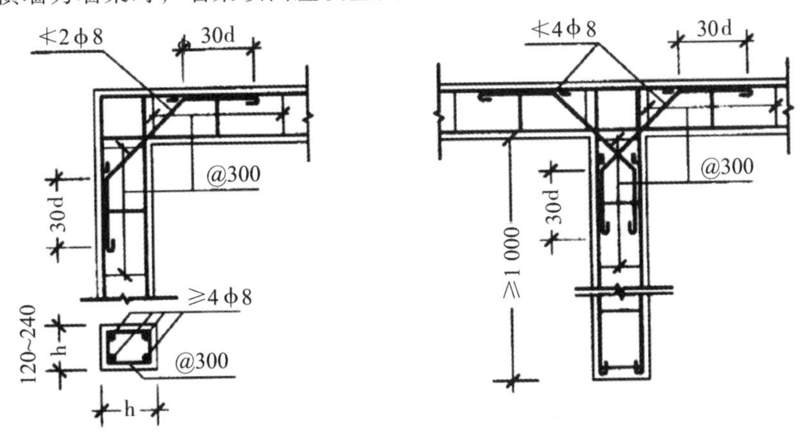

图10-11　圈梁连接

钢筋混凝土圈梁的厚度宜与墙厚相同，当墙厚不小于240mm时，其宽度不宜小于墙厚度的2/3。圈梁宽度不应小于190mm，圈梁高度不应小于120mm。配筋不宜少于4Φ12，绑扎接头的搭接长度按受拉钢筋考虑，箍筋间距不应大于200mm。圈梁兼作过梁时，过梁部分的钢筋应按计算用量单独配置。

采用现浇钢筋混凝土楼（屋）盖的多层砌体结构房屋，当层数超过5层时，除在檐口标高处设一道圈梁外，可隔层设置，并与楼（屋）面板一起现浇。未设置圈梁的楼面板嵌入墙内的长度不宜小于120mm，厚度宜为板厚和块体的模数，其纵向钢筋不宜小于2Φ10。

二、墙、柱高厚比

墙、柱属于受力承重构件，除必须满足承载力要求以外，还应确保其在施工阶段和使用期间的刚度和稳定性。影响墙、柱刚度和稳定的原因包括施工偏差、施工阶段和使用期间的偶然撞击和振动等。墙、柱支承高度和厚度的关系反映其刚度和稳定性，为此须验算墙、柱高厚比，要求墙、柱实际高厚比不得超过高厚比限值。

高厚比是一种构造标准，设计时必须满足。

所谓墙、柱高厚比，是指墙体、柱计算高度与计算厚度的比值，并非实际高度与实际厚度的比值。高厚比的计算公式如下：

$$\beta=\frac{H_0}{h} \tag{10-1}$$

式中：

H_0：墙、柱计算高度。

h：墙厚或矩形柱与H_0相对应的边长。

计算高度的确定既要考虑墙、柱上下端的支承条件，墙两侧的支承条件，又要考虑砌体的构造特点，因为砌体墙、柱的实际支承情况极为复杂，水平灰缝又削弱了其整体性。我国《砌体结构设计规范》规定的无吊车单层和多层房屋中墙、柱的计算高度H_0，取值见表10-2。

表10-2 **柱的计算高度H_0取值**

房屋类别			柱		带壁柱墙或周边拉接的墙		
			排架方向	垂直排架方向	$S>2H$	$2H\geqslant S>H$	$S\leqslant H$
无吊车的单层和多层房屋	单跨	弹性方案	$1.5H$	$1.0H$	$1.5H$		
		刚弹性方案	$1.2H$	$1.0H$	$1.2H$		
	多跨	弹性方案	$1.25H$	$1.0H$	$1.25H$		
		刚弹性方案	$1.1H$	$1.0H$	$1.1H$		
	刚性方案		$1.0H$	$1.0H$	$1.0H$	$0.4S+0.2H$	$0.6S$

注：①上端为自由端的构件，$H_0=2H$；

②无柱间支撑的独立砖柱在垂直排架方向的H_0，应按表中数值乘以1.25后采用；

③S为房屋横墙间距；

④自承重墙的计算高度应根据周边支承或拉接条件确定。

表10-2中构件高度H的取值规定是：房屋底层为楼板顶面到墙、柱下端的距离，下端支点的位置可取在基础顶面，当基础埋置较深且有刚性地坪时可取室外地面以下500mm；房屋其他层，为楼板或其他水平支点间的距离；无壁柱的山墙可取层高加山墙尖高度的1/2，带壁柱山墙则取壁柱处的山墙高度。

墙体的计算厚度与墙体的水平方向平直段长度（横墙之间的距离）有关，与墙体的墙垛状况相关，与墙体的基本厚度相关。

在砌体房屋结构中，需进行高厚比验算的构件包括承重的柱、无壁柱墙、带壁柱墙、带构造柱墙以及非承重墙等。

三、过梁的设置

过梁也属于砖混结构中的一种重要构件，在其他结构型式中也有使用。由于砖石砌体结构的松散性，当砖墙上需要开设洞口时，为了保证洞口的完整性，承担洞口上部部分墙体重量，需要设置过梁。应该明确的是，过梁仅仅承担洞口上部部分墙体重量，由于墙体内部的内拱作用，较高部位墙体的重量向洞口两侧分担。因此说，过梁属于局部构造性构件，与圈梁属于整体结构构件不同。

常见的过梁种类有3大类：钢筋混凝土过梁、钢筋砖过梁和砖砌平拱过梁（如图10-12所示）。

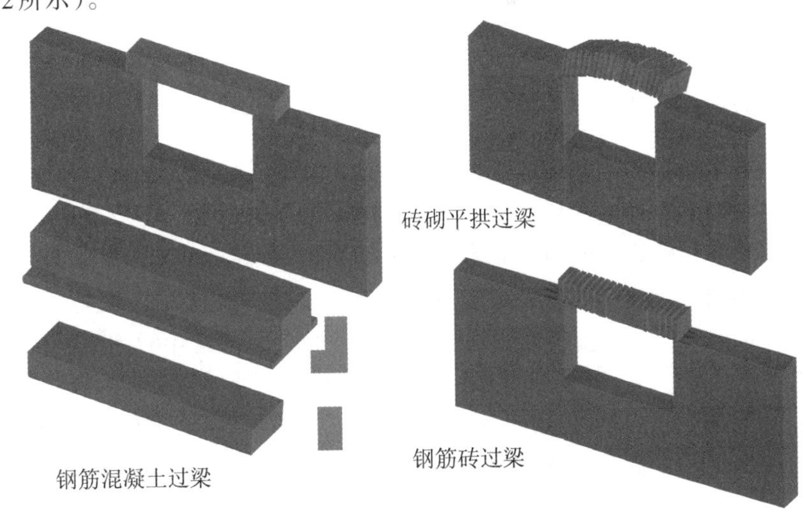

图10-12　过梁的种类

钢筋混凝土过梁属于最为常见的过梁，可以适用于较大的跨度，有矩形和L形截面，矩形一般用于内墙，L形截面多用于外墙。

钢筋砖过梁和砖砌平拱过梁用于较小的洞口。

四、构造柱的设置

知识拓展10-3

在抗震地区，为了保证墙体的整体性以及墙体之间共同工作的性能，通常在墙体“L”“T”形连接部位设置钢筋混凝土芯柱，用以增强墙体刚度与房屋整体性，其被称为构造柱（如图10-13所示）。构造柱仅是为了加强墙体功能，不能独立完成其功效。

由于构造柱是墙体的组成部分，施工时先砌筑墙体并留设出构造柱的位置，在墙体砌筑完成后，再将钢筋绑扎好，双侧架设模板，浇筑混凝土。

构造柱应和圈梁有效地联结，形成整体，采用的方法是向墙体内留设钢筋：$\phi 6@500$，$L=500$。构造柱配筋可以选用$4\phi 12$，箍筋$\phi 6@250$。

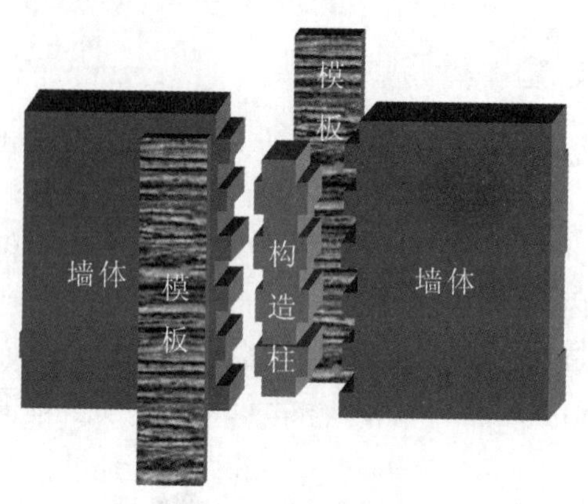

图10-13 构造柱

五、砌体房屋结构的其他基本构造要求

为保证房屋的空间刚度和整体性以及结构可靠性，除高厚比限值、圈梁设置的要求外，还应满足下列基本构造要求。

（1）承重独立砖柱的截面尺寸不应小于240mm~370mm。

（2）屋架跨度大于6m或梁跨度分别大于4.8m（砖砌体）、4.2m（砌块砌体）时，应在支承处砌体上设置混凝土或钢筋混凝土垫块。当墙中有圈梁时，垫块与圈梁宜浇成整体。

（3）厚度为240mm的砖墙上梁的跨度大于或等于6m，砌块墙以及厚度小于240mm的砖墙上梁的跨度大于或等于4.8m时，宜在梁支座下设壁柱或采取其他加强措施。

（4）现浇钢筋混凝土楼板或屋面板伸进纵、横墙内的长度，均不宜小于120mm；预制钢筋混凝土板的支承长度，在内墙上不宜小于100mm，在外墙上不宜小于120mm，在钢筋混凝土圈梁上不宜小于80mm；当利用预制板端伸出钢筋拉结和混凝土灌缝时，其支承长度可为40mm，但板端缝宽不宜小于80mm，灌缝混凝土不宜低于C25；当预制钢筋混凝土板的跨度大于4.8m并与外墙平行时，靠外墙的预制板侧边应与墙或圈梁拉结。

（5）支承在墙、柱上的屋架及跨度大于或等于8m（支承于砖砌体）、7.2m（支承于砌块砌体）的预制梁的端部，应采用锚固件与墙、柱上的垫块锚固。

（6）填充墙、隔墙应分别采取措施与周边构件可靠连接。

（7）山墙处的壁柱宜砌至山墙顶部，檩条应与山墙可靠拉结。

（8）砌块砌体应分皮错缝搭砌，上下皮搭砌长度不得小于90mm。不满足此要求时，应在水平灰缝内设置不少于2ф4的焊接钢筋网片（横向钢筋的间距不宜大于200mm），网片每端均应超过该垂直缝，其长度不得小于300mm。

（9）砌块墙与后砌隔墙交接处，应沿墙高每400mm在水平灰缝内设置不少于2ф4的焊接钢筋网片。

（10）在混凝土砌块房屋纵横墙交接处、距墙中心线每边不小于300mm范围内的孔洞，宜采用不低于Cb20灌孔混凝土灌实，灌实高度应为墙的全高。

（11）混凝土砌块墙体的下列部位如未设圈梁或混凝土垫块，宜采用不低于Cb20的混凝土将孔洞灌实：搁栅、檩条和钢筋混凝土楼板的支承面下，高度不应小于200mm的砌体；屋架、梁等构件的支承面下，高度不应小于400mm，长度不应小于600mm的砌体；挑梁支承面下距墙中心线每边不应小于300mm，高度不应小于600mm的砌体。

（12）在砌体中留槽洞及埋设管道时，不应在截面长边小于500mm的承重墙体及独立柱下埋设管线；墙体中应避免沿墙长方向穿行暗线或预留、开凿水平沟槽，无法避免时应采取必要的加强措施或按削弱后的截面验算墙体的承载力。

第四节　砖石砌体结构的裂缝控制

一、砖石砌体结构的裂缝状况综述

砌体属脆性材料，容易开裂，出现裂缝。裂缝的防治是砌体结构工程的重要技术问题之一。墙体裂缝不仅有损建筑物外观，更重要的是有些裂缝可能影响墙体的整体性、承载能力、耐久性和抗震性能，并给使用者在心理上造成压力。

引起砌体结构墙体裂缝的原因很多，除了设计质量、施工质量、材料质量、地基不均匀沉降等以外，根据工程实践和统计资料，最为常见的裂缝有温度裂缝、材料干燥收缩裂缝等。这两类裂缝几乎占全部可遇裂缝的50%以上。

温度变化引起材料的热胀冷缩变形，在砌体受到约束的情况下，当变形引起的温度应力足够大时，即在墙体中引起温度裂缝。这类裂缝常出现在混凝土平屋盖房屋的顶层两端的墙体上，如在门窗洞边的正八字斜裂缝，平屋顶下或屋顶圈梁下沿灰缝的水平裂缝，以及水平包角裂缝（包括女儿墙）等。

平屋顶产生温度裂缝的原因，是顶板的温度比下方墙体高，而顶板混凝土的线胀系数又比砖砌体大得多，顶板和墙体间的变形差使墙体产生较大的拉应力和切应力，最终导致裂缝。

知识拓展10-4

温度裂缝是造成墙体早期裂缝的主要原因。这些裂缝一般要经过一个冬夏之后才逐渐稳定，不再继续发展，裂缝的宽度随着温度变化而略有变化。

材料干燥收缩裂缝简称干缩裂缝。烧结黏土砖（包括其他材料的烧结制品）的干缩变形很小，且变形完成比较快，只要不使用新出窑的砖，一般不需考虑由砌体本身的干缩变形引起的附加应力。砌块、灰砂砖、粉煤灰砖等材料，随着含水量的降低将产生较大的干缩变形。例如，混凝土砌块的干缩率为0.3mm/m~0.45mm/m，相当于25℃~40℃的温差变形，可见干缩变形的影响很大。轻骨料混凝土砌块砌体的干缩变形更大。干缩变形的特征是早期发展比较快，如砌块出窑后放置28天能完成50%左右的干缩变形，以后逐步变慢，几年后才停止干缩，而干缩后的材料一旦受湿仍会发生膨胀，脱水后材料再次发生干缩变形（干缩率有所减小，约为第一次的80%）。干缩裂缝分布广、数量多，开裂的程度也比较严重。例如，房屋内外纵墙两端经常分布的倒八字裂缝，建筑底部一至二层窗台边出现的斜裂缝或竖向裂缝，屋顶圈梁下出现的水平缝和水平包角裂缝，大片墙面上出现的底部重、上部较轻的竖向裂缝等。另外，不同材料和构件的差异变形也会导致墙体开裂，如楼板错层处或高低层连接处常出现的裂缝，框架填充墙或柱间墙因差异变形出现的裂缝等。

拓展阅读10-4

烧结类块材砌体中最常见的是温度裂缝，非烧结类块体（砌块、灰砂砖、粉煤灰砖等）砌体中，同时存在温度和干缩共同作用引起的裂缝，一般情况是墙体中两种裂缝都有，或因具体条件不同而呈现不同的裂缝现象，其裂缝的发展往往较单一因素更严重。

设计不合理、无针对性防裂措施、材料质量不合格、施工质量差、砌体强度达不到设计要求以及地基不均匀沉降等也是墙体开裂的重要原因。例如对混凝土砌块、灰砂砖等新型墙体材料，没有采用适合的砌筑砂浆、灌注材料和相应的构造措施，仍沿用砌筑黏土砖使用的砂浆和相应抗裂措施，必然造成墙体出现较严重的裂缝。

二、砖石砌体结构的裂缝防治

实际上建筑物的裂缝是不可避免的，对策是采取措施防止或减轻墙体开裂。建筑物的裂缝如图10-14所示。

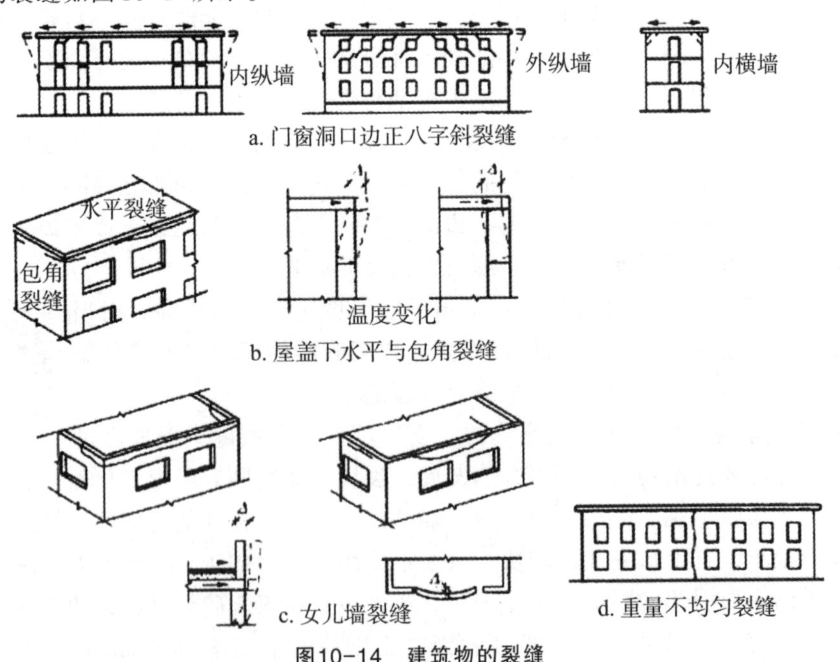

图10-14 建筑物的裂缝

1.地基的不均匀沉降产生的裂缝

地基的较大不均匀沉降对墙体内力的影响很复杂，精确计算也很困难。合理的结构设计措施能在很大程度上调整和减小地基不均匀沉降。防止和减轻由地基不均匀沉降引起墙体裂缝的主要措施有以下几方面：

首先，合理的结构整体布置。主要措施有：控制软土地基上房屋的长高比，长度与高度之比 L/H 不宜大于2.5（其他地基上可适当大些）；房屋平面形状力求简单；房屋各部分高差不宜过大，对于空间刚度较好的房屋，连接处的高差不宜超过一层，超过时宜用沉降缝分开；相邻两幢房屋的高差（或荷载差异）较大时，基础之间的距离应根据本地有效工程经验确定，不应过近。

其次，加强房屋结构的整体刚度，合理布置承重墙体，应尽量将纵墙拉通，并每隔一定距离（不大于房屋宽度的1.5倍）设置一道横墙，且使其与纵墙可靠连接；设置钢筋混凝土圈梁可显著增强纵横墙连接，提高墙柱稳定性，增强房屋的空间刚度和整体性，调整房屋不均匀沉降。

最后，设置沉降缝，房屋结构较复杂时宜用沉降缝将其划分成若干平面形状规则且刚度较好的单元。沉降缝一般设置于地基上压缩性有显著差异处、房屋高度或荷载差异较大的交接处，房屋过长时也宜在适当部位设沉降缝。沉降缝应自屋顶到基础把房屋完全分开，形成若干长高比较小、体型规则、整体刚度较好的独立沉降单元。

2.温度变化产生的裂缝

为防止或减轻房屋在正常使用条件下由温差和干缩变形引起的墙体竖向裂缝，应在墙体中设置伸缩缝。伸缩缝应设在因温度和收缩变形可能引起应力集中、砌体中产生裂缝可能性最大的位置。伸缩缝的间距可按表10-3采用。

表10-3　**砌体结构伸缩缝的间距**

屋盖或楼盖类别		间距（mm）
整体式或装配整体式钢筋混凝土结构	有保温层或隔热层的屋盖、楼盖	50
	无保温层或隔热层的屋盖	40
装配式无檩体系钢筋混凝土结构	有保温层或隔热层的屋盖、楼盖	60
	无保温层或隔热层的屋盖	50
装配式有檩体系钢筋混凝土结构	有保温层或隔热层的屋盖、楼盖	75
	无保温层或隔热层的屋盖	60
黏土瓦或石棉水泥瓦屋盖、木屋盖或楼盖、砖石屋盖或楼盖		100

注：①表中数值适用于烧结普通砖、多孔砖、配筋砌块砌体房屋。对于石砌体、蒸压灰砂砖、蒸压粉煤灰砖和混凝土砌块、混凝土普通砖、混凝土多孔砖房屋取表中数值乘以0.8。当有实践经验并采取有效措施时，可不遵守本表规定。

②按本表设置的墙体伸缩缝，一般不能同时防止由于钢筋混凝土厚盖的温度变形和砌体干缩变形引起的墙体局部裂缝。

③层高大于5m的烧结普通砖、多孔砖、配筋砌块砌体结构单层房屋的伸缩缝间距可按表中数值乘以1.3。

④温差较大且变化频繁的地区、严寒地区内未采暖的房屋和构筑物，伸缩缝的最大间距应按表中数值予以适当减小。

⑤墙体的伸缩缝与结构的其他变形缝相重合，在进行立面处理时，必须保证缝隙的伸缩作用。

3.防止或减轻房屋顶层墙体开裂

（1）屋面应设置有效的保温、隔热层。

（2）屋面保温（隔热）层或屋面刚性面层及砂浆找平层中应设置分隔缝，分隔缝间距不宜大于6m，并与女儿墙隔开，其缝宽不宜小于30mm。

（3）采用装配式有檩体系钢筋混凝土屋盖和瓦材屋盖。

（4）顶层屋面板下设置现浇钢筋混凝土圈梁，并沿内外墙拉通。

（5）顶层墙体有门窗等洞口时，在过梁上的水平灰缝内设置2~3道焊接钢筋网片或2ϕ6拉结筋，并应伸入过梁两端墙内不小于600mm。

（6）顶层及女儿墙砂浆强度等级不低于M7.5。

（7）女儿墙应设置构造柱，构造柱间距不宜大于4m，构造柱应伸至女儿墙顶并与现浇钢筋混凝土压顶整体浇筑。

（8）对顶层墙体施加竖向预应力。

4.防止或减轻房屋底层墙体裂缝的措施

（1）增大基础圈梁的刚度。

（2）在底层的窗台下墙体灰缝内设置3道焊接钢筋网片或2ϕ6拉结筋，并伸入两边窗间墙内不小于600mm。

（3）采用钢筋混凝土窗台板，窗台板嵌入窗间墙内不小于600mm。

5.墙体转角处、纵横墙交接处的构造措施

宜沿竖向每隔400mm~500mm设拉结钢筋，其数量为每120mm墙厚不少于1ϕ6或用焊接钢筋网片，埋入长度从墙的转角或交接处算起，每边不小于600mm。

6.蒸压灰砂砖、蒸压粉煤灰砖、混凝土砌块或其他非烧结砖砌体的构造措施

（1）砌体宜采用黏结性能好的砂浆砌筑。

（2）宜在各层门、窗过梁上方的水平灰缝内及窗台下第一和第二道水平灰缝内设置焊接钢筋网片或2ϕ6拉结筋，焊接钢筋网片或拉结筋应伸入两边窗间墙内不小于600mm。当此类砌体的实体墙长度大于5m时，宜在每层墙高度中部设置2~3道焊接钢筋网片或3ϕ6的通长拉结筋，竖向间距宜为500mm。

7.防止或减轻混凝土砌块房屋顶层两端和底层第一、二开间窗洞处开裂的构造措施

（1）在门窗洞两侧不少于一个孔洞的范围内设置不小于1ϕ12的钢筋，钢筋应在楼层圈梁或基础内锚固，并采用不低于Cb20灌孔混凝土灌实。

知识拓展10-5

（2）在门窗洞口两侧墙体的水平灰缝中，设置长度不小于900mm、竖向间距为400mm的2ϕ4焊接钢筋网片。

（3）在顶层和底层设置通长钢筋混凝土窗台梁，窗台梁的高度宜为块体高度的模数，纵筋不少于4ϕ10，箍筋6@200，C20混凝土。

8.控制缝的设置

当房屋刚度较大时，可在窗台下或窗台角处墙体内设置竖向控制缝。在墙体高度或厚度突然变化处也宜设置竖向控制缝，或采取其他可靠的防裂措施。竖向控制缝的构造和嵌缝材料应能满足墙体平面外传力和防护的要求。

第五节　小结

砌体结构是由块体材料和砂浆共同砌筑而成的，是低矮建筑采用较多的结构型式，也是人类历史上古老的结构体系。当前的砌体结构，多指由砌筑墙体形成承重结构的房屋结构体系，其楼面、屋面及屋盖多由其他材料形成跨度体系。

对于砌体结构的建筑结构型式，一般是指房屋的竖向承重结构体系。常见的砌体房屋结构，分为砌体墙承重结构体系、混合承重结构体系两大类。前者包括纵墙承重结构、横墙承重结构和纵横墙承重结构；后者包括内框架砌体承重结构和底层框架砌体承重结构。

根据单层房屋的构造和荷载情况，取单元的计算简图为一平面排架，纵墙简化为排架柱，屋盖简化为与柱铰接的横梁。按房屋空间刚度的大小，砌体房屋结构的力学简化体系分为弹性方案、刚弹性方案及刚性方案3种。

■ 关键概念

纵墙承重结构　横墙承重结构　纵横墙承重结构　圈梁　墙、柱高厚比　过梁　构造柱　砌体结构弹性方案　砌体结构刚弹性方案　砌体结构刚性方案

■ 复习思考题

1.纵墙承重结构、横墙承重结构和纵横墙承重结构的特点是什么？

2.砌体结构常用的计算模型有哪些？阐述其特点。

3.砌体结构中圈梁的作用是什么？其设置要点有哪些？

4.墙柱高厚比是如何计算的？其工程意义是什么？

5.阐述砖石砌体结构裂缝控制的主要防治措施。

第十一章

结构的地基与基础

□ 学习目标

掌握土的组成及物理力学性质、土中应力传递的模式、自重应力与附加应力、土体压缩与基沉降原理、地基破坏的过程与模式、土坡稳定、基础埋置深度、刚性基础与柔性基础、独立基础的设计，熟悉各种建筑基础的特征与应用范围。

基础是建筑物的基本组成部分，它与地基土层直接接触，承受房屋墙、柱传来的竖向荷载，连同基础自重传给土层。基础下面承受建筑物全部荷载的土层被称为地基。基础是房屋建筑的重要组成部分，而地基作为地球的一部分，两者相辅相成，共同保证建筑物的坚固、耐久与安全。

对于建筑工程来说，地基条件的好坏对基础影响很大。地基承受荷载是有一定限度的，地基每单位面积能承受的基础传下来的荷载的能力被称为地基的承载能力或地基允许承载力。实践证明，建筑工程事故的发生，多与地基、基础问题有关。因此，在经济、合理的原则下，必须对地基、基础的质量提出严格要求。为了保证建筑工程结构的稳定与安全，地基、基础应满足下列功能要求：

(1) 基础应具备将上部结构荷载传递给地基的承载力和刚度；

(2) 在上部结构的各种作用和作用组合下，地基不得出现失稳；

(3) 具有足够的耐久性能；

(4) 基坑工程应保证支护结构、周边建（构）筑物、地下管线、道路、城市轨道交通等市政设施的安全和正常使用，并应保证主体地下结构的施工空间和安全；

(5) 边坡工程应保证支挡结构、周边建（构）筑物、道路、桥梁、市政管线等市政设施的安全和正常使用。

地基与基础是结构设计的重要问题，地基与基础工程设计前应进行岩土工程勘察，岩土工程勘察成果资料应满足地基基础设计、施工及验收要求。地基基础设计应根据结构类型、作用和作用组合情况、勘察成果资料和拟建场地环境条件及施工条件，选择合理方案。设计计算应原理正确、概念清楚，计算参数的选取应符合实际工况，设计与计算成果应真实可靠、分析判断正确。即使对地基与基础的设计和施工都严格按照规范进行，由于地基与基础的隐蔽性，建筑上部结构在使用过程中出现问题也很难被及时发现并解决。古往今来，有很多建筑物因为地基与基础的问题，导致了严重的后果。

虎丘塔，位于苏州虎丘景区内的虎丘山上，见证了苏州的前世今生，是苏州的标志性建筑之一（如图11-1所示）。虎丘塔，也称云岩寺塔，共7层，高47.7米，重6 000多吨，是一座仿楼阁式砖木套筒式结构的佛塔，也是我国现存最古老的砖塔之一，被誉为“东方的比萨斜塔”。与比萨斜塔不同的是，虎丘塔的历史较为悠久，虎丘塔始建于公元959年，距今已有1 000多年的历史，它比比萨斜塔（建于1173年）早建了200多年。与意大利比萨斜塔一样，虎丘塔也是斜而不倒。那么，虎丘塔到底有多斜呢？官方数据显示，虎丘塔向东北偏北方向倾斜，塔顶偏离中心2.34米，最大倾角为3度59分，号称“中国第一斜塔”。虎丘塔并非整座塔都是倾斜的。塔的下面六层是歪的，第七层是正着的。塔的第三层还保存有石函、经箱、铜佛、铜镜、越窑青瓷莲花碗、莲花石龟等珍贵文物。虎丘塔并不是建造的时候人们有意使其倾斜的，而是由于塔基土厚薄不均、塔墩基础设计构造不完善等原因，从明代起开始倾斜的。虎丘塔为什么斜而不倒呢？虎丘塔斜而不倒，是由于在斜塔倾斜的反方向（北侧）塔基下面掏土，利用地基的沉降使得塔体的重心往后移，从而减小倾斜的幅度。虎丘塔向北东方向倾斜，初步测量塔顶已偏离底层中心8米左右。虎丘塔在南高北低的斜坡上建造，北面填土多于南面，因此受压后的收缩程度使塔身向沉降的方向倾斜。但并非所有的倾斜与沉陷都会成为风景，大多数的建筑都要为此付出惨重的代价。

图11-1　虎丘塔

2009年6月27日清晨，位于上海闵行区的“莲花河畔景苑”的一处在建13层住宅楼发生连根“卧倒”的事件（如图11-2所示），所幸事故并没有造成居民伤亡。6月20日，施工方在事发楼盘前开挖基坑，开挖的土方堆放在事发楼前北侧，高度超过10m。由于堆土未及时清理，产生了高达3 000吨的侧向压力；与此同时，紧邻事发楼的南侧地下车库基坑已经开挖，使得大楼两侧出现压力差，导致土体产生水平位移，进而造成楼房出现10cm的侧向位移，对楼底的预应力高强混凝土产生较大的偏心弯矩，最终破坏桩基，引起楼房整体倒塌。

图11-2 上海莲花河畔景苑倒塌

第一节 地基与基础的基本概念

一、地基与基础

地基和基础对建筑结构的安全性具有决定性的影响，准确合理地设计建筑结构的地基与基础具有十分重要的实践意义。地基基础工程应根据设计工作年限、拟建场地环境类别、场地地质全貌及勘察成果资料、地基基础上的作用和作用组合进行地基基础设计，并应提出施工及验收要求、工程监测要求和正常使用期间的维护要求。总体来说，地基分为天然地基和人工地基两大类。

天然地基是指不需要人工改良和加固，自身具有足够承载能力、可以直接在上面建造基础的天然土层。岩石、碎石、砂、石、黏性土等，一般均可作为天然地基。有些天然土层的承载力较小，如淤泥、冲填土、杂填土等，此种情况下不能在土层上直接建造基础，必须对土层进行人工加固，提高地基承载力，方可在其上建造基础，这种经人工加固的地基被称作人工地基。

二、天然地基的构成

天然地基是指基础作用的地基土是天然良好的土层或者地基土上部具有良好的

土层。

土是地壳地表的主要组成物质，包含各种矿物颗粒，是地质运动作用下岩石经过物理、化学、生物等风化作用的产物。土在地表分布极广，成因类型也很复杂。不同成因类型的沉积物，各有不同的分布规律、地形形态及工程性质。

土是由固体颗粒（固相）、液体水（液相）和气体（气相）三部分组成的，称为土的三相组成（如图11-3所示）。土的固体颗粒构成具有大量孔隙的骨架，骨架的孔隙中充填着液态水和空气。土三相比例上的差异是造成土的状态和物理力学性质不同的根本原因。当孔隙全部被水充满时，形成饱和土；当孔隙中包含水和空气时，此时土为湿土；当孔隙中只有空气时，即为干土。由此可见，研究土的三相，即固相、液相和气相，是研究土物理力学性质的基础。

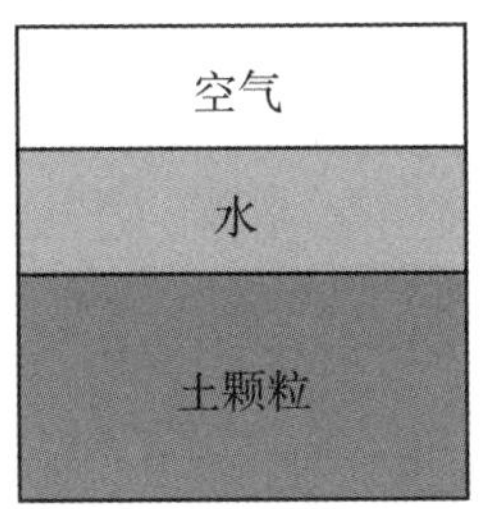

图11-3　土的三相构成

1.土的固体颗粒

土的固体颗粒（土粒）构成了土体的骨架，土颗粒的大小与其形状、矿物组成和结构有一定的关系。砂土和黏土是两种不同类型的土，主要是因为它们的颗粒组成显著不同。

自然界中的土体颗粒大小、性质和直径各不相同，从几米的砾石到纳米级的胶粒。为了研究土中不同粒径颗粒的相对含量及其与土的工程地质性质的关系，有必要将具有类似工程地质性质的土体颗粒组合成组，按其粒径的大小划分为若干组别，这种组别称为粒组。在工程中，土体中颗粒的组成通常用土中每个颗粒组的相对含量表示，即每个颗粒组在土颗粒总重中的百分比。这种相对含量称为颗粒级配。

2.土中的水和气体

土中的水可以处于固态、液体和气态。土中液态水冻结成冰，会形成冻土，强度增大；而冻土融化后，强度急剧降低，会形成融陷；土中气态水，对土的性质影响并不大。

土中液态水可分为结合水和自由水。

结合水（又称吸附水）是指土中的水分子被电分子吸附在土颗粒表面。电分子的吸附力高达数千到数万个大气压压强，这使得水分子与土颗粒表面牢固结合。土颗粒表面水膜中的水分子受表面引力的影响，而不符合流体静力学定律，其冰点低于0℃。由于与土颗粒表面的

知识拓展11-1

距离不同，束缚水也会受到电场力的影响。因此，结合水可分为强结合水和弱结合水。

自由水是存在于土粒表面电场范围以外的水。它的性质与普通水相同，服从重力定律，能传递静水压力，冰点为0℃，有溶解能力。自由水根据其运动受力的不同可分为重力水和毛细水。重力水指受重力作用而移动的自由水，它只能存在于地下水位以下。它能传递静水压力，具有溶解性、易于流动。毛细水是在水与空气交界面张力的作用下，存在于地下水位以上的透水层中的自由水。在物理学中毛细水的形成过程通常用毛细管现象解释。分布在土粒内部相互贯通的孔隙，可以看成是许多形状不一、直径各异、彼此连通的毛细管。

当土体孔隙中局部存在毛细水时，毛细水的弯液面和土粒接触处的表面张力反作用于土粒上，使土粒之间由于这种毛细压力而被紧紧挤压，从而使土具有微弱的黏聚力，这被称为毛细黏聚力。施工现场经常可以看到稍湿状态的砂堆，它可以使垂直陡峭的砂壁保持几十厘米高而不会坍落，这正是因为砂粒之间的黏聚力。在工程中，毛细水的上升对建筑物地下部分的防潮措施、地基土的浸湿和冻胀有重要影响。在碎石土中，由于空隙较大，不能形成毛细作用所必需的微小空间，因而也就不可能有毛细现象产生。在饱和的砂或干砂中，土粒之间的毛细压力消失。

含水量与黏性土的压缩性也有着较大的关系。土体能够通过振动、夯实和碾压等方式调整土粒排列，从而增加密实度的特性被称为土的压实性。

知识拓展11-2

土的含水量是影响填土压实性的主要因素之一。当含水量低时，水被土颗粒吸附在土粒表面，土颗粒因无毛细管作用而互相联结很弱，在受到夯击等冲击作用下容易分散而难于获得较高的密实度。当含水量高时，土中多余的水分在夯击时很难快速排出而在土孔隙中形成水团，削弱了土颗粒间的联结，使土粒润滑而变得易于移动，夯击或碾压时容易出现类似弹性变形的“橡皮土”现象，失去夯击效果。

土的孔隙中完全没有水时的密度，称为土的干密度ρ_d，即固体颗粒的质量与土的总体积之比。土的干密度ρ_d是反映土的密实度的重要指标，它与土的含水量、压实能量和填土的性质等有关。将同一种土配置成不同含水量的土样后进行室内击实试验，可以获得含水量ω与干密度ρ_d之间的关系曲线（如图11-4所示），这被称作击实曲线。

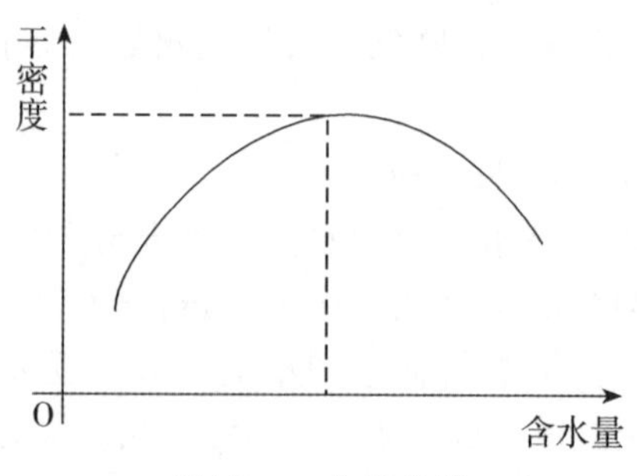

图11-4　击实曲线

击实曲线表明，存在一个可使填土的干密度达到最大值、产生最好的击实效果的含水量。这种在一定夯击能量下填土最易压实并获得最大密实度的含水量被称作土的最优含水量（或最佳含水量），用ω_{op}表示。在最优含水量下得到的干密度被称作填土的最大干密度，用γ_{dmax}表示。

知识拓展11-3

土中气体存在于土孔隙中未被水占据的空间。在粗粒的沉积物中常见到与大气相联通的空气，在土受压时可较快逸出，它对土的力学性质影响不大，但会使土的压缩性增大。在细粒中则常存在与大气隔绝的封闭气泡，不易逸出，它在外力作用下具有弹性，并使土的透水性减小。

3.土的结构

土的结构是指土的固体颗粒及其空隙间的集合排列和连接方式，一般分为单粒结构（如图11-5a所示）、蜂窝结构（如图11-5b所示）和絮状结构（如图11-5c所示）3种类型。

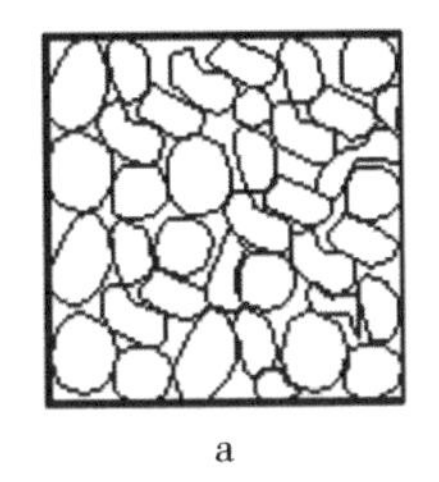
a

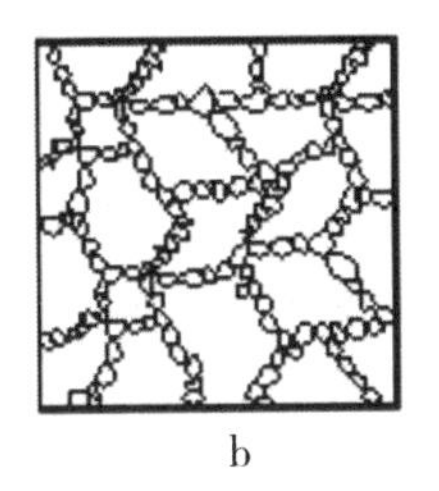
b

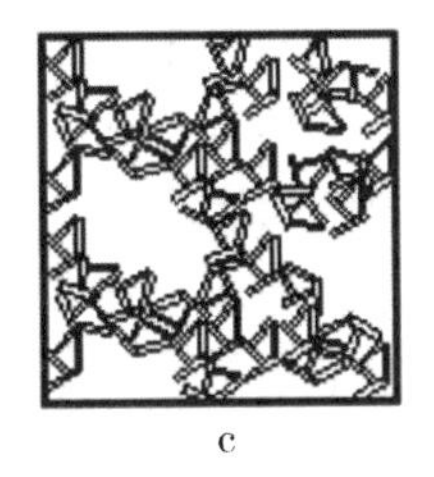
c

图11-5　土的结构类型

单粒结构是碎石土和砂土的结构特征。单粒结构的特点是土粒间没有联结存在，呈单粒存在，或联结非常微弱，可以忽略不计。例如，仅仅由砂构成的海滨土壤或由钠质粘粒构成的土壤，置于水中后立即分散为单粒。疏松状态的单粒结构在荷载作用下，特别是在振动荷载作用下会趋向密实，土粒移向更稳定的位置，同时产生较大的变形；密实状态的单粒结构在剪应力作用下会发生剪胀，即体积膨胀，密度变松。单粒结构的紧密程度取决于矿物成分、颗粒形状、粒度成分及级配的均匀程度。片状矿物颗粒组成的砂土最为疏松；浑圆的颗粒组成的土比带棱角的土容易趋向密实；土粒的级配越不均匀，结构越紧密。

砂土的一个重要工程特性是密实度，砂土密实度是评价砂土密实程度的指标，对其工程性质具有重要的影响。密实的砂土具有较高的强度和较低的压缩性，是良好的建筑物地基；但松散的砂土，尤其是饱和的松散砂土，不仅强度低，而且水稳定性很差，容易产生流砂、液化等工程事故。对砂土评价的关键，是正确地划分其密实度。

砂土的密实程度并不完全取决于其内部的空隙状况——孔隙比（土中孔隙体积与颗粒体积之比，一般用e代表，e越大砂土越疏松，反之，越密实），而在很大程度上还取决于土的级配（土中各粒组的相对含量，通常用各粒组占土粒总质量（干土质量）的百分数表示）情况。粒径级配不同的砂土即使具有相同的孔隙比，但由于其颗粒大小不同和排列不同，密实状态也会不同。

蜂窝结构是以粉粒为主的土的结构特征。粒径在0.002mm~0.02mm的土粒在水中沉积时，基本上是单个颗粒下沉。在下沉过程中，碰上已沉积的土粒时，如果土粒间的引力相对自重而言已足够大，则此颗粒就停留在最初的接触位置上不再下沉，形成大孔隙的蜂窝结构。蜂窝结构疏松孔隙大，具有这种结构的土多为静水条件下的近代沉积物，具有灵敏度高、强度低、压缩性高的特性。

絮状结构是黏土颗粒特有的结构特征。粒径小于0.005mm的黏土颗粒，在水中长期悬浮并在水中运动时，形成小链环状的土集粒而下沉。这种小链环碰到另一小链环被吸引，形成大链环状的絮状结构。

黏性土的含水量对其物理状态和工程性质有重要影响。随着含水量的改变，黏性土将经历不同的物理状态。当含水量很大时，土是一种黏滞、流动的液体，即泥浆，此种状态被称为流动状态；随着含水量逐渐减少，黏滞、流动的特点渐渐消失而显示出塑性（所谓塑性就是指可以塑成任何形状而不发生裂缝，并在外力解除以后能保持已有的形状而不恢复原状的性质），这被称为可塑状态；当含水量继续减少时，则土的可塑性逐渐消失，从可塑状态变为半固体状态。如果同时测定含水量减少过程中的体积变化，则可发现土的体积随着含水量的减少而减小，但当含水量很小时，土的体积却不再随含水量的减少而减小了，这种状态被称为固体状态。

黏性土从一种稠度状态过渡到另一种稠度状态的含水量分界点被称为界限含水量。流动状态与可塑状态间的分界含水量被称为液限ω_L；可塑状态与半固体状态间的分界含水量被称为塑限ω_p；半固体状态与固体状态间的分界含水量被称为缩限ω_s。

可塑性是黏性土区别于砂土的重要特征。可塑性的大小以土处于塑性状态的含水量变化范围来衡量，从液限到塑限含水量的变化范围越大，土的可塑性越好。这个范围被称为塑性指数I_P，$I_P=\omega_L-\omega_P$。

塑性指数习惯上用不带“%”的数值表示。塑性指数是黏性土的最基本、最重要的物理指标之一，它综合反映了黏性土的物质组成，广泛应用于土的分类和评价。

液性指数I_L是表示天然含水量与界限含水量相对关系的指标，其表达式为：

$$I_L=\frac{\omega-\omega_p}{\omega_L-\omega_P} \tag{11-1}$$

式中：

ω：土的天然含水量，$\omega=\frac{e\gamma_\omega \cdot S_r}{\gamma_s}$。此式中，$e$为土的孔隙比；$\gamma_\omega$为水的天然容重；$S_r$为饱和度；$\gamma_s$为土的天然容重。

可塑状态的土的液性指数在0到1之间，液性指数越大，表示土越软；液性指数大于1的土处于流动状态；液性指数小于0的土则处于固体状态或半固体状态。

土体结构形成后，当外界条件发生变化时，土体结构会发生变化。例如，当土层在上覆土层的作用下被压实和固结时，结构将趋于更紧密地排列；土体卸载过程中土体的膨胀（如钻探取土过程中土体的膨胀或基坑开挖引起的基底隆起）会使土体结构松动；当土体失水干缩或介质发生变化时，盐类结晶胶结能增强土粒间的联结；外力（如施工期间对土体的扰动或剪应力的长期影响）会削弱土体结构，破坏土粒原来的排列和土粒间的联结，使絮状结构变为平行重塑结构，降低土的强度并增加其压缩性。因此，在取土试验或施工过程中，必须尽量减少对土的扰动，以避免破坏土体的原状结构。

三、地基岩土的工程分类

通常，作为建筑地基的岩土根据其性质划分，可分为岩石、碎石土、砂土、黏性土、粉土、人工填土和特殊土。

(1) 岩石（坚硬程度的）根据其标准试块的单轴抗压强度σ_c大小分为建坚硬岩石（$\sigma_c > 60$ MPa）、较硬岩（30 MPa $< \sigma_c \leq 60$ MPa）、较软岩（15 MPa $< \sigma_c \leq 30$ MPa）、软岩（5 MPa $< \sigma_c \leq 15$ MPa）、极软岩（$\sigma_c \leq 5$ MPa）。当缺乏岩石的单轴抗压强度的资料或者无法对其单轴抗压强度进行测定时，也可在现场通过观察进行定性的划分。岩石的风化程度可分为未风化、微风化、中等风化、强风化和全风化。

(2) 碎石土为粒径大于2mm的颗粒含量超过50%的土。根据粒径大小和占全重百分率，碎石土分为漂石、块石、卵石、碎石、圆砾及角砾6种。

碎石土的密实度可分为密实、中密、稍密和松散。

(3) 砂土为粒径大于2mm的颗粒含量不超过全重50%，粒径大于0.075mm的颗粒超过全重50%的土。砂土分为砾砂、粗砂、中砂、细砂及粉砂五种。

(4) 黏性土主要由粒径小于0.05mm的颗粒所组成，且其中粒径小于0.005mm的颗粒超过全重3%~6%的土。粒径小于0.005mm的颗粒在化学性质上具有内聚力，与水相互作用时表现出黏性，故被称为黏粒。黏性土的含水量对其工程性质有重要影响。对于同一种黏性土，当其含水量小于某一限度时，黏结力很强，呈坚硬的固态或半固态，强度很大；随着含水量增加，黏结力减弱，呈可塑状态；如果含水量增大到饱和则不再具有塑性，而开始呈流动状，力学强度急剧下降，甚至完全丧失。

(5) 粉土为介于黏性土和砂土之间的一种土。粉土的允许承载力与其孔隙比及含水量有关。孔隙比小、天然含水量小的粉土承载力高，反之承载力低。

(6) 人工填土是指由于人类活动而堆填形成的各类土，其物质成分杂乱，具有较强的非均质性。根据土的物质组成以及成因可进一步细分为素填土、杂填土和冲填土三种。

①素填土是由碎石土、砂土、黏性土等组成的填土。它含有的杂质较少，素填土经过分层压实或夯实后成为压实填土，如路基、河堤等。

②杂填土是含有一定的建筑工业垃圾或生活垃圾等杂物的填土。

③冲填土是由水力冲填泥沙形成的沉积土。

通常人工填土的材料强度低、压缩性高、具有较强的非均质性。特别是杂填土的成分复杂、工程性质较差。

（7）特殊土是指在成分、状态和结构上具有一定特殊性的土，它的分布具有一定的区域性。根据工程实践，可分为软土、红黏土、黄土、膨胀土、冻土和盐渍土等。这些特殊土由于不同的地理环境、气候条件、地质成因、物质成因等差异，形成了与一般土类不同的特殊性质。例如，西北、山西、河南西部的温陷性黄土，东北的季节性冻土，东南沿海的软黏土，广西、湖南、安徽等地的膨胀土等。

①软土：由细粒土组成，其孔隙比大、含水量高、强度低、具有较高的压缩性的结构性土层，主要包括淤泥、淤泥质黏性土和粉土。软土主要分布在河流、海滨、三角洲、湖泊周围等区域。

②湿陷性黄土：土体在一定压力下受水浸湿时产生湿陷变形量达到一定数值的土。该土在干燥时具有较高的承载力，但遇水后会迅速丧失承载力。

③红黏土：红黏土是指碳酸盐岩系出露区的岩石，经红土化作用形成并覆盖于基岩上的棕红、褐黄等颜色的高塑性黏土，其上硬下软，具有明显的收缩性。我国的红黏土分布较广，以贵州、云南、广西等省区最为典型。

④膨胀土：一般是指黏粒成分主要由亲水性黏土矿物（以蒙脱石和伊力石为主）所组成的黏性土。在环境和湿度变化时，膨胀土可产生强烈的胀缩变形，具有吸水膨胀、失水收缩的特性。已有的建筑经验证明，当土中水分聚集时，土体膨胀，可能对与其接触的建筑物产生强烈的膨胀上抬压力而导致建筑物的破坏；土中水分减少时，土体收缩可使土体产生程度不同的裂隙，导致其自身强度降低或消失。

拓展阅读11-1

⑤盐渍土：具有吸湿、松胀的特征，且土中的溶盐含量超过5%。盐渍土具有遇水溶解的性质，引起土体产生湿陷、膨胀以及毛细水上升的问题，导致以盐渍土作为地基的建筑物出现破坏。

⑥多年冻土：多年冻土是指温度等于或低于摄氏零度、含有固态水且这种状态在自然界连续保持3年或3年以上的土。当自然条件改变时，多年冻土会产生冻胀、融陷、热融滑塌等特殊不良地质现象，并发生物理力学性质的改变。

在施工中，一般多以土（岩）的开挖难易程度，来具体分类（见表11-1）。

表11-1 **土的工程分类**

类别	土的名称	开挖方法
第一类（松软土）	砂、粉土、冲积砂土层、种植土、泥炭（淤泥）	用锹、锄头挖掘
第二类（普通土）	粉质黏土，潮湿的黄土，夹有碎石、卵石的砂，种植土，填筑土和粉土	用锹、锄头挖掘，少许用镐翻松

续表

类别	土的名称	开挖方法
第三类（坚土）	软及中等密实黏土，重粉质黏土，粗砾石，干黄土及含碎石、卵石的黄土，粉质黏土，压实的填筑土	主要用镐，少许用锹、锄头，部分用撬棍
第四类（砾砂坚土）	重黏土及含碎石、卵石的黏土，粗卵石，密实的黄土，天然级配砂石，软泥灰岩及蛋白石	先用镐、撬棍，然后用锹挖掘，部分用大锤
第五类（软石）	硬石炭纪黏土，中等密实的页岩、泥灰岩、白垩土，胶结不紧的砾岩，软的石灰岩	用镐、撬棍或大锤，部分用爆破方法
第六类（次坚石）	泥岩，砂岩，砾岩，坚实的页岩、泥灰岩，密实的石灰岩，风化花岗岩、片麻岩	用爆破方法，部分用风镐
第七类（坚石）	大理岩，辉绿岩，玢岩，粗、中粒花岗岩，坚实的白云岩、砾岩、砂岩、片麻岩、石灰岩，风化痕迹的安山岩、玄武岩	用爆破方法
第八类（特坚石）	安山岩，玄武岩，花岗片麻岩，坚实的细粒花岗岩、闪长岩、石英岩、辉长岩、辉绿岩，玢岩	用爆破方法

第二节　土中应力的分布与土的强度

建筑结构的荷载通过基础传递给土体，土体在荷载作用下会产生应力，进而引发土体的变形。土体的变形将会造成建筑结构的下沉、倾斜，以及水平方向的移动等。土体变形过大时，会导致建筑结构发生失稳破坏。而土体的变形往往取决于其本身的力学性质，因此，土的力学性质是地基基础设计的重要依据。为了计算地基变形、验算地基承载力和进行土坡稳定性分析以及地基的勘察、处理等，都需要了解土的力学性质，包括土中应力的大小和分布规律、土的压缩性等相对简单的理论，以及土的抗剪强度、土的极限平衡等复杂理论。只有掌握了土体中应力计算的相关理论，才能够有效地解决建筑结构地基变形、土体失稳破坏等问题。

土中应力根据产生的原因分为两种，即自重应力和附加应力，二者之和称为土体的总应力。

自重应力：由土体自身重力引起的应力。自重应力是一直伴随着土体而存在的，因此也称为常驻应力。

案例 11-1

附加应力：外荷载作用于土体而产生的额外应力。外荷载包括建筑物荷载、车辆荷载、地震、撞击、土体自身的固结沉降等。

附加应力是引起土层力学性质变化的主要因素。在附加应力的作用下，地基土将会产生压缩变形，引起基础沉降。由于建筑物荷载差异和地基土不均匀等原因，基础各部分的沉降往往也不均匀。当不均匀沉降超过一定限度时，将导致建筑物开裂、倾斜甚至破坏。

一、土中自重应力

计算自重应力时，可假设地表面为水平的，且在水平方向是无限大的，即假定地基为半无限空间体。当地基为半无限空间体时，其任一竖直平面均为对称面，无剪应力存在。根据剪应力互等定理，匀质土任意水平面上的剪应力都为零（如图11-6所示）。

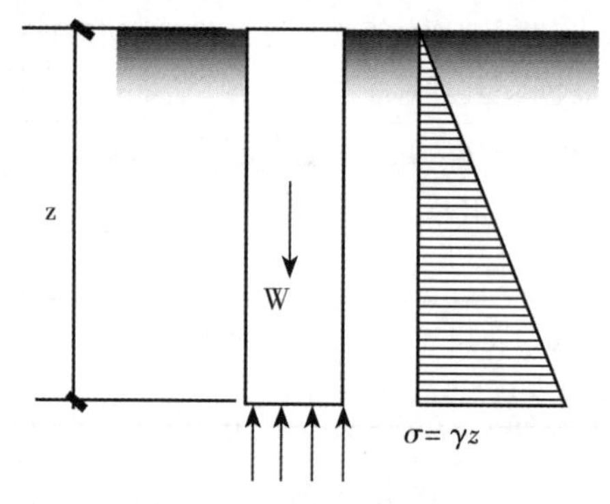

图11-6 土的自重应力

设地面以下土质均匀，天然重度为γ，若求地面以下深度为z处的自重应力，可取横截面积为1m³的土柱计算。土柱所受的自重力为$G=\gamma z$，即z处土的自重应力为：

$$\sigma=\gamma z \tag{11-2}$$

可见，匀质土的竖向自重应力随深度线性增加，呈三角形分布，而沿水平面的自重应力则呈均匀分布。

对于地下水的影响，要注意：地下水位以下的透水土层中的自重应力应减去土层所受到的浮力；不透水层中的自重应力应按其上覆盖土层的水与土总重计算。

在具有分层结构的土中，深度z点处上部的不同土层厚度分别为z_1，z_2,…，z_n，相应的重度分别为γ_1，γ_2，…，γ_n，因此该点处的自重应力为：

$$\sigma=\sum\gamma_i z_i \tag{11-3}$$

二、基底压力分布及其简化计算

建筑结构的各种荷载均是通过基础传递到地基上的，基础底面与地基之间存在接触应力，这个接触应力被称为基底压力。基底压力是建筑物的荷载通过基础传给地基的压力，也是地基作用于基础底面的反力，该反力用以进行基础结构的设计计算。

基底压力的分布及大小是计算地基中附加应力的基础。相关研究资料表明，影响基底压力分布的因素包括基础的刚度、平面形状、尺寸、基础埋深、土体的性质以及作用于基础的荷载大小及分布等。

如果基础本身刚度远大于土的刚度，地基与基础的变形协调一致，则将该基础置于硬黏性土层上时，由于硬黏性土不容易发生土颗粒侧向挤出，基底压力呈马鞍形分布；将该基础置于砂土表面上时，由于基础边缘的砂粒容易朝侧向挤出，基底压力呈抛物线形分布；如果将作用于该基础上的荷载加大，当地基接近破坏荷载时，应力图形又变为钟形（如图 11–7 所示）。

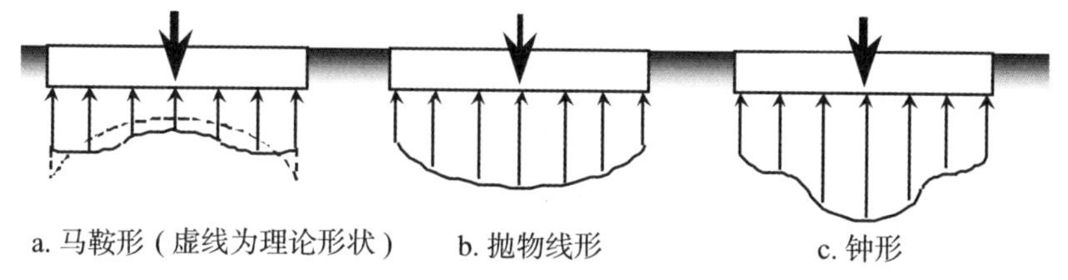

图11–7 刚性基础的基底压力分布

假设基础是由多个光滑无摩擦的小块组成的，且作用在基础上的力为均布荷载，则这种基础为理想柔性基础。在实际工程中，像路基、土堤、土坝及薄板基础等构筑物，其在竖向荷载作用下，抵抗弯矩很小，可将其看作理想柔性基础。柔性基础的刚度很小，在荷载作用下，基础随地基一起变形，其基底压力与上部荷载分布情况相同（如图 11–8 所示）。

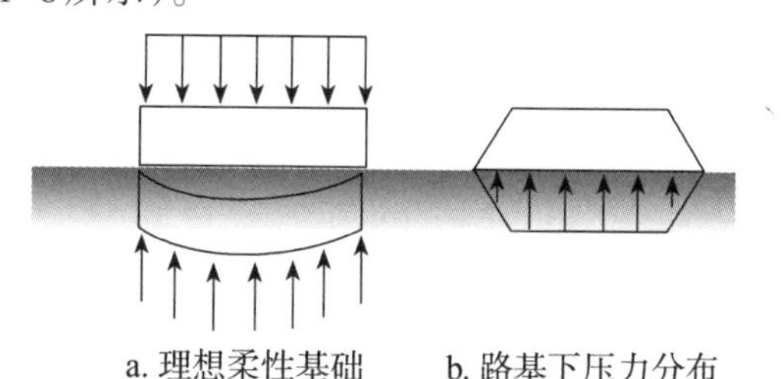

图11–8 柔性基础的基底压力分布

一般情况下影响基底压力的因素很多，很难准确全面地计算其分布。目前，在实际工程计算中，对基底压力的分布可假定其线性规律变化从而简化计算。

基底为矩形的基础在中心荷载作用下（如图 11–9 所示），假设基底压力为均匀分布，其平均压力值按下式计算：

$$P=(F+G)/A \tag{11-4}$$

式中：

P：基底的平均压应力。

F：结构传递给基础的力。

G：基础与其上部土层的自重。

A：基底面积。

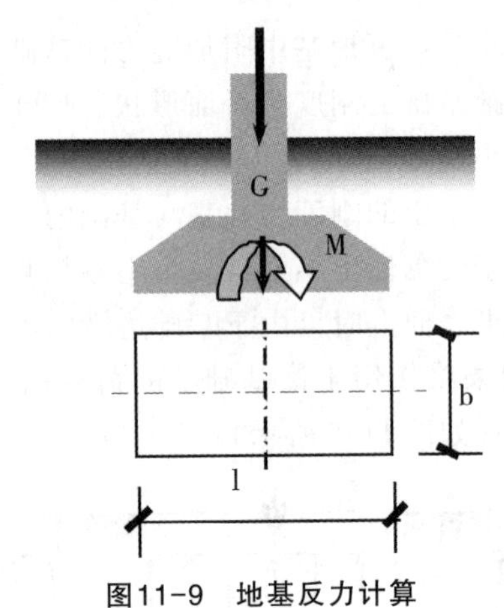

图11-9 地基反力计算

偏心荷载分为单向偏心和双向偏心。常见的为单向偏心，即偏心荷载作用于矩形基底的一个主轴上。设计时通常将基底长边方向取与偏心方向一致，此时基底边缘的最大压力 P_{max} 和最小压力 P_{min} 按下式计算：

$$P_{min}^{max}=\frac{F+G}{A}\pm\frac{M}{W} \tag{11-5}$$

式中：

M：作用于基础底面的力矩。

W：基础底面的抵抗矩。

偏心距 $e=M/(F+G)$，因此可将上式化简为：

$$P_{min}^{max}=\frac{(F+G)(1\pm\frac{6e}{l})}{lb}$$

式中：

l：矩形基础的长度。

b：矩形基础的宽度。

从图11-10可以看出，当 $e<l/6$ 时，基底压力呈梯形分布；当 $e=l/6$ 时，基底压力呈三角形分布，可利用偏心荷载下的基底压力分布公式计算基底压力。

当 $e>l/6$ 时，采用此公式计算将使地基与基础之间出现拉力，由于基底与地基间不能承受拉力，此时基底与地基局部脱开，而使基底压力重新分布，公式也不再适用。

根据静力平衡条件，偏心力应与三角形反力分布图的形心重合，并与其合力相等，由此可得基础边缘的最大压力为：

$$P_{max}=\frac{2(F+G)}{3ab}$$

式中：

a：单向偏心荷载作用点至基底最大压力边缘的距离，$a=l/2-e$。

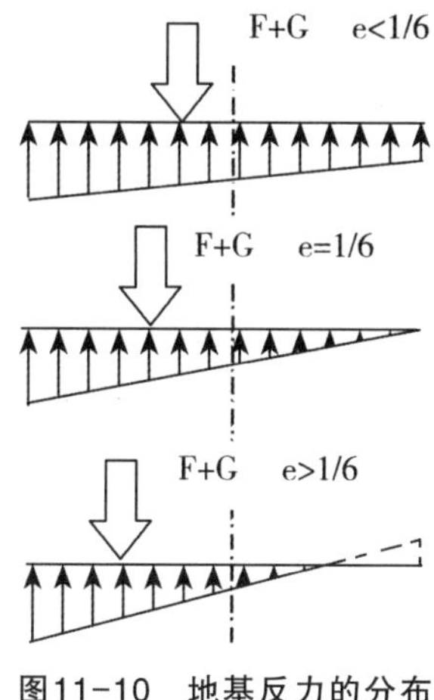

图11-10　地基反力的分布

三、土中的附加应力

由建筑物荷载或其他原因在地基中产生的超出原地基内部土自重应力的应力称为地基附加应力。对于附加应力的计算一般采用地基接触压力减去土体的自重应力求得。由于地基中某点处的自重应力并不随着上部荷载的变化而改变，是恒定的，而建筑物荷载在该点处产生的应力要附加于原有自重应力之上，故称为附加应力。附加应力是引起地基内部产生受力变化的根本原因，是导致地基丧失承载力与产生沉陷的关键因素。

地基附加应力的计算十分复杂，但可以将地基简化为无限弹性体，依据弹性理论将其推导出来，即对地基做如下假设：地基土均匀连续，各向同性，地基是线性变形半空间体。土力学试验表明，当地基上作用的荷载不大时，荷载与变形之间近似呈直线关系，理论计算的应力值与实测值相差不大，即在地基处于良好的承载状态时，该理论是成立的。

因此，基底平均附加压力可以按下式计算：

$$P_0=P-\sigma_c=P-\gamma d \tag{11-6}$$

式中：

P：基底地基反向应力。

σ_c：基底处自重应力。

γ：基底标高以上天然土层按分层厚度的加权重度。

d：基础埋置深度，简称基础埋深。

由公式可见，基础埋置深度与地基附加应力有着密切的关系——基础埋置深度越深，地基的附加应力越小。在地基与基础设计过程中，基底的附加应力扮演着十分关键的角色。在建筑结构施工前，由于土体中自重应力的存在，土体变形已经完成。当对建筑结构的基础开始施工时，基坑的开挖导致基底处的自重应力消失，随着建筑结构的修建，若建筑结构的荷载引起基底的应力与原自重应力相等时，则在地基中不会产生附加应力，地基也不会出现变形。只有建筑结构的荷载引起的基底压力大于其开挖土体的自重应力时，才会导致地基出现附加应力。因此，地基附加压力对计算地基中的附加应力和变形起着十分关键的作用。

从式（11-6）可以看出，加大基础埋深，可以有效降低基底所承受的附加应力的大小，保证地基的受力效果。对于高层建筑来说，由于建筑物较高，荷载巨大，地基反力较大，因此必须加大基础的埋置深度，以减小地基的附加应力，使地基处于安全状态。

四、地基土的强度

大量工程实践和试验分析表明，剪切破坏是土体破坏的主要破坏形式。因此，土体强度的实质就是其抗剪强度的问题。

土的抗剪强度是指土体对于外荷载所产生的剪应力的极限抵抗能力。在外荷载作用下，土体中将产生剪应力和剪切变形，当土体中某点由外力所产生的剪应力达到土的抗剪强度时，土就沿着剪应力作用方向产生相对滑动，该点便发生剪切破坏(如图11-11所示)。

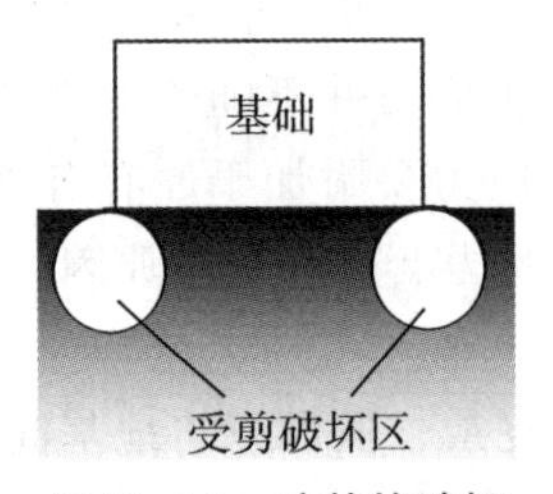

图11-11 地基的破坏

在工程实践中与土的抗剪强度有关的工程问题主要有3类：

第一类是以土作为建造材料的土工构筑物的稳定性问题，如土坝、路堤等填方边坡以及天然土坡等的稳定性问题。

第二类是以土作为工程构筑物的环境的安全性问题，即土压力问题，如挡土墙、地下结构等的周围土体，它的强度破坏将造成对墙体过大的侧向土压力，以至于可能导致这些工程构筑物发生滑动、倾覆等破坏事故。

第三类是以土作为建筑物地基的承载力问题，如果基础下的地基土体产生整体滑动或因局部剪切破坏而导致过大的地基变形，将会造成上部结构的破坏或影响其正常使用功能。

不同的土，其抗剪强度与不同因素有关。砂土的抗剪强度是由内摩阻力构成的，而黏性土的抗剪强度则由内摩阻力和黏聚力两个部分构成。

内摩阻力包括土粒之间的表面摩擦力和由于土粒之间的连锁作用而产生的咬合力。咬合力是指当土体相对滑动时，将嵌在其他颗粒之间的土粒拔出所需的力。土越密实，连锁作用越强。描述土体内摩阻力的指标是内摩擦角，角度越大，摩阻力越强。

黏聚力包括原始黏聚力、固化黏聚力和毛细黏聚力。原始黏聚力主要是由于土粒间水膜受到相邻土粒之间的电分子引力形成的。当土被压密时，土粒间的距离减小，原始黏聚力随之增大；当土的天然结构被破坏时，原始黏聚力将丧失一些，但会随着时间而恢复其中的一部分或全部。固化黏聚力是由于土中化合物的胶结作用而形成的，当土的天然结构被破坏时，则固化黏聚力随之丧失，并且不能恢复。毛细黏聚力是由毛细压力引起的，一般可忽略不计。

第三节　土的压缩性与地基沉降

一、土的压缩性

地基土在压力作用下体积缩小的特性被称为土的压缩性。相关试验表明，地基土在一般压力（100kPa~600kPa）作用下，土体的压缩变形主要有3个方面的原因：土颗粒发生相对移动，土中水及气体在外力的作用下从孔隙中排出，土颗粒和土中水被压缩。由于土颗粒和水被压缩的量与土的总压缩量之比微小，可以忽略不计，因此，土的压缩主要是因为土体中孔隙体积减少引起的。

土体压缩变形的快慢与土中水向周边的渗透速度有关。对于饱和的无黏性土，由于其透水性好，土体中的水分快速被排出，土的压缩过程耗时较短；而对于饱和的黏性土，由于其透水性差，土体排水慢，土体达到压缩稳定需要较长时间。土颗粒发生相对移动的情况也是有的，但较排水固结来讲，相对量较小。土体在外荷载作用下产生压缩的过程称为土的固结沉降。随着土体固结时间的增加，土体的物理力学性质也会不断得到改善。

土的压缩性高低以及压缩变形随时间的变化规律可通过压缩试验或现场荷载试验确定。

知识拓展11-4

地基土在外力作用下（附加应力）所产生的压缩也可以通过经验公式来进行计算。现有计算理论有弹性理论法、分层总和法、应力面积法等。

知识拓展11-5

1.弹性理论法

用弹性理论法计算地基沉降，其基本假定是：地基是均质的、各向同性的、线弹性的半无限体。此外，还假定基础整个底面和地基一直保持接触。该方法主要可以近似用来研究荷载作用面埋置深度较浅的情况。当荷载作用位置埋置深度较大时（如深基础），则应采用其他方法进行弹性理论法沉降计算。

2.分层总和法

在分层总和法计算过程中应该明确：

第一，在不同的深度范围内，土层中的附加应力不同，随着深度的增加，土层中的附加应力是递减的。递减的原因在于，随着深度的增加，基底压力在土中向下传递时，会逐渐扩散以致消减。因此，在计算土层的压缩过程中，当土层中的附加应力占自重应力的比例较小时（普通土20%以下，高压缩性土10%以下），就可以将其忽略。能够忽略附加应力的深度，就是计算土层压缩的深度范围，以下土层无须进行计算。

第二，由于土层分布的厚度、走向不均匀，因此在计算时要进行调整与忽略。所谓调整，是对于不同的土层要分别计算其压缩量，对于较厚的土层要分层计算其压缩量。所谓忽略，就是对岩层与土层走向的差异在小范围内进行适当忽略。正因如此，在地基设计中要注意尽可能避免地基的差异性过大。

3.应力面积法

应力面积法是国家标准GB 50007-2011《建筑地基基础设计规范》中推荐使用的一种计算地基最终沉降量的方法，故又被称为规范方法。应力面积法一般按地基土的天然分层面划分计算土层，引入土层平均附加应力的概念，通过平均附加应力系数，将基底中心以下地基中$z_{i-1}z_i$深度范围的附加应力按等面积原则转化为相同深度范围内矩形分布时的分布应力，再按矩形分布应力情况计算土层的压缩量，各土层压缩量的总和即为地基的计算沉降量。

地基的压缩计算较为复杂，对于地基具体的压缩计算，可以参考有关土力学的相关书籍。

二、控制地基的沉降量的意义

地基沉降也称地基的最终沉降量，是指当地基在建筑结构荷载作用下而被压缩达到稳定时的地基表面的沉降量。计算地基最终沉降量的目的是确定建筑物的最大沉降量、沉降差和倾斜，将其控制在容许范围以内，以保证建筑物的安全和正常使用。

即使地面的均匀沉降不会导致建筑结构的大面积损坏，特别是对上部结构与建筑功能影响甚微，但对结构的底层也存在显著的影响。它不仅会造成地面下陷导致其功能受损，还会伴随着排水困难等严重问题。

众多工程实践表明，地基的不均匀沉降将会导致建筑结构出现严重的破坏，严重威胁到人们的生命财产安全。结构由于不均匀沉陷会产生内应力的作用，从而导致开裂甚至破坏，整体建筑会产生倾斜甚至倒塌。对于垂直度要求极高的高层建筑，会由于微小的倾斜而报废，因为倾斜会导致电梯无法使用。

因此，对于建筑物来讲，必须要将地基沉降控制在一定范围内，才可以保证建筑物的正常使用。

三、地基变形与时间的关系

地基变形是有时间效应的，需要一定时间才能完成。地基变形随时间的变化情况与荷载的大小、排水条件、土的渗透性等因素有关。粗粒的碎石土和砂土地基，渗透性大，压缩性小，所以其固结稳定的时间短，可近似认为其在施工期间，固结沉降基本完成；具有高压缩性的黏性土和粉土，压缩变形过程较长，一般需要数十天甚至数年才能完成固结，例如厚的饱和软黏土层，其固结变形需要几年甚至几十年时间才能完成。

因此，实践中一般只考虑黏性土、粉土的沉降与时间的关系。

第四节　地基承载力

地基承载力是建筑结构地基基础设计的关键指标之一，各类地基承受基础传递的荷载，都具有一定的承载力，超过地基的承受力，建筑结构将会出现较大的不均匀沉降，进而导致建筑物开裂；如果地基承受的荷载超过其承载力较多，则可能会造成地基出现剪切破坏而整体滑动，进而造成建筑结构出现整体倾倒。

知识拓展 11-6

拓展阅读 11-2

一、地基破坏的过程

地基破坏的过程可以参照试验分析图示来确定（如图 11-12 所示）。

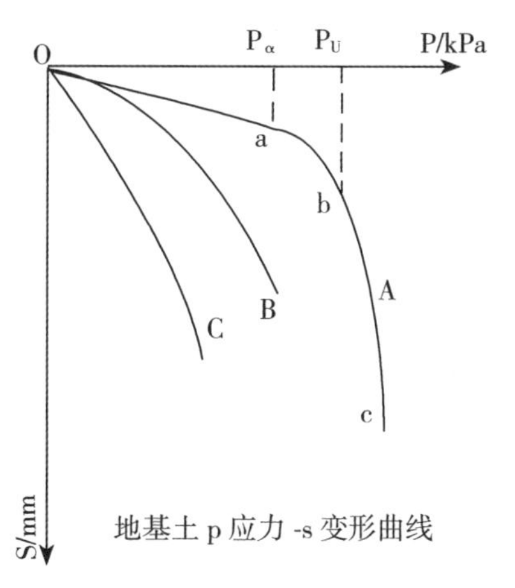

图11-12　地基破坏的过程

1.压密阶段

该阶段也被称为线弹性变形阶段，在这一阶段，p-s 曲线接近于直线，土中各点的剪应力均小于土的抗剪强度，土体处于弹性平衡状态。在这一阶段，基础的沉降主要是由于土的压密变形引起的。压密阶段相当于 p-s 曲线（A 曲线）上的 Oa 段。

2.剪切阶段

此阶段也被称为弹塑性变形阶段，在这一阶段，p-s 曲线已不再保持线性关系，沉降的增长率随荷载的增大而增加。在这个阶段，地基土中局部范围内（首先在基础边缘处）的剪应力达到土的抗剪强度，土体发生剪切破坏，这些区域也被称为塑性区。随着荷载的继续增加，土中塑性区的范围也逐步扩大，直到土中形成连续的滑动面。因此，剪切阶段也是地基中塑性区的发生与发展阶段。剪切阶段相当于p-s曲线（A曲线）上的ab段，而b点对应的荷载被称为极限荷载。

3.破坏阶段

当荷载超过极限荷载后，荷载板急剧下沉，即使不增加荷载，沉降也不能稳定，这表明地基进入了破坏阶段。在这一阶段，由于土中塑性区范围的不断扩展，最后在土中形成连续滑动面，土从载荷板四周挤出隆起，基础急剧下沉或向一侧倾斜，地基发生整体剪切破坏。破坏阶段相当于p-s曲线（A曲线）上的bc段。

二、地基破坏的形式

试验研究表明：地基剪切破坏的形式除了上述整体剪切破坏以外，还有局部剪切破坏和冲剪破坏两种形式（如图11-13所示）。

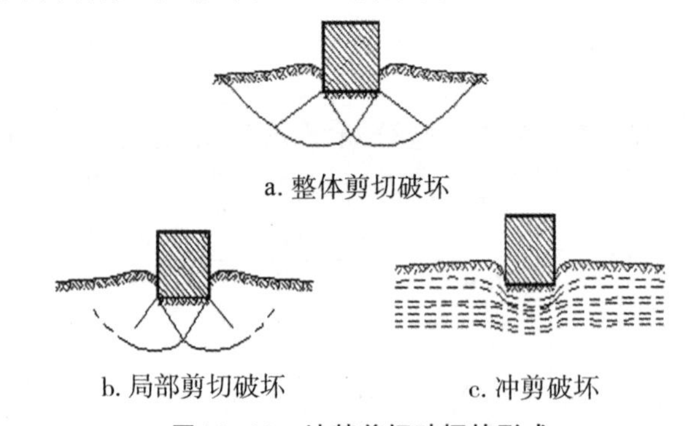

a. 整体剪切破坏

b. 局部剪切破坏　　c. 冲剪破坏

图11-13　地基剪切破坏的形式

局部剪切破坏的过程与整体剪切破坏相似，破坏也是从基础边缘下开始，随着荷载的增加，基础下塑性区仅仅发展到地基某一范围内，土中滑动面并不延伸到地面，基础两侧地面微微隆起，没有出现明显的裂缝。其p-s曲线如图11-12中的曲线B所示，在p-s曲线上也有一个转折点，但不像整体剪切破坏那么明显，在转折点之后，p-s曲线仍呈线性状态。

冲剪破坏又称刺入剪切破坏，它不是在基础下出现明显的连续滑动面，而是随着荷载的增加，基础将随着土的压缩近乎垂直向下移动。当荷载继续增加并达到某数值时，基础随着土的压缩连续刺入，最后因基础侧面附近土的垂直剪切而破坏。冲剪破坏的压力与沉降关系曲线类似局部剪切破坏的情况，也不出现明显的转折现象。刺入剪切破坏的p-s曲线如图11-12中的曲线C，在p-s曲线上没有明显的转折点，也没有明显的比例界限与极限荷载。

地基的破坏形式主要与土的压缩性有关，一般来说，对于密实砂土和坚硬黏土，将出现整体剪切破坏；而对于压缩性比较大的松砂和软黏土，将可能出现局部剪切或刺入剪切破坏。此外，破坏形式还与基础埋深、加荷速率等因素有关。当基础埋深较浅、荷载快速施加时，将趋向于发生整体剪切破坏；若基础埋深较大，无论是砂性土还是黏性土地基，最常见的破坏形态是局部剪切破坏。

三、地基承载力的定义

地基承载力是指地基土单位面积上所能承受荷载的能力，通常把地基土单位面积上所能承受的最大荷载称为极限荷载或极限承载力。这里所谓的能力是指地基土体在外荷载作用下保持稳定。

拓展阅读 11-3

目前，关于地基承载力的确定方法主要包括：

（1）根据现场荷载试验或者其他原位试验确定地基承载力。现场荷载试验是确定地基承载力最直接的方法。载荷试验是模拟基础受荷载的试验方法，在地基土上放置一块刚性载荷板（深度一般位于基底的设计标高处，荷载板面积一般约为 $0.5m^2$），然后在载荷板上逐级施加荷载，同时测定在各级荷载下载荷板的沉降量，并观察周围土位移情况，直到地基土破坏失稳为止。

根据试验结果可绘出载荷试验的p-s曲线（如图11-12所示）。如果p-s曲线上能够明显区分其承载过程的3个阶段，则可以较方便地定出该地基的比例界限荷载 p_{cr} 和极限承载力 p_u。若p-s曲线上没有明显的3个阶段，根据《建筑地基基础设计规范》，地基承载力基本值可按载荷板沉降与载荷板宽度或直径之比（s/b的值）确定，对低压缩性土和砂土可取s/b=0.01~0.015，对中、高压缩性土可取s/b=0.02。

在《建筑地基基础设计规范》中给出了各类土的地基承载力经验值。这些数据是在大量的荷载试验资料以及工程经验的基础上经过统计分析而得到的，在无当地经验时，可据此估算地基的承载力。

（2）按地基土的强度理论确定地基承载力。根据《建筑地基基础设计规范》GB50007-2011中给定的地基临界荷载的理论公式，以及结合经验得出的计算地基承载力的特征公式计算确定地基承载力。理论公式是在一定的假定条件下通过弹性理论或弹塑性理论导出的解析式，包括地基临塑荷载 p_{cr} 公式、临界荷载 $p1/4$ 公式、太沙基公式、斯肯普顿和汉森公式等，这里不再赘述。

（3）按经验方法确定地基承载力。该方法是通过荷载原位试验测试、经验值等方法确定地基承载力特征值，但是当基础宽度或者埋深大于一定值时，需要对按照经验确定的地基承载力特征值进行修正。

第五节　土坡的稳定问题

一、土坡的稳定破坏

在实际工程中，会形成各种土坡。土坡就是具有倾斜坡面的土体。土坡按照成因可以分为天然土坡和人工土坡。天然土坡是由地质作用而自然形成的山坡和江河湖海的岸坡，如山坡、江河的岸坡等；人工土坡是经过人工挖、填的土工建筑物，如基坑、基槽、路堑或填筑路堤、土坝等。

知识拓展11-7

土坡在重力或其他外力作用下，会在近坡面处出现向下滑动的趋势。滑动土体对不滑动土体产生相对位移，以致丧失稳定性的现象，称为滑裂面（如图11-14所示）。土坡失稳的力学机理在于在土坡失稳时刻土体内的剪应力大于其抗剪强度。

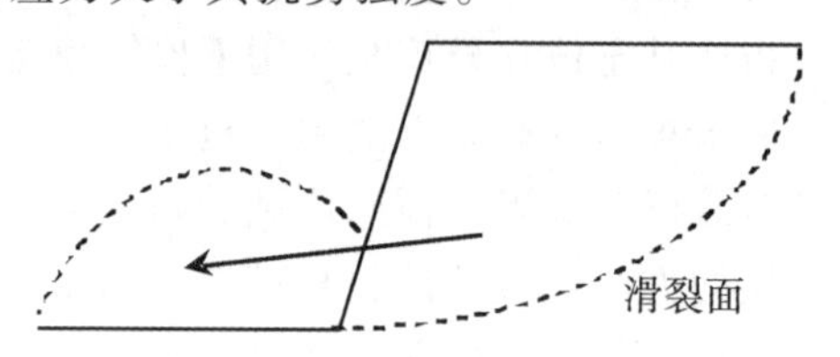

图11-14 土坡的滑动失稳

滑动失稳的原因一般有以下两类情况：

第一，外界力的作用破坏了土体内原来的应力平衡状态。例如，基坑的开挖，由于地基内自身重力发生变化，改变了土体原来的应力平衡状态。又如，路堤的填筑、土坡顶面上作用外荷载、土体内水的渗流、地震力的作用等也都会破坏土体内原有的应力平衡状态，导致土坡坍塌。

第二，土的抗剪强度由于受到外界各种因素的影响而降低，促使土坡失稳破坏。例如，外界气候等自然条件的变化，使土时干时湿、收缩膨胀、冻结、融化等，从而使土变松，强度降低；土坡内因雨水的浸入而湿化，强度降低；土坡附近因打桩、爆破或地震力的作用引起土的液化或触变，使土的强度降低。

二、土坡的设置

没有挡土结构的土坡，也不一定会产生失稳破坏。土在不采用挡土设施的情况下的直立高度被称为边坡土的自由高度。土质不同、地面荷载大小与性质不同、含水状况与地下水位的差异会形成不同的土坡自由高度。当土表面高差超过限值时，就需要放坡或设置土壁支撑。

边坡可做成直线形、折线形或踏步形（如图11-15所示）。

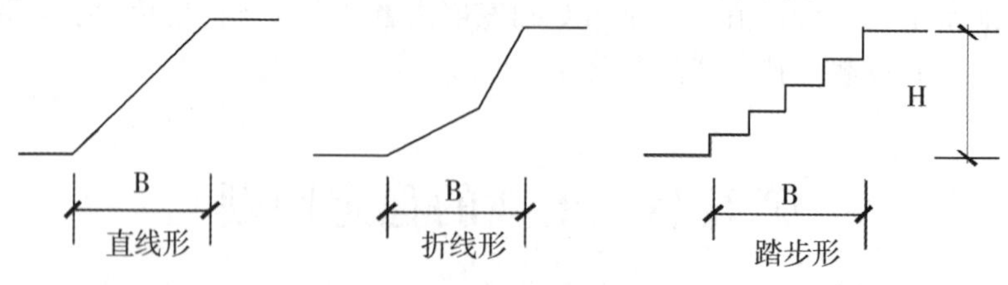

图11-15 边坡设置

土方边坡坡度以其高度H与底宽度B之比表示（m=H/B），被称为坡度系数。

在不同的状况下，不同的土的自由高度与边坡可以按表11-2来具体确定。

表11-2　**边坡系数**

土的类别	放坡起点（m）	放坡坡度系数		
		人工挖土	机械挖土	
			坑内作业	坑上作业
一、二类土	1.20	1：0.50	1：0.33	1：0.75
三类土	1.50	1：0.33	1：0.25	1：0.67
四类土	2.00	1：0.25	1：0.10	1：0.33

三、土压力的分类

要防止土坡失稳导致的破坏，首先必须明确，土的侧向压力是造成土坡失稳的关键原因。然后，必须明确土的侧向压力的特点与量值，制作有效的挡土结构。

知识拓展11-8

作用在挡土结构上的土压力，按挡土结构的位移方向、大小及土体所处的3种极限平衡状态，可分为3种：静止土压力、主动土压力和被动土压力（如图11-16所示）。

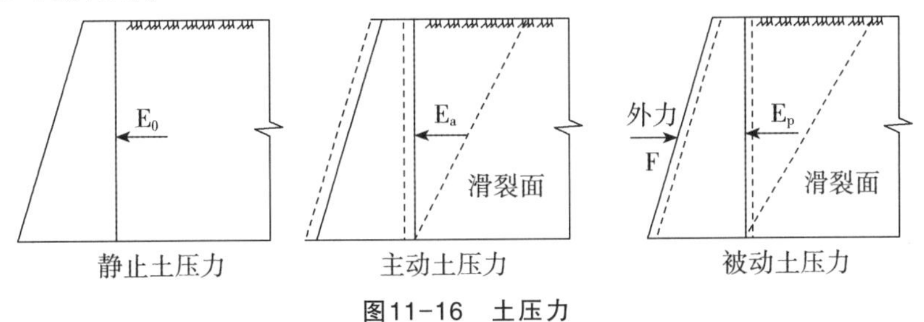

图11-16　土压力

1.静止土压力

如果挡土结构在土压力的作用下，其本身不发生变形和任何位移（平动或转动），土体处于弹性平衡状态，则这时作用在挡土结构上的土压力被称为静止土压力。

2.主动土压力

挡土结构在土压力作用下发生偏离土体方向的位移，随着这种位移的增大，作用在挡土结构上的土压力将从静止土压力逐渐减小。当土体达到主动极限平衡状态时，作用在挡土结构上的土压力被称为主动土压力。

3.被动土压力

挡土结构在荷载作用下发生朝向土体方向的位移，作用在挡土墙结构上的土压力从静止土压力逐渐增加。当土体达到被动极限平衡状态时，作用在挡土墙上的土压力被称为被动土压力。

在实际工程中，大部分情况下的土压力值均介于上述3种极限状态下的土压力值之间。土压力的大小及分布，与作用在挡土结构上的土体性质、挡土结构本身的材料及挡土结构的位移有关，其中挡土结构的位移情况是影响土压力性质的关键因素。

四、土压力的计算

1.静止土压力计算

静止土压力可根据半无限弹性体的应力状态进行计算。在土体表面下任意深度z处取一微小单元体，其上作用着竖向自重应力和侧压力（如图11-17所示），这个侧压力的反作用力就是静止土压力。

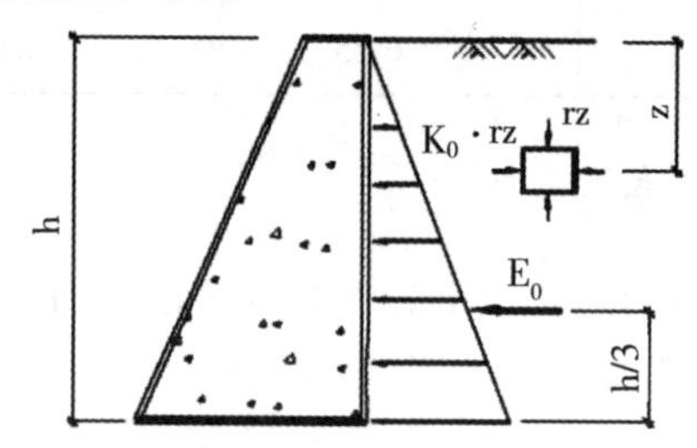

图11-17 静止土压力计算

根据半无限弹性体在无侧移的条件下侧压力与竖向应力之间的关系，该处的静止土压力强度p_0可按下式计算：

$$P_0=K_0\gamma z \tag{11-7}$$

式中：

K_0：静止土压力系数，其值可用室内或原位试验确定。

γ：土体重度（kN/m^3）。

因此可知，静止土压力沿挡土结构竖向为三角形分布。如果取单位挡土结构长度，则作用在挡土结构上的静止土压力E_0为：

$$E_0=\gamma h^2K_0/2 \tag{11-8}$$

式中：

h：挡土结构高度，单位为m；E_0的作用点在距墙底h/3处。

知识拓展11-9

静止土压力的计算主要应用于地下室外墙、挡土墙和拱座等不容许产生位移和不可能产生位移及转动的挡土墙。

其他土压力理论较为复杂，分别是朗肯（W. J. M. Rankine）于1857年提出的朗肯土压力理论和库仑（C. A. Coulomb）于1773年建立的库仑土压力理论。

2.朗肯土压力理论

朗肯土压力理论是朗肯（W. J. M. Rankine）于1857年提出的。它假定挡土墙背垂直、光滑，其后土体表面水平并无限延伸，此时土体内的任意水平面和墙的背面均为主应力平面（在这两个平面上的剪应力为零），作用在该平面上的法向应力即为主应力。朗肯根据墙后主体处于极限平衡状态，应用极限平衡条件，提出了主动土压力和被动土压力的计算方法。

3.库仑土压力理论

库仑土压力理论是库仑（C. A. Coulomb）于1773年提出的。库仑土压力计算存在三个假定：

（1）挡土墙后土体为均匀各向同性的无黏性土（c=0）；

（2）挡土墙后产生主动或被动土压力时，墙后土体形成滑动土楔，其滑裂面为通过墙根的平面；

（3）滑动土楔可视为刚体。

库仑土压力是根据滑动楔体处于极限平衡状态时的静力平衡来求解主动土压力和被动土压力的。

两种土压力理论的使用范围不同，朗肯土压力理论适用于挡土墙背面垂直、光滑，而且墙后填土表面水平的情况，此时墙后的土可以是黏性土或砂土，土层可以是均质的或是分层的。库仑土压力理论则适用于土层为均质砂土、墙背面与土表面均可能出现倾斜角的情况。

在不同的情况下使用的理论不同，现在已经有学者研究使用将两者统一的经验公式。具体的朗肯与库仑土压力的计算公式，请参考相关的土力学书籍。可以根据计算所得的土压力来设计挡土结构，以防止土坡失稳破坏。

第六节　基础的设计原理

一、地基、基础与荷载的关系

楼房、大坝、桥梁等各类建筑均建在地层之上，一般包含三部分，即上部结构、基础和地基。建筑结构的全部荷载均由其下面的地基承担；建筑物向地基传递荷载的部分称为结构的基础。基础将上部结构的荷载传递给地基，起到了承上启下的作用。地基每平方米所能承受的最大承载力称为地基允许的承载力，也称地耐力。当基础传递给地基的荷载超过地基允许的承载力时，地基将出现较大的不均匀沉降，进而导致建筑结构发生失稳破坏。

案例11-2

如果地基发生过量的变形，将导致建筑物倾斜、墙体开裂，甚至造成建筑物被破坏。当地基发生失稳破坏时，将会对人们生命财产安全造成严重的影响。因此，为保证建筑结构的安全和正常使用，地基应有足够的强度和安全度以保证地基变形在允许范围内。

地基承受的荷载，由上部结构传至基础底面的竖向荷载、基础自重及基础上部埋土重量组成。当荷载一定时，加大基础底面积可以减少单位面积地基上所受到的压力。

当地基承载力不变时，建筑总荷载越大，基础底面积也要越大；当建筑总荷载不变时，地基承载力越小，基础底面积也应越大。

基础的设计和施工直接关系到建筑结构的安全、经济和正常使用。所以，为保证安全、正常地承担并传递建筑物的荷载，除了应具有足够的强度和刚度以外，其材料和构造形式的选择，也应与上部结构的耐久性相适应。因此，基础的结构类型需要综合考虑建筑物的结构型式、荷载性质、荷载大小和地基土的情况。

二、基础的埋置深度

基础埋置深度是指室外设计地面至基础底面的距离。基础的埋置深度与地基承载力、变形和稳定性密切相关。基础应有适当的埋置深度，以保证其抗倾覆和抗滑移稳定性，否则可能导致严重后果。基础埋置深度的大小，直接影响着建筑物的工程造价、施工工期和施工技术措施，因此在满足强度和变形要求的前提下，基础应尽量浅埋。基础埋置深度如果太浅，将影响建筑物的稳定性，所以基础埋置深度一般不小于500mm；高层建筑基础埋置深度，一般为建筑高度的1/10~1/12。

为防止自然因素或人为因素造成基础损伤，影响建筑的安全，基础顶面应低于室外设计地面100mm。

根据基础埋置深度的不同，基础一般可分为浅基础和深基础：基础埋置深度为500mm~5 000mm时，被称为浅基础；超过5 000mm时，被称为深基础。

确定建筑结构基础埋深的因素很多，如建筑结构的功能、基础的构造要求、地基土的承载能力、地下水位的高低、土层冻结深度以及相邻建筑物基础的埋深等。合理确定基础埋深是设计环节中的一个重要考虑因素。

1.建筑结构的功能和基础的构造要求

建筑物的功能要求是影响基础埋深的首要影响因素。例如，当建筑结构需要设置地下室时，基础则要适当增加埋深提供必要的地下空间。对于需要严格控制沉降的建筑结构，需要调整埋深以满足建筑物的沉降要求。对于超静定结构，建筑结构的微小位移可能会导致其产生较大的内力，因此，此时基础需要埋置在承载力高的土层上。如因荷重分布不均匀而导致建筑结构出现不均匀沉降，基础应采用不同埋深的方案。

2.工程地质情况

基础必须建造在坚实可靠的地基土层上，不得设置在耕植土、淤泥等软弱土层上。从附加应力原理也可以知道，适当增加基础的埋置深度，也可以有效降低附加应力的大小，提高地基对基础的承载能力。如果地基直接坐落在承载力高的土层上，且土质分布均匀，基础宜浅埋，但埋置深度不得低于500mm。若地基的上部土层为软弱土层，应适当加深基础埋置深度，越过软弱土层或减小附加应力。当软弱土层较厚（一般深达2 000mm~5 000mm）时，加深基础埋置深度不经济，可改用人工地基或采取其他结构措施。此时最好的办法是采用桩基础，越过该土层，直接将荷载传递至下部的良好土层。

3.水文地质情况

基础应设置在地下水位以上，以避免施工时进行基槽排水。此外，地下水位的高低及其随季节的升降等因素也直接影响着地基的承载力。例如，黏性土遇水后，因土中含水量增加，体积膨胀，土的承载力下降；而含有侵蚀性物质的地下水，会对基础产生腐蚀。所以，建筑物的基础应尽可能埋置在地下水位以上。如必须埋置在地下水位以下时，应将基础底面埋置在最低地下水位200mm以下，避免基础底面处于地下水位变化的范围之内，这样可以获得比较稳定的水文环境，有利于基础在稳定的状态下工作。当地下水含有腐蚀性物质时，基础应采取防腐蚀措施。

4.地基土的冻结深度

地面以下的冻结土层与非冻结土层的分界线被称为冰冻线或冻结深度。一年内冻结和解冻交替出现的土层被称为季节性冻土。土的冻结深度取决于当地的气候条件，我国严寒地区土的冻结深度最大可达3 000mm。在寒冷地区的冬季，上层土中的水因温度降低而发生冻结。土冻结后因含水量增加，会出现冻胀现象。春季回暖，温度升高，冻土层解冻时会导致土层承载力下降，产生融陷现象。土中水分冻结后，土体积增大的现象被称为冻胀，冻土融化后产生的沉陷被称为融陷。冻胀和融陷都会导致建筑结构出现不均匀变形，影响建筑结构的正常使用，甚至会导致失稳破坏。土壤冻胀现象及其严重程度与地基土的颗粒粗细、含水量、地下水位高低等因素有关。冻而不胀或冻胀轻微的地基土，基础埋深可不考虑冻胀的影响；而地基土为冻胀性土时，基础埋深宜大于冻结深度，一般将基础底面埋置在冰冻线以下约200mm，以避免冻土的影响。在我国北方严寒地区，到达地面以下一定深度后就会出现永久冻土——终年不融化，此时建筑物的地基宜坐落在永久冻土深度线以下，以确保基础有相对稳定的工作环境。

5.相邻建筑物的基础埋置深度

如果新建建筑结构周围存在距离较近的原有建筑物时，为保证原有建筑物的安全，新建建筑结构的基础埋置深度应尽量小于或等于原有建筑物基础的埋置深度。当新建建筑物基础的埋置深度必须大于原有建筑物基础时，两基础间应保持一定净距，一般为相邻基础底面高差的1~2倍（如图11-18所示）。

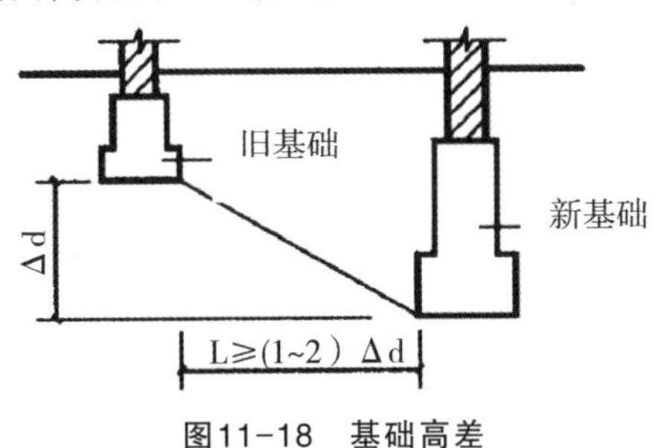

图11-18　基础高差

此外，对于新建建筑物的基础埋置深度，还应综合考虑新建建筑物的设备基础、地下设施、有无地下室以及与周边市政设施的连接状况等。

三、基础的稳定性

基础还具有抵抗水平荷载的能力。基础埋置深度越大，侧向土压力对基础及建筑结构的抗倾覆作用越显著。因此，在可能存在较大的水平荷载和竖向荷载作用时，基础的埋深应考虑建筑的整体稳定性。尤其是在土坡边缘的基础，会由于土坡失稳而导致失稳。

为防止基础随土坡失稳，我国《建筑地基基础设计规范》规定，位于稳定土坡坡顶上的建筑，当垂直于坡顶边缘线的基础底面边长小于或等于3m时，其基础底面外边缘线至坡顶的水平距离应符合下式要求，但不得小于2.5m（如图11-19所示）。

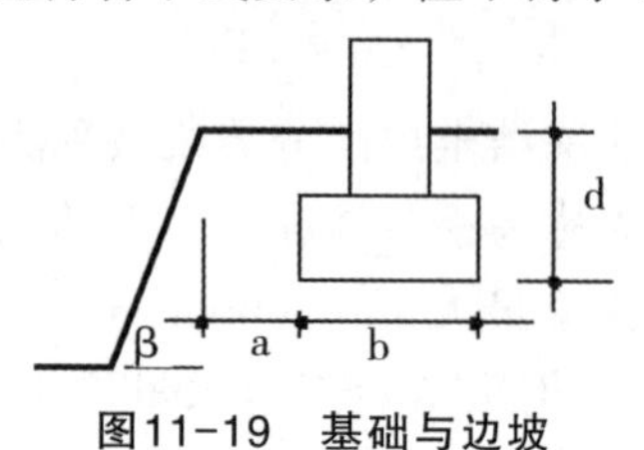

图11-19 基础与边坡

对于条形基础：

$$a \geqslant 3.5b - d/tg\beta \tag{11-9}$$

对于矩形基础：

$$a \geqslant 2.5b - d/tg\beta \tag{11-10}$$

式中：

a：基础底面外边缘线至坡顶的水平距离。

b：垂直于坡顶边缘线的基础底面边长。

d：基础埋置深度。

β：边坡坡角。

四、基础的类型与构造

知识拓展11-10

基础的作用是将建筑结构的上部荷载传递给地基，以确保地基不会产生较大变形导致其失稳破坏。因此，基础的结构类型的选择需要因地制宜，综合考虑建筑结构的形式、荷载的性质、大小以及地基土层的承载力等情况。

1.刚性基础与柔性基础

基础根据其受力特点及使用材料，可分为刚性基础与柔性基础。

（1）刚性基础：一般采用以承担压力为主的脆性材料进行建造，且刚性基础仅能承担压力。

（2）柔性基础：采用可以承担拉力的相对延性材料进行建造，柔性基础在承担压力的同时还可以承受弯矩。

对于刚性基础（如图11-20所示），为了满足地基承载力的要求，基础底面宽度（或面积）多远远大于上部墙或柱的宽度。上部结构荷载在基础中是沿着一定角度向下扩散的，这个角被称为力的扩散角，也被称为基础的刚性角α。基础底面宽度超过力的扩散角部分，相当于一个倒置的悬臂构件，它的底面受拉，当拉应力超过基础材料的抗拉强度时，基础底面将出现裂缝并导致破坏。当采用抗压强度高，抗拉、抗剪强度远低于其抗压强度的材料（如砖、石、混凝土等）做基础时，为保证基础不出现弯曲或冲切破坏，基础就必须具有足够的高度，以保证基础底面宽度在力的扩散角范围内。凡受刚性角限制的基础，被称为刚性基础。不同材料具有不同的刚性角，通常用基础的挑出长度与高度之比表示（通称宽高比）。

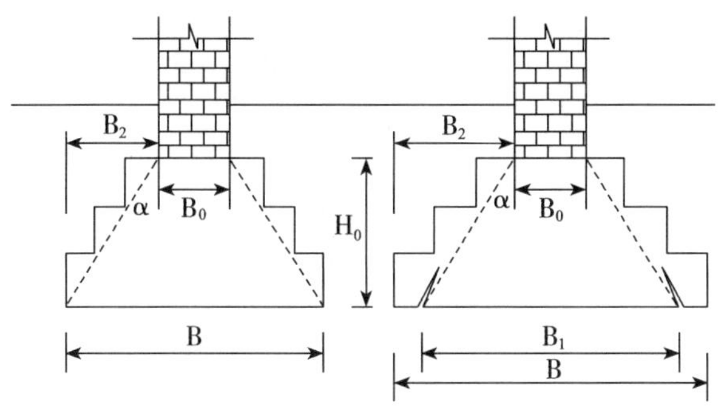

图11-20　刚性基础

建筑物的荷载较大，地基承载力较小时，基础底面必须加宽。如果仍采用砖、石、混凝土做基础，为满足刚性角的要求，基础必须有相应的高度，这样势必加大基础的埋置深度，既不经济，施工又麻烦。如果在混凝土基础的底部配置钢筋，利用钢筋来承受拉应力，基础可承受较大的弯矩。不受刚性角限制的基础被称为柔性基础（如图11-21所示）。柔性基础可以承担弯矩的作用，可以将基础高度降低，在满足承载力的条件下，可减少埋置深度，降低工程成本。

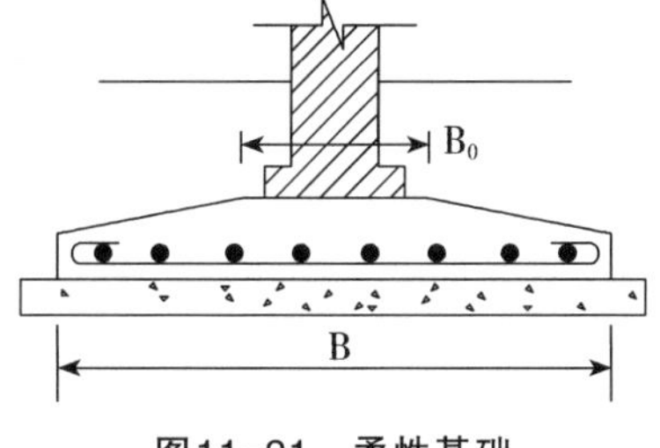

图11-21　柔性基础

2.常规基础的形式

建筑物的上部结构型式、荷载分布、大小以及地基土的承载力等因素决定了基础的类型。特别是上部结构型式直接决定了基础类型的选择，但当上部荷载分布不均匀、荷载较大或地基土质出现变化时，基础的形式也应随之变化。

（1）条形基础

基础设置成连续长条的基础即为条形基础。条形基础具有良好的承载力，例如承重墙的基础一般设置为条形基础。条形基础整体性好，可防止或减缓基础的不均匀沉降。条形基础多为砖、石、混凝土基础，也可采用钢筋混凝土条形基础。采用砖、石、混凝土等脆性材料的条形基础，其横截面应符合刚性角的基本要求。

当地基条件较差或上部荷载较大时，可以将两个方向的条形基础拼接成十字交叉的井字形基础。这种井字形基础又称柱下交梁基础，它不仅可以提高建筑结构的整体刚度，还可以有效避免不均匀沉降的出现（如图11-22所示）。

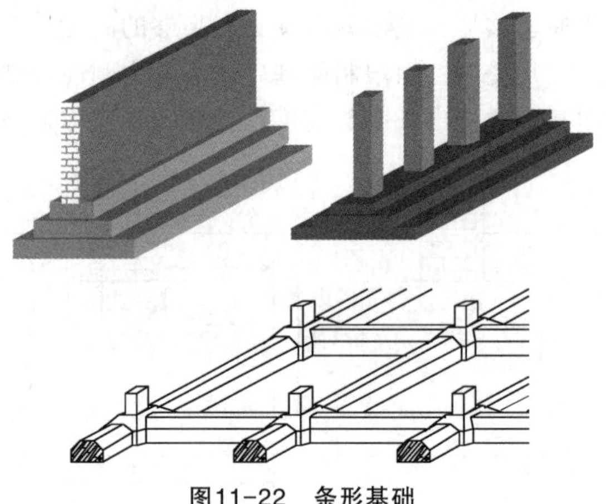

图11-22 条形基础

（2）独立基础

当建筑物为柱承重结构，且柱距较大时，基础常采用单独基础，也称独立基础、杯形基础或柱下独立式基础。独立基础是柱下基础的基本形式，常用的断面形式有阶梯形、锥形等。当柱采用预制构件时，则独立基础做成杯口形，将柱子插入杯口内并嵌固，故又称杯形基础。当建筑物上部为墙承重结构，也可采用独立基础，此时需在独立基础上设基础梁来支承墙体。

独立基础受力各自独立，因此对其设计也是各自独立的，每个基础的底面积埋置深度均可能不同。独立基础易产生不均匀沉降。由于独自受力，对于岩层变化剧烈的地基，基础之间容易高差过大而导致滑坡，施工中应特别加以注意。

当上部荷载较大，地基承载力又差，采用前述基础类型难以满足建筑物的整体刚度和地基变形要求时，可将墙或柱下基础做成一块整板，这被称为满堂基础。

满堂基础按其结构型式的不同分为筏形基础和箱形基础两种（如图11-23所示）。

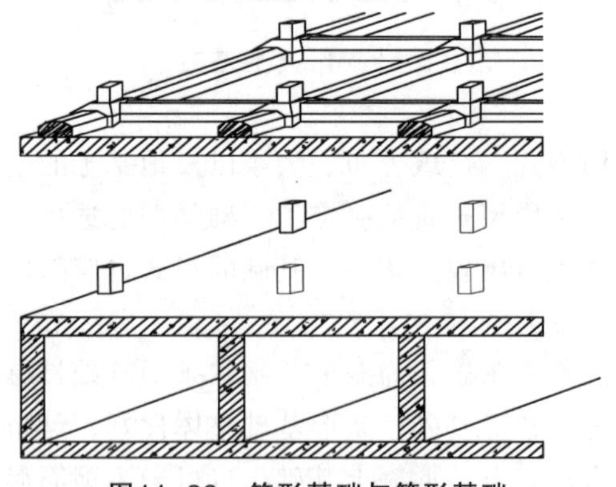

图11-23 筏形基础与箱形基础

（3）筏形基础

当建筑结构的荷载较大、地基土质较差、地下水位常年在地下室地坪以上、采用单独基础或者条形基础均不能满足地基承载力的要求时，通常将整个建筑物底部做成一片连续的钢筋混凝土板基础，这种基础称为筏形基础。筏形基础不仅可以提高地基的承载力，还能够有效地防止地下水渗入地下室。筏形基础根据刚度的不同，可以分为板式结构（等厚度）和梁板式筏板（下翻地梁）两种。板式结构的板厚度较大，构造简单；梁板式筏板的板厚度较小，经济且受力合理，但板顶不平，在地面铺设前应将梁间空格填实或在梁间铺设预制钢筋混凝土板。在筏形基础中，在井格式基础下方用钢筋混凝土板连成一片，大大地增加了建筑物基础与地基的接触面积，换句话说，使单位面积地基土层承受的荷载减少了，这种基础适合于软弱地基。

（4）箱形基础

为了提高基础板的刚度，以减小不均匀沉降对建筑物的影响，通常把地下室的地板、顶板、侧墙以及一定数量的内墙做成一个整体刚度很大的箱形结构，这种基础即为箱形基础。箱形基础具有刚度大、整体性好等特点，而且其内部中空部分可形成地下室。然而，由于隔板是连接上顶板与下底板的重要构件，不能取消或减少，因此箱形基础中对地下空间的利用会受到种种限制。

（5）桩基础

当建筑物荷载较大，地基的软弱土层厚度在5 000mm以上时，对沉降量限制较严或对围护结构等几乎不允许出现裂缝的建筑物，往往采用桩基础。桩基础具有节省材料、减少土方工程量、改善劳动条件、缩短工期等优势。

桩按传力方式不同，可以分为两类（如图11-24所示）：

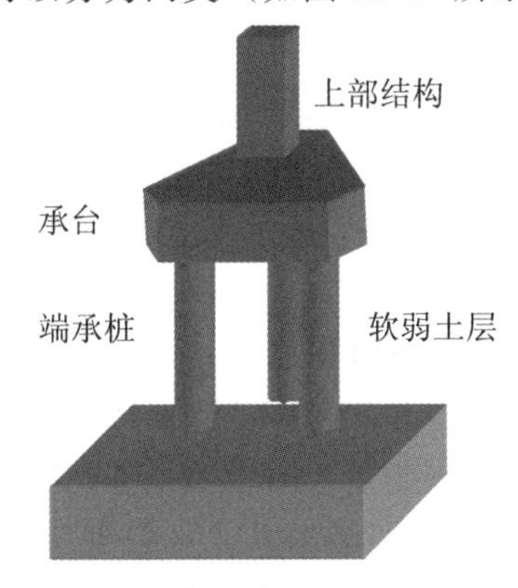

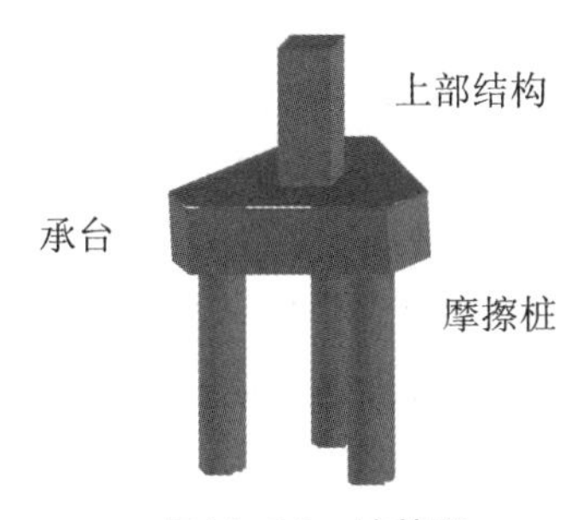

图11-24　桩基础

端承桩——通过桩端将上部荷载传给较深的坚硬土层，适用于表层的软弱土层不太厚，而下部为坚硬土层的地基情况。

摩擦桩——通过桩表面与周围土壤的摩擦力和桩尖的阻力将上部荷载传给地基，适用于软弱土层较厚，而坚硬土层距地表很深的地基情况。

桩基础的种类很多，根据材料不同，一般分为木桩、混凝土桩、钢筋混凝土桩和钢桩等；根据桩的断面形式不同，分为圆形桩、方形桩及工字形桩等；根据施工方法的不同，分为预制桩、灌注桩及爆扩桩等。

大多数桩基础由承台和桩群两部分组成。承台设于桩顶，把各单桩连成整体，并把上部结构的荷载均匀地传递给各桩，再由桩传至地基。桩顶进入承台梁长度不宜小于50mm，承台梁高度一般不小于300mm，宽度不得小于桩直径（或桩边长）的2倍。在寒冷地区，承台梁下一般铺设100mm~300mm厚的干炉渣或粗砂防冻胀层。当桩比较粗大时，尤其桩的直径已经大于柱的对角线时，可以不设承台，直接将柱坐落于桩上。有些书称此种基础为墩台式基础。

五、独立基础的设计计算

基础应在符合设计规范的前提下，按照因地制宜、就地取材的原则，根据地质勘探资料，综合考虑建筑结构的类型、材料、施工条件、技术水平等因素，精心设计，保证建筑物的安全正常使用。在建筑结构众多基础类型中，独立基础是多层框架结构与排架结构常用的基础形式，相对于其他基础类型，设计较为简单，独立基础的设计也是各种基础设计的基础。根据上部结构的需要，独立基础可以设计成杯口基础——适于预制柱结构，或是台阶式整体基础——适于现浇柱结构。

独立基础设计，包括以下几方面：

1.基础的埋置深度与基础底面面积

基础埋置深度的选择与其他基础相同，主要依据地基土层的分布情况、当地的气候状况、建筑物的特定要求来确定。对于独立基础来说，不同基础可以采用不同的埋置深度，会形成不同基础之间的高差。如果地基土层属于开挖相对容易的土层，那么可以按照相邻基础高差的处理原则进行处理，但如果基础坐落于坚硬的岩石上，则会加大施工难度。

此时采取的办法，经常是对于不同的基础，在施工中分别使其达到设计标高，如果相邻基础高差不满足要求——较高基础的边缘至较低基础基坑边缘的距离小于基础高差时，较低基础的基坑可以采用毛石混凝土回填C20混凝土、400mm粒径毛石至较高基础的底面。

基础底面面积则可根据基础底面荷载、地基强度、基础埋深、沉降控制要求等指标共同确定。

2.基础高度

基础高度应满足两个要求：构造要求与混凝土受冲切承载力的要求。

构造要求是有关设计规范的基本要求。所谓冲切，与刚性基础的刚性角类似，是指柱与基础交接处，由于柱的轴向力向混凝土内扩散所形成的对于混凝土的作用（如图11-25所示）。

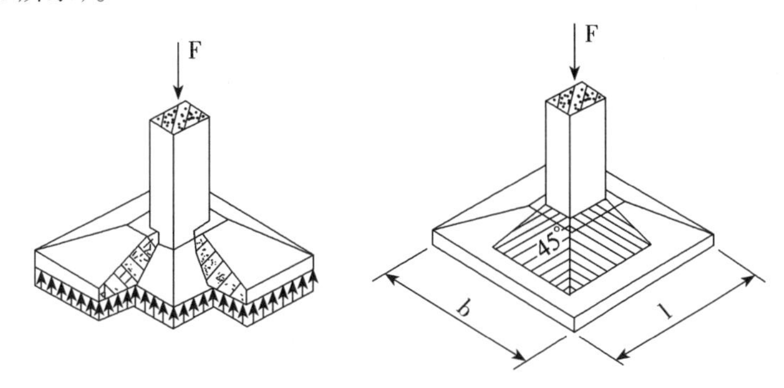

图11-25　独立基础的冲切

试验结果表明，当基础高度（或变阶处高度）不够时，柱传给基础的荷载将使基础发生冲切破坏，即沿柱边大致呈45°方向的截面被拉开而形成图角锥体破坏。为了防止冲切破坏，必须使冲切面外的地基反力所产生的冲切力小于或等于冲切面处混凝土的受冲切承载力。对于矩形截面柱的矩形基础，在柱与基础交接处以及基础变阶处的受冲切承载力可按下列临界公式计算：

$$F_l=0.7\beta_{hp}f_t a_m h_0 \tag{11-11}$$

$$a_m=(a_t+a_b)/2 \tag{11-12}$$

$$F_l=P_j A_l \tag{11-13}$$

式中：

β_{hp}：受冲切承载力界面高度影响系数，当h不大于800mm时，β_{hp}取1.0；当h大于或等于2 000mm时，β_{hp}取0.9，其间用线性内插法取用。

f_t：混凝土轴心抗拉强度设计值（kPa）。

h_0：基础冲切破坏锥体的有效高度（m）。

a_m：冲切破坏锥体最不利一侧计算长度（m）。

a_t：冲切破坏锥体最不利一侧斜截面的上边长（m），当计算柱与基础交接处的受冲切承载力时，取柱宽；当计算基础变阶处的受冲切承载力时，取上阶宽。

a_b：冲切破坏锥体最不利一侧斜截面在基础底面积范围内的下边长（m）。当冲切破坏锥体的底面落在基础底面以内（如图11-26a、图11-26b所示），计算柱与基础交接处的受冲切承载力时，取柱宽加两倍基础有效高度；当计算基础变阶处的受冲切承载力时，取上阶宽加两倍该处的基础有效高度。

P_j：扣除基础自重及其上土重后相应于荷载效应基本组合时的地基土单位面积净反力（kPa），对偏心受压基础可取基础边缘处最大地基土单位面积净反力。

A_l：冲切验算时取用的部分基底面积（m^2）（如图11-26a、图11-26b中的阴影面积ABCDEF）。

P_j：相应于荷载效应基本组合时作用于A_l上的地基土净反力设计值（kPa）。

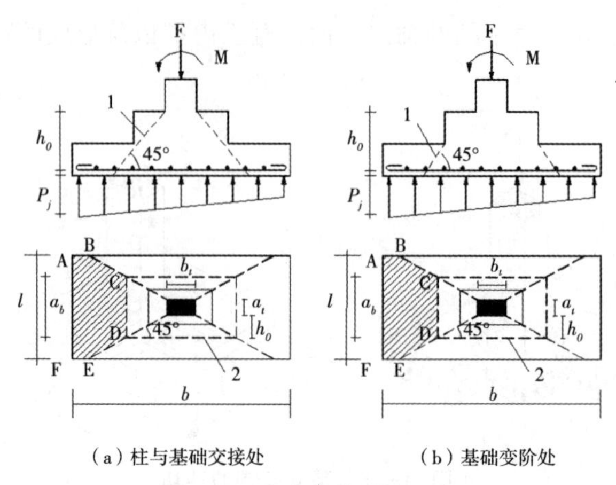

（a）柱与基础交接处　　（b）基础变阶处

图11-26　独立基础的设计

设计时，一般是根据构造要求先假定基础高度，然后按公式验算。如不满足，则应将高度增大再行验算，直至满足。当基础底面落在45°线（即冲切破坏锥体）以内时，可不进行受冲切验算。

3.基础配筋设计

计算基础底面地基土的反力时，应计入基础自身重力及基础上方土的重力，但是在计算基础底板受力钢筋时，由于这部分地基土反力的合力与基础及其上方土的自重力相抵消，因此这时地基土的反力中不应计入基础及其上方土的重力，即以地基净反力P_n来计算钢筋。

基础底板在地基净反力作用下，在两个方向都将产生向上的弯曲，因此需在底板两个方向都配置受力钢筋。配筋计算的控制截面一般取在柱与基础交接处或变阶处（对阶形基础）。计算弯矩时，一般将基础视作固定在柱周边变阶处（对阶形基础）的四面挑出的悬臂板。

对轴心受压基础，沿长边b方向的截面I—I处的弯矩M_1等于作用在梯形面积ABCD上的地基净反力P_n的合力与该面积形心到柱边截面的距离相乘之积，根据力学原理：

$$M_I=p_n(b-h_c)^2\ (2l+b_c)\ /24 \tag{11-14}$$

沿长边b方向的受拉钢筋截面面积A_{s1}，可近似按下式计算：

$$A_{sI}=M_I/0.9f_y h_{01} \tag{11-15}$$

式中：

h_{01}：截面I—I的有效高度。

同理，沿短边l方向，对柱边截面Ⅱ—Ⅱ的弯矩$M_{Ⅱ}$为：

$$M_{II}=p_n(l-b_c)^2\ (2b+b_c)\ /24 \tag{11-16}$$

沿短边方向的钢筋一般置于沿长扭钢筋的上面，如果两个方向的钢筋直径均为d，则截面Ⅱ—Ⅱ的有效高度$h_0=h_{01}-d$，于是，沿短边方向的钢筋截面面积A_{sII}为：

$$A_{sII}=M_{II}/0.9f_y\ (h_{01}-d) \tag{11-17}$$

独立基础配筋设计如图11-27所示。

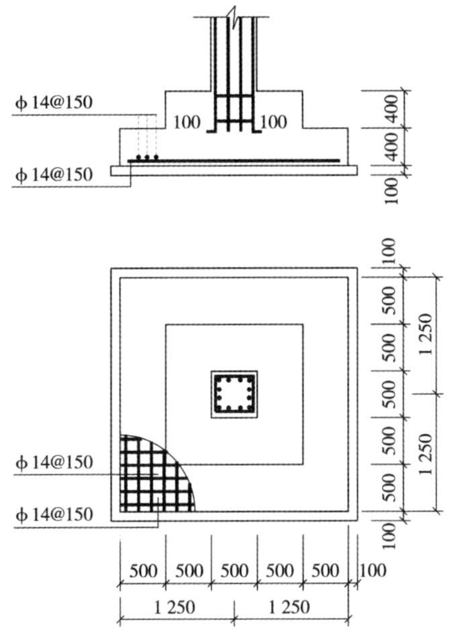

图11-27　独立基础配筋设计图

4.独立基础的构造

轴心受压基础的底面一般采用正方形。偏心受压基础的底面应采用矩形，长边与弯矩作用方向平行，长、短边长的比值在1.5~2.0之间，不应超过3.0。锥形基础的边缘高度不宜小于300mm，阶形基础的每阶高度宜为300mm~500mm。

混凝土强度等级不应低于C15，常用C15或C20。基础下通常要做素混凝土（一般为C10）垫层，厚度一般采用100mm，垫层面积比基础底面积大，通常每端伸出基础边100mm。

底板受力钢筋一般采用HRB335或HPB300级钢筋，其最小直径不宜小于8mm，间距不宜大于200mm。当有垫层时，受力钢筋的保护层厚度不宜小于35mm，无垫层时不宜小于70mm。

基础底板的边长大于3m时，沿此方向的钢筋长度可减短10%，但应交错布置。

对于现浇柱基础，如与柱不同时浇灌，其插筋的根数与直径应与柱内纵向受力钢筋相同。插筋的锚固及与柱的纵向受力钢筋的搭接长度应符合《混凝土结构设计规范》的规定。

对于预制的杯口基础，预制柱插入基础杯口应有足够的深度h_1，使柱可靠地嵌固在基础中，插入深度应满足表11-3的要求。

表11-3　**杯口基础插入深度**　单位：mm

<500	$500 \leqslant h<800$	$800 \leqslant h<1\,000$	$h>1\,000$
$1-1.2h$	h	$0.9h$	$0.8h$
		$\geqslant 800$	$\geqslant 1\,000$

注：①h为柱截向长边尺寸。

②柱轴心受压或小偏心受压时，h_1可适当减小；偏心距大于$2h$时，h_1应适当加大。

同时h_1还应满足柱纵向受力钢筋锚固长度的要求和柱吊装时稳定性的要求，即应使$h_1 \geqslant 0.05$倍柱长（指吊装时的柱长）。

除了插入的深度，对于预制基础的杯底厚度a_1和杯壁厚度t也有相关要求（见表11-4）。

表11-4 预制基础的杯底厚度a_1和杯壁厚度t 单位：mm

柱截面边长尺寸h	杯底厚度a_1	杯壁厚度t
<500	≥150	150~200
500≤h<800	≥200	≥200
800≤h<1 000	≥200	≥300
1 000≤h<1 500	≥250	≥350
1 500≤h<2 000	≥300	≥400

注：①双肢柱的杯底厚度值可适当加大。

②当有基础梁时，基础梁下的杯壁厚度，应满足其直堆宽度的要求。

③柱子插入杯口部分的表间应凿毛；柱子与杯口之间的空隙，应用比基础混凝土强度等级高一级的细石混凝土充填密实。

第七节　小结

地基与基础直接关系结构整体的安全与稳定，在结构设计过程中至关重要。地基作为上部结构持力土层要能够承受基础及上部结构传递的荷载作用。在地基概念部分要掌握天然地基的构成以及地基土或岩层的分类。在地基的计算方面，要掌握土中自重应力、基底压力、地基附加应力和地基土强度的计算方法，同时掌握地基土与地基沉降的计算方法。在确定地基承载力的过程中，要掌握地基承载力的定义、地基破坏过程和地基的破坏形式。

在实际工程中，会形成各种土坡，土坡的稳定也是基础工程中重要的组成部分。此部分内容要掌握边坡的分类、土坡稳定破坏的机理以及土坡如何进行设置。在计算方面，要掌握土压力的计算方法和不同种类土压力的分类。

在基础设计原理方面，应该了解地基、基础和荷载之间的关系，基础的埋置深度如何确定，同时，掌握不同基础类型的适用范围及其构造措施。基础的稳定性是指当承受水平荷载很大时，其是否会发生滑动。当建筑物较高或很轻，而水平荷载又较大时，建筑物会连同基础发生倾覆的问题，应该重点关注。在计算方面，本章重点介绍了工程中最为常用的独立基础的设计方法和计算理论。

关键概念

自重应力　附加应力　地基沉降　土坡稳定　刚性基础　柔性基础　基础埋置深度　独立基础　条形基础　筏形基础　箱形基础　桩基础

复习思考题

1.土的三相构成是什么？对土体的物理力学性质有哪些影响？
2.什么是土的自重应力？在土中是如何分布的？
3.什么是附加应力？为什么说附加应力是导致土体内部产生变化的原因？
4.地基破坏有哪些形式？
5.简述分层总和法的基本原理。
6.什么是刚性基础？如何防止刚性基础被破坏？
7.基础的埋置深度与哪些因素相关？请解释高层建筑设置深基础的原因。
8.如何防止相邻基础之间出现滑坡？
9.什么是土体的稳定性？如何防止土体失稳滑坡？
10.简述常见的基础形式与应用范围。
11.简述独立基础的设计过程。

第十二章

建筑结构新体系

□ 学习目标

本章着重介绍悬索结构、拱式结构和其他大跨度空间结构等结构体系，以及高层建筑结构新概念，要求学生熟悉建筑结构新体系的特点及应用。

传统的大跨度结构型式有刚架结构、桁架结构、拱式结构、薄壳结构、网架结构、悬索结构和薄膜结构等。它们在结构上具有不同的受力特点，在建筑上具有不同的形态特色。然而，随着时代的进步和社会的发展，人们对建筑内部空间提出了更大更高的要求，对建筑周边的视觉空间要求也日益提高。因此，随着建筑结构理论和计算机技术的发展，尤其是建筑信息模型（Building Information Modeling，BIM）的快速发展和建筑施工技术的日益完善，大跨度建筑结构体系和结构型式将会越来越丰富。

第一节　悬索结构

在自然界中，爬山虎和绳子等结构没有承担压力和弯矩的能力，但是这些结构若被张拉在两个支点上，就可以仅仅凭借拉力来支承荷载。这种现象在直观上很容易被理解，在自然界中也有很多例子，在古代就开始应用于悬索桥。

悬索在荷载的作用下可以在一定程度上调整其几何形状，是只需要承担轴向拉力的构件，以悬索为主的结构体系被称为悬索结构。悬索与拱是两种截然不同的结构体系，但其共性在于，截面均只承担一种作用效果，可以把材料的性能发挥到极致。

悬索结构是到了近现代，随着工业技术的发展，优良的受拉材料出现，才得到了大规模的应用。虽然历史较短，但悬索结构的优良特性，使其在大跨度结构中，受到了广泛的推崇，世界上几乎所有的超大跨度结构（如桥梁），首选都是悬索结构。

梁、桁架、排架、刚架、拱等结构构件都是刚性的，属于刚性结构（Rigid Structures），刚性结构最大的特点是可以承担压应力；悬索结构与其完全不同，为柔性结构（Flexible Structures）。柔性结构仅能够承担拉力，不能承担压力，因此现代悬索结构必须与其他结构配合使用，才能保证其稳定性。

悬索不仅用于桥梁、塔桅、登山索道与吊装结构用的走线滑车，也能用于建筑屋盖。凡用索作为屋盖的主要承重构件，并靠它自己悬挂起来的结构，都被统称为悬索结构。

能够承受一定压力的材料有较多，但可以很好地承担拉力的材料却不多见，直到冶金技术大发展之后，人们才可以生产出性能优良的钢材，悬索结构才能够得以大量普及。

一、悬索所采用的受拉材料

悬索所采用的受拉材料，通常有以下3类：

1.钢绞线（Twisted Strand Cable）

近年来，国内外普遍采用的钢索被称为钢绞线，是由直径为2.5mm、3mm、4mm、5mm，强度可达1 500N/mm^2~1 800N/mm^{2}的高强碳素钢丝（Carbon Wires），7根扭绞而成的，其直径分别为7.5mm、9mm、12mm、15mm。

2.低强度钢材

1896年，俄国工程师苏霍夫设计的下诺夫哥罗德州展览馆是世界上第一座悬索屋盖，其采用的就是低强度钢材。

3.非金属材料

非金属材料主要用于帐篷，充气结构小的索网、篷面与膜面。如用有机纤维（麻、棉等）或合成纤维（奥龙（Orlon）、配龙（Perlon）等）制作的绳索与薄膜。

二、悬索结构的一般形式

常见的悬索结构一般采用这几种形式：桥式、轮辐式、双曲面式。现代悬索结构还有其他复杂的形式，在本书中不再介绍。

所谓桥式，是以主塔基座，悬挂垂索并张拉横梁或屋面，形成类似悬索桥的屋面形式。北京亚运会英东游泳馆工程，就是采用这一设计方法形成的悬索屋面（如图12-1所示）。在桥式结构中，主塔是悬索结构的重要构件，由主塔牵引的悬索拉起整个屋面。在英东游泳馆项目中，由于造型的要求，主塔仅在一个方向承担着巨大的拉力，形成主塔内巨大的弯矩作用。在众多的工程中，主塔一般在两个方向上承担拉力，形成垂直受压的合力，更

案例12-1

有利于主塔的受力效果。

图12-1 英东游泳馆

而所谓轮辐式悬索结构，因其形状如同车轮辐而得名（如图12-2所示）。

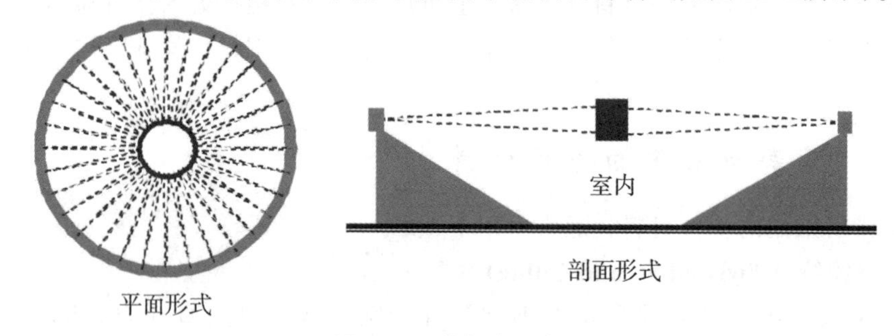

图12-2 轮辐式悬索

该悬索结构为圆形，由中环、边环与悬索组成，中环承担着巨大的拉力，边环（边梁）承担压力。整个屋面支撑在下部结构上，形成室内空间。在这种结构体系中，中环与边环是悬索的受力点，是整个悬索结构的关键。

双曲面形式的悬索屋面由悬索与边梁组成（如图12-3所示），受力形式类似于轮辐式悬索屋面，但不一定是圆形，屋面体系是一个双向弯曲的曲面，由悬索直接构成，呈马鞍形。

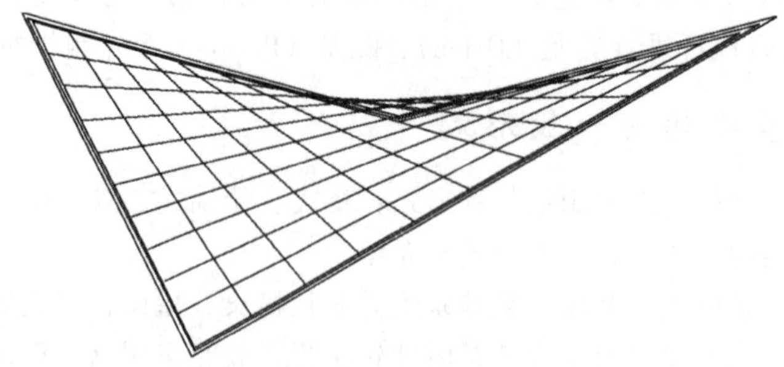

图12-3 双曲面式悬索

三、悬索结构的优缺点

索极其柔软，毫无抗弯刚度，因此可以认为索内弯矩与剪力均为零，即索只能承担轴向拉力。在力学上，经常使用“链（chain）”的概念来表示索的这一只能抗拉，不能抗压、弯、剪的基本受力特性。

悬索的柔性又是悬索结构根本性的弱点，它给这一结构带来一些不容忽视、亟待解决的重要问题：

首先，悬索形状的不稳定性使其对活荷载变动极为敏感，在活荷载作用下，索虽非几何可变体系，但因其无任何抗压、抗弯、抗剪能力，自然只能随活荷载顺势变动其线形，呈现新的索线形状，这种适应活荷载多变的索形变动很大，对屋面防水是个极大的威胁。

其次，悬索可以承担拉力，但无承担压力的能力，而自然界多变的状况却使得悬索结构必须承担多变的荷载。例如，在风荷载作用下，悬索起不到相应的抗风作用。

面对上述悬索形状与受力不稳定的问题，通常采用下列方案加以解决：

首先，可以加大恒荷载，即采用重型屋面设计原则，以重力形成悬索的巨大张拉作用，避免在风荷载作用下形成反向受力。这种模式在悬索桥梁中使用较多，重型桥面使大桥处于稳定状态。

其次，采用附索承担其他荷载，即以主索承担重力荷载，以附索承担风荷载。对于轮辐式结构，双层索面所形成的结构体系就可以分别抵御重力与风的共同作用。对于桥式结构、双曲面式结构也是如此：桥式结构的主索和附索往往在一个平面内；而双曲面式结构则呈现出正交的方向，因而形成双向曲面的几何造型。

四、多层悬索结构

经过特殊的结构处理，悬索结构也可以做成多层甚至高层结构。图 12-4 为明尼亚波利斯联邦储备银行大厦及其悬索结构简图。该结构依靠垂索悬挂楼板与大梁，使其底部可以跨越广场，在底层形成难以想象的大跨度。

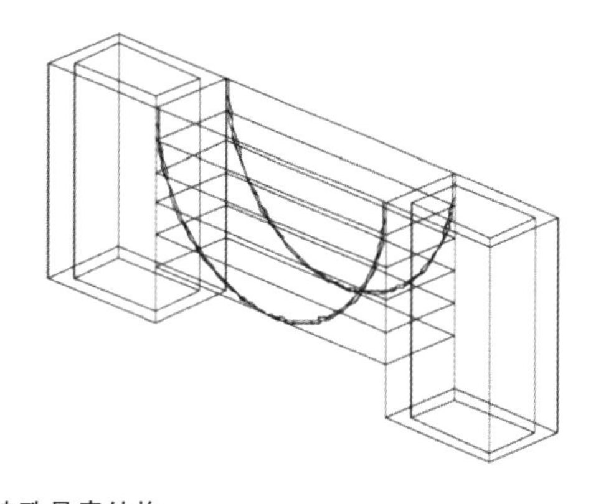

图12-4　特殊悬索结构

第二节 拱结构

拱与悬索是两种截然不同的结构体系，但其共性在于，截面均只承担一种作用效果，可以把材料的性能发挥到极致。拱结构可以用砖和石块砌筑而成，是在缺乏木材的地域建造结构物时，采用的具有代表性的手法。

在古代，由于可以承担拉力的材料比较少，因此人们采用可以有效承担压力的材料建造了大量的拱结构，以保证所需要的跨度。佛罗伦萨大教堂的穹顶（如图12-5所示）以及河北赵县的安济桥（如图12-6所示），都是拱形结构的代表作。黄土高原的窑洞，虽然是洞窟式的建筑，但其结构的核心却是拱结构。在砖石结构的建筑中，为了获得较大的跨度，拱结构是唯一的选择，这种情况在古老的教堂中比比皆是。而在古时候的桥梁中，拱结构更占据了绝对优势。

案例12-2

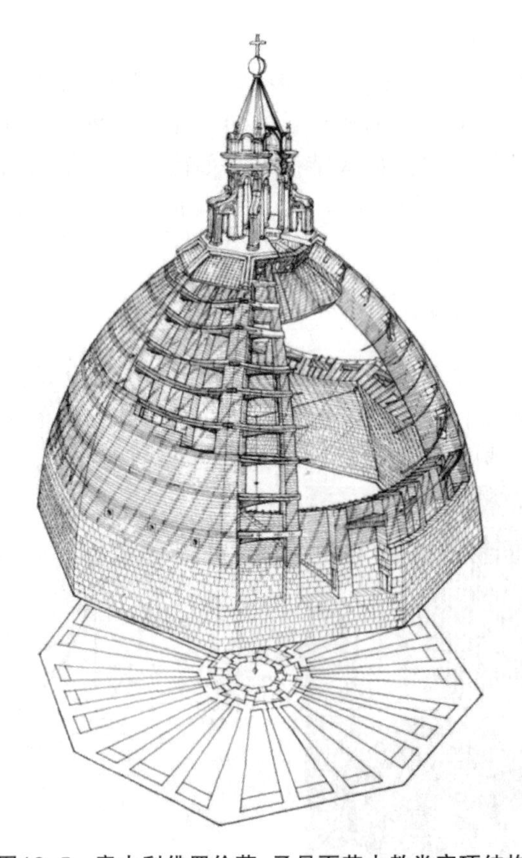

图12-5 意大利佛罗伦萨 圣母百花大教堂穹顶结构

图12-6　河北赵县的安济桥

在现代桥梁中，拱结构也是一种重要的形式，对于特殊地理环境，如高山峡谷之间的桥梁，拱结构几乎是最佳的选择。一方面，两边的高山可以作为天然的推力基础；另一方面，拱结构所必需的跨高也为跨越峡谷提供了可能。在我国西南地区，由于特定的地理环境，修建了大量的拱桥以解决高山峡谷的交通问题（如图12-7所示）。

图12-7　贵州江界河大桥

一、拱结构的受力特点

拱结构是以受压为主的结构型式，在力学计算中，对于不同的荷载作用，拱结构存在不同的合理拱轴——一个拱轴走势的数学曲线。但在实际工程中，由于荷载的差异性，很难保证有一个统一的合理拱轴。此时，相对重型的结构是十分必要的，依靠结构所产生的较大的恒定荷载，可以形成一个合理拱轴。外荷载对于结构自重来讲，影响较小。

拱结构的另一个特点就是推力基础——结构会在基础上形成巨大的水平推力。因此对于拱结构的基础处理是十分重要的，必须保证基础坐落在稳定的土层或岩层上，不能有任何滑移产生。对于拱结构来讲，高山峡谷是最有利的地基。有时，当地基不能保证拱结构的侧向推力，或拱结构不落地时，常使用拱的支座拉杆，以拉力平衡其基础或支座的侧向推力（如图12-8所示）。

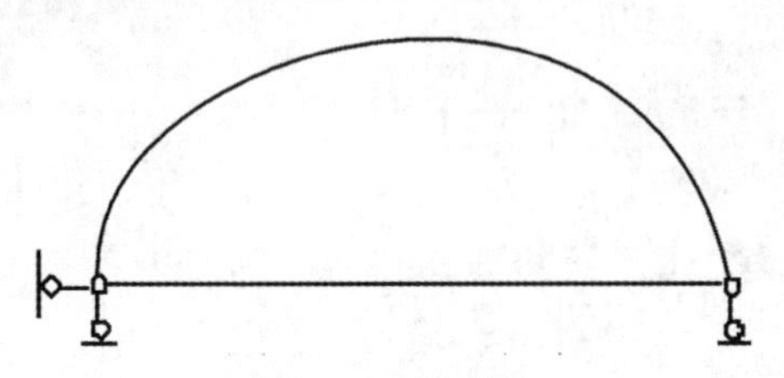

图12-8 拉杆拱

拱结构也可以作成多跨的形式，形成连续拱。由于拱之间可以形成支座处的推力平衡，连续拱的中间支座仅存在垂直重力作用，因此中间支座可以相对简化。连续拱的最大问题在于，如果某一个拱失效，就会导致两侧的拱失去侧向支撑，也会失效，进而会产生灾难性的后果——由于相继失去支撑，顺序倒塌。为了防止这种状况发生，设计师们往往有选择地将中间某跨的一个或几个基础做成重力基础——可以承担推力。当发生意外事件时，这些推力基础可以保证整个拱结构不会全部坍塌，经过维修后可以迅速恢复。

二、拱结构的形式

拱结构是弯曲的，不能形成平面，除了直接作为屋面以外，难以直接使用，对于桥梁尤其如此。根据拱与桥面的关系，拱桥可以分为3类：

上承式拱桥——桥面在拱的上部，这种桥一般在高山峡谷地区使用。桥面较高，可以满足拱高的要求，也可以保证下部通行的要求（如图12-9a所示）。

中承式拱桥——桥面在拱的中部穿过，拱一般是双拱结构，以拉杆或垂索悬挂桥面。这种桥可以在较低的河岸上使用（如图12-9b所示）。

下承式拱桥——桥面在拱的下部穿过，拱一般是双拱结构，也以拉杆或垂索悬挂桥面。由于桥面就在拱支座处，因此桥面可以作为基础之间的拉杆使用，即下承式拱桥可以不做推力基础（如图12-9c所示）。

中承式和下承式拱桥，由于有拉杆或垂索的存在，也被称为悬索拱桥。这种桥梁十分美丽，是城市建设的重要组成部分。

三、拱的悬挂结构

现代建筑在使用拱结构时，已经超越了屋面结构。采用拱结构作为主体承重体系，采用拉杆来悬挂横梁，可以形成广阔的室内空间，尤其是底层的大空间结构，这是其他结构型式无法办到的（如图12-10所示）。

a. 上承式拱桥

b. 中承式拱桥

c. 下承式拱桥

图12-9　拱桥的类型

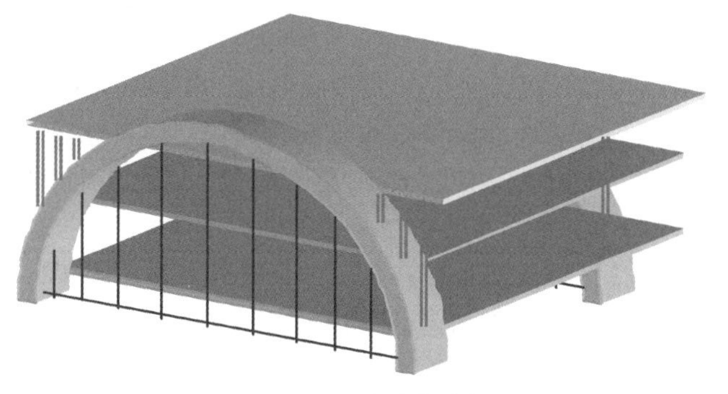

图12-10　特殊拱结构

第三节　索膜结构

一、索膜结构简介

索膜结构又称膜结构，起源于远古时代人类居住的帐篷，如用支杆、绳索与兽皮等构成的建筑物。膜结构的皮膜质量较轻、材质坚韧 、延展性较好，易搬运且价格低廉，因此膜结构作为临时设施重复利用优势明显。膜结构曾被广泛应用于游牧民族、杂技团的帐篷等，且目前在一些游牧民族中仍然还有应用。

随着高强、防水、透光、易清洗及抗老化的建筑膜材料的出现，索膜结构在20世纪70年代以后又得到了快速的发展，并形成了一种新型建筑结构型式。索膜结构是由多种高强薄膜材料（PVC或Teflon）及加强构件（刚架、钢柱或钢索）通过一定方式使其内部产生一定的预张应力以形成某种空间形状，作为覆盖结构，并能承受一定的外荷载作用的一种空间结构型式。

索膜结构的出现为建筑师们提供了超出传统建筑模式以外的新选择。时至今日，索膜结构已广泛用于体育场馆、展厅、商议市场、娱乐场馆、旅游设施等（如图12-11所示）。

图12-11　小型索膜结构

索膜结构按其结构型式可分为框架式索膜结构、张拉式索膜结构及充气式索膜结构；按膜材特性可分为永久性索膜结构（膜材使用年限可超过25年）、半永久性索膜结构（膜材使用年限为10~15年）及临时性索膜结构（膜材使用年限为3~8年）。

索膜结构所用的膜材料由基布和涂层两部分组成。基布主要采用聚酯纤维和玻璃纤维材料；涂层材料主要是聚氯乙烯（PVC）和聚四氟乙烯（PTFE）。常用膜材为聚酯纤维覆聚氯乙烯和玻璃纤维覆聚四氟乙烯（Teflon）。PVC材料的主要特点是强度低、弹性大、易老化、徐变大、自洁性差，但价格便宜，容易加工制作，色彩丰富，抗折叠性能好。为改善其性能，可在其表面涂一层聚四氟乙烯涂层，提高其抗老化和自洁能力，其寿命可达到15年左右。Teflon材料强度高、弹性模量大、自洁性好、耐久耐火性能好，但它价格较贵，不易折叠，对裁剪制作精度要求较高，寿命一般在30年以上，适用于永久建筑（如图12-12所示）。

图12-12 大型索膜结构

索膜结构具有以下特点：

1.艺术性

索膜结构以造型学、色彩学为依托，可结合自然条件及民族风情，根据建筑师的创意建造出传统建筑难以实现的曲线及造型。

2.经济性

对于大跨度空间结构来说，如果采用索膜结构，其成本只相当于传统建筑的1/2或更少，特别是在建造短期应用的大跨度建筑时，就更为经济；而且索膜结构能够拆卸，易于搬迁。

3.节能性

由于膜材本身具有良好的透光率（10%~20%），建筑空间白天可以得到自然的漫射光，能够节约大量用于照明的能源。

4.自洁性

膜材表面加涂的防护涂层（如PVDF、PTFE等），具有耐高温的特点，而且本身不发黏，这样落到膜材表面的灰尘可以被雨水自然冲洗掉而达到自洁的效果。

5.大跨度无遮挡的可视空间

索膜结构在材料的使用上一改传统建筑材料而采用膜材，其重量只是传统建筑的1/30；而且索膜结构可以从根本上克服传统结构在大跨度（无支撑）建筑上实现时所遇到的困难，可创造巨大的无遮挡的可视空间。

举例来说，建成于1973年的美国加州La Verne大学的学生活动中心和1982年在德国法兰克福为空中客车公司建造的停机库，跟踪测试和材料的加载与加速气候变化的试验表明，其膜材的力学性能与化学稳定性指标下降了20%~30%，但仍可正常使用。

索膜结构设计打破了传统的“先建筑、后结构”做法，要求建筑设计与结构设计紧密结合。在设计过程中，建筑师和结构工程师要坐到一起来确定建筑物的形状，并进行必要的计算分析。这时，所设计建筑物的平面形状、立面要求、支点设置、材料类型和预应力大小都将成为互相制约的因素，一个完美的设计也就是上述矛盾统一的结果。

二、索膜材料与建筑的分类

1.常用建筑膜材

（1）PTFE膜材

其由聚四氟乙烯涂层和玻璃纤维基层复合而成，PTFE膜材品质卓越，价格也较高。

（2）PVC膜材

其由聚氯乙烯涂层和聚酯纤维基层复合而成，应用广泛，价格适中。

（3）加面层的PVC膜材

加面层的PVC膜材就是在PVC膜材表面涂覆聚偏氟乙烯或聚氟乙烯，其性能优于纯PVC膜材，价格相应略高于纯PVC膜材。

中等强度的PTFE膜，其厚度仅0.8mm，但它的拉伸强度已达到钢材的水平。中等强度的PVC膜，其厚度仅0.61mm，它的拉伸强度相当于钢材的一半。膜材的弹性模量较低，这有利于膜材形成复杂的曲面造型。

2.索膜建筑的分类

对于索膜建筑的分类，一直以来众说纷纭，一般从结构方式上简单地概括为骨架式、充气式、张拉式。

（1）骨架式

骨架式索膜建筑常在某些特定的条件下被采用，是由于其结构方式本身的局限性——骨架体系自平衡，膜体仅为辅助物，膜体本身的强大结构作用发挥不足等。有人将其称为二次重复结构，骨架方式与张拉方式的结合运用，常可取得更富于变化的建筑效果。骨架式索膜建筑表现含蓄，结构性能有一定的局限性，造价低于张拉式体系。

（2）充气式

充气式索膜建筑历史较长，但因其在使用功能上的明显局限性，如形象单一、空间要求气闭等，使其应用面较窄；但充气式索膜体系造价较低，施工速度快，在特定的条件下又有其明显优势。

（3）张拉式

张拉式索膜建筑可谓索膜建筑的精华和代表。由于其建筑形象的可塑性和结构方式的高度灵活性、适应性，此种方式的应用极其广泛。有人又将张拉式再分为索网式、脊谷式等。张拉式索膜体系富于表现力，结构性能强，但造价稍高，施工精度要求也高。

三、索膜建筑的关键技术与设计

索膜建筑之所以能满足大跨度自由空间的技术要求，最关键的一点就是有效的空间预张力系统。有人把索膜建筑称为“预应力软壳”，是预张力使软壳各个部分（索、膜）在各种最不利荷载下的内力始终大于零（永远处于拉伸状态），从而使软壳成为空间结构体系。

预张力在索膜建筑中的关键作用是：

（1）使索膜建筑富有迷人的张力曲线和变幻莫测的空间。

（2）使整体空间结构体系得以协同工作，施加预张力后的膜面可形成结构的刚度。

（3）使体系得以覆盖大面积、大跨度的无柱自由空间。

（4）使体系得以抵抗狂风、大雪等极不利荷载状况。

（5）使膜体减少磨损、延长使用寿命，成为永久建筑。

（6）使索膜建筑得以顺畅排水。

（7）使索膜建筑成为可上人屋面，为检修提供便利条件。

应当指出的是：预张力不是在施工过程中可随意调整的安装措施，而是在设计初始阶段就需反复调整确定的，在设计与施工全过程中务必确保的核心与关键。从这个意义上讲，没有经过精心设计适当预张力措施的膜体覆盖物，不属于索膜建筑范畴。

一般建筑设计中建筑与结构的矛盾，在索膜建筑设计中无可选择地变成了完美的结合。索膜建筑方案实质上也必须同时是索膜结构体系方案，方案起始于索膜结构的初步思考。索膜建筑师必须对索膜结构体系有较深刻的理解，明了体系的工作原理。在索膜建筑设计中必须综合考虑：

（1）体系受力是否均匀（可用设计软件进行初步成形检验）。

（2）是否能保证体系在预张力的适当控制下（可用设计软件进行初步计算检验）。

（3）是否合理选择了预张力施加机构的设置位置及方式，能使预张力顺畅地向各方向传递，在保证预张力施加机构正常工作的同时满足视觉和使用功能要求（根据经验并与结构工程师反复协商确定）。

（4）能否避免过大推力或拉力，以免使相关结构难以承受（可用设计软件进行初步计算并找出最不利反力发生的位置）。

（5）是否可使体系各点在最不利荷载下避免产生过大的位移以至影响建筑的正常使用。

（6）各基础及锚座的位置和尺寸是否满足视觉美学要求和功能使用要求，并应特别注意各拉锚点不致影响人行或车行交通。

（7）是否能保证合理顺畅地排水，并合理选择无组织排水或有组织排水方式。索膜建筑的排水坡度要求大于一般建筑（可用设计软件或根据经验加以判断）。

(8) 从结构受力、加工制作和视觉效果等方面综合考虑膜材焊缝的布置和走向。

(9) 考虑关键节点的位置及预张力施加机构的设置位置对建筑整体效果的影响。

(10) 考虑索膜边界的构造做法及对建筑整体效果的影响。

(11) 保证各节点的防水构造措施合理有效。

(12) 适当考虑合理的保温隔热措施，组织有效的自然通风和排气，最大限度地降低使用能耗。

索膜结构的设计主要包括体形设计、初始平衡形状分析、荷载分析、裁剪分析4个问题。

通过体形设计确定建筑平面形状尺寸、三维造型、净空体量，确定各控制点的坐标、结构型式、选用膜材和施工方案。

初始平衡形状分析就是所谓的找形分析。由于膜材料本身没有抗压和抗弯刚度，抗剪强度也很差，因此其刚度和稳定性需要靠膜曲面的曲率变化和预张应力来提高，对于索膜结构而言，任何时候都不存在无应力状态，因此膜曲面形状最终必须满足在一定边界条件、一定预应力条件下的力学平衡，并以此为基准进行荷载分析和裁剪分析。目前，索膜结构找形分析的方法主要有动力松弛法、力密度法以及有限单元法等。

索膜结构考虑的荷载一般是风载和雪载。在荷载作用下膜材料的变形较大，且随着形状的改变，荷载分布也在改变，因此要精确计算结构的变形和应力，就需要用几何非线性的方法进行。荷载分析的另一个目的是确定索、膜中的初始预张力。在外荷载作用下膜中一个方向应力增加而另一个方向应力减少，这就要求施加初始张应力的程度要满足在最不利荷载作用下应力不致减少到零，即不出现皱褶。膜材料比较轻柔，自振频率很低，在风荷载作用下极易产生风振，导致膜材料破坏。如果初始预应力施加过高，则膜材料徐变加大，易老化且强度储备少，对受力构件的强度要求也变高，增加了施工安装难度，因此，初始预应力要通过荷载计算来确定。

经过找形分析而形成的索膜结构通常为三维不可展空间曲面，如何通过二维材料的裁剪、张拉形成所需要的三维空间曲面，是整个索膜结构工程中最关键的一个问题，这正是裁剪分析的主要内容。

从上述各点可明显看出，索膜建筑方案设计的过程实际上与结构方案设计不可分割，索膜建筑事业的发展需要大批熟悉索膜建筑设计、了解索膜结构技术并能熟练地加以运用来进行建筑创作的索膜专业建筑师。

四、索膜结构的应用领域

索膜结构可以应用于以下建筑中：

(1) 文化设施——展览中心、剧场、会议厅、博物馆、植物园、水族馆等。

（2）体育设施——体育场、体育馆、健身中心、游泳馆、网球馆、篮球馆等。

（3）商业设施——商场、购物中心、酒店、餐厅、商店门头（挑檐）、商业街等。

（4）交通设施——机场、火车站、公交车站、收费站、码头、加油站、天桥连廊等。

（5）工业设施——工厂、仓库、科研中心、处理中心、温室、物流中心等。

（6）景观设施——建筑入口、标志性小品、步行街、停车场等。

索膜结构起源于远古时代人类居住的帐篷，如今索膜建筑结构已大量用于滨海旅游、博览会、文艺、体育等大空间的公共建筑上。英国泰晤士河畔的千年穹顶（The Millennium Dome，如图12-13所示）是索膜结构体系的标志性建筑，为世界所瞩目。索膜结构具有易建、易拆、易搬迁、易更新、充分利用阳光和空气以及与自然环境融合等优势，因而在全球范围内，无论在工程界还是在科研领域，均处于热潮中。比较著名的有沙特阿拉伯吉达国际航空港、沙特阿拉伯利雅得体育馆、加拿大林德塞公园水族馆、英国温布尔登室内网球馆、美国新丹佛国际机场等。

图12-13 千年穹顶（The Millennium Dome）

索膜结构在我国也不乏工程实例，其中规模最大、最具影响力的索膜结构要数1997年竣工的上海体育场看台罩棚张拉膜结构工程（如图12-14所示）。

图12-14 上海体育场

第四节 混合空间结构

一、概述

建筑结构型式不仅影响到建筑的安全性和经济性，更影响到建筑空间艺术的可行性及合理性。因此，结构型式的选择不仅要考虑到建筑的使用功能、材料供应、经济指标以及施工条件等各方面的因素，对于那些大跨度的大型公共建筑，尤其是一些标志性的建筑，则更应注重建筑造型、功能及结构受力的协调统一，注重结构力学原理的科学性与建筑空间艺术性的完美统一。混合空间结构可以综合各种建筑结构的优势，扬长避短，较之单一的结构型式更易于使建筑和结构融为一体，满足大跨度结构的各方面要求。

混合空间结构是由不同型式的结构经过合理的布置组合而成的。混合空间结构可以利用不同型式的结构受力性能、不同材料的强度性能，使各种结构、材料充分发挥各自的特长，取长补短，共同工作，甚至将承重结构与围护结构合二为一，做到材尽其用。此外，混合空间结构不仅可以做到受力合理，而且更能满足建筑多样化、多功能的要求，充分传达建筑文化内涵，因此混合空间结构正越来越多地受到重视并得到了广泛的应用。

二、混合空间结构的组成

混合空间结构是由刚架、桁架、壳体、网架、网壳、悬索及拱等结构中的两种、三种及更多种类型结构单元组合成的一种新结构。混合空间结构中通常以大型刚架、悬索或斜拉等结构形成巨型的结构骨架和建筑造型的主轮廓，以大型骨架、侧构件或周边承重结构作为支座，在其上布置平板网架、网壳及悬索等屋盖，构成跨越能力大、受力合理且建筑形态和风格各异的建筑结构体系。

巨型骨架结构和屋盖结构可以进行不同的组合，形成多种结构方案。例如，刚架与悬索结构组合称为“刚架-索混合空间结构”，网架与拱式结构的组合称为“拱-网架混合空间结构”，悬索与拱式结构组合称为“拱-悬索混合空间结构”等。

混合空间结构的组成需要考虑以下原则：

（1）满足建筑功能的需要。建筑主体孕育于建筑形式中，混合空间结构的组成虽然不一定是最经济的，但它必须具有很强的造型功能，使建筑艺术与结构艺术完美结合，美化城市环境，满足人们精神文化生活的需要。

（2）结构受力均匀合理，动力性能相互协调，材料强度得到充分发挥。

（3）结构刚柔相济，具有良好的整体稳定性。柔性结构具有良好的抗震性能，刚性结构具有良好的抗风性，将两者良好结合，有利于结构的动力性能和整体稳定性。

（4）尽量采用预应力等先进的技术手段，以改善结构的受力性能，节约材料，并可以使建筑结构更加轻巧。

（5）混合空间结构的组成应该满足施工简洁、造价合理的要求。

三、混合空间结构的应用案例

1.雷诺汽车零件配送中心

雷诺汽车零件配送中心是混合空间结构的成功案例之一（如图12-15所示）。该结构由3部分组成：支撑吊索的主承重结构、斜向拉索、屋盖结构。拉索吊点为屋盖体系提供弹性支承，缩小屋盖跨度，提高刚度；索段内部直接作用横向荷载，索系因而形成直线形。吊挂屋盖的索系采用多根纵向交错吊挂相邻的方式，加大了结构的纵向刚度，在主结构间布置纵向十字拉索支撑以传递平面外荷载。建筑布索对称、均衡，形成均匀的屋盖吊点，以降低结构的内力峰值，增大结构承载力。

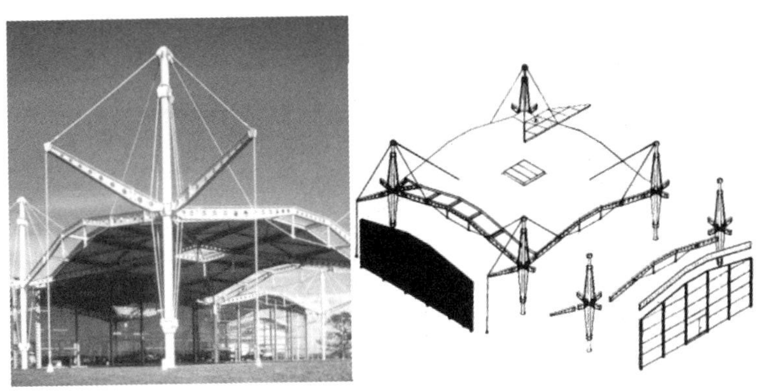

a.结构单元拼装示意图

b.悬索与屋面钢梁的组合

图12-15　雷诺汽车零件配送中心（悬索与屋面钢梁混合空间结构）

2.大连国际会议中心

大连国际会议中心是混合空间结构的成功之作，是由若干结构单元组合而成的空间组合体，建筑造型独特，结构异常复杂。

会议中心的结构是由竖向交通筒体作为整体会议中心的竖向和水平承载构件，

由钢桁架系统连接16个竖向交通筒体，将交通筒串联形成钢平台，在钢平台中部标高15.3m处形成会议中心钢平台。建筑物中心设置一座与钢平台部分脱离的歌剧院，交通筒顶部设置15个屋盖支座，形成不规则的大悬挑屋盖。屋盖中部悬挂异形天桥，用以连接标高15.3m以上平台与歌剧院、各种小会议室等使用空间。钢平台与屋盖、悬挂曲面外围幕墙框架结构连接，形成复杂的外部造型，并构成抗风、抗震、抗温度作用的组合整体结构（如图12-16所示）。除交通筒体为型钢框架外包钢筋混凝土结构外，其余结构均为钢结构。

（多支撑筒体大悬挑大跨度复杂空间结构体系）

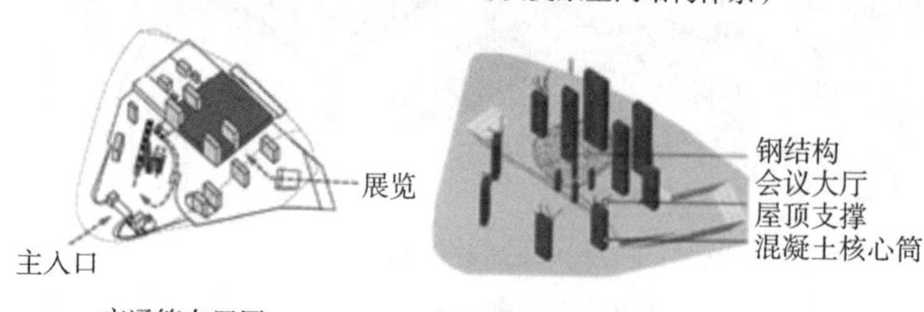

a.交通筒布置图　　b.屋盖支撑示意图

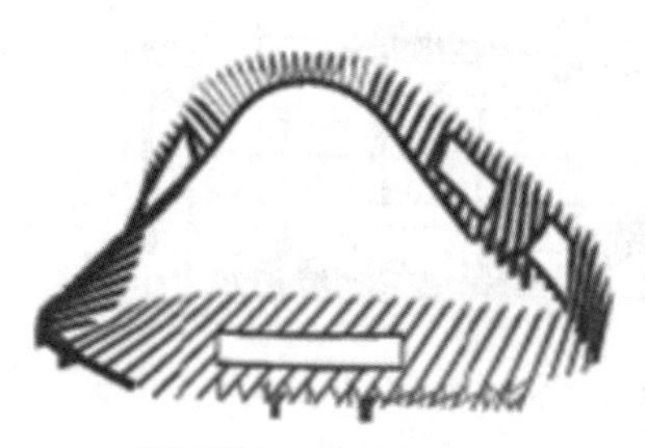

c.外围幕墙系统示意图　　d.曲面围护框架构造

图12-16 大连国际会议中心

四、混合空间结构的特点

从上述阐述中可以看出，混合空间结构在各类建筑结构中的应用日益广泛，其主要特点包括：

（1）混合空间结构可以综合利用各种不同结构在受力性能、建筑造型及综合经济指标等方面的优势。混合空间结构受力明确，通常以轴心受力为主（如拱、索结构），有利于结构材料作用的充分发挥。

（2）混合空间结构常以刚架、拱等形成的巨型骨架、侧构件及周边承重结构作为屋盖的支座，支承网架、网壳及悬索等屋盖结构，降低了屋盖结构的材料用　和工程造价。

（3）为了有效地保证巨型骨架结构的刚度和承载力，混合空间结构的构件截面常采用箱形、工字形及槽形等，同时采用劲性钢筋配筋或运用预应力技术，这样可以充分发挥结构材料的强度并提高建筑结构的整体稳定性。

（4）混合空间结构的建筑造型丰富、易于变化，适用于多种边界条件及多种类型的建筑，对建筑师与结构师的工作融合度要求更高。

第五节　高层建筑结构体系的新发展

一、概述

高层建筑结构的创新发展已经拥有100多年的历史了，该技术最早源于1885年美国芝加哥家庭保险公司大厦，它是世界上第一幢按照现代钢框架结构原理建造的高层建筑。随着人口的增长和城市化的发展，世界上超高层建筑数量越来越多，日益成为当前城市化发展新趋势的一个标志。

我国的高层建筑发展始于20世纪初，1921年至1936年，上海、广州陆续建造了一些高层旅馆、办公楼和住宅。自20世纪80年代开始，随着经济建设的发展，高层建筑进入了快速发展时期。进入21世纪，我国超高层建筑得到了令世人瞩目的发展，日渐成为世界超高层建筑发展的中心之一。

案例 12-3

案例 12-4

案例 12-5

“全钢结构优于混凝土结构，适合于超高层建筑”，这是20世纪六七十年代的普遍共识。这个时期大量建造了300m以上的钢结构高层建筑，如1973年建成的纽约世界贸易中心双塔（北塔417米，南塔415米），1974年建成的芝加哥西尔斯大厦（442m）。到了20世纪八九十年代，人们发现纯钢结构已不能满足建筑高度进一步升高的要求，其原因在于钢结构的侧向刚度提高难以跟上高度的迅速增长。此后，钢筋混凝土核心筒加外围钢结构就成为超高层建筑的基本形式。我国上海金茂大厦（1997年，420m）、台北101（1998年，508m）、中国香港国际金融中心（2010年，420m）、上海环球金融中心（2009年，492m）、上海中心（2014年，632m）等均采用了这种类型。而到目前为止，世界第一高度的迪拜大厦（828m）采用了下部混凝土结构、上部钢结构的全新结构体系。即–30m~601m为钢筋混凝土剪力墙体系，601m~828m为钢结构，其中601m~760m采用带斜撑的钢框架。

综上所述，超高层建筑除了采用新型的高强材料、先进的试验方法和精准的计算分析外，更是结构体系创新和发展的催化剂。由于超高层建筑高度的不断提高，原有的框架、框-剪及剪力墙等体系已经不能满足超高层结构的需要，需要能适应超高且经济有效的抗风及抗震的结构体系，筒体结构、巨型结构体系及混合结构体系更多地应用于实际工程中，并表现出各自独特的优势。

二、结构体型巨型化

结构体型巨型化是超高层结构发展的需要，在一些超高层建筑工程的实践中，已经成功地应用了一些新型的结构体系，其主要特点可以被归结为“结构巨型化”，具体包括巨型框架结构体系和巨型支撑结构体系。

1.巨型框架结构体系

巨型钢筋混凝土或劲性混凝土框架结构体系是将层数很多的超高层建筑每隔数层分成一组，支承于大梁上，或悬挂于大梁之下。由于大梁承担的荷载大，因此要求大梁具有足够大的截面尺寸，才能够满足要求。通常情况下，大梁可以采用截面高度很高的矩形实腹大梁，也可以采用桁架式的大梁以减轻大梁的自重。此外，由于超高层的建筑高度巨大，建筑结构不仅需要承担巨大的竖向荷载，还需要抵抗巨大的风荷载、地震作用等水平荷载，因此必须有刚度大、承载力强及延性好的柱子，而一般建筑结构中的柱子是难以胜任的。若将柱子的截面尺寸大幅度加大，既不经济，又可能会由于笨重而大大影响建筑的使用功能。因此，通常将钢筋混凝土墙体构成巨型柱或围成空心的筒体柱可以达到功能：相应巨型柱可以根据建筑平面形状设置成异形柱以节省空间，也可以充分利用空心的筒体柱设置建筑的使用功能。由此，巨型的大梁与巨型柱（或筒体柱）就构成了巨型框架结构体系（如图12-17所示）。

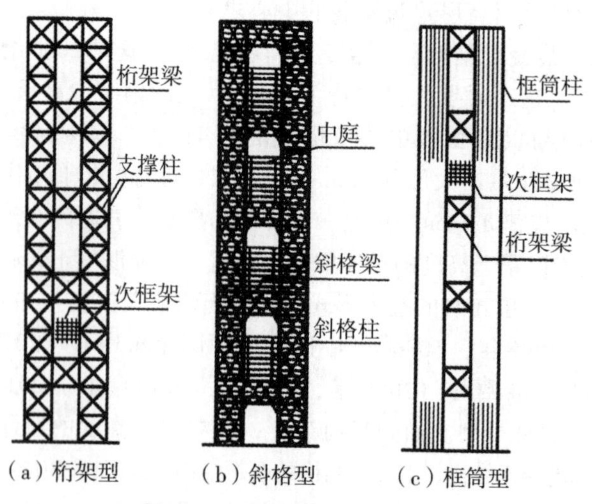

图12-17 巨型框架结构体系

巨型大梁之间可以设置次框架，次框架被看作巨型框架主体的子结构，因此在设计计算时不考虑其参与抵抗建筑的侧向力作用，而仅考虑其参与传递竖向荷载至巨型大梁的工作，因此次框架的梁柱截面尺度可以与普通的框架结构截面类似，也有利于增加建筑布置的灵活性，提高建筑使用的高效性。

巨型钢框架体系的梁柱通常不采用实腹截面，而是采用型钢连接而成的空腹立体构件，如桁架型、斜格型及框筒型等。

2.巨型支撑结构体系

巨型支撑结构体系是由巨型空间支撑、支撑平面内的次框架及结构内部的次框架组成的。其中，支撑平面内及结构内部的次框架通常由若干楼层分组组成。在设计中除了应该考虑巨型支撑结构的主构件承担的绝大部分竖向荷载、水平荷载（风荷载、地震作用）之外，还应考虑承担支撑平面内的次框架及结构内部的次框架将每组若干楼层的竖向荷载和局部水平荷载向巨型支撑结构体系的主构件传递。

巨型支撑通常采用型钢制作，并沿建筑物的外框周边布置，各个面支撑杆件在建筑物的角部汇交于同一根角柱。角柱通常采用型钢或型钢混凝土制作。在建筑物的内部，有时也沿着对角线方向设置支撑。

在巨型支撑结构体系中，结构体系是依靠其斜杆的轴向刚度来传递楼层的水平剪力的，这有别于普通的框架结构和框筒结构体系的柱弯剪刚度。在相同数值的水平剪力作用下，轴力系杆的层间侧移角远小于弯剪杆系，因此轴力系杆的杆件尺寸可以小于弯剪杆系，达到节约材料、降低造价的目的。

在巨型支撑结构体系中作为抗侧构件的竖向杆件，通常沿着楼面周边及角部布置，使得各个方向的构件抗力偶力臂、抵抗倾覆力矩最大，从而有效地利用了构件材料。巨型支撑结构体系外框筒4个面设置了巨型支撑，可以利用斜杆轴力的竖向分力平衡倾覆力矩引起的竖向剪力，从而消除框筒结构的建立滞后效应。

中国香港中国银行大厦是典型的巨型支撑结构体系的超高层建筑（如图12-18所示）。大厦底部平面为52m×52m的正方形，利用对角线划分的区域从低层至高层逐步减少，直到上部楼层（44~70层）只保留一个三角形区域。巨型支撑结构体系的平面支撑以13个楼层的高度为一个节间（如图12-18b所示），每隔12个楼层设置一根水平杆，采取桁架式结构并占一层楼的高度。在巨型支撑结构体系的平面支撑中，4片支撑A沿着大厦正方形平面的四个边布置，另外4片支撑B沿着正方形平面的对角线方向布置（如12-18c所示）。

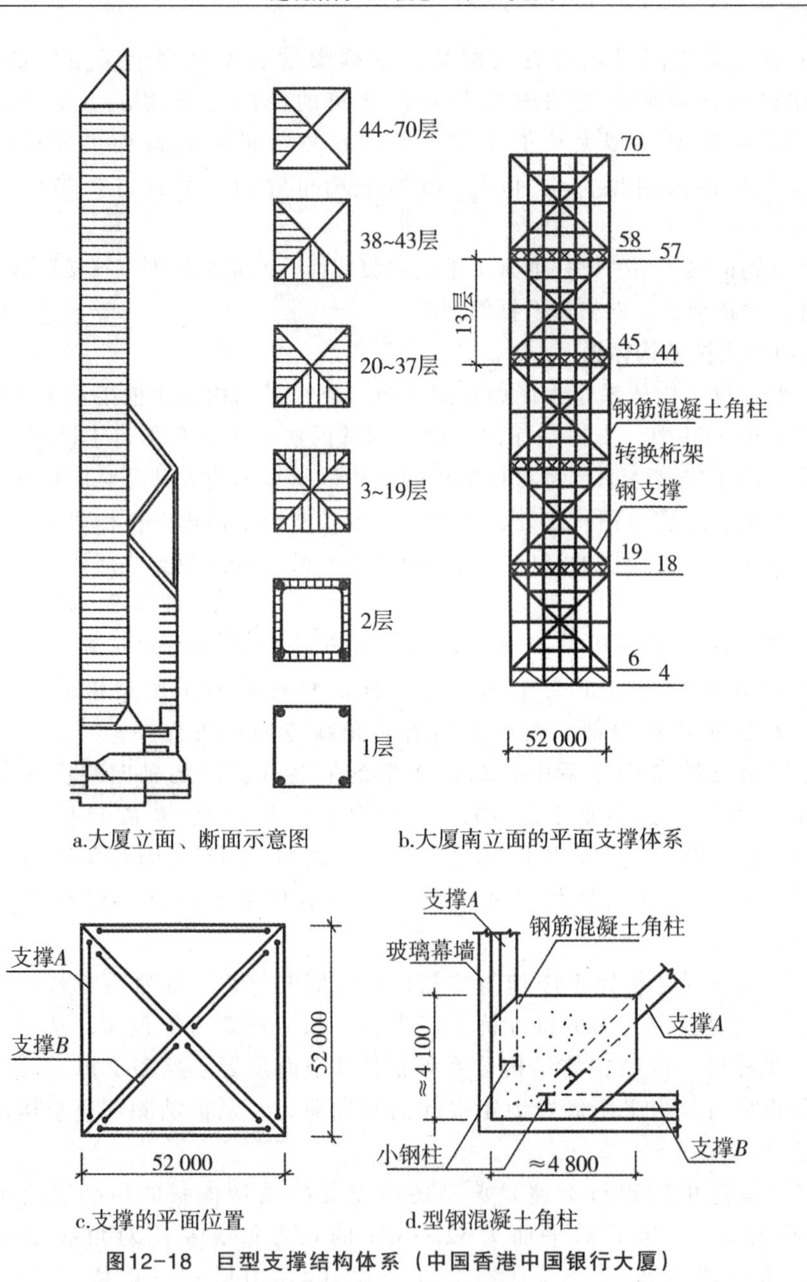

图12-18 巨型支撑结构体系（中国香港中国银行大厦）

第六节 小结

随着社会的进步和科技的发展，人们对建筑空间提出了更大、更高的要求，建筑结构也向大跨度结构和高层建筑两个方向不断发展。结构型式的选择要考虑到建筑的使用功能、材料供应、经济指标以及施工条件等各方面的因素。

传统的大跨度结构型式具有不同的受力特点，在建筑上具有不同的造型特色。悬索结构是一种柔性结构，柔性结构仅能够承担拉力，不能承担压力，现代悬索结构必须与其他结构配合使用，才能保证其稳定性。常见的悬索结构一般采用这几种形式：桥式、轮辐式、双曲面式。拱与悬索是两种截然不同的结构体系，但其共性在于截面均只承担一种作用效果，可以把材料的性能发挥到极致。拱结构是以受压为主的结构型式，现代建筑使用拱结构时，采用拱结构作为主体承重体系，采用拉杆来悬挂横梁，形成广阔的室内空间。

索膜结构又称膜结构，是由高强薄膜材料、加强构件组成，通过一定方式使其内部产生一定的预张应力而形成空间形状的空间结构型式。索膜结构的设计打破了传统的“先建筑、后结构”做法，要求建筑设计与结构设计紧密结合。

混合空间结构可以综合各种建筑结构的优势，扬长避短，较之单一的结构型式更易于使建筑和结构融为一体，满足大跨度结构的各方面要求。混合空间结构是由刚架、桁架、壳体、网架、网壳、悬索及拱等结构中的两种、三种及更多种类型结构单元组合成的一种新结构。

随着人口的增长和城市化的发展，高层和超高层建筑数量越来越多，日益成为当前城市化发展新趋势的一个标志。超高层建筑除了采用新型的高强材料、先进的试验方法和精准的计算分析外，更是结构体系创新和发展的催化剂。由于超高层建筑的高度不断提高，原有的框架、框-剪及剪力墙等体系已经不能满足超高层结构的需要，需要能适应超高且经济有效的抗风及抗震的结构体系，筒体结构、巨型结构体系及混合结构体系更多地应用于实际工程中，并表现出各自独特的优势。

关键概念

悬索结构　拱结构　索膜结构　混合空间结构　结构体型巨型化　巨型支撑结构体系

复习思考题

1.悬索结构的受力特点有哪些？其主要应用是什么？

2.拱结构与悬索结构的共性是什么？不同之处是什么？

3.索膜结构的应用及其受力特点是什么？

4.举例说明混合空间结构的特点及其优势？

5.高层建筑结构体系发展的趋势是什么？

参考文献

[1] 林宗凡. 建筑结构原理及设计 [M]. 北京：高等教育出版社，2002.

[2] 东南大学，天津大学，同济大学. 混凝土结构 [M]. 北京：中国建筑工业出版社，2002.

[3] 刘大海，杨翠如. 高层建筑结构方案优选 [M]. 北京：中国建筑工业出版社，1996.

[4] 林同炎，斯多台斯伯利. 结构的概念和体系 [M]. 高立人，方鄂华，钱稼茹，译. 北京：中国建筑工业出版社，1999.

[5] 王心田，高向玲，蔡惠菊，等. 建筑结构：概念与设计 [M]. 天津：天津大学出版社，2004.

[6] 虞季森. 建筑力学 [M]. 北京：中国建筑工业出版社，1995.

[7] 舒勒尔. 现代建筑结构 [M]. 高伯扬，等译. 北京：中国建筑工业出版社，1990.

[8] 米莱. 建筑结构原理 [M]. 童丽萍，陈治业，译. 北京：中国水利水电出版社，知识产权出版社，2002.

[9] 阿诺德，里塞曼. 建筑体型与抗震设计 [M]. 何广麟，何广汉，译. 北京：中国建筑工业出版社，1987.

[10] 熊丹安，吴建林. 混凝土结构设计 [M]. 北京：北京大学出版社，2012.

[11] 刘禹. 建筑结构原理 [M]. 北京：经济科学出版社，2007.

[12] 余安东. 工程结构纵横谈 [M]. 上海：同济大学出版社，2018.

[13] 汪大绥，周建龙，包联进. 超高层建筑结构经济性探讨 [J]. 建筑结构，2012 (5)：1-7.

[14] 武岳，苏岩，等. 结构力流分析与传力效率评估研究 [J]. 建筑结构学报，2019 (2) .

[15] 周琦，郭健. 重力原则下结构形态设计初探——概念构思阶段动态结构形态与造型的互动研究 [J]. 建筑师，2008 (2)：46-52.

[16] 梁思成. 中国建筑史 [M]. 北京：生活·读书·新知 三联书店，2011.

[17] 川口卫，阿部优，松谷宥彦，等. 建筑结构的奥秘：力的传递与形式 [M]. 王小盾，陈志华，译. 2版. 北京：清华大学出版社，2017.

[18] 戈登. 结构是什么？[M]. 李轻舟，译. 北京：中信出版社，2019.

附录 1

名词与术语

永久荷载　permanent load

在结构使用期间，其值不随时间变化，或其变化与平均值相比可以忽略不计，或其变化是单调的并能趋于限值的荷载。

可变荷载　variable load

在结构使用期间，其值随时间变化，且其变化与平均值相比不可以忽略不计的荷载。

偶然荷载　accidental load

在结构设计使用年限内不一定出现，一旦出现，其量值很大，且持续时间很短的荷载。

荷载代表值　representative values of aload

设计中用以验算极限状态所采用的荷载量值，例如标准值。

设计基准期　design reference period

为确定可变荷载代表值而选用的时间参数。

标准值　characteristic value/nominal value

荷载的基本代表值，为设计基准期内最大荷载统计分布的特征值。

组合值　combination value

对可变荷载，使组合后的荷载效应在设计基准期内的超越概率，能与该荷载单独出现时的相应概率趋于一致的荷载值；或使组合后的结构具有统一规定的可靠指标的荷载值。

准永久值　quasi-permanent value

对可变荷载，在设计基准期内，其超越的总时间约为设计基准期一半的荷载值。

荷载设计值　design value of aload

荷载代表值与荷载分项系数的乘积。

荷载效应　load effect

由荷载引起结构或结构构件的反应，例如内力、变形和裂缝等。

荷载组合 load combination

按极限状态设计时，为保证结构的可靠性而对同时出现的各种荷载设计值的规定。

基本组合 fundamental combination

承载能力极限状态计算时，永久荷载和可变荷载的组合。

偶然组合 accidental combination

承载能力极限状态计算时，永久荷载、可变荷载和一个偶然荷载的组合。

标准组合 characteristic/nominal combination

正常使用极限状态计算时，采用标准值或组合值为荷载代表值的组合。

频遇组合 frequentc ombinations

正常使用极限状态计算时，对可变荷载采用频遇值或准永久值为荷载代表值的组合。

准永久组合 quasi-permanent combinations

正常使用极限状态计算时，对可变荷载采用准永久值为荷载代表值的组合。

等效均布荷载 equivalent uniform live load

结构设计时，楼面上下连续分布的实际荷载，一般采用均布荷载代替；等效均布荷载系指其在结构上所得的荷载效应能与实际的荷载效应保持一致的均布荷载。

从属面积 tributary area

考虑梁柱等构件均布荷载折减所采用的计算构件负荷的楼面面积，它应由楼板的零线划分，在实际应用中可作适当简化。

动力系数 dynamic coefficient

承受动力荷载的结构或构件，当按静力设计时采用的等效系数，其值为结构或构件的最大动力效应与相应的静力效应的比值。

基本雪压 reference snow pressure

雪荷载的基准压力，一般按当地空旷平坦地面上积雪自重的观测数据，经概率统计得出50年一遇最大值确定。

基本风压 reference wind pressure

风荷载的基准压力，一般按当地空旷平坦地面上10m高度处10min平均的风速观测数据，经概率统计得出50年一遇最大值确定的风速，再考虑相应的空气密度，按贝努利公式确定的风压。

地面粗糙度 terrain roughness

风在到达结构物以前吹越过2km范围内的地面时，描述该地面上不规则障碍物分布状况的等级。

混凝土结构 concrete structure

以混凝土为主制成的结构，包括素混凝土结构、钢筋混凝土结构和预应力混凝土结构等。

素混凝土结构 plain concrete structure

无筋或不配置受力钢筋的混凝土结构。

钢筋混凝土结构 reinfor cedconcretestructure

配置受力普通钢筋的混凝土结构。

现浇混凝土结构 cast-in-situ concrete structure

在现场原位支模并整体浇筑而成的混凝土结构。

装配式混凝土结构 prefabricated concrete structure

由预制混凝土构件或部件装配、连接而成的混凝土结构。

装配整体式混凝土结构 assembled monolithic concrete structure

由预制混凝土构件或部件通过钢筋、连接件或施加预应力加以连接，并在连接部位浇筑混凝土而形成整体受力的混凝土结构。

预应力混凝土结构 prestressed concrete structure

配置受力的预应力筋，通过张拉或其他方法建立预加应力的混凝土结构。

先张法预应力混凝土结构 pretensioned prestressed concrete structure

在台座上张拉预应力筋后浇筑混凝土，并通过放张预应力筋由黏结传递而建立预加应力的混凝土结构。

后张法预应力混凝土结构 post-tensioned prestressed concretestructure

浇筑混凝土达到规定强度后，通过张拉预应力筋并在结构上锚固而建立预应力的混凝土结构。

无黏结预应力混凝土结构 unbonded prestressed concrete structure

配置与混凝土之间可保持相对滑动的无黏结预应力筋的后张法预应力混凝土结构。

框架结构 frame structure

由梁和柱以刚接或铰接相连接而构成的承重体系和结构。

剪力墙结构 shear-wall structure

由剪力墙组成的承受竖向和水平作用的结构。

框架-剪力墙结构 frame-shear-wall structure

由剪力墙和框架共同承受竖向和水平作用的结构。

深受弯构件 deep flexural member

跨高比小于5的受弯构件。

深梁 deep beam

跨高比不大于2的简支单跨梁或跨高比不大于2.5的多跨连续梁。

普通钢筋 steel bar

用于混凝土结构构件中的各种非预应力钢筋的总称。

预应力筋 prestressing tendon and/or bar

用于混凝土结构构件中施加预应力的钢丝、钢绞线和预应力螺纹钢筋等的总称。

结构缝 structural joint

根据结构设计需求而采取的分割混凝土结构间隔的总称。

混凝土保护层 concrete cover

结构构件中钢筋外边缘至构件表面范围用于保护钢筋的混凝土，简称保护层。

锚固长度 anchorage length

受力钢筋依靠其表面与混凝土的黏结作用或端部构造的挤压作用，而达到设计承受应力所需的长度。

钢筋连接 splice of reinforcement

通过绑扎搭接、机械连接、焊接等方法实现钢筋之间内力传递的构造形式。

配筋率 ratio of reinforcement

混凝土构件中配置的钢筋面积(或体积)与规定的混凝土截面面积(或体积)的比值。

剪跨比 ratio of shearspan to effective depth

截面弯矩与剪力和有效高度乘积的比值。

横向钢筋 transve rsereinforcement

垂直于纵向受力钢筋的箍筋及间接钢筋。

可靠度 degree of reliability

结构在规定的时间内，在规定的条件下，完成预定功能的概率。

安全等级 safety class

根据破坏后果的严重程度划分的结构或结构构件的等级。

设计使用年限 design workinglife

设计规定的结构或结构构件无须进行大修即可按其预定目的使用的时期。

荷载效应组合 load effect combination

按极限状态设计时，为保证结构的可靠性而对同时出现的各种荷载效应设计值规定的组合。

抗震设防烈度 seismic precautionary intensity

按国家规定的权限批准作为一个地区抗震设防依据的地震烈度。

抗震设防标准 seismic precautionary criterion

衡量抗震设防要求高低的尺度，由抗震设防烈度或设计地震动参数及建筑抗震设防类别确定。

地震作用 earthquake action

由地震动引起的结构动态作用，包括水平地震作用和竖向地震作用。

设计地震动参数 design parameters of ground motion

抗震设计用的地震加速度(速度、位移)时程曲线、加速度反应谱和峰值加速度。

设计基本地震加速度 design basic acceleration of ground motion

50年设计基准期超越概率10%的地震加速度的设计取值。

设计特征周期 design characteristic period of ground motion

抗震设计用的地震影响系数曲线中，反映地震震级、震中距和场地类别等因素的下降段起始点对应的周期值。

场地 site

工程群体所在地，具有相似的反应谱特征，其范围相当于厂区、居民小区和自然村或不小于1.0km^{2}的平面面积。

建筑抗震概念设计 seismic concept design of buildings

根据地震灾害和工程经验等所形成的基本设计原则和设计思想，进行建筑和结构总体布置并确定细部构造的过程。

抗震措施 seismic measures

除地震作用计算和抗力计算以外的抗震设计内容，包括抗震构造措施。

抗震构造措施 details of seismic design

根据抗震概念设计原则，一般不需计算而对结构的非结构各部分必须采取的各种细部要求。

地基 subgrade/foundation soils

支承基础的土体或岩体。

基础 foundation

将结构所承受的各种作用传递到地基上的结构组成部分。

地基承载力特征值 characteristic value of subgrade bearing capacity

地基承载力特征值指由载荷试验测定的地基土压力变形曲线线性变形段内规定的变形所对应的压力值，其最大值为比例界限值。

重力密度(重度) gravity density unit weight

单位体积岩土所承受的重力，为岩土的密度与重力加速度的乘积。

岩体结构面 rock discontinuity structural plane

岩体内开裂的和易开裂的面，如层面、节理、断层等，又称不连续构造面。

标准冻深 standard frost penetration

在平坦、裸露的城市外空旷场地中不少于10年的实测最大冻深的平均值。

地基变形允许值 allowable subsoiled formation

为保证建筑物正常使用而确定的变形控制值。

土岩组合地基 soil-rock composite subgrade

在建筑地基(或被沉降缝分隔区段的建筑地基)的主要受力层范围内，有下卧基岩表面坡度较大的地基；或石芽密布并有出露的地基；或大块孤石或个别石芽出露的地基。

地基处理 ground treatment

地基处理是指为提高地基土的承载力，改善其变形性质或渗透性质而采取的人工方法。

复合地基 composite subgrade/composite foundation

部分土体被增强或被置换而形成的，由地基土和增强体共同承担荷载的人工地基。

扩展基础 spread foundation

将上部结构传来的荷载，通过向侧边扩展成一定底面积，使作用在基底的压应力等于或小于地基土的允许承载力，而基础内部的应力应同时满足材料本身的强度要求，这种起到压力扩散作用的基础被称为扩展基础。

无筋扩展基础 non-reinforced spread foundation

由砖、毛石、混凝土或毛石混凝土、灰土和三合土等材料组成的，且无须配置钢筋的墙下条形基础或柱下独立基础。

桩基础 pile foundation

由设置于岩土中的桩和连接于桩顶端的承台组成的基础。

支挡结构 retaining structure

为使岩土边坡保持稳定和控制位移而建造的结构物。

附录2

常用建筑材料的性能与基本构造

表附录2-1　　**混凝土轴心抗压、轴心抗拉强度标准值f_{ck}、f_{tk}（N/mm²）**

强度	混凝土强度等级													
	C15	C20	C25	C30	C35	C40	C45	C50	C55	C60	C65	C70	C75	C80
f_{ck}	10.0	13.4	16.7	20.1	23.4	26.8	29.6	32.4	35.5	38.5	41.5	44.5	47.4	50.2
f_{tk}	1.27	1.54	1.78	2.01	2.20	2.39	2.51	2.64	2.74	2.85	2.93	2.99	3.05	3.11

表附录2-2　　**混凝土轴心抗压、轴心抗拉强度设计值f_c、f_t（N/mm²）**

强度	混凝土强度等级													
	C15	C20	C25	C30	C35	C40	C45	C50	C55	C60	C65	C70	C75	C80
f_c	7.2	9.6	11.9	14.3	16.7	19.1	21.1	23.1	25.3	27.5	29.7	31.8	33.8	35.9
f_t	0.91	1.10	1.27	1.43	1.57	1.71	1.80	1.89	1.96	2.04	2.09	2.14	2.18	2.22

表附录2-3　　**普通钢筋强度标准值（N/mm²）**

钢筋牌号	符号	公称直径d（mm）	屈服强度标准值f_{yk}	极限强度标准值f_{stk}
HPB300	Φ	6~14	300	420
HRB335	Φ	6~14	335	455
HRB400 HRBF400 RRB400	Φ $Φ^{F}$ $Φ^{R}$	6~50	400	540
HRB500 HRBF500	Φ $Φ^{F}$	6~50	500	630

表附录2-4 **普通钢筋强度设计值（N/mm²）**

钢筋牌号	符号	抗拉强度设计值f_y	抗压强度设计值f'_y
HPB300	Φ	270	270
HRB335	Φ	300	300
HRB400、HRBF400、RRB400	Φ、$Φ^F$、$Φ^R$	360	360
HRB500、HRBF500	Φ、$Φ_F$	435	435

注：①横向钢筋的抗拉强度设计值f_{yv}应按表中f_y的数值取用，但用作受剪、受扭、受冲切承载力计算时，其数值大于360N/mm²时应取360N/mm²；

②RRB400级钢筋不得用于重要结构构件。

表附录2-5 **混凝土弹性模量E_c（×10⁴N/mm²）**

C20	C25	C30	C35	C40	C45	C50	C55	C60	C65	C70	C75	C80
2.55	2.80	3.00	3.15	3.25	3.35	3.45	3.55	3.60	3.65	3.70	3.75	3.80

注：①当有可靠试验依据时，弹性模量值也可根据实测值确定；

②当混凝土中掺有大量矿物掺和料时，弹性模量可按规定龄期根据实测值确定。

表附录2-6 **钢筋的弹性模量E_s（×10⁵N/mm²）**

牌号或种类	弹性模量E_s
HPB300	2.10
HRB335 HRB400、HRBF400、RRB400 HRB500、HRBF500 预应力螺纹钢筋	2.00
消除应力钢丝、中强度预应力钢丝	2.09
钢绞线	1.95

注：必要时可通过试验采用实测的弹性模量。

表附录2-7 **钢筋混凝土构件最外层钢筋的混凝土保护层最小厚度（mm）**

环境类别		板、墙、壳	梁、柱、杆
一		15	20
二	a	20	25
	b	25	35
三	a	30	40
	b	40	50

注：①混凝土强度等级不大于C25时，表中保护层厚度数值应增加5mm；

②钢筋混凝土基础宜设置混凝土垫层，基础中钢筋的混凝土保护层厚度应从垫层顶面算起，且不应小于40mm。

表附录2-8 **混凝土结构的环境类别**

环境类别	条件
一	室内干燥环境；无侵蚀性静水浸没环境
二a	室内潮湿环境；非严寒和非寒冷地区的露天环境；非严寒和非寒冷地区与无侵蚀性的水或土壤直接接触的环境；严寒和寒冷地区的冰冻线以下的无侵蚀性的水或土壤直接接触的环境
二b	干湿交替环境；水位频繁变动环境，严寒和寒冷地区的露天环境；严寒和寒冷地区的冰冻线以上与无侵蚀性的水或土壤直接接触的环境
三a	严寒和寒冷地区冬季水位冰冻区环境；受除冰盐影响环境；海风环境
三b	盐渍土环境；受除冰盐作用环境；海岸环境
四	海水环境
五	受人为或自然的侵蚀性物质影响的环境

注：①室内潮湿环境是指构件表面经常处于结露或湿润状态的环境；

②严寒和寒冷地区的划分应符合现行国家标准《民用建筑热工设计规程》GB50176的有关规定。

③海岸环境宜根据当地情况，考虑主导风向及结构所处迎风、背风部位等因素的影响,由调查研究和工程经验确定。

④受除冰盐影响环境为受除冰盐盐雾影响的环境；受除冰盐作用环境指被除冰盐溶液溅射的环境以及使用除冰盐地区的洗车房、停车楼等建筑。

⑤暴露的环境是指混凝土结构表面所处的环境。

表附录2-9 **钢筋混凝土构件的纵向受力钢筋的最小配筋百分率（%）**

受力类型			最小配筋百分率
受压构件	全部纵向钢筋	强度500MPa级钢筋	0.50
		强度400MPa级钢筋	0.55
		强度300MPa、335MPa级钢筋	0.60
	一侧纵向钢筋		0.2
受弯构件、偏心受拉、轴心受拉构件一侧的受拉钢筋			0.2和$45f_t/f_y$中的较大值

注：①受压构件全部纵向钢筋最小配筋百分率，当混凝土强度等级为C60及以上时，应按表中规定增大0.1；

②板类受弯构件（不包括悬臂板）的受拉钢筋，当采用强度等级400MPa、500MPa的钢筋时，其最小配筋百分率应允许采用0.15和$45f_t/f_y$中的较大值；

③偏心受拉构件中的受压钢筋，应按受压构件一侧纵向钢筋考虑；

④受压构件的全部纵向钢筋和一侧纵向钢筋的配筋率，以及轴心受拉构件和小偏心受拉构件一侧受拉钢筋的配筋率均应按构件的全截面积计算；

⑤受弯构件、大偏心受拉构件一侧受拉钢筋的配筋率应按全截面面积扣除受压翼缘面积$(b'_f-b)\ h'_f$后的截面面积计算；

⑥当钢筋沿构件截面周边布置时，“一侧纵向钢筋”系指沿受力方向两个对边中的一边布置的纵向钢筋。

表附录2-10 **钢筋的计算截面面积及理论重量**

公称直径（mm）	不同根数钢筋的计算截面面积（mm²）									单根钢筋理论重量（kg/m）
	1	2	3	4	5	6	7	8	9	
6	28.3	57	85	113	142	170	198	226	255	0.222
8	50.3	101	151	201	252	302	352	402	453	0.395
10	78.5	157	236	314	393	471	550	628	707	0.617
12	113.1	226	339	452	565	678	791	904	1 017	0.888
14	153.9	308	461	615	769	923	1 077	1 231	1 385	1.21
16	201.1	402	603	804	1 005	1 206	1 407	1 608	1 809	1.58
18	254.5	509	763	1 017	1 272	1 527	1 781	2 036	2 290	2.00（2.11）
20	314.2	628	942	1 256	1 570	1 884	2 199	2 513	2 827	2.47
22	380.1	760	1 140	1 520	1 900	2 281	2 661	3 041	3 421	2.98
25	490.9	982	1 473	1 964	2 454	2 945	3 436	3 927	4 418	3.85（4.10）
28	615.8	1 232	1 847	2 463	3 079	3 695	4 310	4 926	5 542	4.83
32	804.2	1 609	2 413	3 217	4 021	4 826	5 630	6 434	7 238	6.31（6.65）
36	1 017.9	2 036	3 054	4 072	5 089	6 107	7 125	8 143	9 161	7.99
40	1 256.6	2 513	3 770	5 027	6 283	7 540	8 796	10 053	11 310	9.87（10.34）
50	1 963.5	3 928	5 892	7 856	9 820	11 784	13 748	15 712	17 676	15.42（16.28）

注：括号内为预应力螺纹钢筋的数值。

表附录2-11 **每米板宽的钢筋截面面积表（mm²）**

钢筋间距（mm）	每米板宽的钢筋截面面积（mm²）									
	钢筋直径（mm）									
	6	8	10	12	14	16	18	20	22	25
70	404	718	1 122	1 616	2 199	2 872	3 635	4 488	5 430	7 012
75	377	670	1 047	1 508	2 053	2 681	3 393	4 189	5 068	6 545
80	353	628	982	1 414	1 924	2 513	3 181	3 927	4 752	6 136
90	314	559	873	1 257	1 710	2 234	2 827	3 491	4 224	5 454
100	283	503	785	1 131	1 539	2 011	2 545	3 142	3 801	4 909
110	257	457	714	1 028	1 399	1 828	2 313	2 856	3 456	4 462
120	236	419	654	942	1 283	1 676	2 121	2 618	3 168	4 091
125	226	402	628	905	1 232	1 608	2 036	2 513	3 041	3 927
130	217	387	604	870	1 184	1 547	1 957	2 417	2 924	3 776
140	202	359	561	808	1 100	1 436	1 818	2 244	2 715	3 506
150	188	335	524	754	1 026	1 340	1 696	2 094	2 534	3 272
160	177	314	491	707	962	1 257	1 590	1 963	2 376	3 068
170	166	296	462	665	906	1 183	1 497	1 848	2 236	2 887
175	162	287	449	646	880	1 149	1 454	1 795	2 172	2 805
180	157	279	436	628	855	1 117	1 414	1 745	2 112	2 727
190	149	265	413	595	810	1 058	1 339	1 653	2 001	2 584
200	141	251	392	565	770	1 005	1 272	1 571	1 901	2 454
250	113	201	314	452	616	804	1 018	1 257	1 521	1 963
300	94	168	262	377	513	670	848	1 047	1 267	1 636

表附录2-12　**钢筋的外形系数**

钢筋类型	光圆钢筋	带肋钢筋	螺旋肋钢丝	三股钢绞线	七股钢绞线
α	0.16	0.14	0.13	0.16	0.17

注：光圆钢筋末端应做180°弯钩，弯后平直段长度不应小于3d，但做受压钢筋时可不做弯钩。

表附录2-13　**结构构件的裂缝控制等级及最大裂缝宽度限值（mm）**

环境类别	钢筋混凝土结构		预应力混凝土结构	
	裂缝控制等级	ω_{lim}（mm）	裂缝控制等级	ω_{lim}（mm）
一	三级	0.30（0.40）	三级	0.20
二a		0.20		0.10
二b			二级	—
三a、三b			一级	—

表附录2-14　**受弯构件的挠度限值**

构件类型		挠度限值
吊车梁	手动吊车	$l_0/500$
	电动吊车	$l_0/600$
屋盖、楼盖及楼梯构件	当$l_0<7$m时	$l_0/200$（$l_0/250$）
	当7m$\leq l_0\leq$9m时	$l_0/250$（$l_0/300$）
	当$l_0>9$m时	$l_0/300$（$l_0/400$）

表附录2-15　**钢筋混凝土结构伸缩缝最大间距（m）**

结构类别		室内或土中	露天
排架结构	装配式	100	70
框架结构	装配式	75	50
	现浇式	55	35
剪力墙结构	装配式	65	40
	现浇式	45	30
挡土墙、地下室墙壁等类结构	装配式	40	30
	现浇式	30	20

注：①装配整体式结构房屋的伸缩缝间距可按结构的具体情况取表中装配式结构与现浇式结构之间的数值。

②框架-剪力墙结构或框架-核心筒结构房屋的伸缩缝间距可根据结构的具体布置情况取表中框架结构与剪力墙结构之间的数值。

③当屋面无保温或隔热措施时，框架结构、剪力墙结构的伸缩缝间距宜按表中露天栏的数值取用。

④现浇挑檐、雨罩等外露结构的伸缩缝间距不宜大于12m。